2024 최신개정판

전기기능장 실기
PLC 완전정복

도면문제 수록

검정연구회 편저

- 기초편
- 실전편
- 기출복원문제
- 공개문제

본서 구입시
★★★★★
동영상 강의
30,000원
www.e-dyang.com

이나무
www.enamuh.co.kr

머리말

 현대 산업의 가장 중요한 원동력인 전기는 어느 분야에서나 필수적인 에너지원으로써 계속 그 중요성이 증대되고 있습니다. 이러한 시대적인 요구와 맞물려 전기 기술 인력의 최고 기술자 과정인 전기기능장의 위상도 점차 높아지고 있습니다. 따라서 2018년도부터 새롭게 적용되는 전기기능장 2차 실기 시험은 복합형 시험으로 개정이 되어서 100점 만점에 PLC 포함 작업형이 50점, 필답형 시험이 50점 비율로 조정이 되었습니다. 하지만 아직까지는 필답형 시험이 시행 된지 얼마 되지 않다 보니 수험생들 입장에서는 충분한 자료가 없는 것이 사실입니다. 또한 전기기능장 1차 필기시험 과목이 2차 실기 필답형 대비를 위한 이론적인 내용이 부족한 것도 사실입니다. 그래서 본 저자는 이러한 사항들을 고려하여 다음과 같이 교재를 편집하였습니다.

1. 2018년도부터 시행되는 새로운 출제기준을 분석하여 그 기준에 충실하게 집필하였습니다.
2. 출제기준에 의거한 광범위한 핵심이론을 단원별로 상세하고도 간결하게 정리하였습니다.
3. 각 단원별 출제 예상문제를 상세하게 풀이하여 초보자도 쉽게 이해할 수 있도록 하였습니다.
4. 2022년도 제67회, 제68회 최근 기출문제와 공개10문제를 추가하여 2차 필답형 시험의 유형을 알 수 있도록 하였습니다.

 전기기능장을 취득하기 위해 공부하시는 수험생들의 실력 향상 및 합격을 위한 필수 지침서가 되도록 지속적으로 수정 보완할 것을 약속드립니다. 끝으로 이 책을 펴내는데 오랜 인내와 도움을 주신 이나무출판사 황선희 사장님과 임직원 여러분께 감사드립니다.

■ 머리말 / 3

CHAPTER 01 기초편 / 5

1. 소프트웨어(XG5000)설치 ·· 7
2. 프로그램(XG5000) 실행 ·· 11
3. 화면 설명 ·· 15
4. 기본 프로그램 ·· 19
5. 응용명령 ·· 73
6. 연습 문제 ·· 160
7. 연습문제 해설 및 해답 ·· 166

CHAPTER 02 실전편 / 193

1. 시퀀스 ·· 195
2. 논리회로 ·· 211
3. 진리표 ·· 225
4. 순서도 ·· 231
5. 타임차트 ·· 242
6. 복합형 ·· 264

CHAPTER 03 기출 복원문제 / 271

연습문제 -1(61회 유형) ·· 273
연습문제 -2(62회 유형) ·· 278
연습문제 -3(63회 유형) ·· 283
연습문제 -4(64회 유형) ·· 288
연습문제 -5(65회 유형) ·· 293
연습문제 -6(66회 유형) ·· 298
연습문제 -7(67회 유형) ·· 305
연습문제 -8(68회 유형) ·· 311

■ **부록** ·· **317**

    1. 전동기 및 전동제어 (1과제) / 319

    2. 전동기 및 전동제어 (2과제) / 324

    3. 전동기 및 전동제어 (3과제) / 329

    4. 전동기 및 전동제어 (4과제) / 334

    5. 전동기 및 전동제어 (5과제) / 339

    6. 전동기 및 전동제어 (6과제) / 344

    7. 전동기 및 전동제어 (7과제) / 349

    8. 전동기 및 전동제어 (8과제) / 354

    9. 전동기 및 전동제어 (9과제) / 359

    10. 전동기 및 전동제어 (10과제) / 364

CHAPTER 01

기초편

目次

CHAPTER 01 기초편

1. 소프트웨어(XG5000) 설치

1) 소프트웨어 다운받기

① LS산전 홈페이지(www.lsis.co.kr)에 접속한다.

② 다운로드 자료실로 이동하여 PLC 소프트웨어를 검색한다.

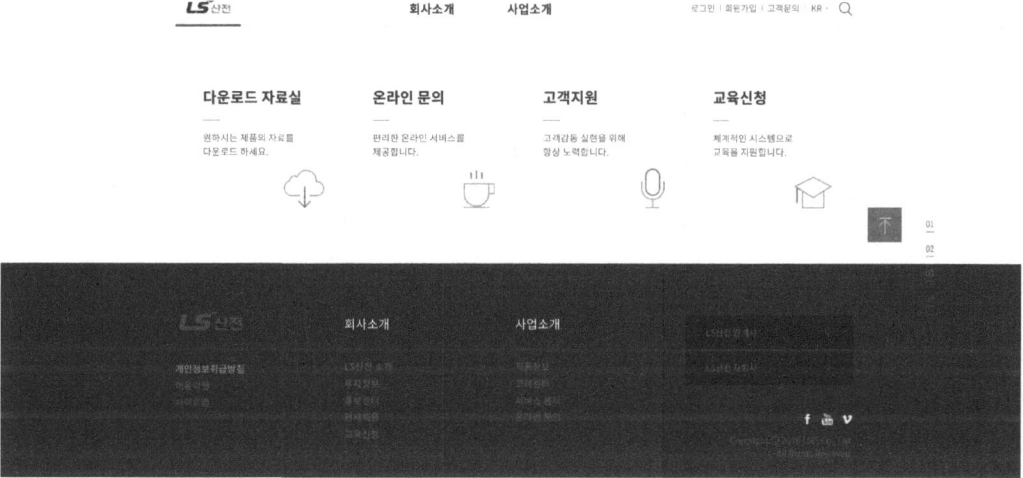

③ 검색되는 것들 중 가장 최신 버전을 다운로드 받는다. 소프트웨어는 일정 기간마다 버전이 업그레이드 되면서 몇몇 오류들이 수정되므로 주기적으로 홈페이지를 방문하여 최신버전의 소프트웨어를 유지하는 것이 바람직하다.

2) 소프트웨어 설치하기

다운받은 소프트웨어의 압축을 해제한 후 설치를 시작한다.

이름	수정한 날짜	유형	크기
XG5000_V4.22_Kr(2017-09-29)_REL.exe	2017-11-08 오후 9:33	응용 프로그램	279,

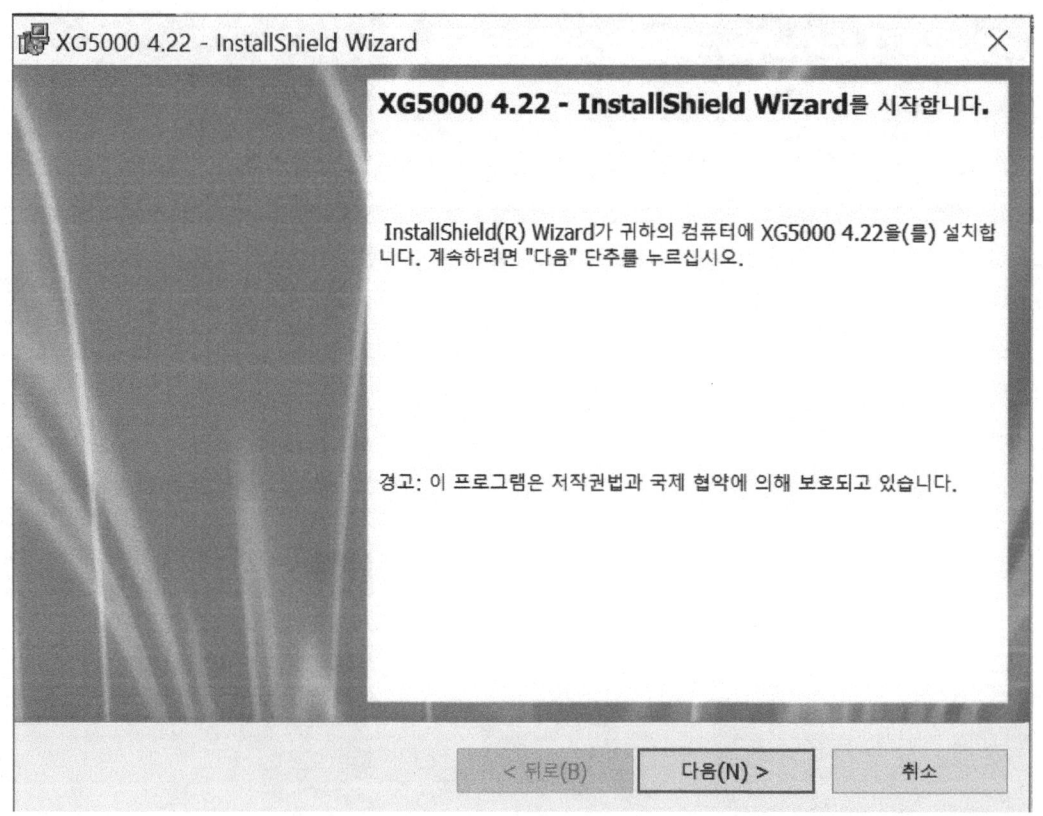

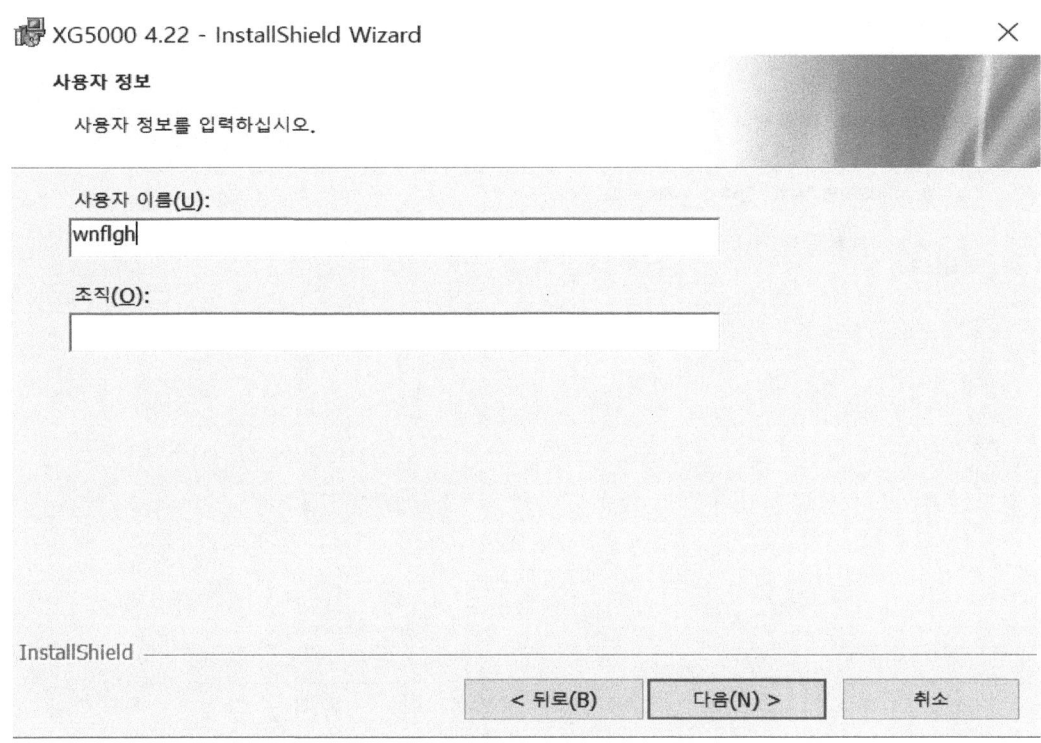

사용자 정보는 아이디를 만든다고 생각하고 간단히 입력하도록 한다.

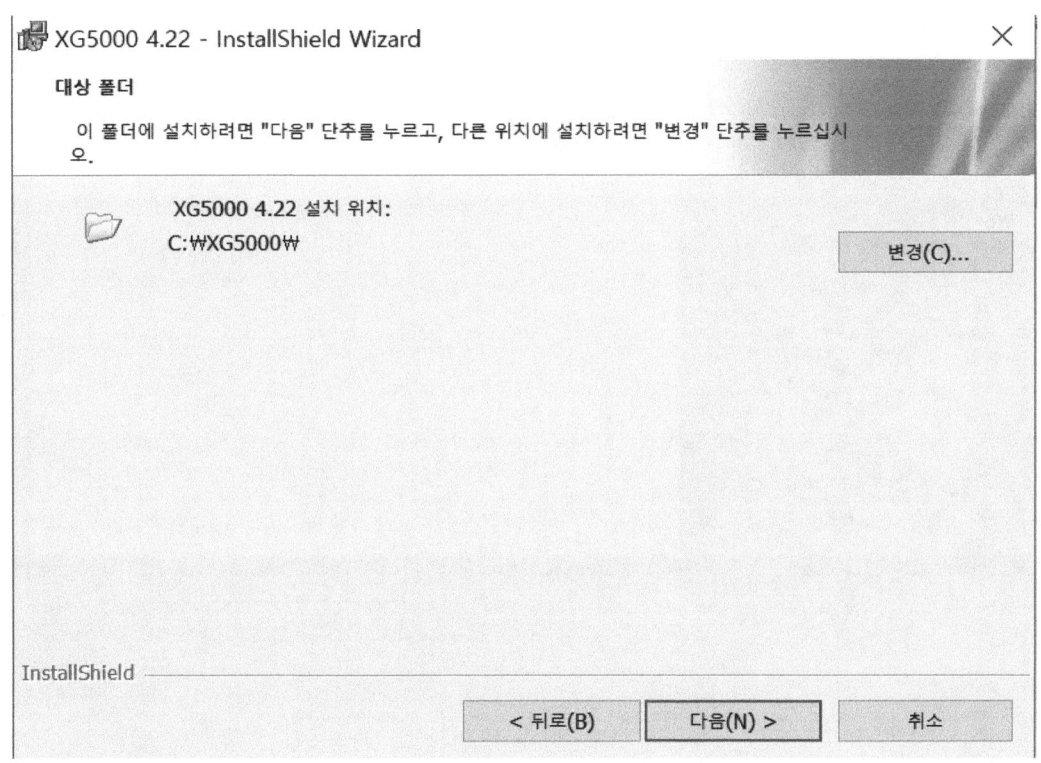

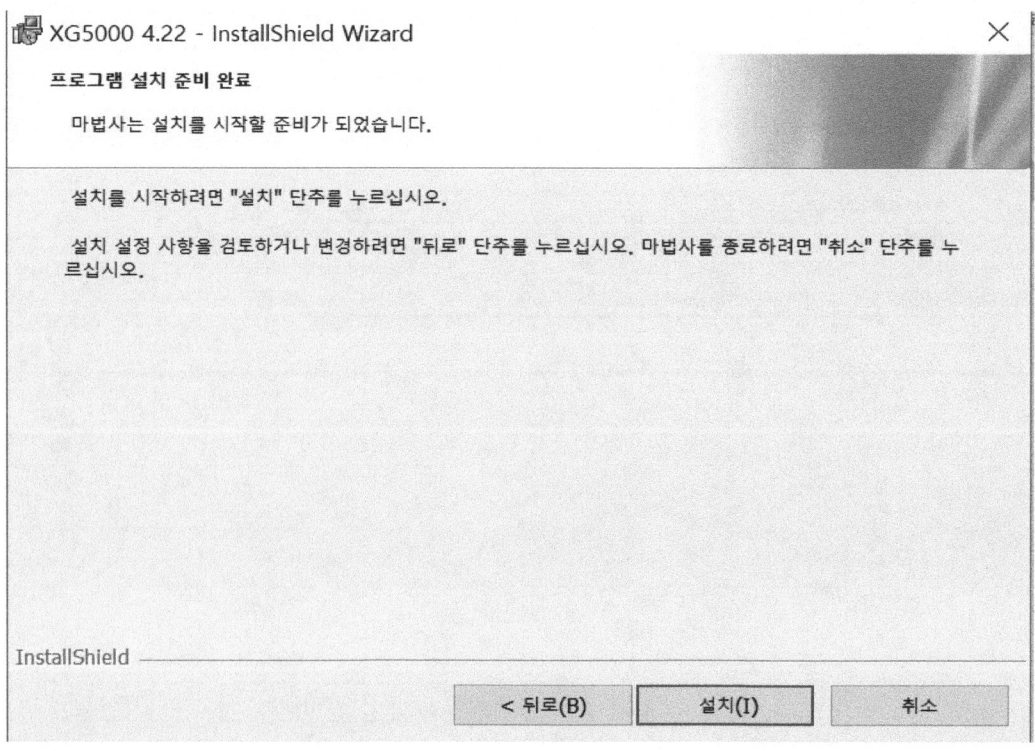

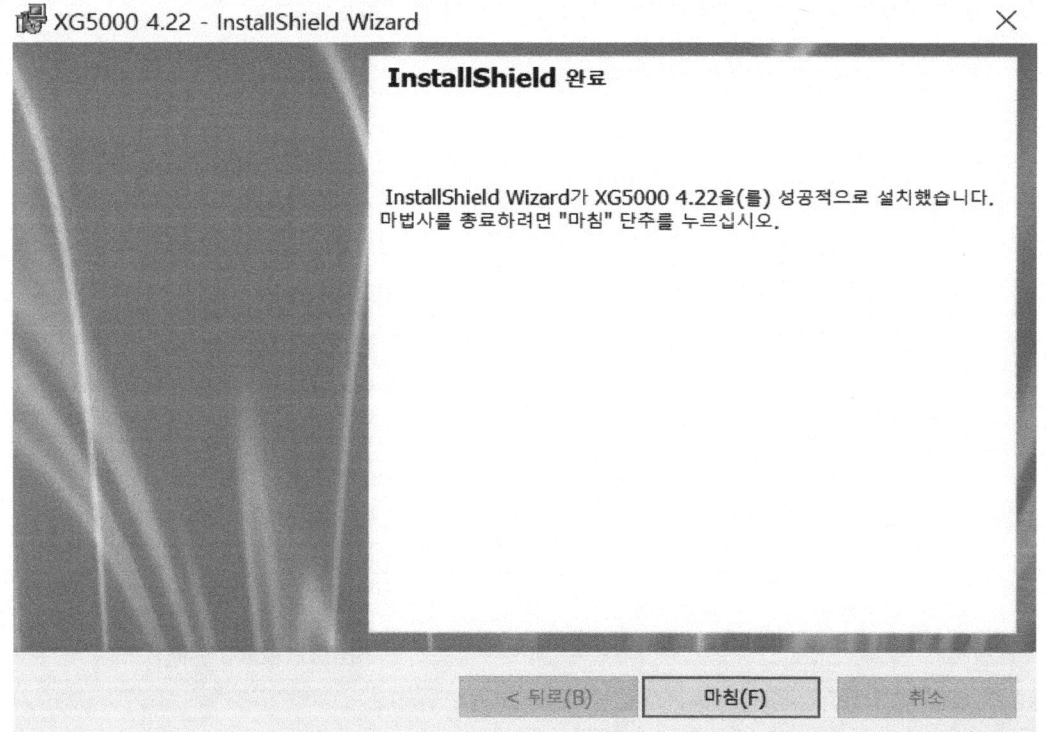

2. 프로그램(XG5000) 실행

1) 실행

아이콘을 더블클릭하여 프로그램을 실행

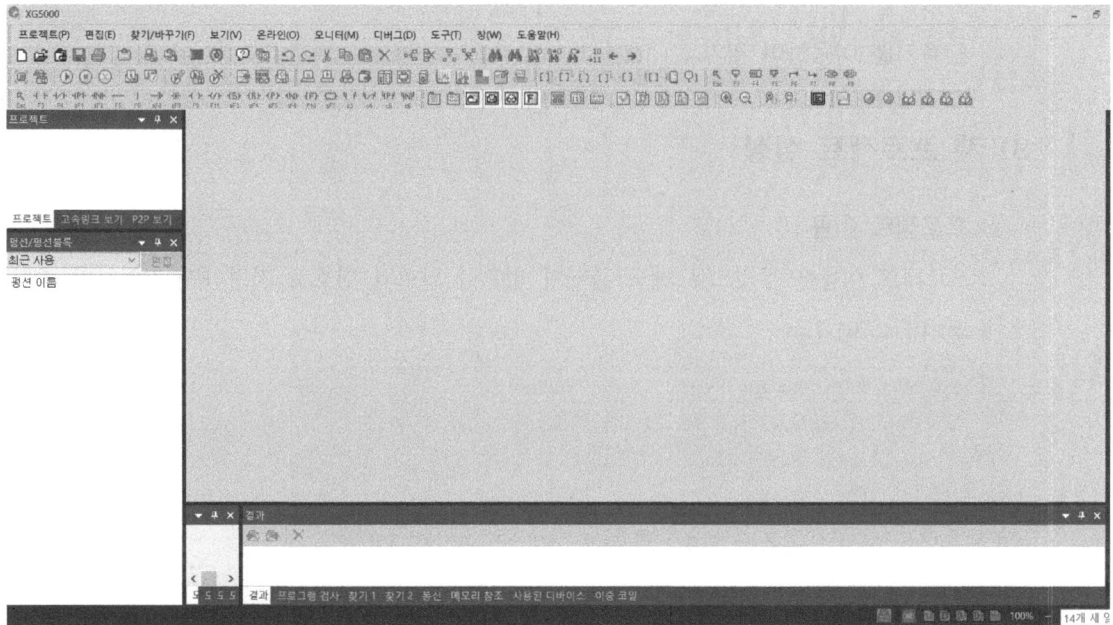

2) 새 프로젝트 열기

① 메뉴에서 열기

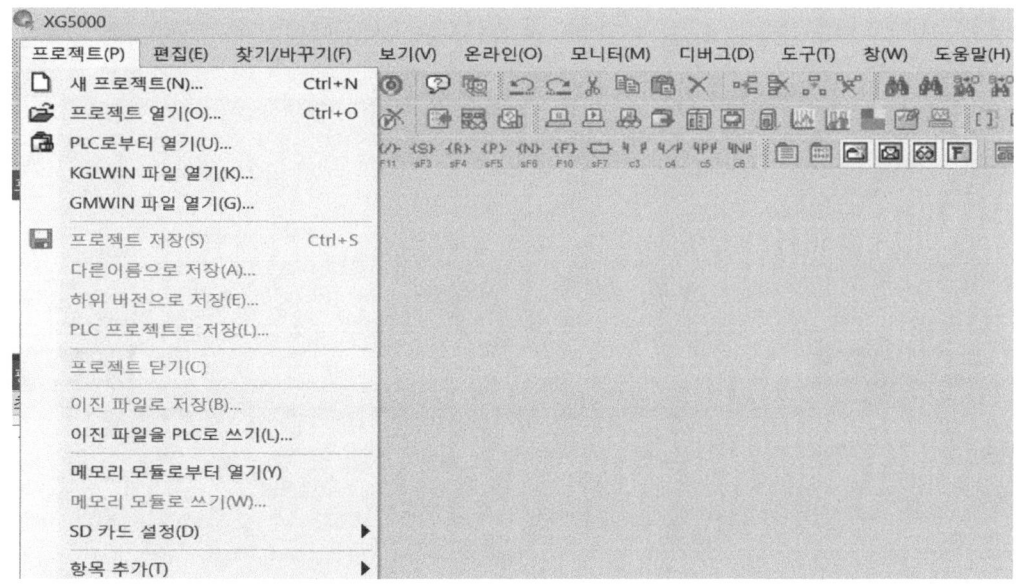

② 도구를 이용해 열기

③ 단축키를 이용하여 열기 : Ctrl + N

3) 새 프로젝트 설정

① 프로젝트 이름

프로젝트 이름은 무엇으로 해도 관계가 없으나 날짜와 번호로 지정하면 기억하기 좋다.
ex) 01-1, 01-2...

② CPU 시리즈 및 종류

CPU의 시리즈 및 종류는 처음 새 프로젝트를 열 때 입력하게 되는데 이것은 실제로 사용하는 PLC의 기종과 프로그램을 일치시키는 작업이다. 예를 들어 사용하는 PLC의 기종이 XGB중에서도 XBC-DR20E처럼 E시리즈라면, CPU시리즈는 XGB를 선택하고 CPU 종류는 XGB-XBCE를 선택하여야고, XBC-DR30SU처럼 S시리즈라면, CPU시리즈는 XGB를 선택하고 CPU 종류는 XGB-XBCS를 선택하여야 한다. 이 과정이 올바르게 진행되지 않으면 추후 PLC에 프로그램을 전송할 때 오류가 발생하므로 주의하도록 한다.

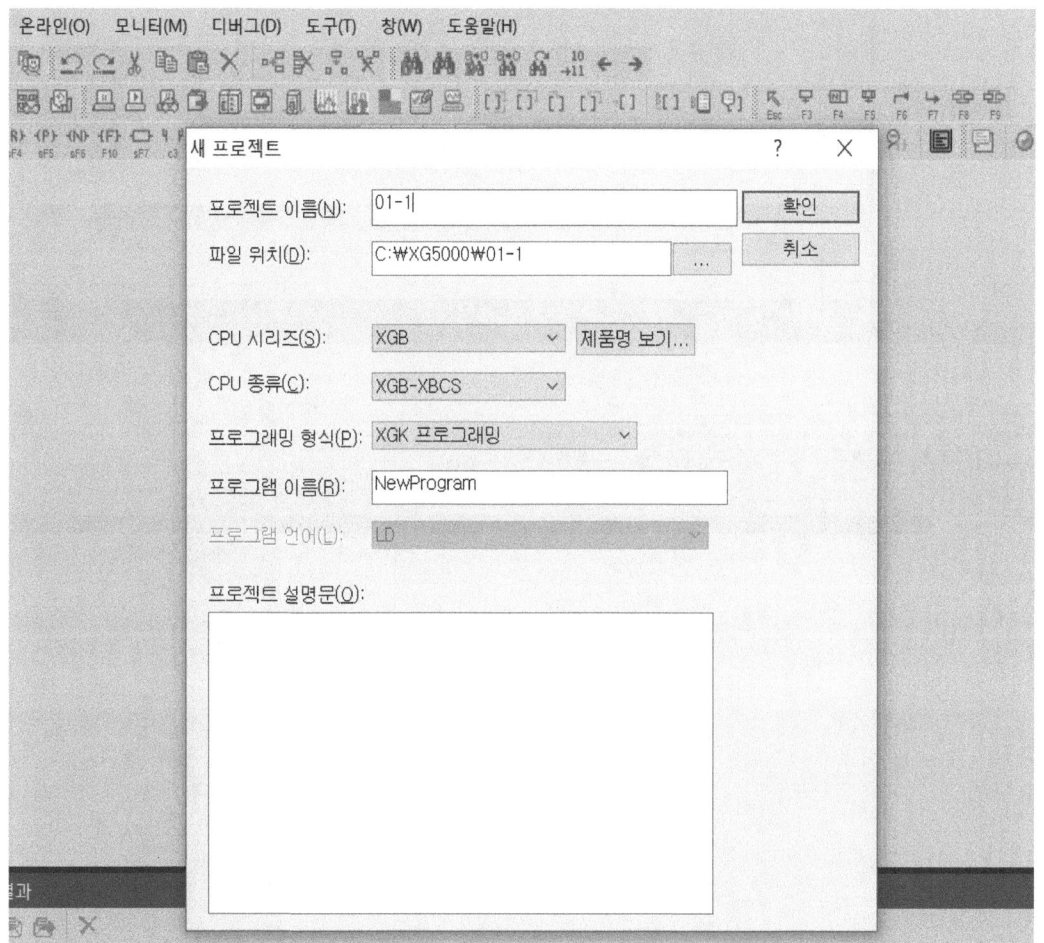

③ 화면설정

붉은 화살표로 표시된 부분들은 필요시 메뉴바의 보기(V)에서 다시 불러올 수 있으므로 프로그램 창을 크게 사용하기 위해 닫아두기로 한다.

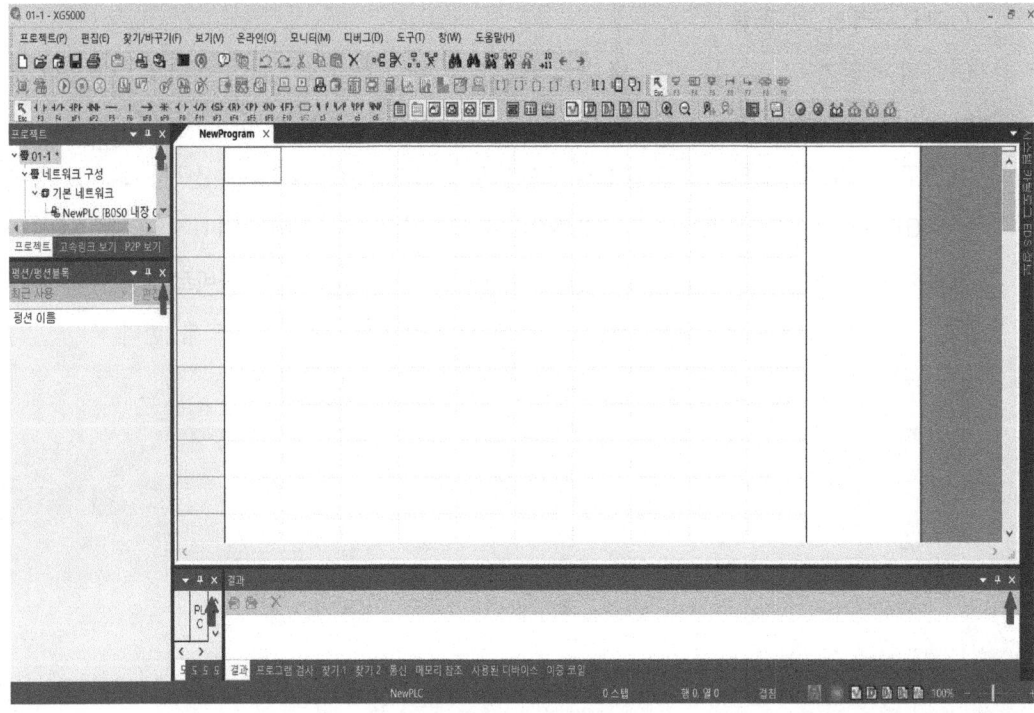

3. 화면 설명

1) 메뉴창

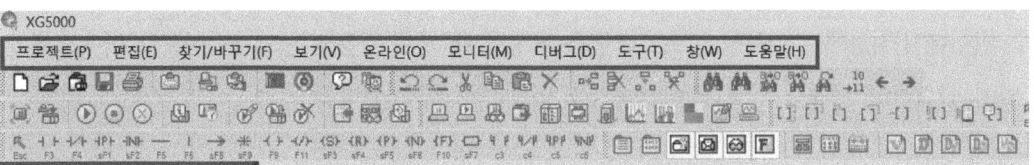

(1) 프로젝트

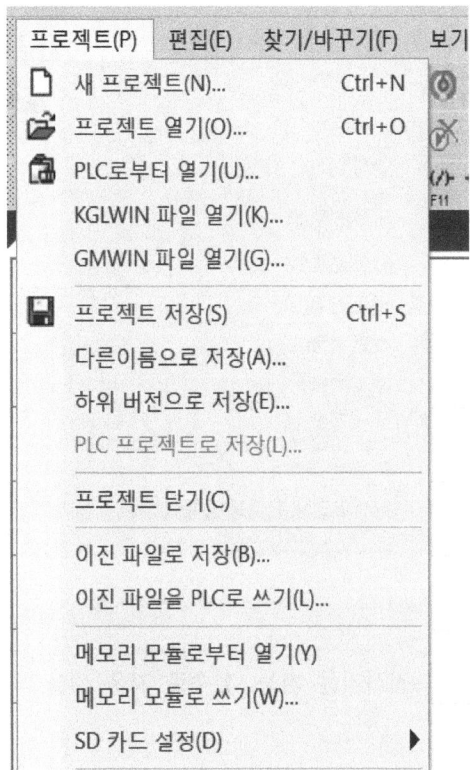

① 새프로젝트

새로운 프로젝트를 열 때 사용

② 프로젝트 열기

저장했던 프로젝트를 불러올 때 사용

③ PLC로부터 열기

PLC안에 저장되어있는 프로젝트를 불러올 때 사용

④ 프로젝트 저장

새프로젝트를 열 때 지정해 두었던 장소로 프로젝트를 저장할 때 사용

(2) 편집

편집에서 사용하는 기능들은 프로그램을 작성할 때 자주 사용되는 기능들이므로 마우스로 일일이 클릭하여 사용하기 보다는 단축키을 이용하는 것을 권장한다.

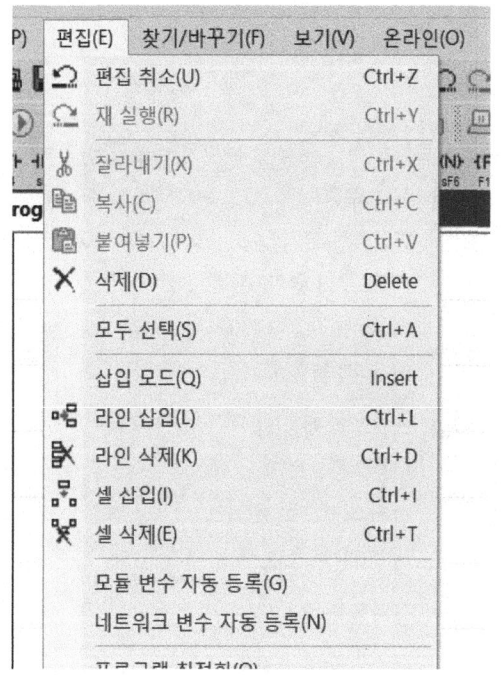

① 편집취소(Ctrl+Z)

바로 전단계의 작업을 복원시키는 기능. 실수로 지운 셀을 되살릴 때 주로 사용

② 삽입 모드(Insert)

실수로 빼먹은 셀을 끼워 넣을 때 사용

③ 라인 삽입(Ctrl+L)

이미 작업된 줄과 줄 사이에 새로운 줄을 끼워 넣을 때 사용

④ 라인 삭제(Ctrl+D)

한줄을 모두 삭제할 때 사용

(3) 보기

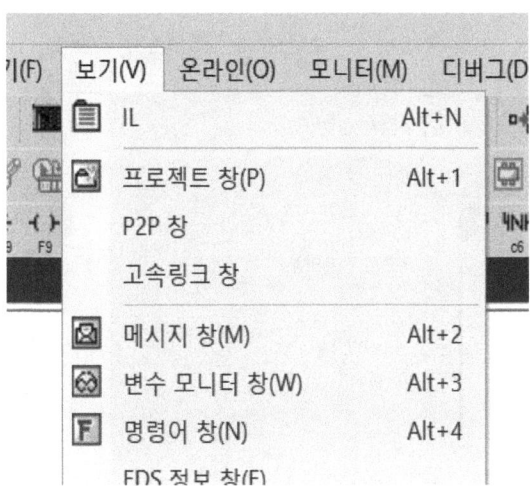

① 프로젝트 창

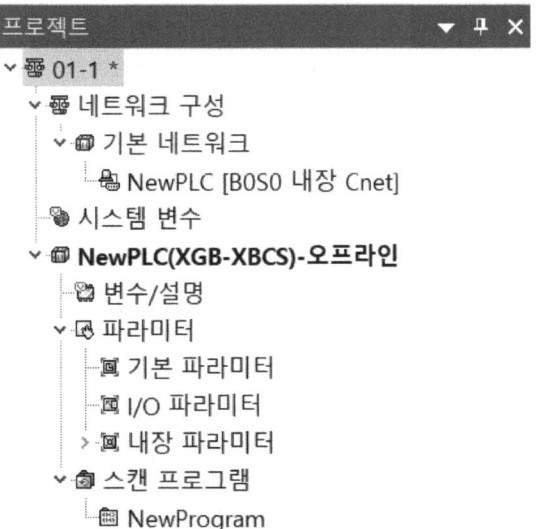

㉠ NewPLC(XGB-XBCS)

우측마우스 클릭 후 등록정보로 들어가면 처음 새프로젝트를 실행할 때 지정했던 CPU 시리즈 및 종류를 수정할 수 있다.

㉡ I/O 파라미터

시뮬레이션시 사용할 시스템 모니터를 원하는 PLC로 지정할 수 있다.

(4) 온라인

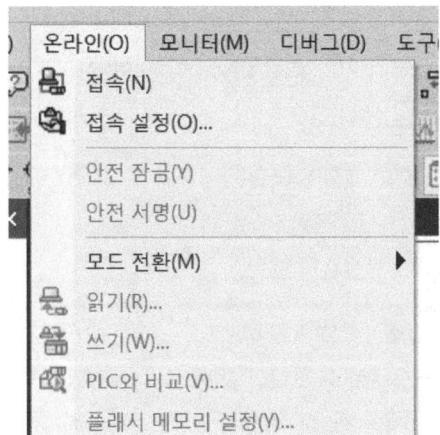

① 접속

　노트북과 PLC를 연결할 때 사용

② 접속설정

　PLC의 종류에 따라 노트북과의 연결시 RS232C케이블 또는 USB방식등으로 연결되는데 이를 기종에 맞게 설정할 때 사용

③ 읽기

　PLC로부터 프로그램을 읽어올 때 사용

④ 쓰기

　작성한 프로그램을 PLC로 옮길 때 사용

2) 편집도구 및 단축키

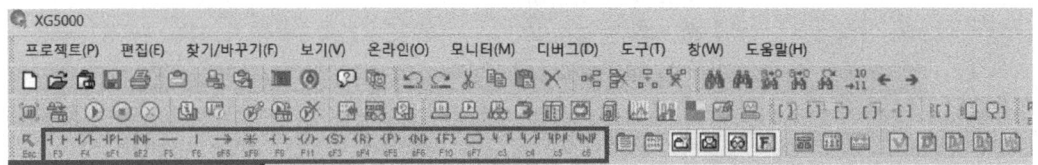

프로그램을 작성할 때 위 편집도구를 마우스로 클릭해서 사용할 수도 있으나 빠른 편집을 위해서는 단축키를 사용하는 것이 좋으므로 숙지하도록 한다.

① 평상시 열린 접점(a접점) : F3

② 평상시 닫힌 접점(b접점) : F4

③ 양변환 검출 a접점 : shift + F1

④ 음변환 검출 a접점 : shift + F2

⑤ 가로선 : F5

⑥ 세로선 : F6

⑦ 반전입력 : shift + F9

⑧ 코일(출력) : F9

⑨ 양변환 검출 코일 : shift + F5

⑩ 음변환 검출 코일 : shift + F6

⑪ 응용 명령 : F10

4. 기본 프로그램

1) a접점

프로그램 작성에 있어서 a접점은 신호가 있으면 연결이 되고 신호가 없을 때는 끊어져있다는 뜻이다. a접점을 그대로 출력하면 입력 신호가 존재하는 동안만 출력 신호가 나오는 프로그램이 완성된다.

프로그램을 작성하는 방법은 다음과 같다.

① 빈 프로젝트 창에 커서를 가장 왼쪽 상단에 위치시킨 후 F3을 누른다.
변수/디바이스 칸에는 P0라고 입력하고 확인을 누른다.(입력접점은 P0~P7을 사용한다.)

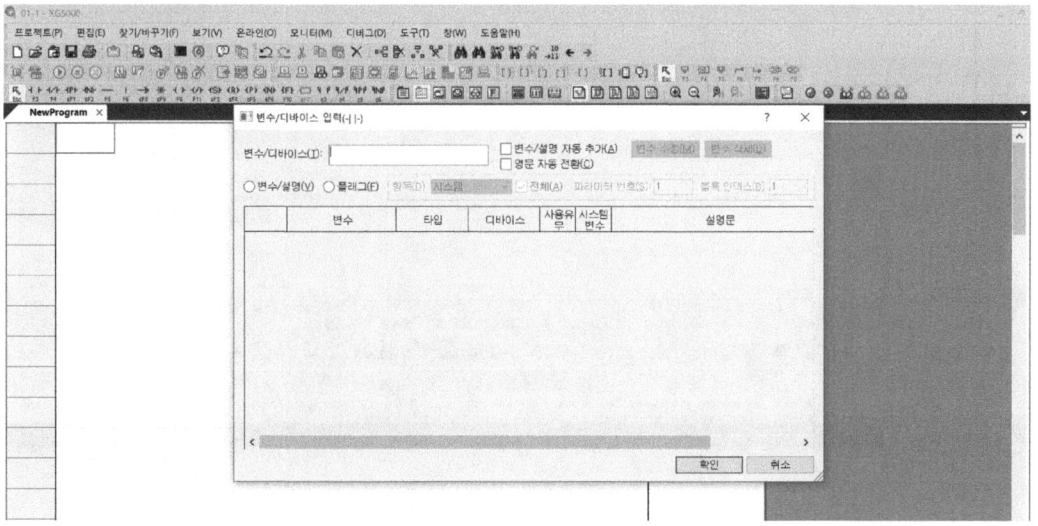

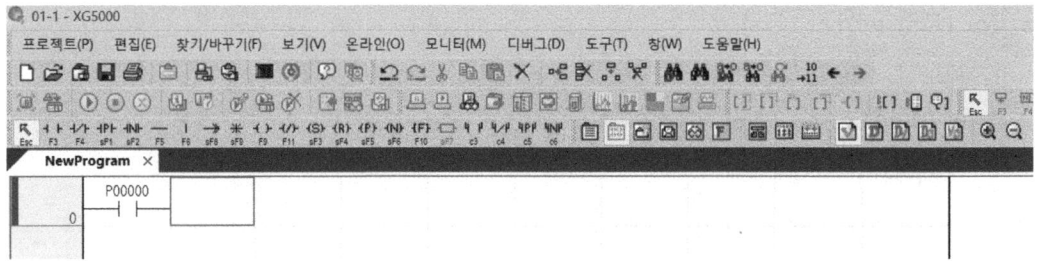

② 그 위치에서 F9를 누른다.

변수/디바이스 칸에는 P40라고 입력하고 확인을 누른다.(입력접점은 P40~P45을 사용한다.)

프로그램의 한 줄이 완성되지 않았을 때에는 왼쪽에 붉은 줄로 표시가 된다.

프로그램의 한 줄을 완성했음에도 왼쪽에 붉은 줄이 나타난다면 프로그램을 잘못 입력한 것이라는 뜻이므로 검토하도록 한다.

코일의 위치는 항상 줄의 가장 오른쪽 끝이 된다.

어느 위치에서 입력하더라도 자동으로 오른쪽 끝에 형성이 되니 일부러 가로줄을 그어서 줄의 가장 오른편으로 가서 F9를 누르지 않아도 된다.

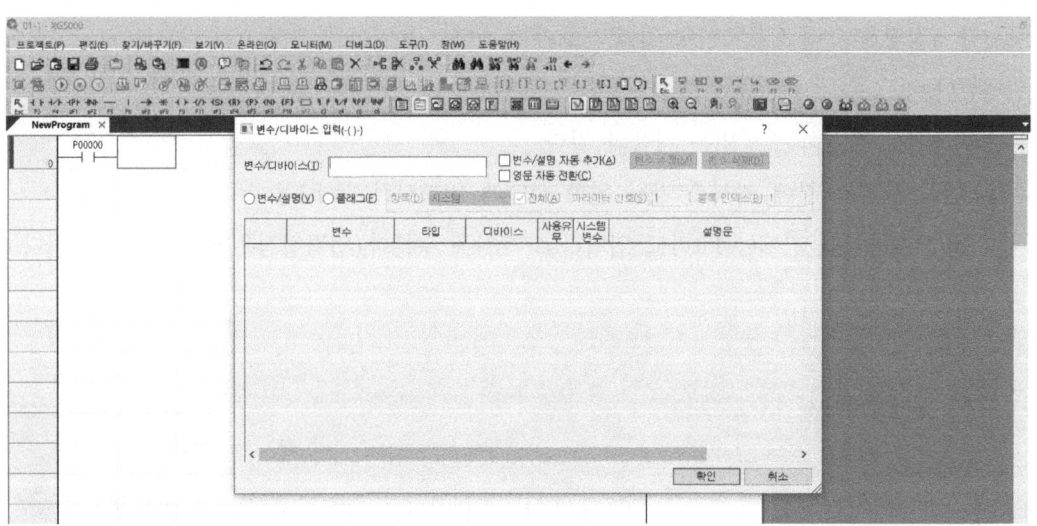

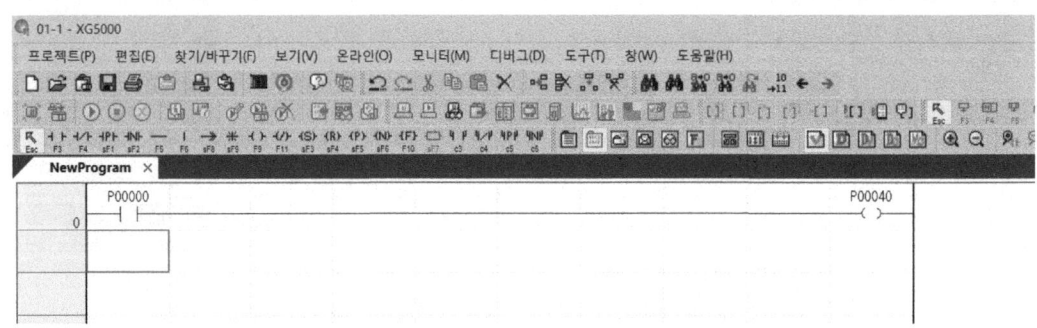

③ 하나의 프로그램이 완료되면 마지막 줄에 반드시 끝을 알리는 end 명령을 입력해야 한다.
새로운 줄에서 F10을 누른다.
응용명령 칸에 end라고 입력한 후 확인을 누른다.

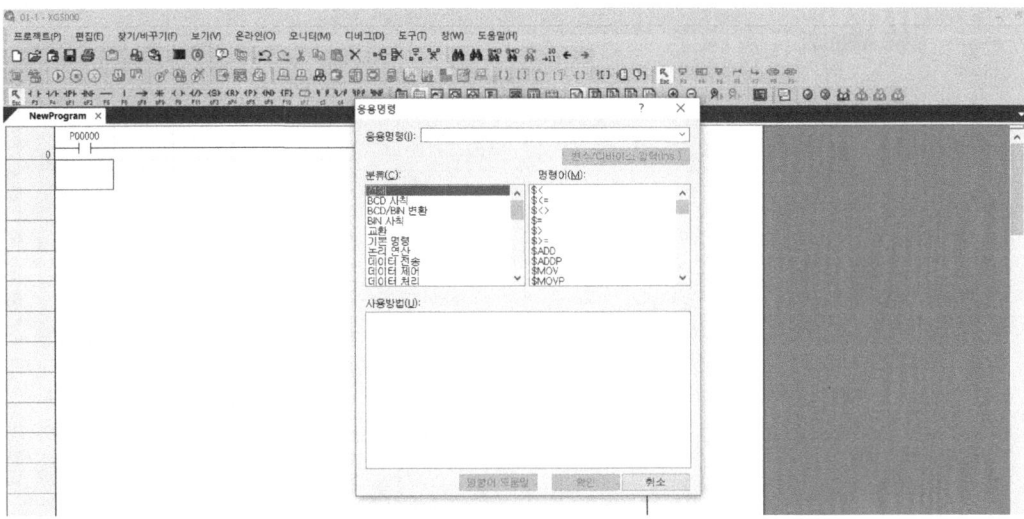

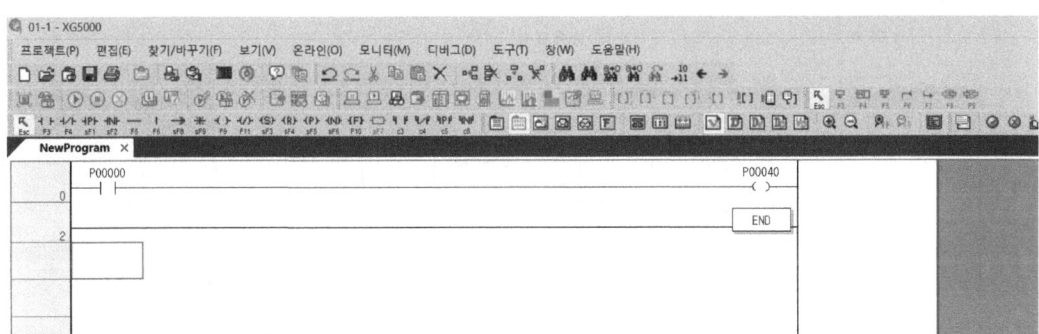

※ 변수 : 일반적으로 사용하는 부품의 이름. ex) PB(푸쉬버튼), Ry(릴레이), RL(레드램프)등등
  디바이스 : PLC에서 사용하는 접점의 이름. ex) P0, P1, P40, P41, M0, T0, C0등등

문제를 풀 때 문제에서는 주로 변수로 설명을 하지만 프로그램을 만들 때는 디바이스명으로 입력을 해야 한다. 프로그램 내에서 변수설명까지 기록할 수도 있으나 빠르게 프로그램을 완성하기 위해서는 디바이스 명으로 바로 입력 하는 것이 좋다.

예를 들어 문제에서 PB(P0)을 눌러서 RL(P40)을 점등 시킨다 라고 나와 있는 경우 변수명인 PB나 RL은 사용하지 않고, 디바이스 명인 P0와 P40만을 이용하여 프로그램을 완성한다.

간혹 그림과 같이 변수/설명 자동추가가 설정되어 있으면 디바이스명만 입력하더라도 변수설명창이 열리면서 변수명을 입력해야만 다음 단계로 넘어가게 되므로 설정을 해제한 상태에서 프로그램을 진행하도록 한다.

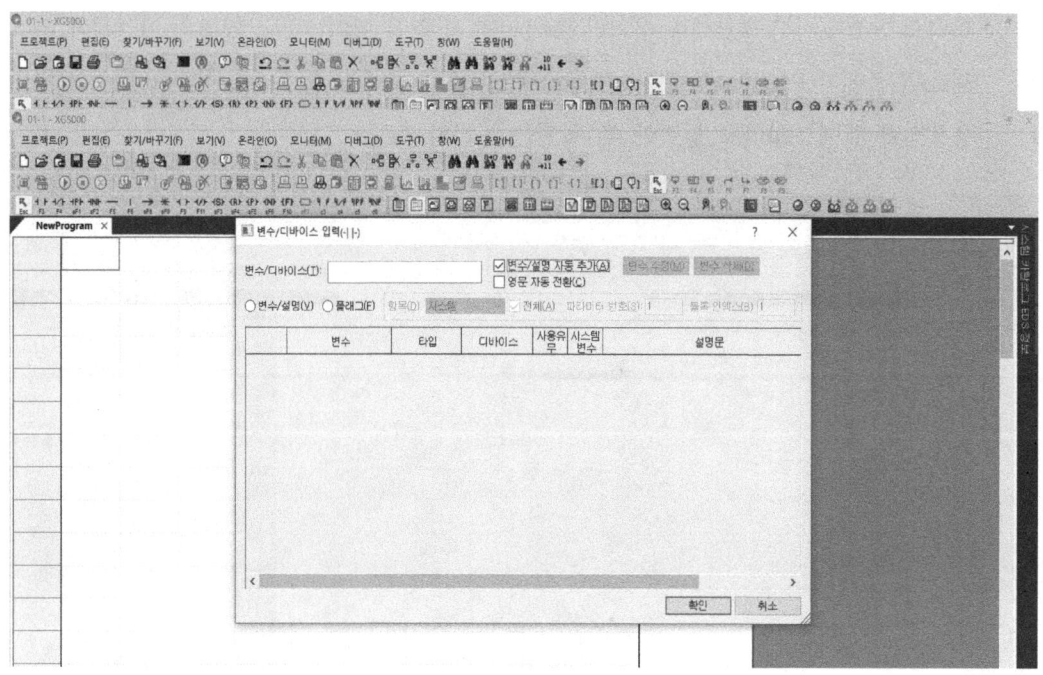

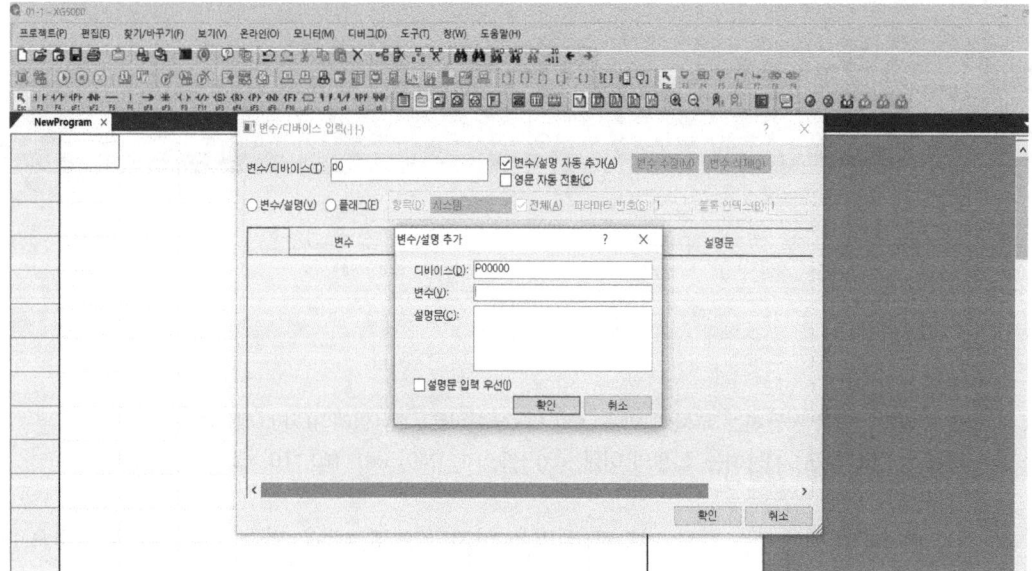

■ 시뮬레이션

하나의 프로그램을 완성한 후에는 내가 원하는 동작대로 동작이 되는지 시뮬레이션을 통해서 확인하도록 한다.

시뮬레이션이라 함은 직접 실제 PLC에 프로그램을 전송하지 않고 XG5000안에 있는 가상의 PLC에 프로그램을 써서 컴퓨터상에서 프로그램이 정상적으로 동작하는지를 미리 확인해보는 작업을 말한다.

시뮬레이션을 하기위해서는 먼저 시뮬레이터를 켜야 한다.

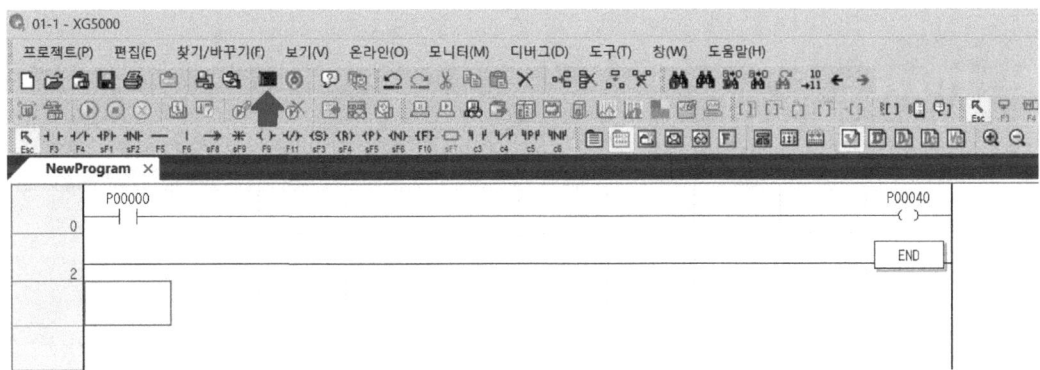

화살표에서 가리키고 있는 아이콘이 시뮬레이터를 시작하는 아이콘이다. 끝내고 싶을 때도 같은 아이콘을 클릭해서 끝내도록 한다.

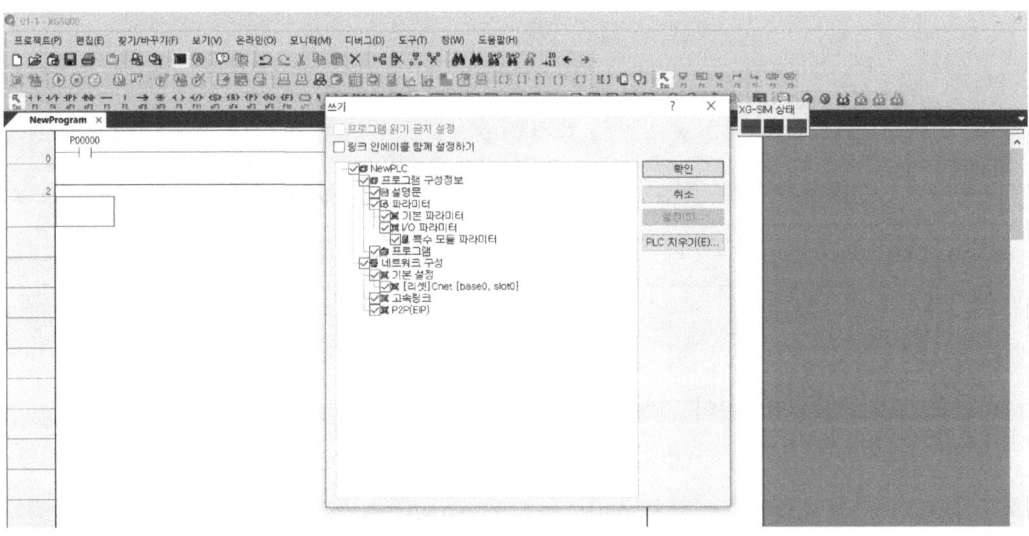

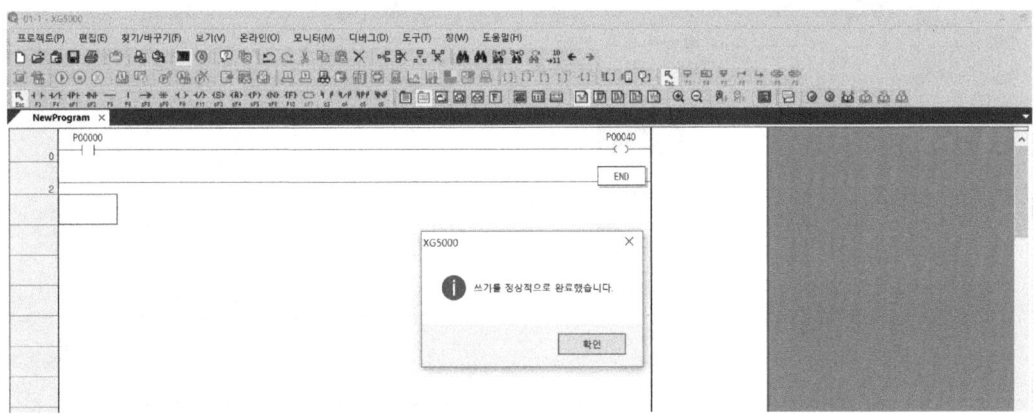

확인버튼을 눌러 시뮬레이션을 시작한다.

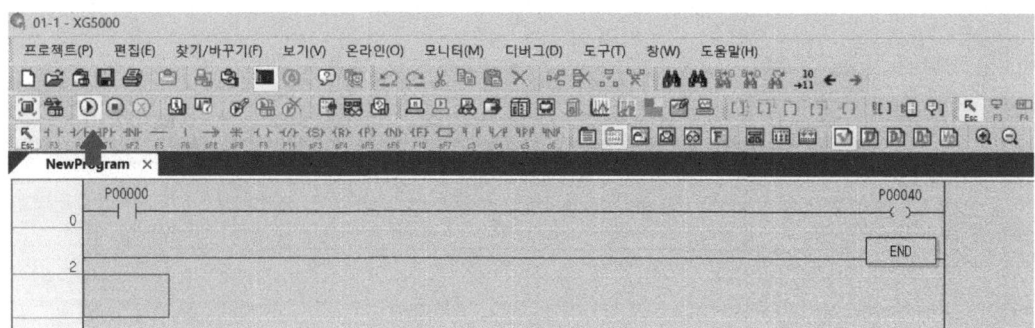

시뮬레이션 모드가 정상적으로 시작되면 화살표부분이 활성화 되며 전체적으로 화면이 회색빛으로 변하게 된다.

시뮬레이션 모드가 정상적으로 시작되면 시스템 모니터를 통해서 가상의 PLC를 불러온다.

화살표가 가르키는 아이콘이 가상의 PLC를 불러올 수 있는 시스템 모니터이다.

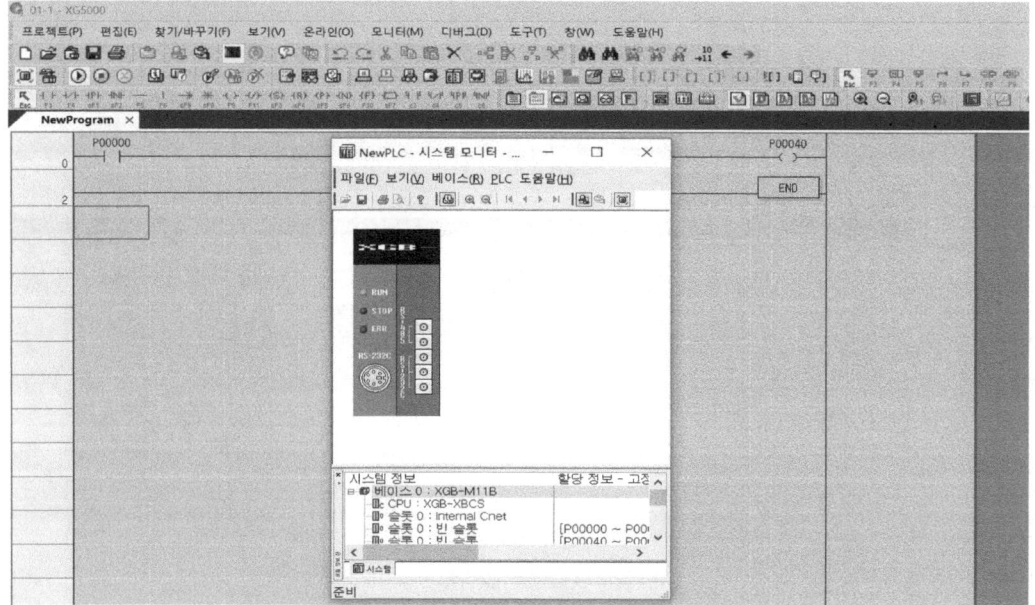

시스템 모니터를 누르면 그림과 같이 입력접점이나 출력접점이 나타나지 않는 가상의 PLC가 열리게 되는데 이는 잘못된 PLC이다. 시뮬레이션을 하기 전에 미리 내가 사용할 기종과 같은 기종의 PLC를 등록해두지 않으면 위 그림과 같이 입력접점이나 출력접점이 나타나지 않는 잘못된 PLC가 불려진다. 간혹 이 과정을 놓치고 시뮬레이션을 하게 되면 위와 같은 그림이 나타나니 위 그림을 보게 된다면 시뮬레이션을 종료하고 가상의 PLC를 내가 사용할 기종에 맞게 설정한 후에 다시 시뮬레이션을 하도록 한다.

시뮬레이션 시작/끝 아이콘을 클릭하셔 시뮬레이션을 종료한 후 메뉴창의 보기를 클릭하여 프로젝트 창을 연다.

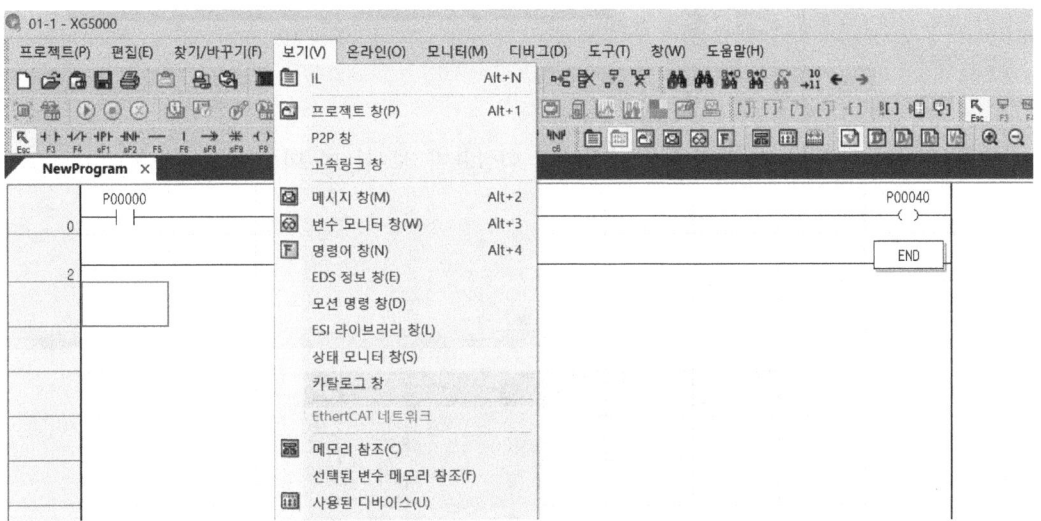

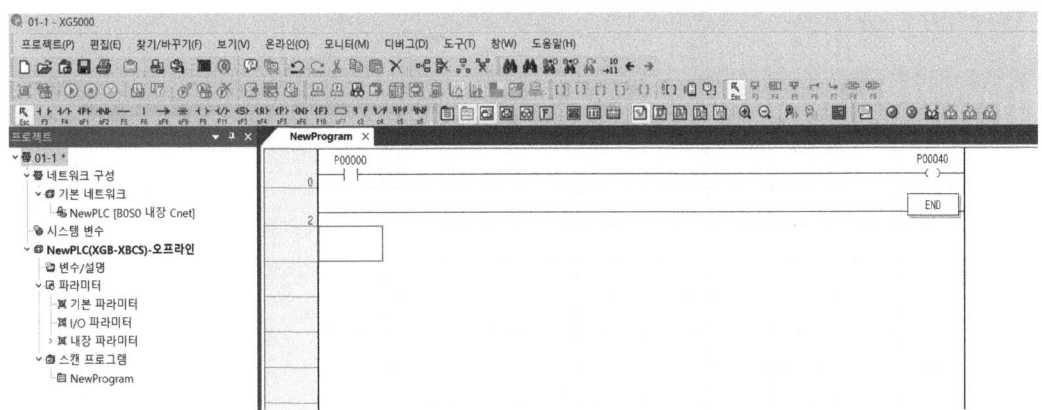

프로젝트창에서 I/O파라미터를 더블 클릭한다.

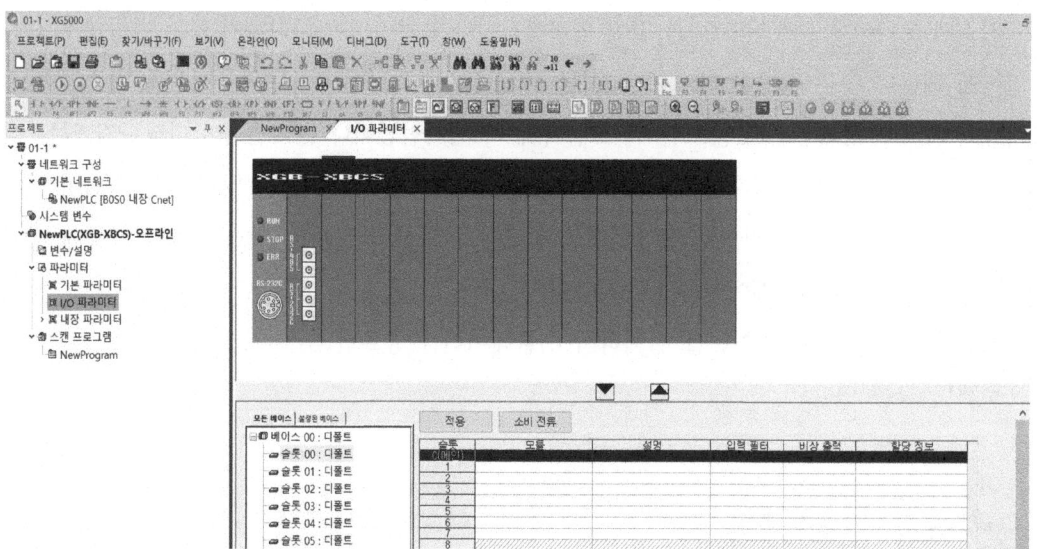

모듈의 아래에 있는 검은 박스를 클릭하면 화살표가 보이는데 화살표를 클릭한다.

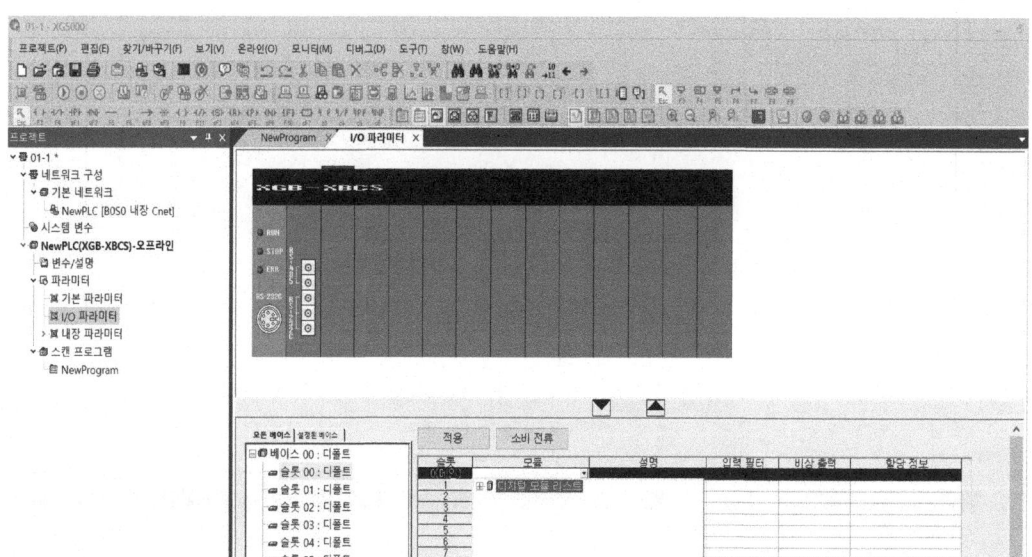

디지털 모듈리스트를 더블클릭하면 입출력 모듈이 나오는데 입출력 모듈도 더블클릭한다.

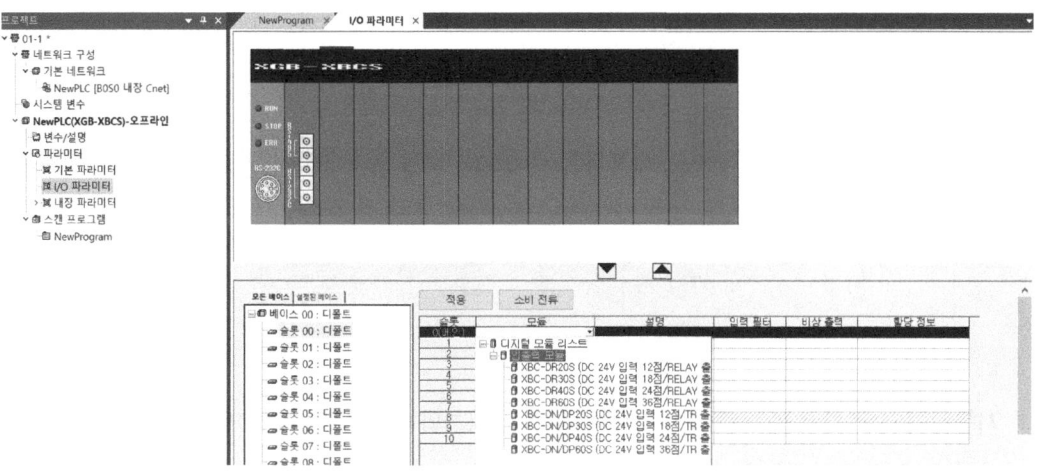

주어진 입출력 모듈 중에서 본인이 사용할 실제 PLC의 기종을 선택하면 가상의 PLC가 실제 PLC와 일치하게 된다.

최초에 새 프로젝트를 열 때 CPU의 종류를 어떻게 선택했는가에 따라 열리는 기종이 달라지게 되니 본인이 가지고 있는 PLC의 기종을 정확히 파악하여 설정하도록 한다.

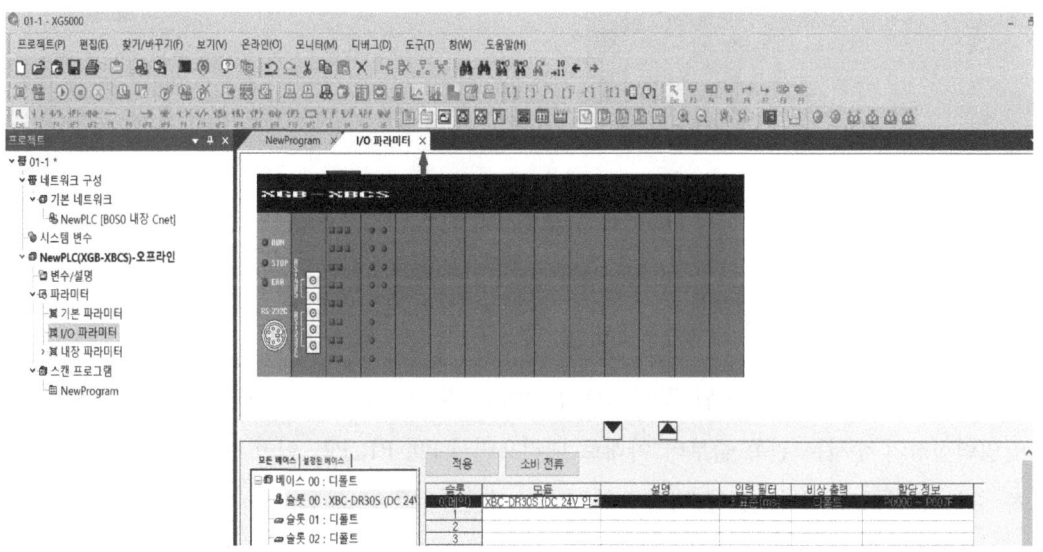

설정이 끝나게 되면 적용을 누르고 화살표가 가리키는 X를 눌러 I/O파라미터 창을 닫고 프로젝트 창도 끄도록 한다.

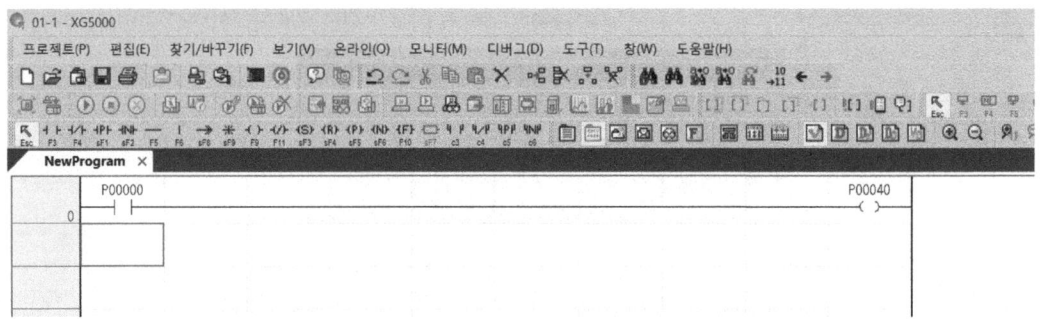

다시 시뮬레이션을 시작해보자.

시뮬레이터를 켜고 시스템 모니터를 열어보면 아까와는 다르게 입출력 접점이 모두 표현된 가상의 PLC를 확인 할 수 있다.

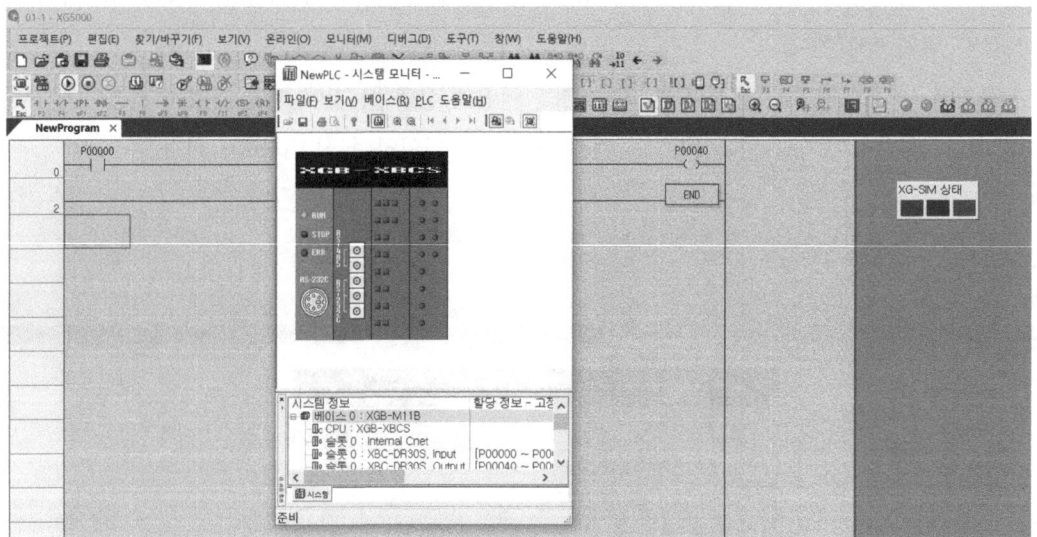

PLC에서 사각형으로 표현된 것이 입력접점이고 원으로 표현된 것이 출력 접점이다.

입력접점의 순서는 왼쪽 줄부터 아래로 내려오면서 P0, P1, P2…이고 출력접점의 순서는 왼쪽 줄부터 아래로 내려오면서 P40, P41, P42…이다.

시뮬레이션을 할 때는 입력접점에 입력을 주어서 내가 원하는 대로 출력이 나오는지를 확인하면 된다.

지금 만든 프로그램은 P0에 입력이 있는 동안만 P40에 출력이 나오는 프로그램이므로 P0를 눌러 입력을 주었을 때 출력이 P40으로 나오는지를 확인한다.

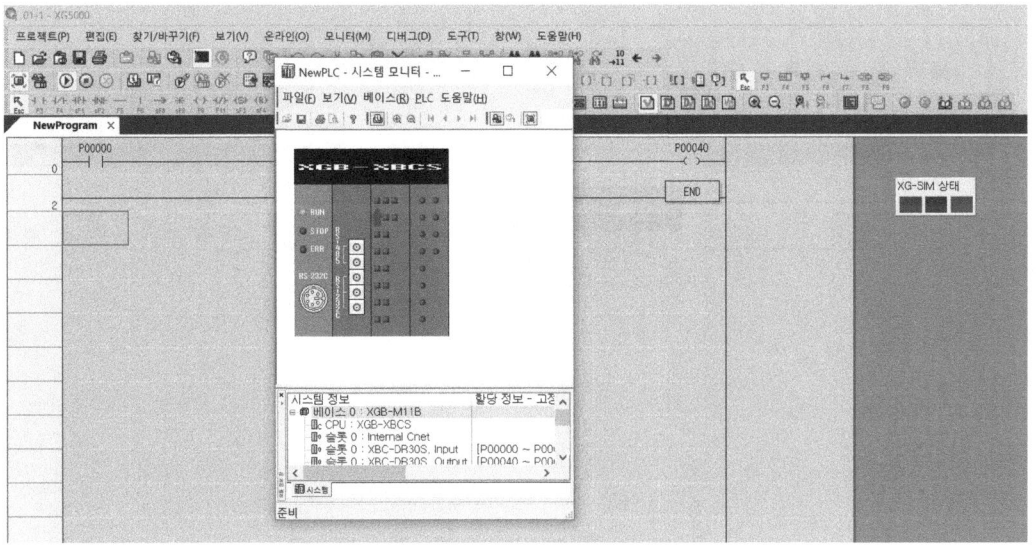

처음 P0를 누르게 되면 접점 값을 변경하겠냐는 팝업창이 뜨는데 시뮬레이션 하는 동안 계속 팝업창이 뜨게 되면 방해가 되므로 화면에 다시 표시 안함을 체크하여 더 이상 팝업창이 뜨지 않도록 조정한다.

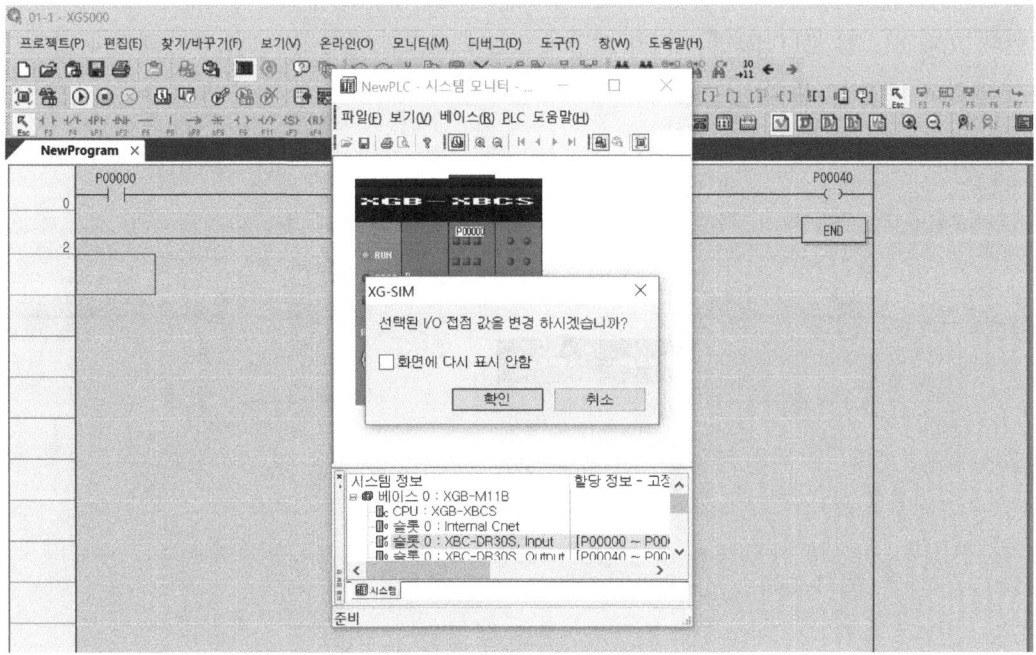

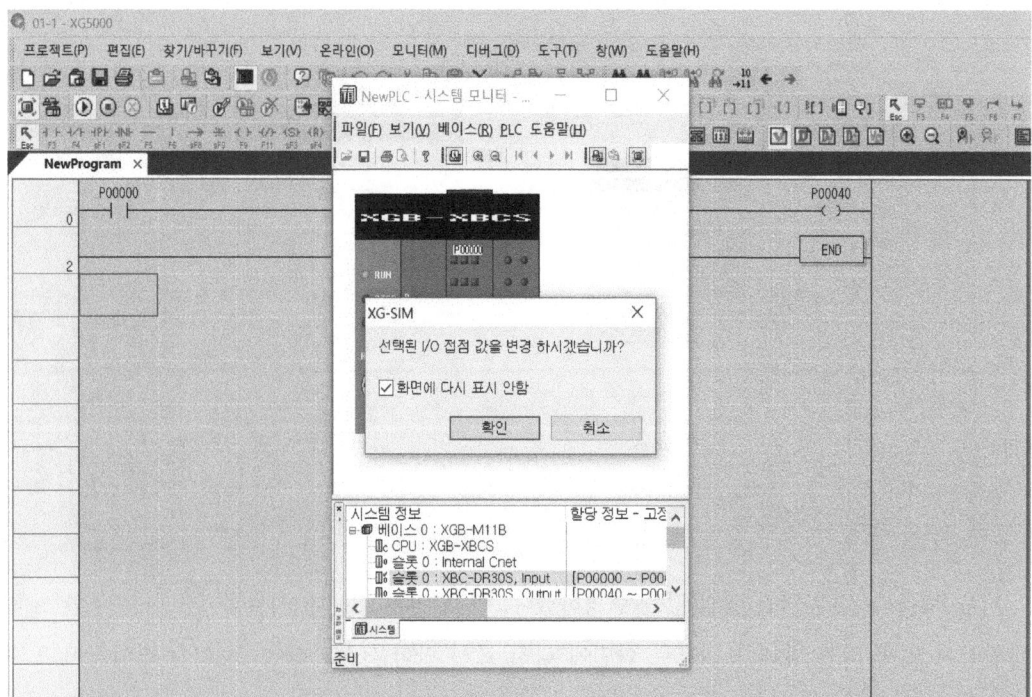

　P0를 눌렀다가 뗐다를 반복하면서 P0가 눌려지고 있는 동안에만 P40의 불이 켜지는지 확인한다. 이때 시스템 모니터뿐만 아니라 배경에 있는 프로그램 자체에서도 접점이 붙었다 떨어지고 출력이 나왔다 사라지는 것을 확인할 수 있다.

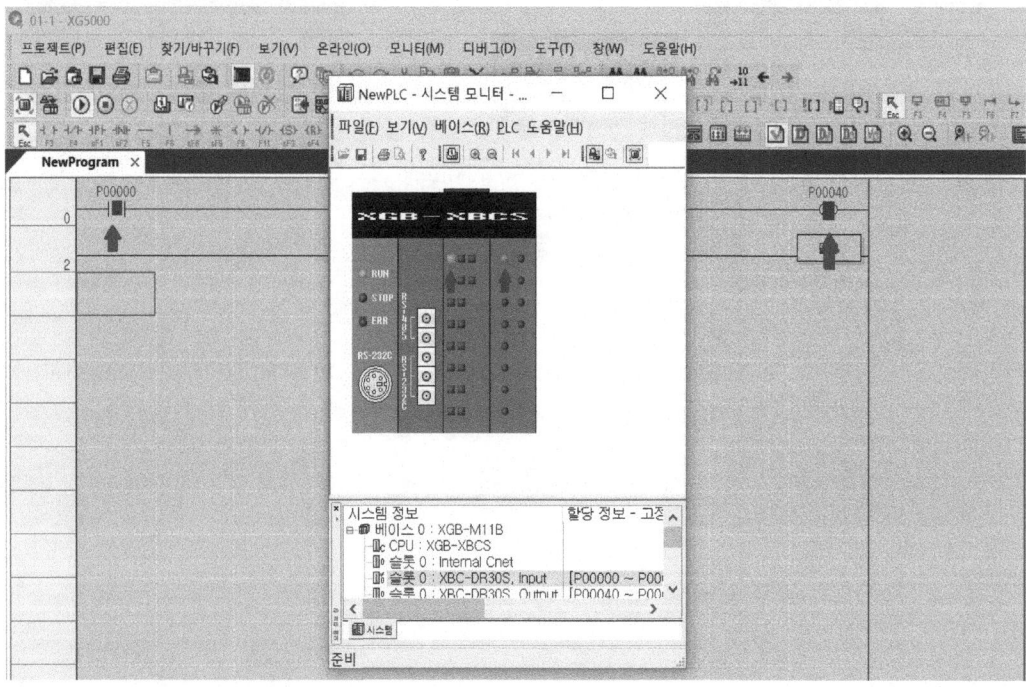

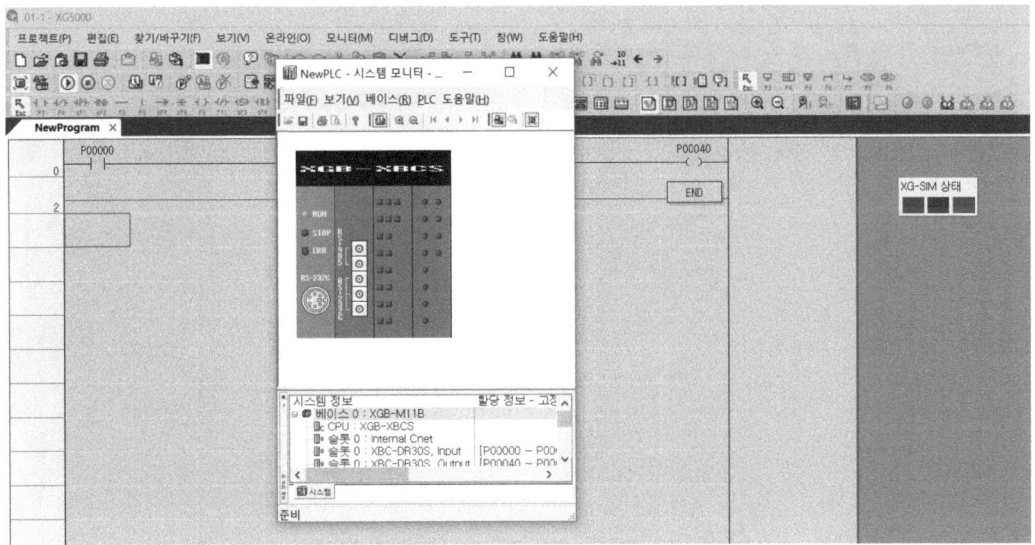

프로그램이 이상 없이 동작됨을 확인하면 시뮬레이션을 종료한다.

2) b접점

프로그램 작성에 있어서 b접점은 신호가 있으면 연결이 끊어지게 되고 신호가 없을 때는 연결되어 있다는 뜻이다.

b접점을 그대로 출력하면 입력 신호가 존재하는 동안만 출력 신호가 끊어지게 되는 프로그램이 완성된다.

b접점 신호는 단독으로 사용되지 않고 주로 이미 연결되어 있는 신호를 새로운 입력으로 끊어줄 때 사용된다.

프로그램을 작성하는 방법은 다음과 같다.

① 빈 프로젝트 창에 커서를 가장 왼쪽 상단에 위치시킨 후 F4을 누른다.
　변수/디바이스 칸에는 P0라고 입력하고 확인을 누른다.(입력접점은 P0~P7을 사용한다.)

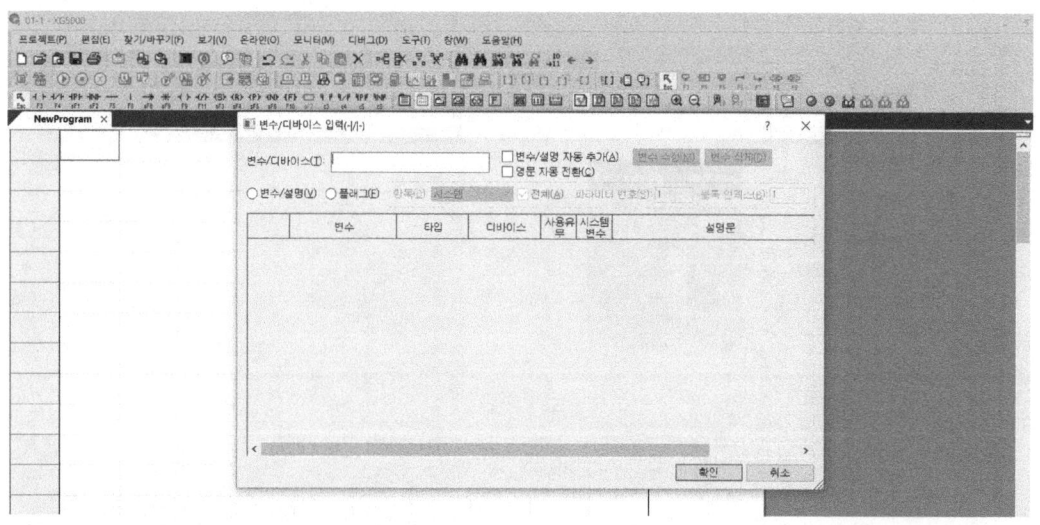

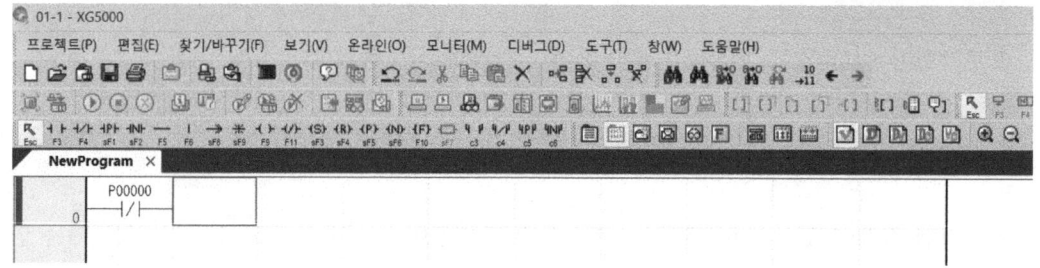

② 그 위치에서 F9를 누른다.

변수/디바이스 칸에는 P40라고 입력하고 확인을 누른다.(입력접점은 P40~P45을 사용한다.)
프로그램의 한 줄이 완성되지 않았을 때에는 왼쪽에 붉은 줄로 표시가 된다.
프로그램의 한 줄을 완성했음에도 왼쪽에 붉은 줄이 나타난다면 프로그램을 잘못 입력한 것이라는 뜻이므로 검토하도록 한다.
코일의 위치는 항상 줄의 가장 오른쪽 끝이 된다.
어느 위치에서 입력하더라도 자동으로 오른쪽 끝에 형성이 되니 일부러 가로줄을 그어서 줄의 가장 오른편으로 가서 F9를 누르지 않아도 된다.

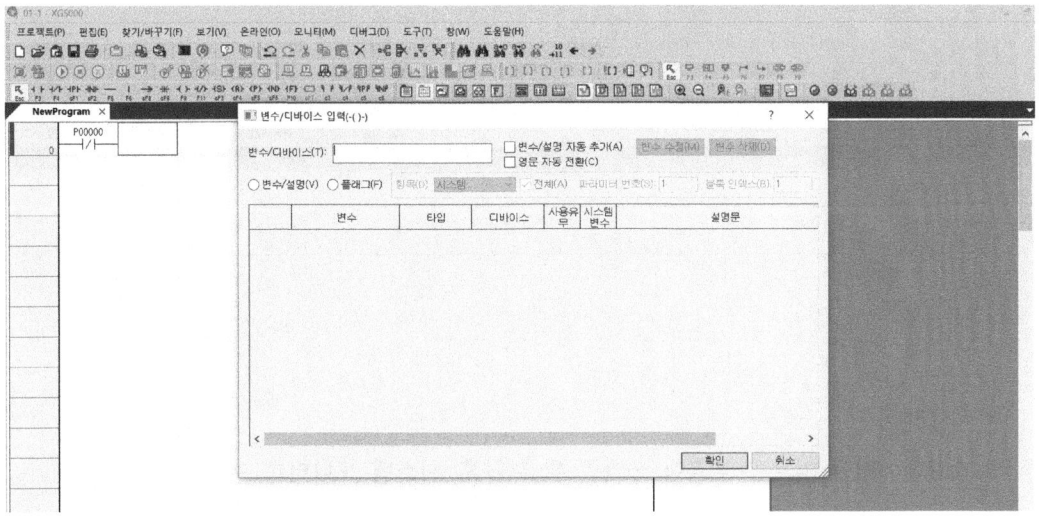

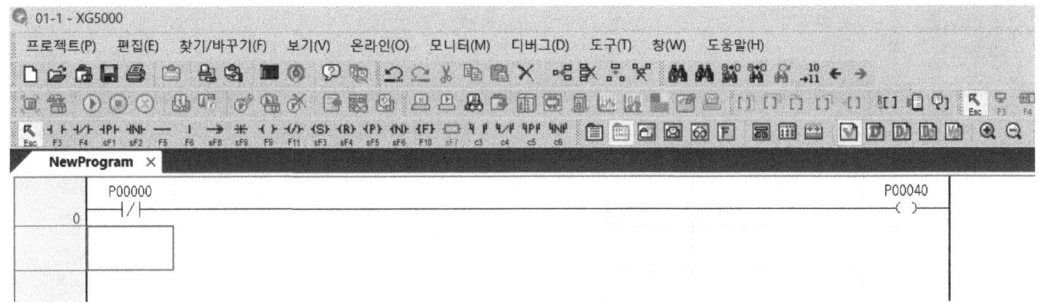

③ 하나의 프로그램이 완료되면 마지막 줄에 반드시 끝을 알리는 end 명령을 입력해야 한다. 새로운 줄에서 F10을 누른다.

응용명령 칸에 end라고 입력한 후 확인을 누른다.

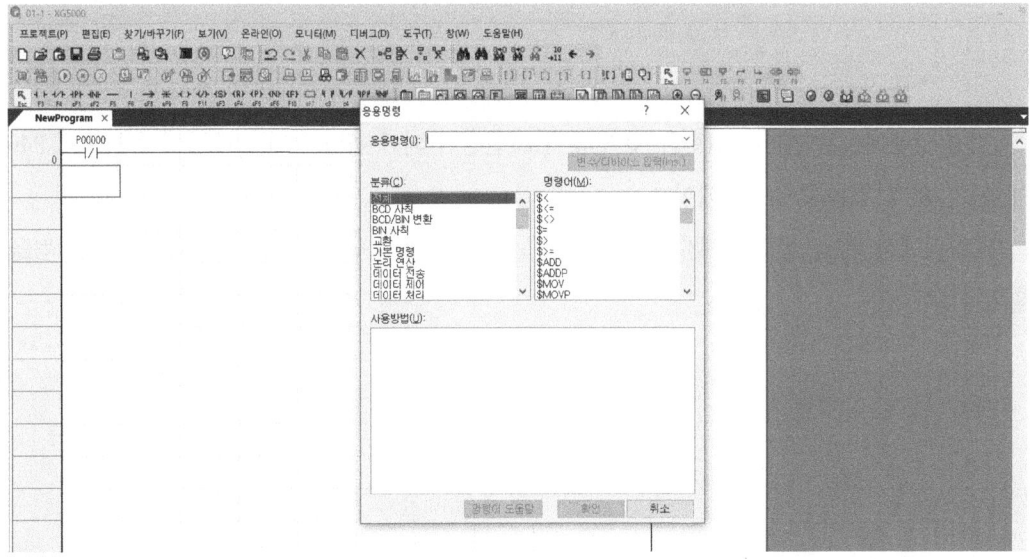

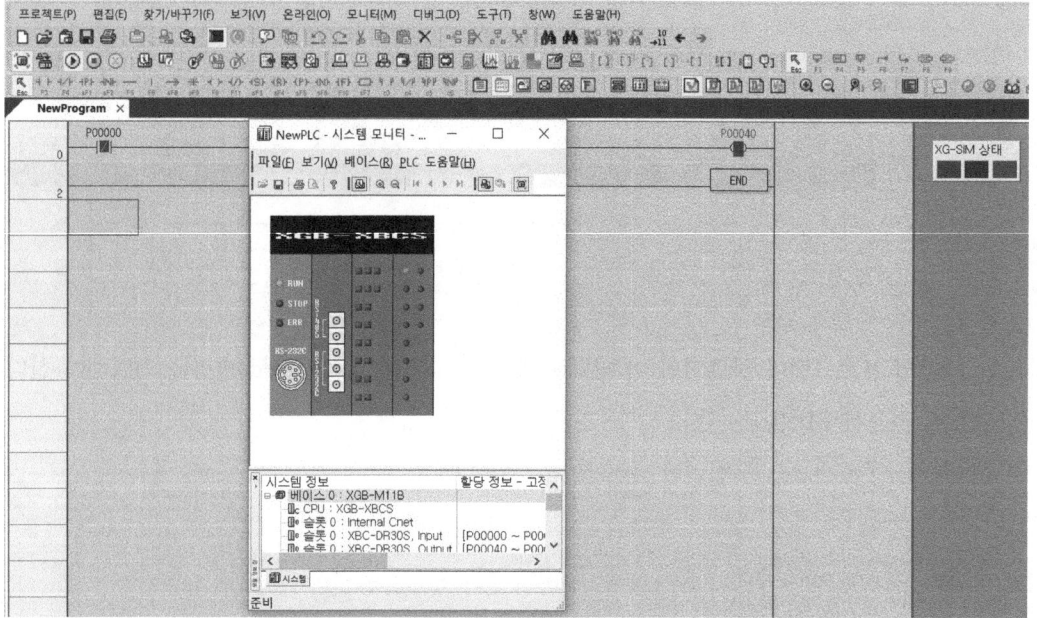

■ 시뮬레이션

시뮬레이터를 켜고 프로그램 쓰기를 완료한 후 시스템 모니터를 켠다.

b접점 상태에서는 별다른 입력을 주지 않아도 연결이 되어 출력이 나오고 있어야 함으로 P40에 불이 켜져 있는게 정상상태이다.

이 상태에서 P0를 눌렀다 뗐다 하며 P0를 누르고 있는 동안에는 출력이 나오지 않게 됨을 확인하도록 한다.

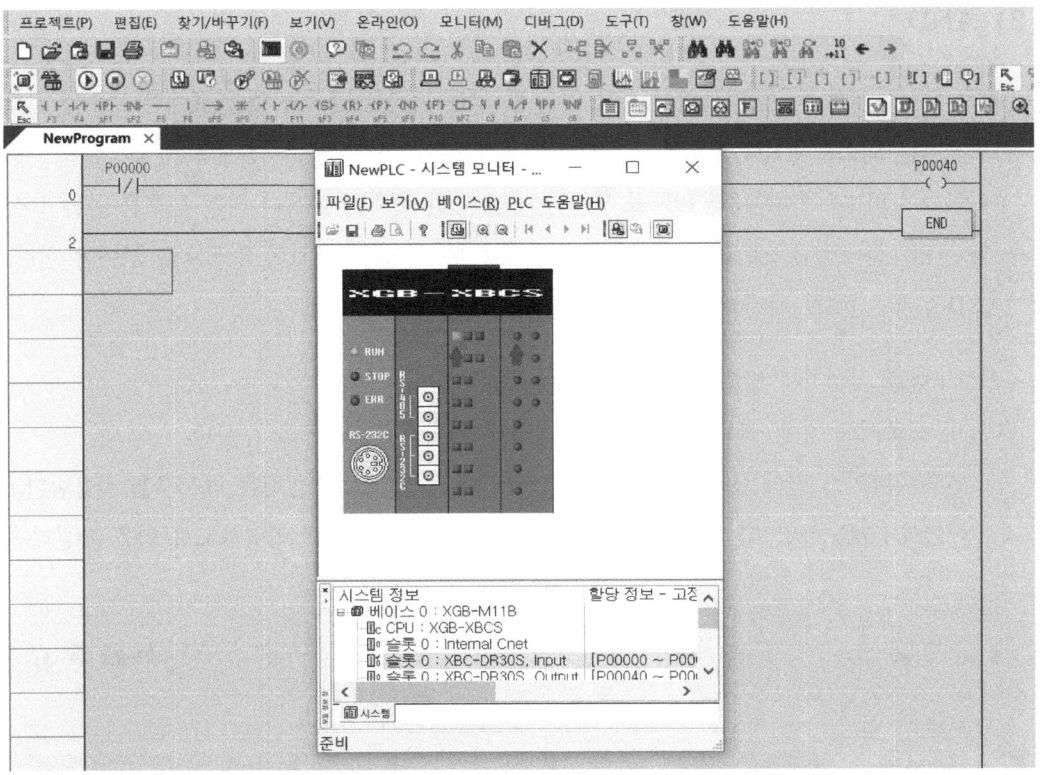

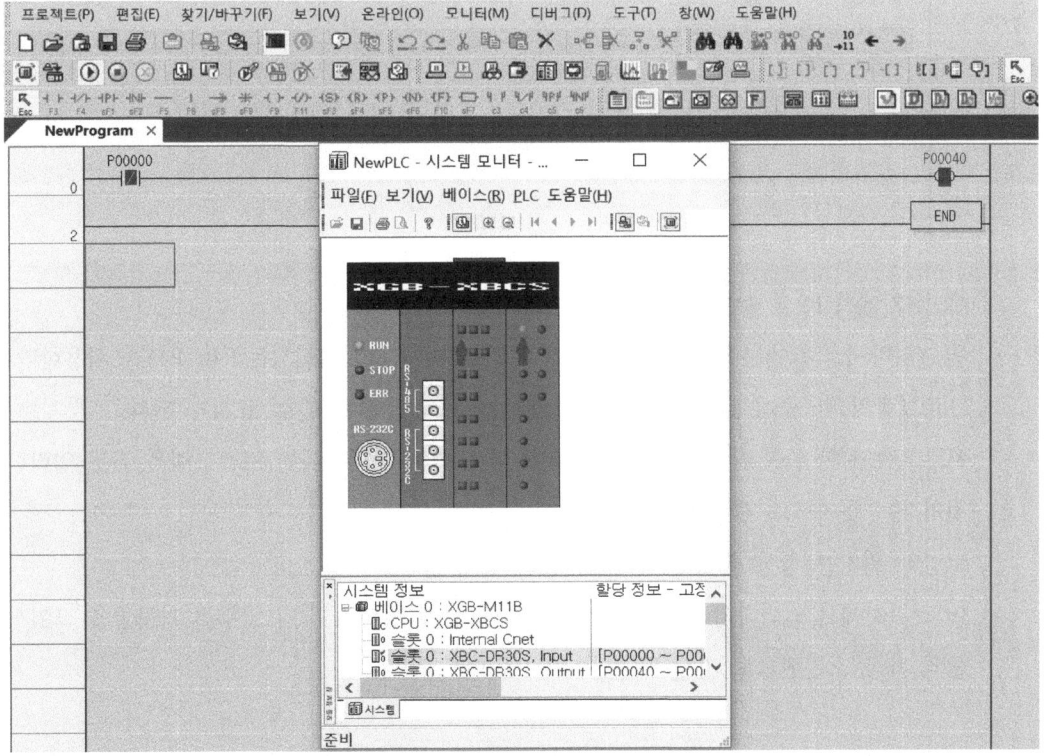

프로그램이 이상 없이 동작됨을 확인하면 시뮬레이션을 종료한다.

3) AND

프로그램 상에서 두 개 이상의 신호가 있을 때 모든 조건을 만족을 했을 때에만 새로운 신호가 발생하는 회로를 AND 회로라고 한다.

예를 들어 PB(푸쉬버튼)1과 PB2를 모두 눌렀을 때만 출력이 나온다 라는 신호를 만들고 싶을 때는 PB1을 a접점으로 PB2도 a접점으로 하여 두 접점을 AND의 형식으로 묶어야 한다. AND는 두 신호를 나란히 직렬로 연결하는 방식으로 표현한다.

프로그램을 작성하는 방법은 다음과 같다.

① 빈 프로젝트 창에 커서를 가장 왼쪽 상단에 위치시킨 후 F3을 누른다.

변수/디바이스 칸에는 P0라고 입력하고 확인을 누른다.(입력접점은 P0~P7을 사용한다.)
이어서 F3을 한번 더 누른 후 변수/디바이스 칸에 P1이라고 입력하고 확인을 누른다.

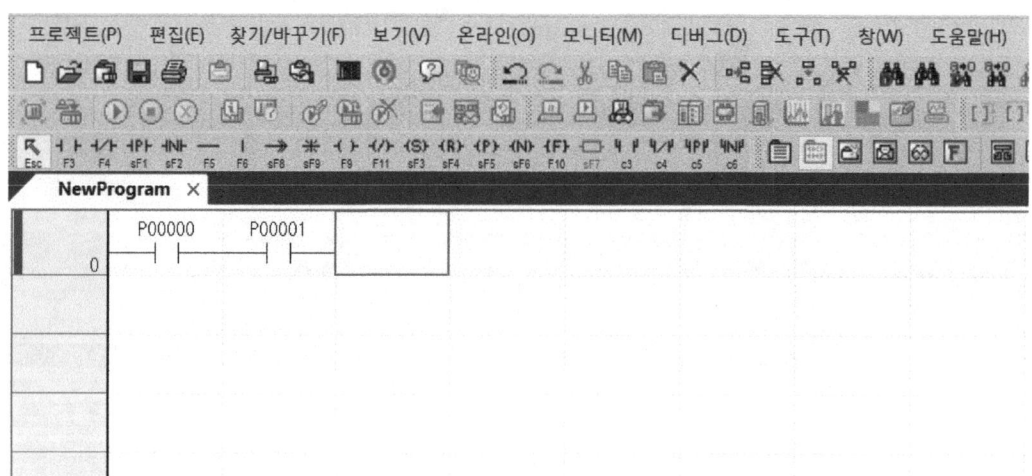

② 그 위치에서 F9를 누른다.

변수/디바이스 칸에는 P40라고 입력하고 확인을 누른다.(입력접점은 P40~P45을 사용한다.)
프로그램의 한 줄이 완성되지 않았을 때에는 왼쪽에 붉은 줄로 표시가 된다.
프로그램의 한 줄을 완성했음에도 왼쪽에 붉은 줄이 나타난다면 프로그램을 잘못 입력한 것이라는 뜻이므로 검토하도록 한다.
코일의 위치는 항상 줄의 가장 오른쪽 끝이 된다.
어느 위치에서 입력하더라도 자동으로 오른쪽 끝에 형성이 되니 일부러 가로줄을 그어서 줄의 가장 오른편으로 가서 F9를 누르지 않아도 된다.

제1장 기초편

③ 하나의 프로그램이 완료되면 마지막 줄에 반드시 끝을 알리는 end 명령을 입력해야 한다.
새로운 줄에서 F10을 누른다.
응용명령 칸에 end라고 입력한 후 확인을 누른다.

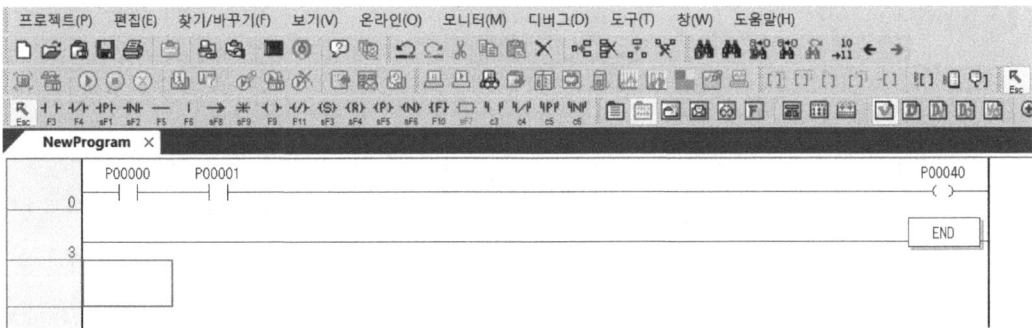

■ 시뮬레이션

시뮬레이터를 켜고 프로그램 쓰기를 완료한 후 시스템 모니터를 켠다.

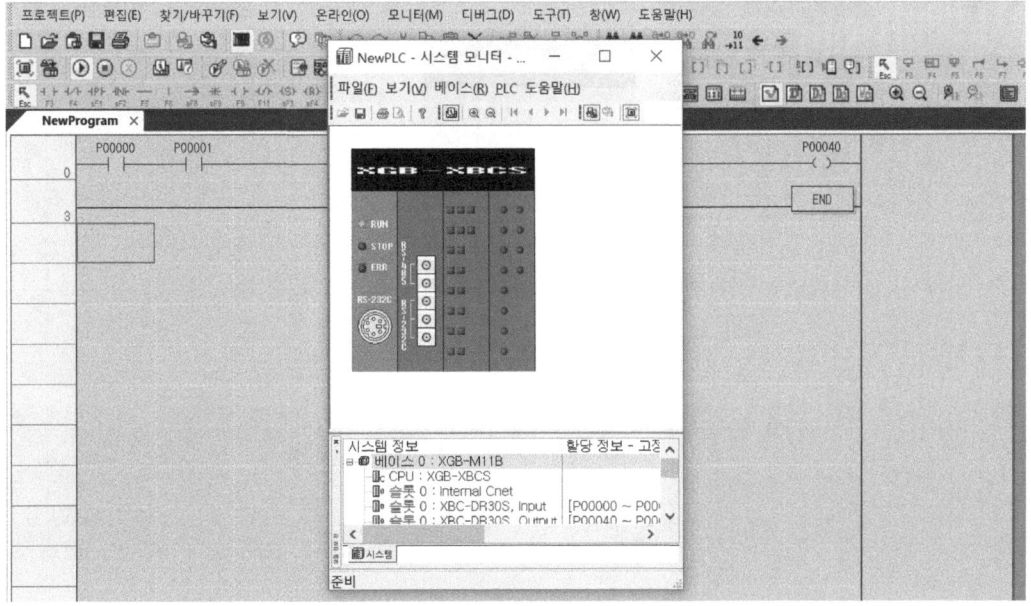

AND회로에서는 두 신호가 동시에 들어가고 있을 때만 출력이 나오게 된다. P0나 P1을 하나씩만 눌러보면서 출력이 나오지 않는 것을 확인하고 P0와 P1이 동시에 다 눌려졌을 때 출력이 나오는 지를 확인한다.

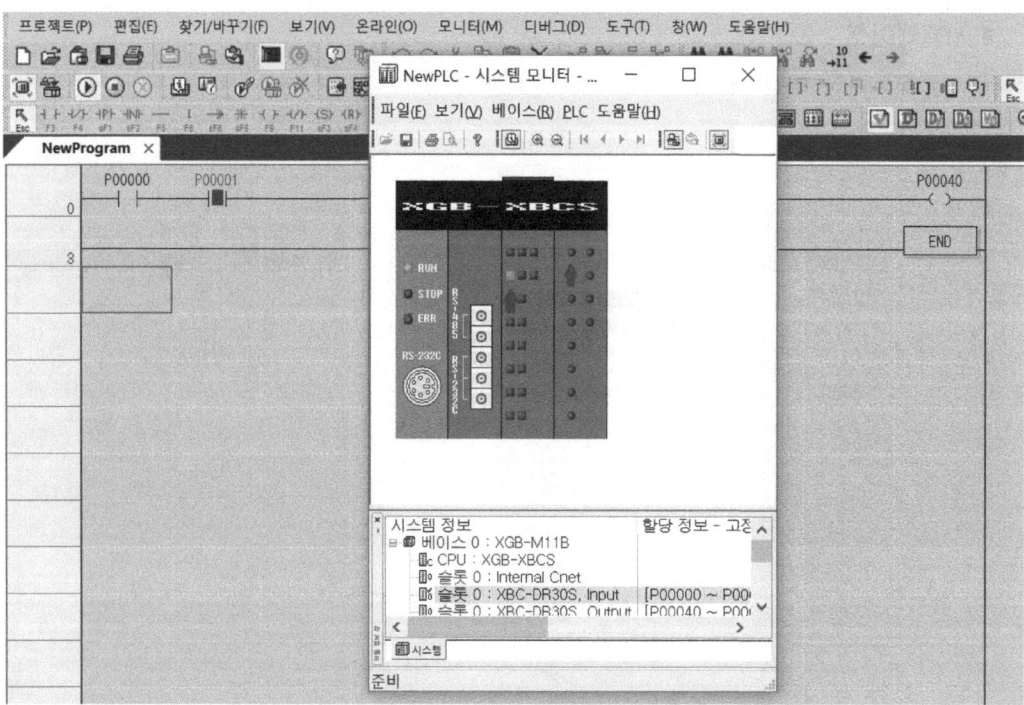

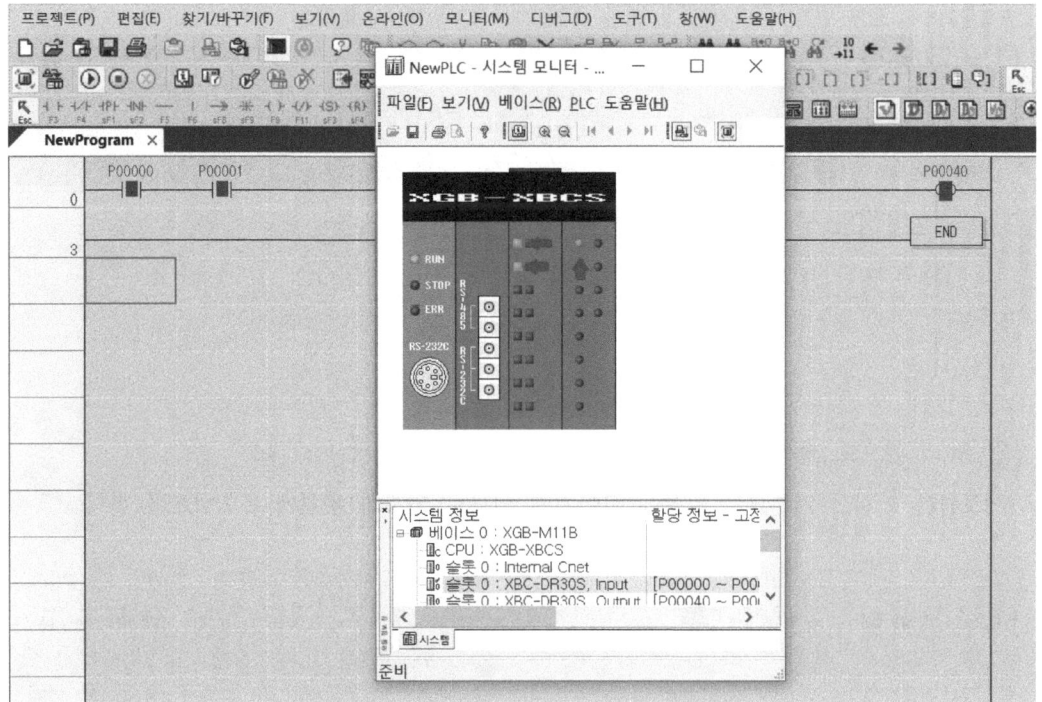

프로그램이 이상 없이 동작됨을 확인하면 시뮬레이션을 종료한다.

4) OR회로

프로그램 상에서 두 개 이상의 신호가 있을 때 그 중 하나의 조건이라도 만족을 했을 때에는 새로운 신호가 발생하는 회로를 OR 회로라고 한다.

예를 들어 PB(푸쉬버튼)1과 PB2 둘 중 하나만 눌러도 출력이 나온다 라는 신호를 만들고 싶을 때는 PB1을 a접점으로 PB2도 a접점으로 하여 두 접점을 OR의 형식으로 묶어야 한다.

OR는 두 신호를 병렬로 연결하는 방식으로 표현한다.

프로그램을 작성하는 방법은 다음과 같다.

① 빈 프로젝트 창에 커서를 가장 왼쪽 상단에 위치시킨 후 F3을 누른다.

변수/디바이스 칸에는 P0라고 입력하고 확인을 누른다.(입력접점은 P0~P7을 사용한다.)

줄을 바꿔서 F3을 한번 더 누른 후 변수/디바이스 칸에 P1이라고 입력하고 확인을 누른다.

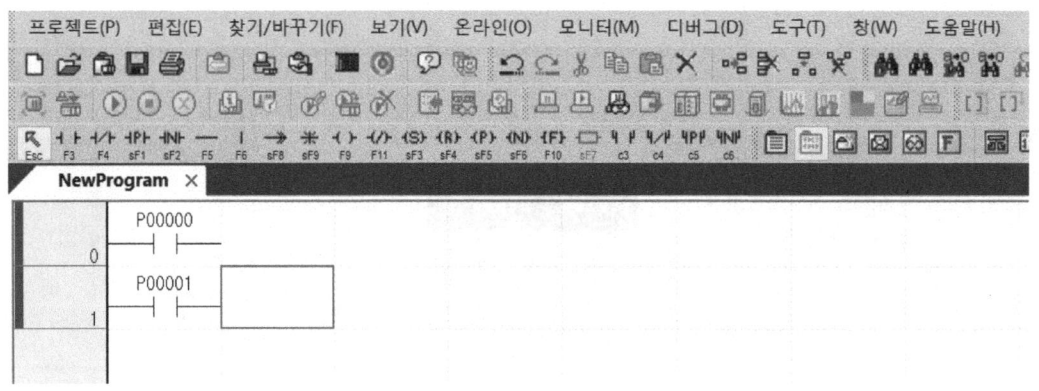

② P0의 옆으로 커서를 이동한 후 F6을 눌러 세로줄을 긋는다.

세로줄은 커서를 기준으로 왼쪽에 그어지게 되므로 커서의 위치에 유의하도록 한다.

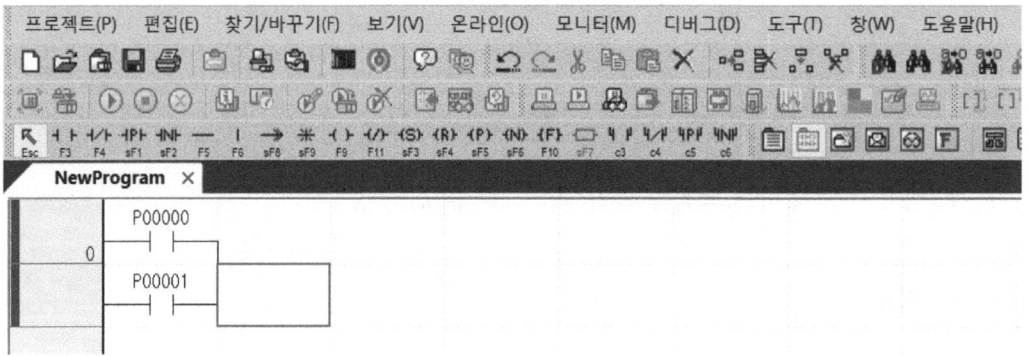

③ P0의 옆으로 커서를 이동한 후 그 위치에서 F9를 누른다.

변수/디바이스 칸에는 P40라고 입력하고 확인을 누른다.(입력접점은 P40~P45을 사용한다.)

프로그램의 한 줄이 완성되지 않았을 때에는 왼쪽에 붉은 줄로 표시가 된다.

프로그램의 한 줄을 완성했음에도 왼쪽에 붉은 줄이 나타난다면 프로그램을 잘못 입력한 것이라는 뜻이므로 검토하도록 한다.

코일의 위치는 항상 줄의 가장 오른쪽 끝이 된다.

어느 위치에서 입력하더라도 자동으로 오른쪽 끝에 형성이 되니 일부러 가로줄을 그어서 줄의 가장 오른편으로 가서 F9를 누르지 않아도 된다.

④ 하나의 프로그램이 완료되면 마지막 줄에 반드시 끝을 알리는 end 명령을 입력해야 한다.
새로운 줄에서 F10을 누른다.
응용명령 칸에 end라고 입력한 후 확인을 누른다.

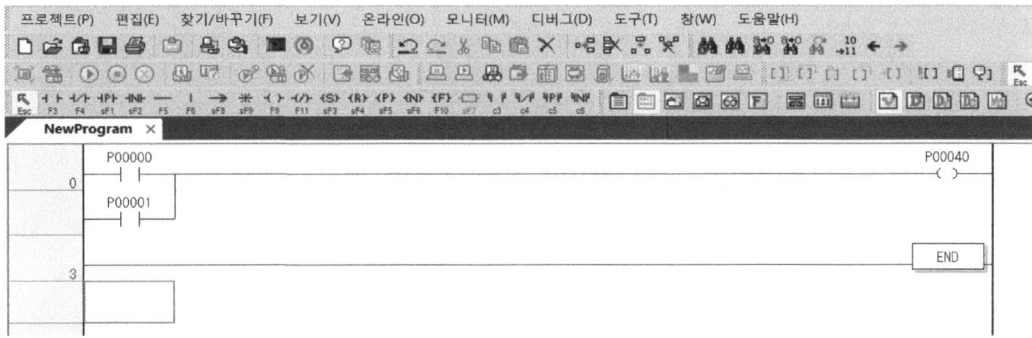

■ 시뮬레이션

시뮬레이터를 켜고 프로그램 쓰기를 완료한 후 시스템 모니터를 켠다.

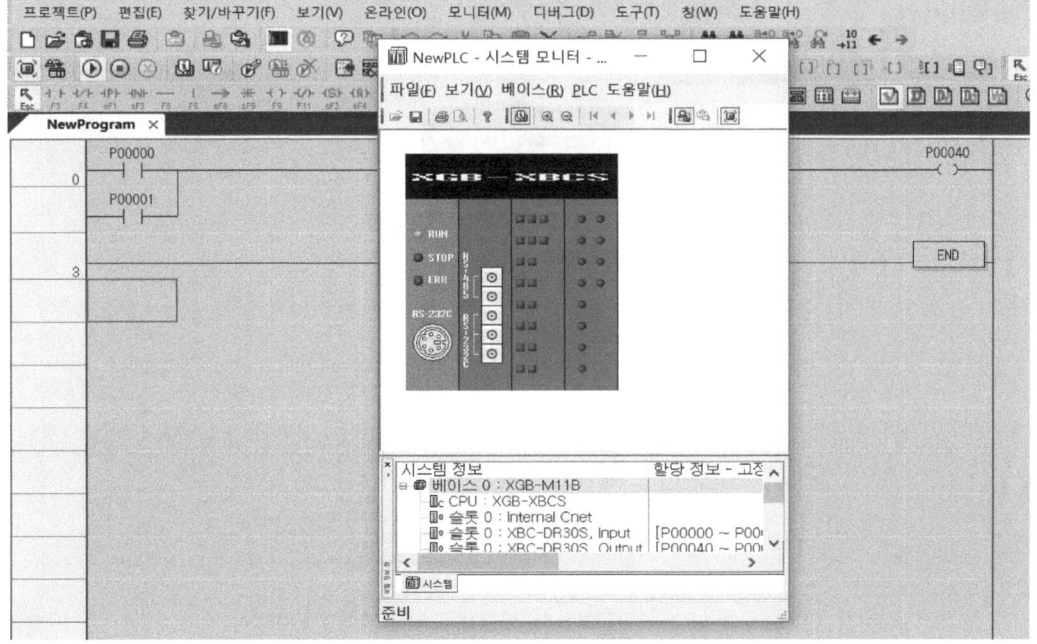

OR회로에서는 두 신호 중 하나만 들어가도, 둘 다 동시에 들어가도 출력이 나오게 된다. 두 신호 모두 들어가지 않을 때만 출력이 나오지 않게 되므로 P0나 P1을 하나씩만 눌러보면서 출력이 나오는 것을 확인하고 P0와 P1이 동시에 다 눌러졌을 때도 출력이 나오는 지를 확인하고, 두 신호 모두 들어가지 않을 때는 출력이 나오지 않게 됨을 확인해보도록 하자.

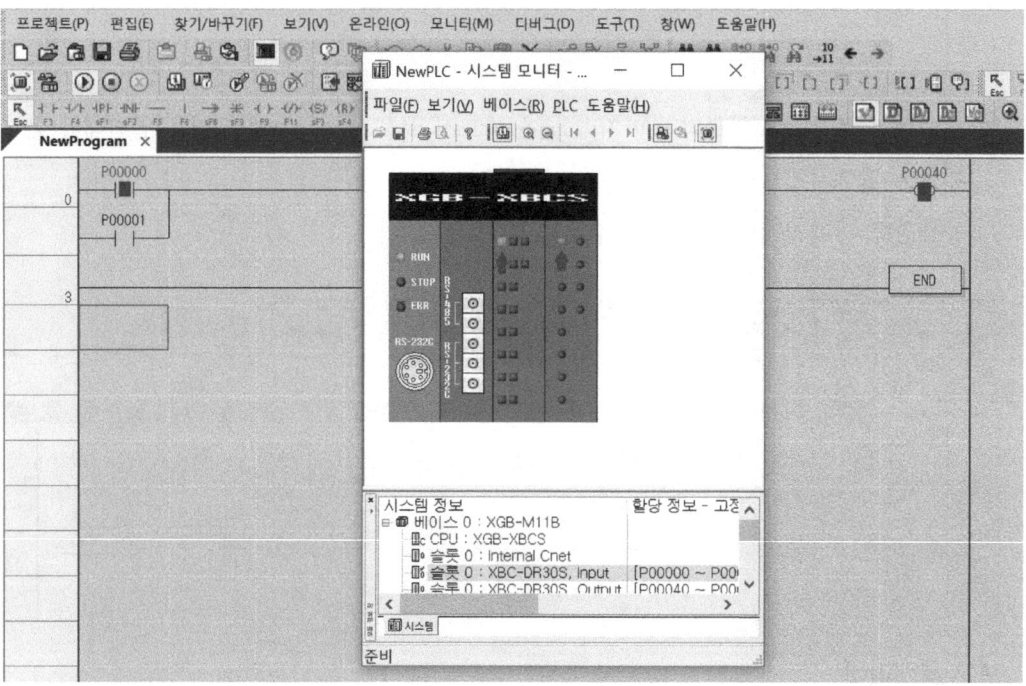

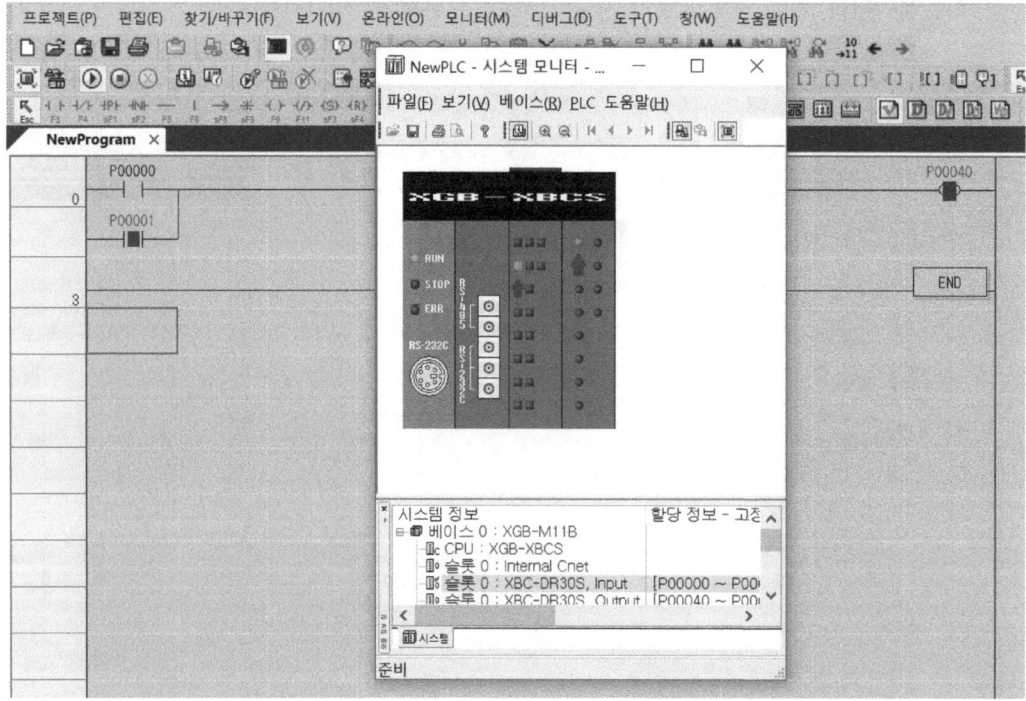

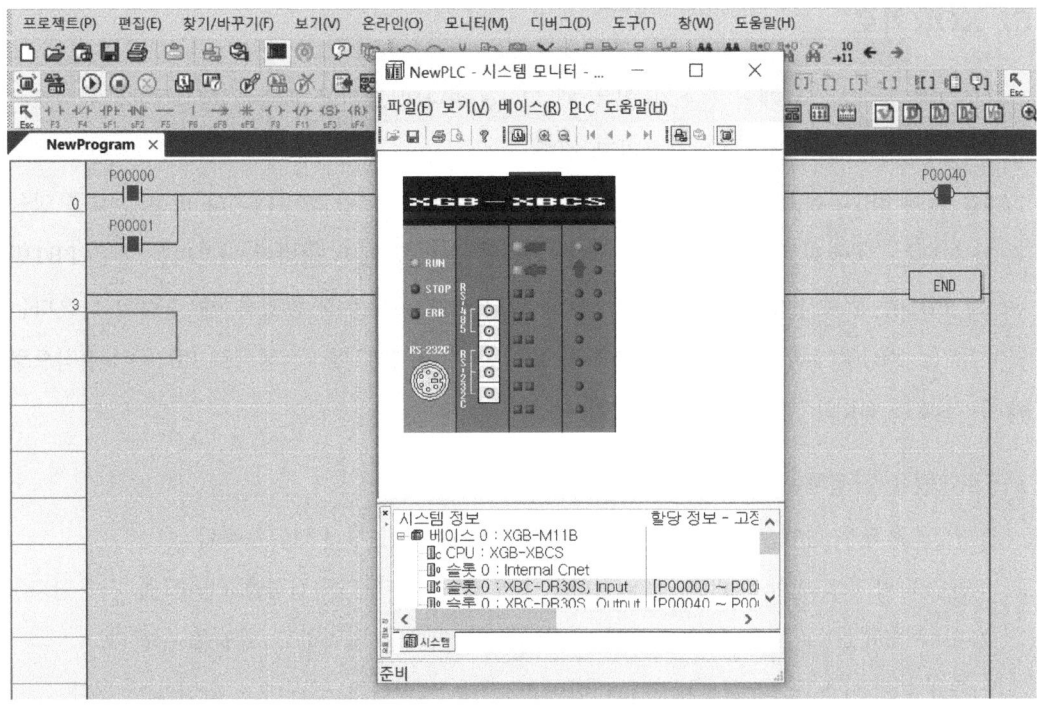

프로그램이 이상 없이 동작됨을 확인하면 시뮬레이션을 종료한다.

5) XOR회로

프로그램 상에서 두 개의 신호가 있을 때 그 중 하나의 조건만 만족을 했을 때에는 새로운 신호가 발생하는 회로를 XOR 회로라고 한다.

예를 들어 PB(푸쉬버튼)1과 PB2 둘 중 하나만 눌렀을 때만 출력이 나온다 라는 신호를 만들고 싶을 때는 XOR회로를 이용하여야 한다. 하나만 눌렀을 때만 출력이 나온다는 것은 PB1만 누르고 PB2를 누르지 않았을 때나, PB2만 누르고 PB1은 누르지 않았을 때 출력이 나온다는 의미이므로 PB1을 a접점으로 PB2는 b접점으로 한 것과, PB2를 a접점으로 PB1은 b접점으로 한 두 신호를 OR의 형식으로 묶어야 한다.

프로그램을 작성하는 방법은 다음과 같다.

① 빈 프로젝트 창에 커서를 가장 왼쪽 상단에 위치시킨 후 F3을 누른다.
   변수/디바이스 칸에는 P0라고 입력하고 확인을 누른다.(입력접점은 P0~P7을 사용한다.)
   이어서 F4를 누른 후 변수/디바이스 칸에는 P1이라고 입력하고 확인을 누른다.
   줄을 바꿔서 F3을 누른 후 변수/디바이스 칸에 P1이라고 입력하고 확인을 누른다.
   이어서 F4를 누른 후 변수/디바이스 칸에는 P0라고 입력하고 확인을 누른다.

② 커서를 이동한 후 F6을 눌러 세로줄을 그어서 병렬로 연결한다.
   세로줄은 커서를 기준으로 왼쪽에 그어지게 되므로 커서의 위치에 유의하도록 한다.

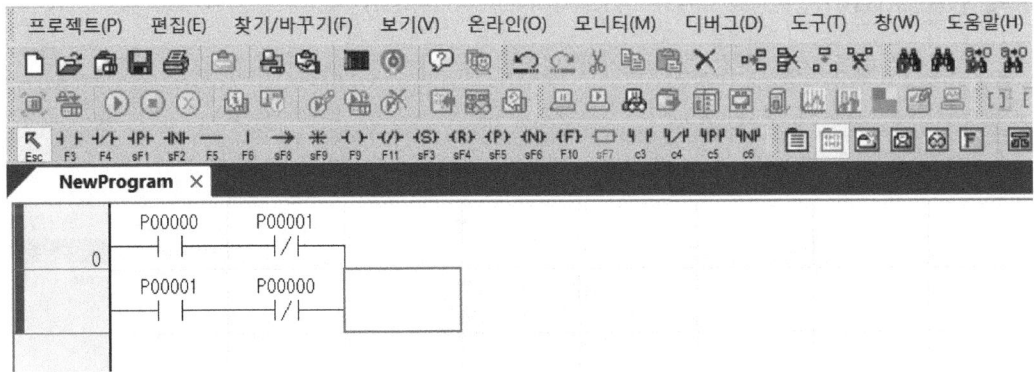

③ 커서를 윗 줄로 이동한 후 F9를 누른다.

변수/디바이스 칸에는 P40라고 입력하고 확인을 누른다.(입력접점은 P40~P45을 사용한다.)

④ 하나의 프로그램이 완료되면 마지막 줄에 반드시 끝을 알리는 end 명령을 입력해야 한다.

새로운 줄에서 F10을 누른다.

응용명령 칸에 end라고 입력한 후 확인을 누른다.

■ 시뮬레이션

시뮬레이터를 켜고 프로그램 쓰기를 완료한 후 시스템 모니터를 켠다.

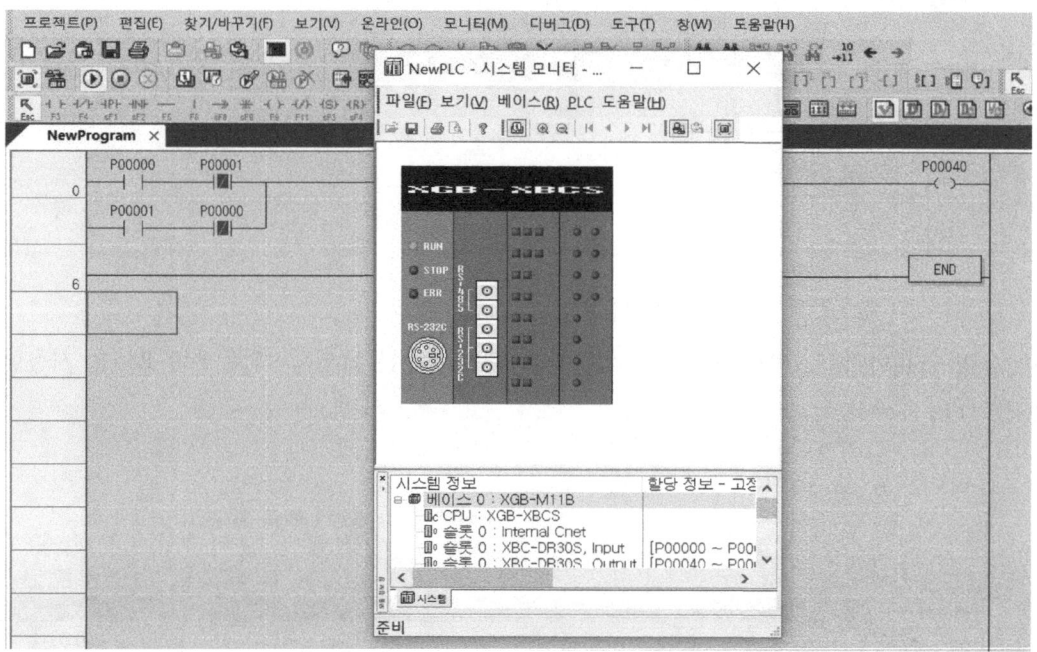

XOR 회로에서는 두 신호 중 하나만 들어갈 때 출력이 나오게 된다. 두 신호 모두 들어갈 때나 모두 들어가지 않을 때만 출력이 나오지 않게 되므로 P0나 P1을 하나씩만 눌러보면서 출력이 나오는 것을 확인하고 P0와 P1이 동시에 다 눌려졌을 때와 두 신호 모두 들어가지 않을 때는 출력이 나오지 않게 됨을 확인해보도록 하자.

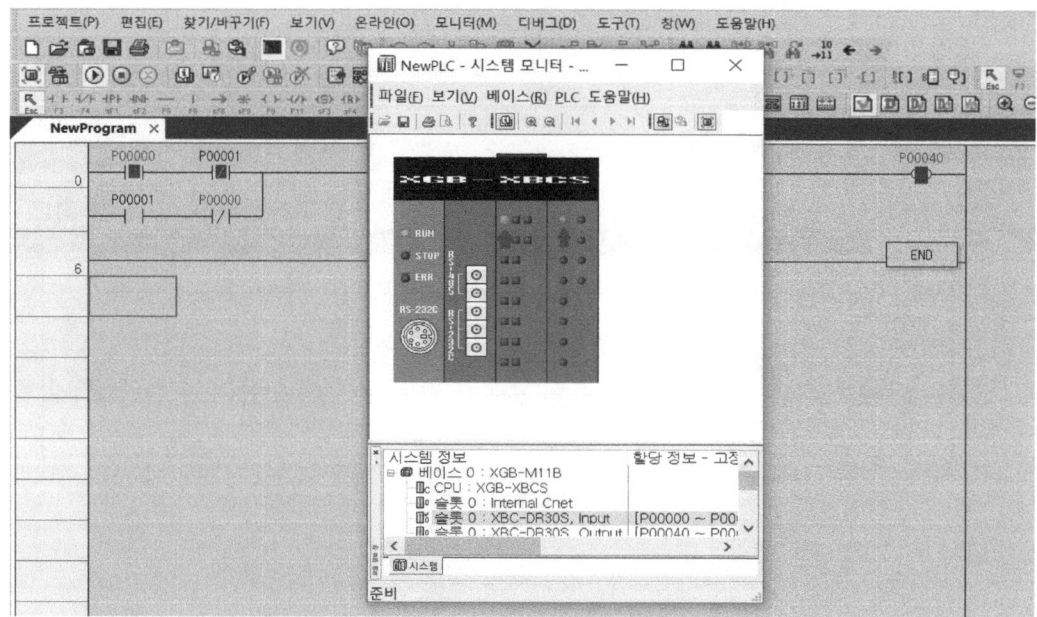

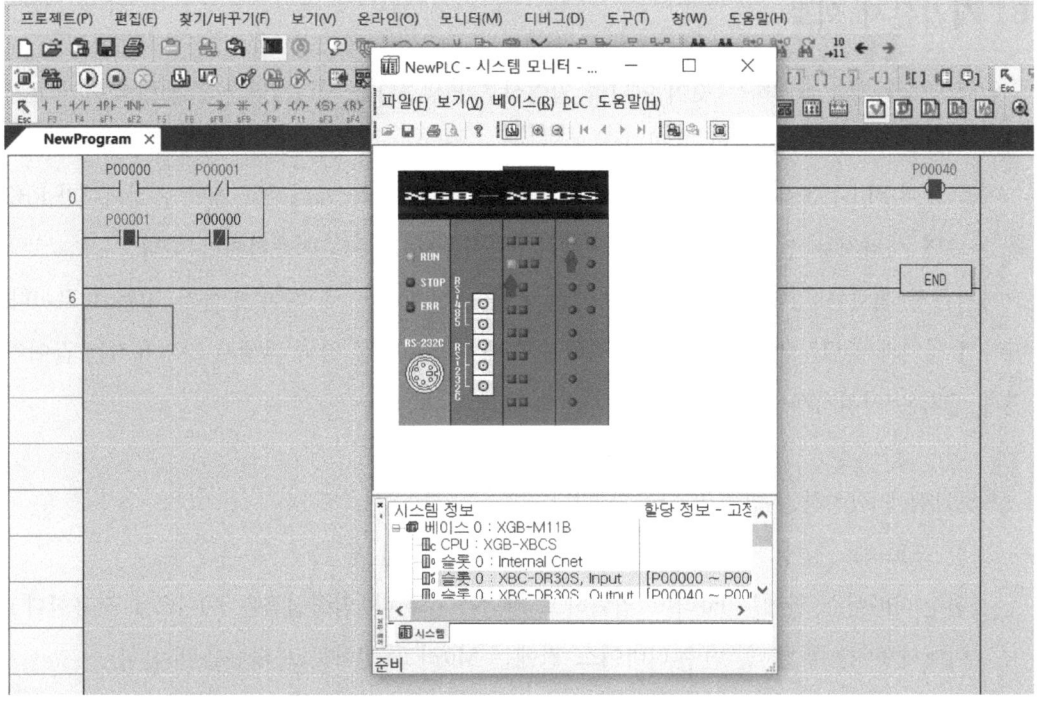

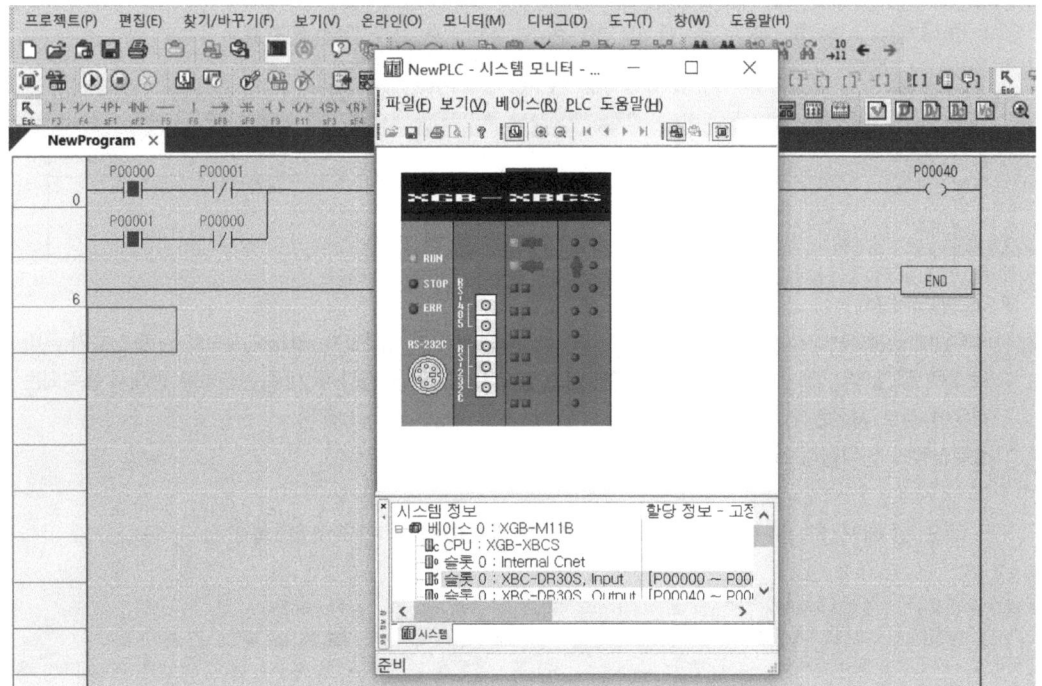

프로그램이 이상 없이 동작됨을 확인하면 시뮬레이션을 종료한다.

6) 자기유지 회로

입력신호를 계속 유지하는 것이 아니라 입력신호가 생겼다가 사라지더라도 계속 출력이 유지되는 회로를 자기유지 회로라고 한다.

예를 들어 PB(푸쉬버튼)1을 눌렀을 때 신호가 발생하여 손을 떼더라도 계속 유지되다가 PB2를 누르면 사라지는 신호를 만들고 싶을 때는 자기유지 회로를 이용하여야 한다.

자기유지 회로는 입력으로 인해 발생한 출력을 다시 입력으로 하여 만들어 지는 회로이다. 따라서 입력과 출력간에 새로운 b접점 입력을 주게 되면 b접점 입력 발생시 자기유지는 끊어지면서 출력은 사라지게 된다.

프로그램을 작성하는 방법은 다음과 같다.
① 빈 프로젝트 창에 커서를 가장 왼쪽 상단에 위치시킨 후 F3을 누른다.
   변수/디바이스 칸에는 P0라고 입력하고 확인을 누른다.(입력접점은 P0~P7을 사용한다.)
   이어서 F9를 누른 후 변수/디바이스 칸에는 M0라고 입력하고 확인을 누른다.

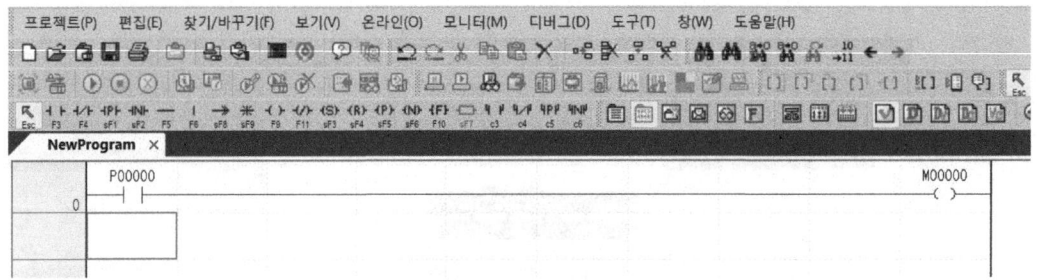

■ 내부메모리 M
PLC안에 존재하는 가상의 저장공간을 의미하는 접점으로서, 입력 접점(P0, P1, P2...)으로 인한 신호가 곧바로 출력 접점(P40, P41, P42..)으로 연결되지 않고 별도의 명령들을 거친 후 새로운 신호로 변해서 출력되는 경우에 주로 사용된다.
출력접점과 입력접점으로 모두 사용가능하다.

② 다음 줄에서 F3을 눌러 변수/디바이스 칸에 M0라고 입력하고 확인을 누른다.

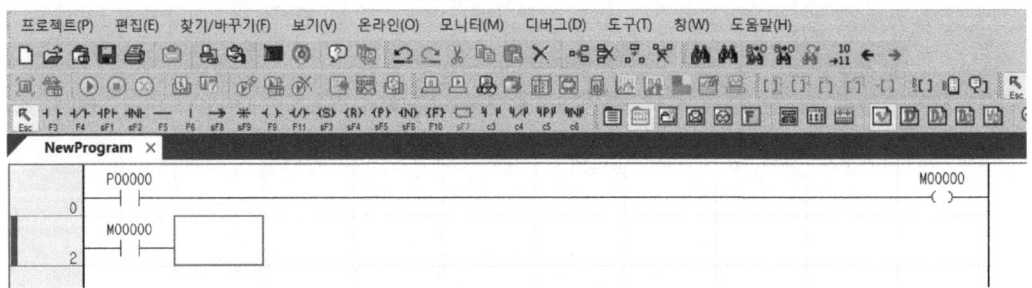

③ 커서를 윗 줄로 이동한 후 F6를 눌러서 병렬로 연결한다.

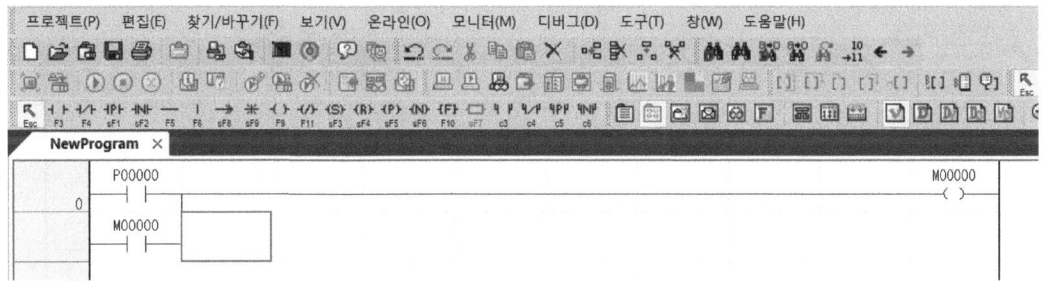

④ 커서를 위로 올려 F4를 누르고 변수/디바이스 칸에 P1이라고 입력한 후 확인을 누른다. 입력접점 M0와 출력 M0사이에 b접점 입력을 넣어서 자기유지 신호를 끊을 때 사용하기 위함이다.

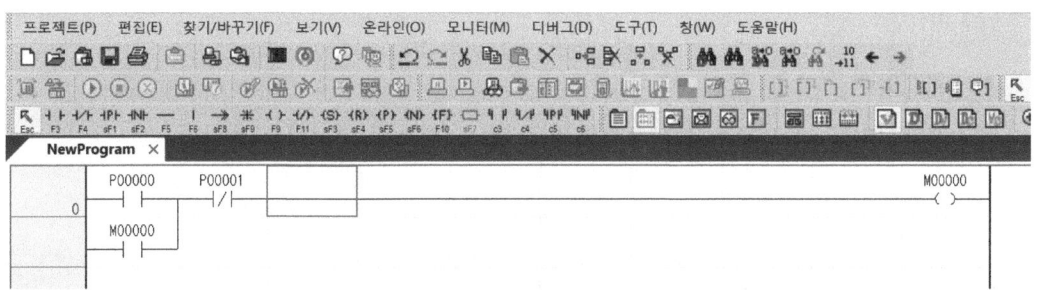

⑤ 새로운 줄로 이동하여 F3을 누르고 변수/디바이스 칸에 M0라고 입력한 후 확인을 누른다. 이어서 F9를 누르고 변수 디바이스 칸에 P40이라고 입력하고 확인을 누른다.

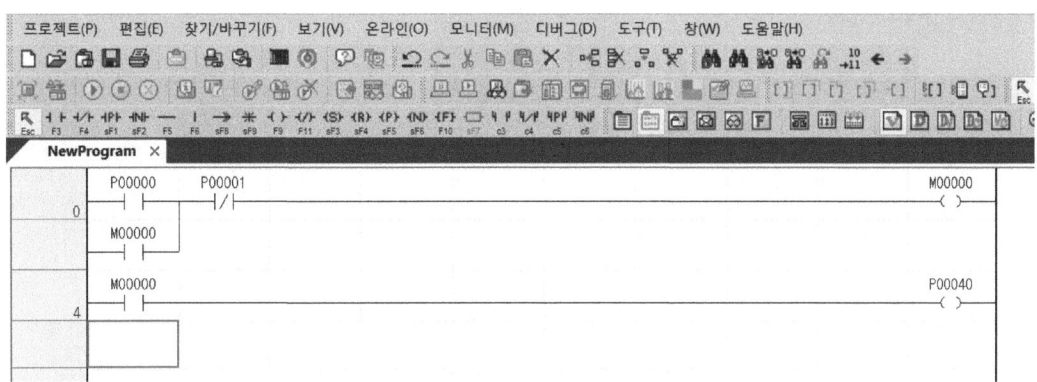

⑥ 하나의 프로그램이 완료되면 마지막 줄에 반드시 끝을 알리는 end 명령을 입력해야 한다.
새로운 줄에서 F10을 누른다.
응용명령 칸에 end라고 입력한 후 확인을 누른다.

단지 자기유지회로 만을 만든다고 생각하면 굳이 내부메모리 M0를 사용하지 않고 바로 P40을 이용하여 프로그램을 만들 수도 있으나 주로 자기유지신호는 바로 출력으로 나오기보다 다른 명령들을 거쳐가는 경우가 많으니 내부메모리를 사용하는 것을 습관화 하도록 한다.

■ 시뮬레이션

시뮬레이터를 켜고 프로그램 쓰기를 완료한 후 시스템 모니터를 켠다.

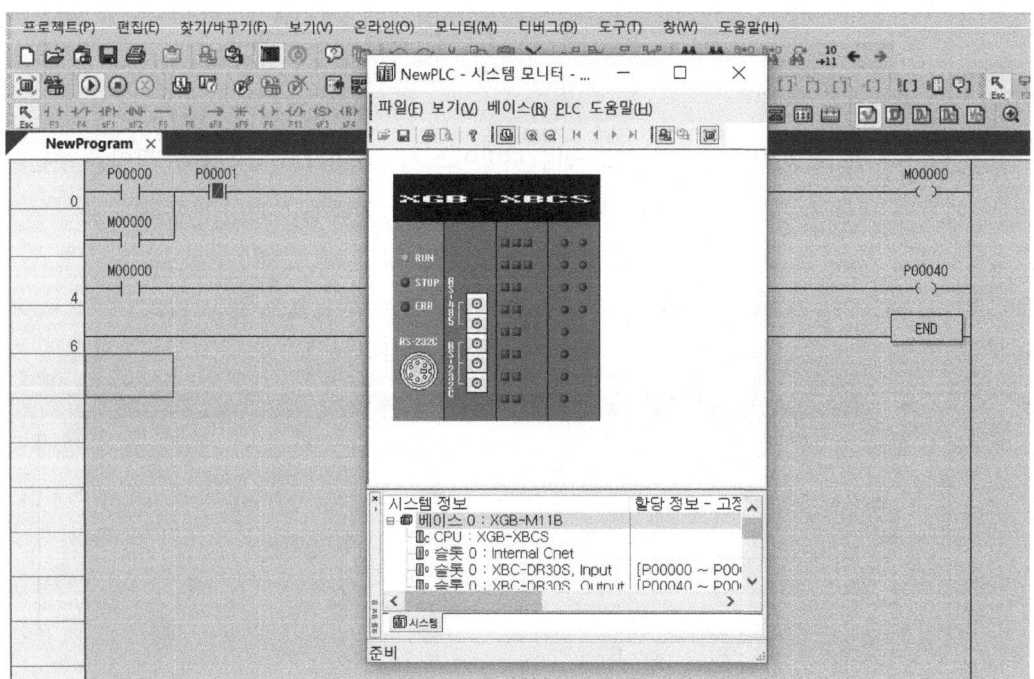

자기유지회로에서는 P0신호가 들어가면 내부메모리 M0출력이 나오면서 동시에 병렬로 연결된 M0입력 접점도 신호가 발생하게 된다. 따라서 P0가 없어지더라도 M0입력에 의해서 M0출력은 계속 유지되게 된다. P0신호가 없어진 이후에 b접점으로 연결된 P1에 신호가 발생하게 되면 M0입력과 M0출력사이의 연결이 끊어지게 되므로 M0출력은 더 이상 발생하지 않게 된다.

M0신호를 a접점으로 받아서 p40으로 출력하는 마지막 줄은 M0신호가 존재하는 동안 P40출력이 나오게 된다는 뜻이므로 P0를 눌러서 P40이 켜지는지 P0를 꺼도 P40은 계속 켜져있는지, P1을 누르게 되면 켜져있던 P40이 꺼지게 되는 지를 확인하도록 한다.

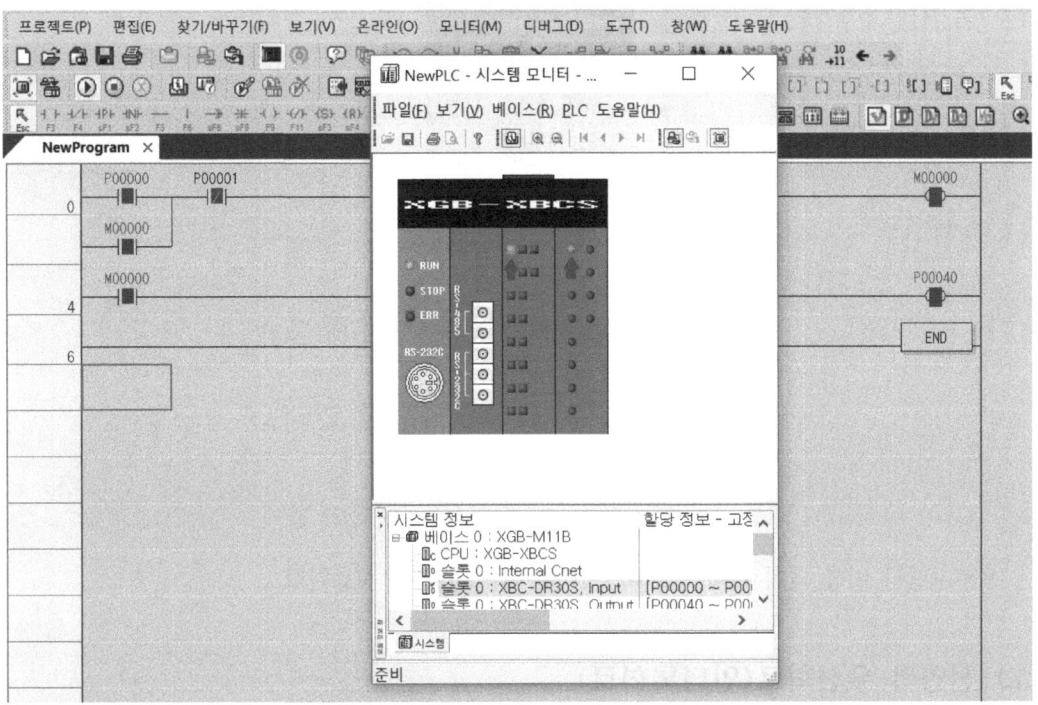

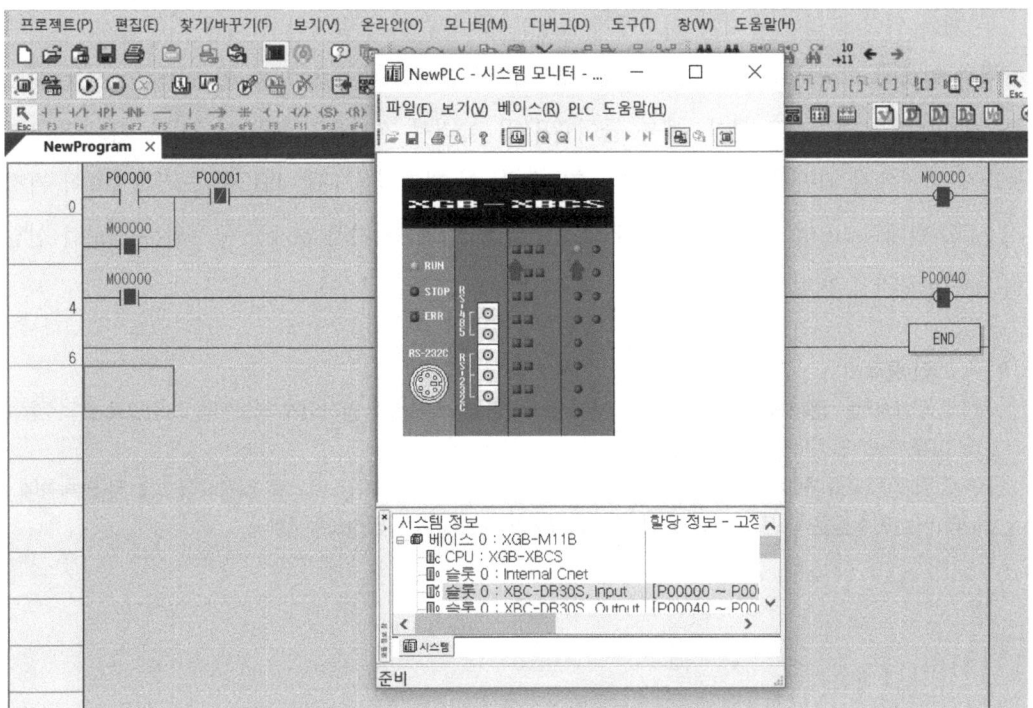

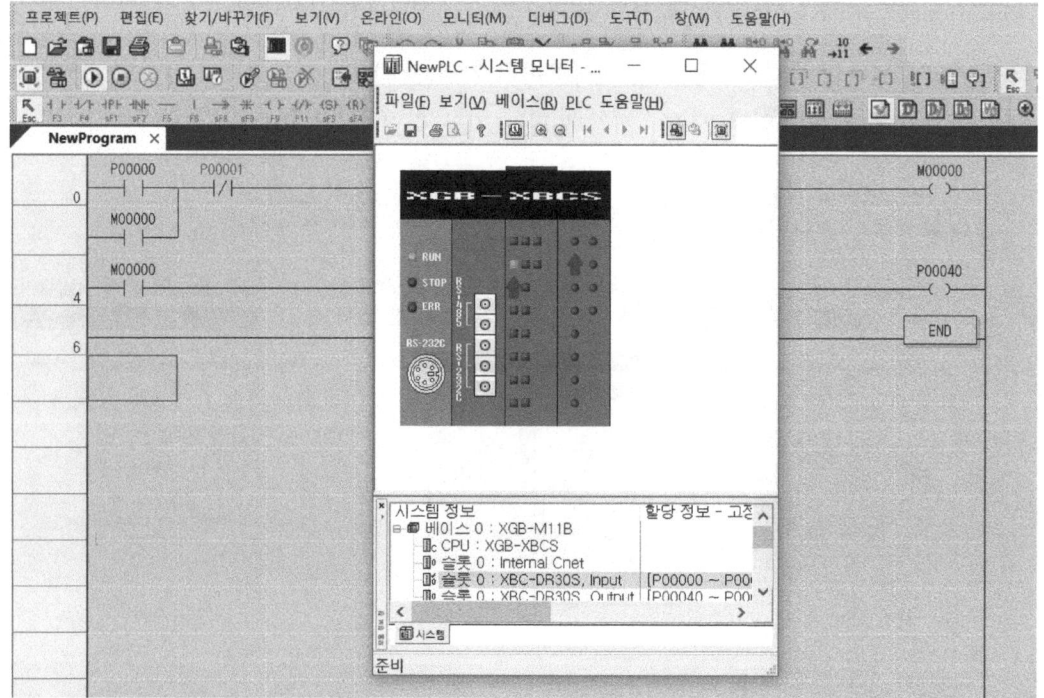

프로그램이 이상 없이 동작됨을 확인하면 시뮬레이션을 종료한다.

7) 선입력 우선회로(인터록회로)

두 개의 입력에 의한 출력이 서로에게 영향을 주면서 먼저 발생한 입력에 의한 출력이 뒤에 발생한 입력에 의해서 영향을 받지 않는 회로, 다시 말해서 먼저 발생한 입력이 우선하는 회로를 선입력 우선회로라고 한다. 예를 들어 PB1을 눌러서 자기유지 되면서 RL을 켜고 PB2를 눌러서 자기유지 되면서 GL이 켜진다고 할 때 RL이 켜져있을 때는 PB2를 눌러도 GL이 켜지지 않고, 반대로 GL이 켜져있을 때는 PB1을 눌러도 RL이 켜지지 않게끔 구성되는 회로를 선입력 우선회로라고 한다.

> ※ PLC 입 출력도
> 실제 시험에서는 문제에 따라서 사용되는 변수들이 어떤 디바이스와 일치되게 되는지를 그림으로 알려주는데 이를 PLC 입 출력도라고 한다.
> PLC 입 출력도를 참고하여 입력쪽에 들어가는 변수들을 어떤 디바이스명으로 입력해야 하는지 출력쪽에 나타나는 변수들은 어떤 디바이스 명으로 입력해야 하는지를 확인하도록 한다.

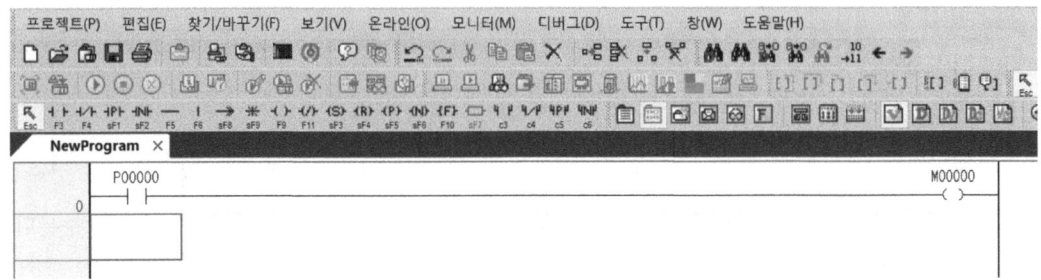

위 PLC 입출력도에 따르면 PB1은 P0, PB2는 P1, PB3는 P2가 되고, RL은 P40, GL은 P41이 된다.

그림을 보고 PB1을 눌렀을 때 RL이 점등되고, PB3를 누르면 소등되고, PB2를 누르면 GL이 점등되고 PB3를 누르면 소등되며, RL이 점등되어 있는 동안에는 PB2를 눌러도 GL이 점등되지 않고, GL이 점등되어 있을 때는 PB1을 눌러도 RL이 점등되지 않는 선입력 우선회로를 만들어 보도록 하자.

프로그램을 작성하는 방법은 다음과 같다.

① 빈 프로젝트 창에 커서를 가장 왼쪽 상단에 위치시킨 후 F3을 누른다.

변수/디바이스 칸에는 P0라고 입력하고 확인을 누른다.(입력접점은 P0~P7을 사용한다.)

이어서 F9를 누른 후 변수/디바이스 칸에는 M0라고 입력하고 확인을 누른다.

② 다음 줄에서 F3을 눌러 변수/디바이스 칸에 M0라고 입력하고 확인을 누른다.

③ 커서를 윗 줄로 이동한 후 F6를 눌러서 병렬로 연결한다.

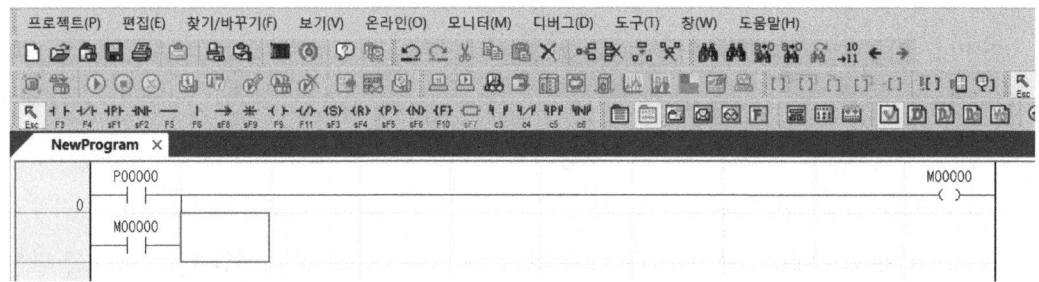

④ 커서를 위로 올려 F4를 누르고 변수/디바이스 칸에 P2라고 입력한 후 확인을 누른다. 입력접점 M0와 출력 M0사이에 b접점 입력을 넣어서 자기유지 신호를 끊을 때 사용하기 위함이다.

⑤ 새로운 줄로 이동하여 F3을 누르고 변수/디바이스 칸에 M0라고 입력한 후 확인을 누른다. 이어서 F9를 누르고 변수 디바이스 칸에 P40이라고 입력하고 확인을 누른다.

⑥ 다음 줄에서 다시 F3을 누른다.

변수/디바이스 칸에는 P1라고 입력하고 확인을 누른다.

이어서 F9를 누른 후 변수/디바이스 칸에는 M1라고 입력하고 확인을 누른다.

⑦ 다음 줄에서 F3을 눌러 변수/디바이스 칸에 M1이라고 입력하고 확인을 누른다.

커서를 윗 줄로 이동한 후 F6를 눌러서 병렬로 연결한다.

⑧ 커서를 위로 올려 F4를 누르고 변수/디바이스 칸에 P2라고 입력한 후 확인을 누른다. 입력접점 M1과 출력 M1사이에 b접점 입력을 넣어서 자기유지 신호를 끊을 때 사용하기 위함이다.

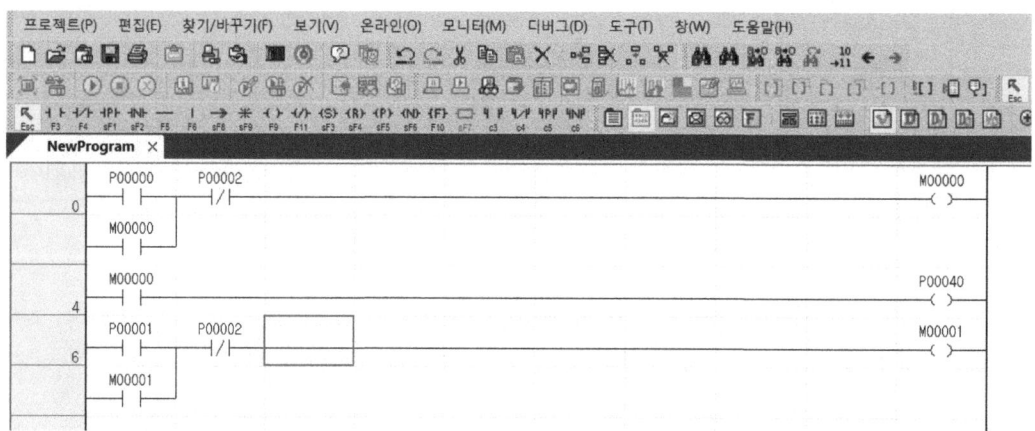

⑨ 새로운 줄로 이동하여 F3을 누르고 변수/디바이스 칸에 M1라고 입력한 후 확인을 누른다. 이어서 F9를 누르고 변수 디바이스 칸에 P41이라고 입력하고 확인을 누른다.

⑩ 선입력 우선회로에서 가장 중요한 점은 하나의 출력이 나오고 있는 동안에는 반대편의 입력이 들어가도 그로 인한 출력은 나오지 않게 하는 것이다. 하나의 출력이 반대의 입력이 들어가지 않게 막아야 하므로 M0를 P1의 입력줄에 b접점으로 입력한다.

마찬가지로 M1을 P0의 입력줄에 b접점으로 입력한다.

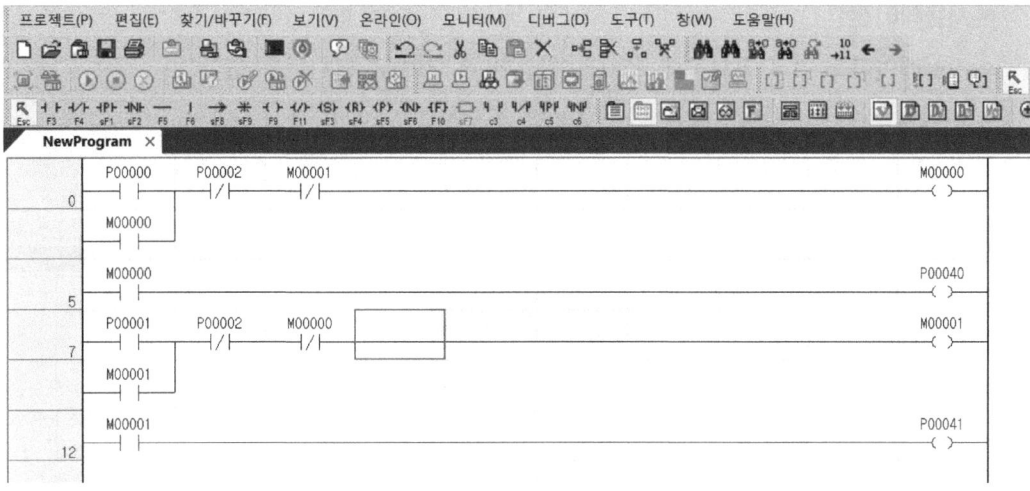

⑪ 하나의 프로그램이 완료되면 마지막 줄에 반드시 끝을 알리는 end 명령을 입력해야 한다.
새로운 줄에서 F10을 누른다.

응용명령 칸에 end라고 입력한 후 확인을 누른다.

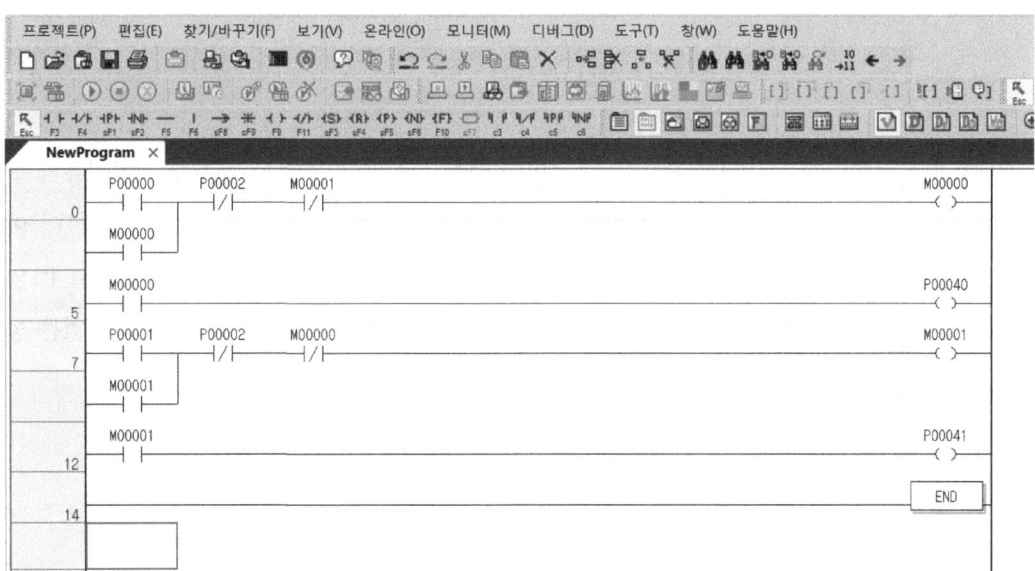

■ 시뮬레이션

시뮬레이터를 켜고 프로그램 쓰기를 완료한 후 시스템 모니터를 켠다.

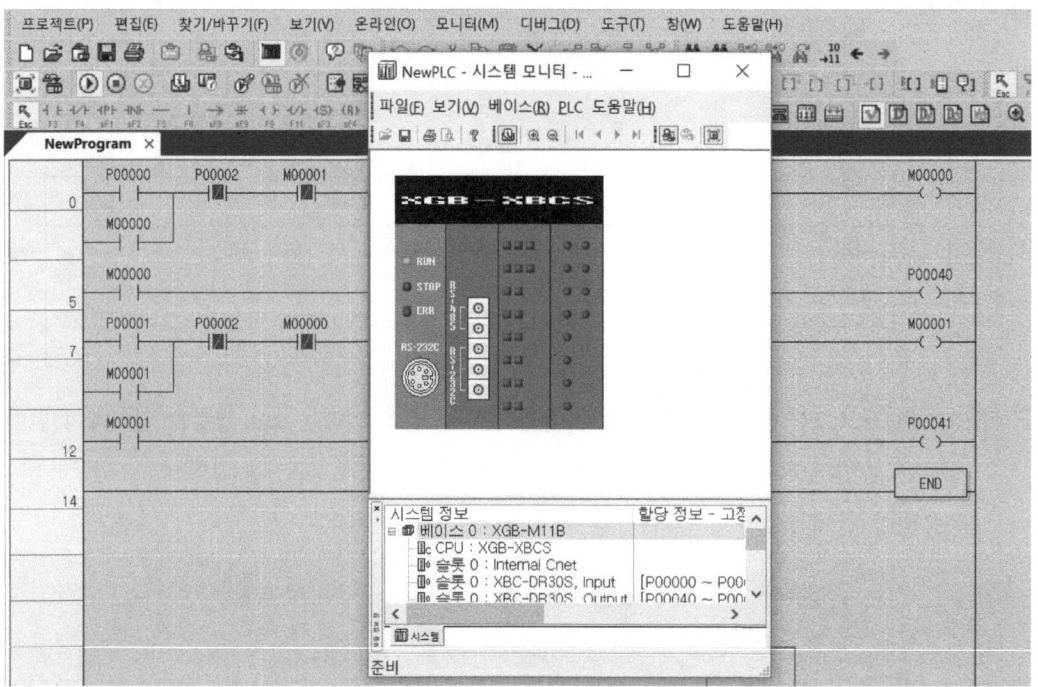

선입력 우선회로에서는 P0를 눌렀을 때 P40이 들어오고 P0의 신호를 제거해도 자기유지 되면서 P40의 출력은 계속 유지되어야 한다. P40이 나오고 있는 동안에는 P1을 눌러도 P41들어오지 않고, P2를 누르면 P40이 꺼져야 한다. 마찬기지로 P1을 누르면 P41이 들어오고 P1의 신호를 제거해도 자기유지 되면서 P41의 출력은 계속 유지되어야 한다. P41이 나오고 있는 동안에는 P0를 눌러도 P40이 나오지 않고 P2를 누르면 P41이 꺼져야 하므로 이를 확인 하도록 한다.

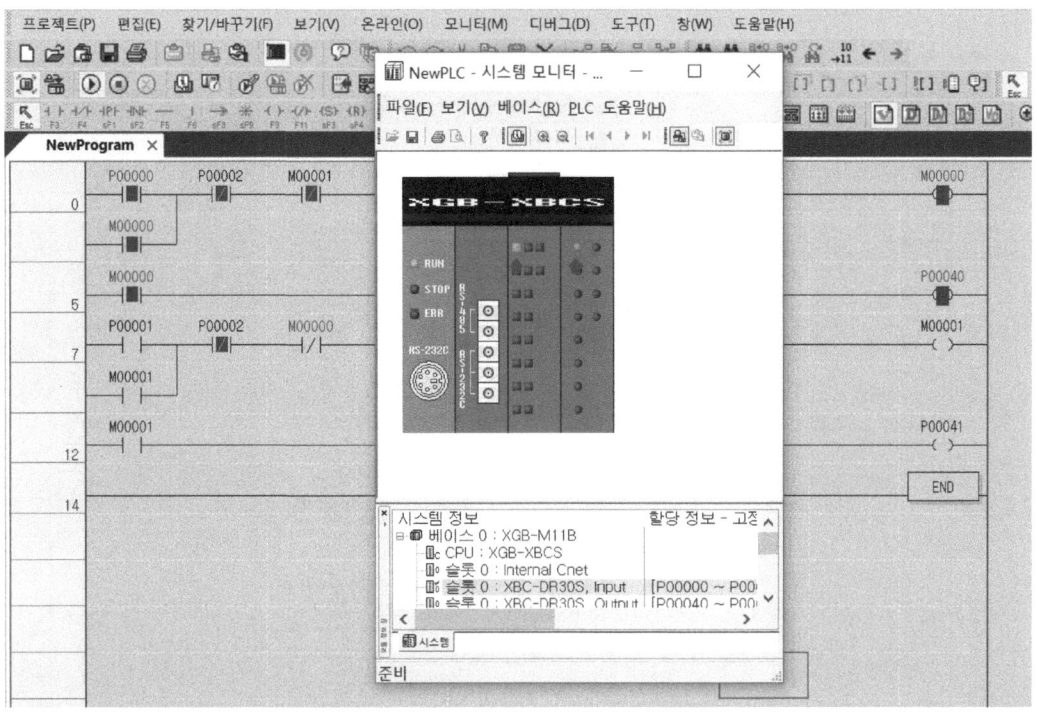

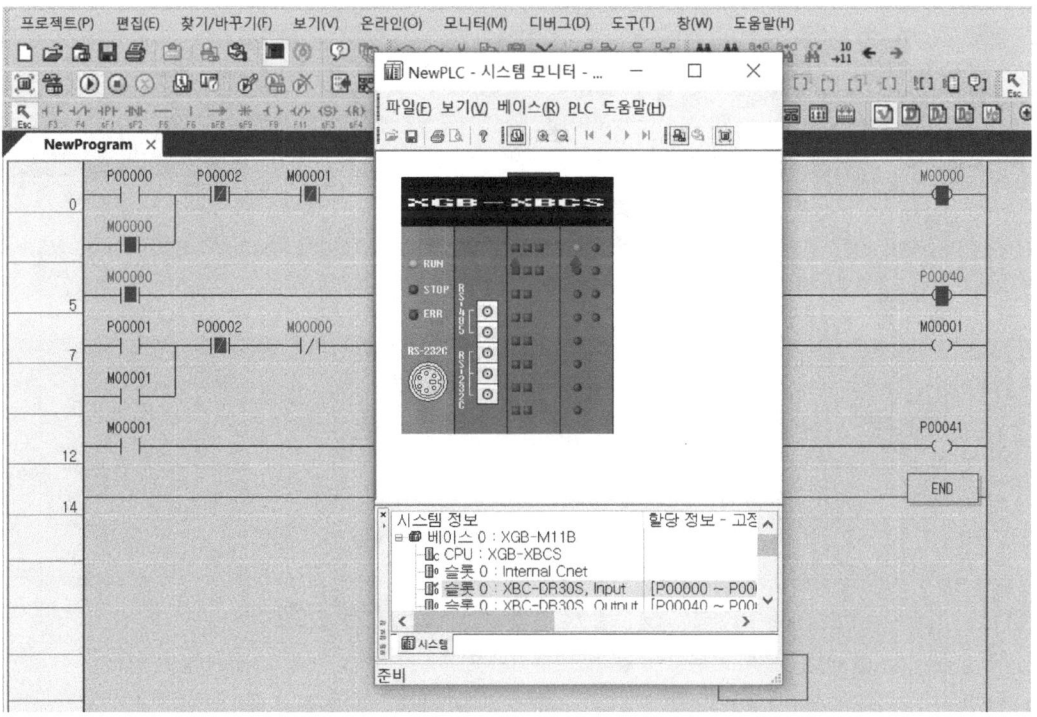

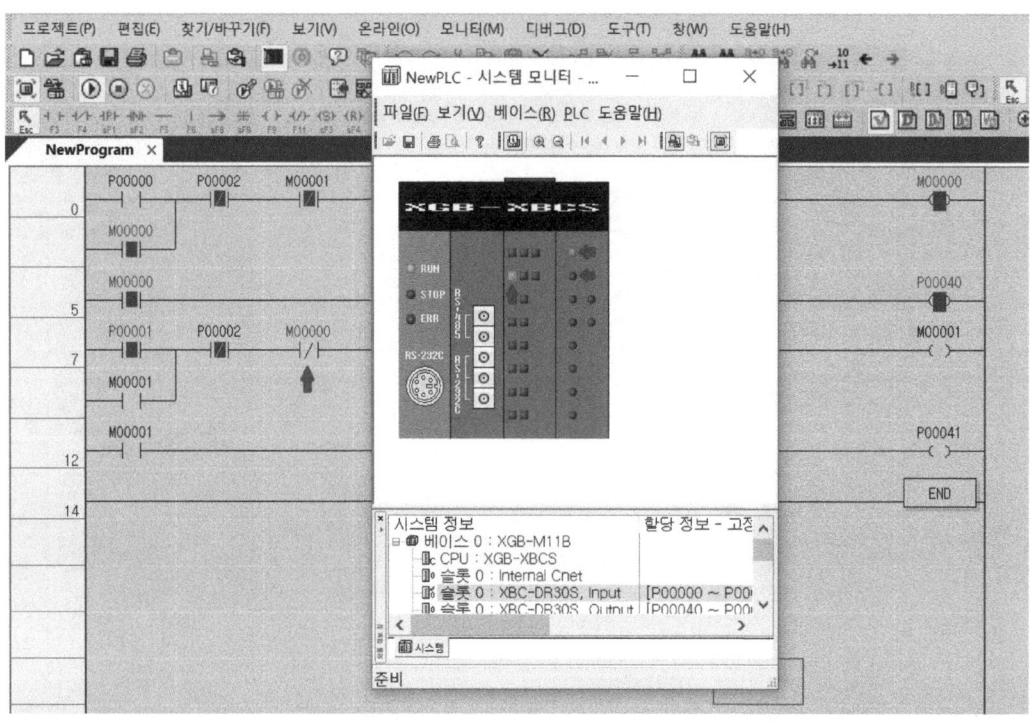

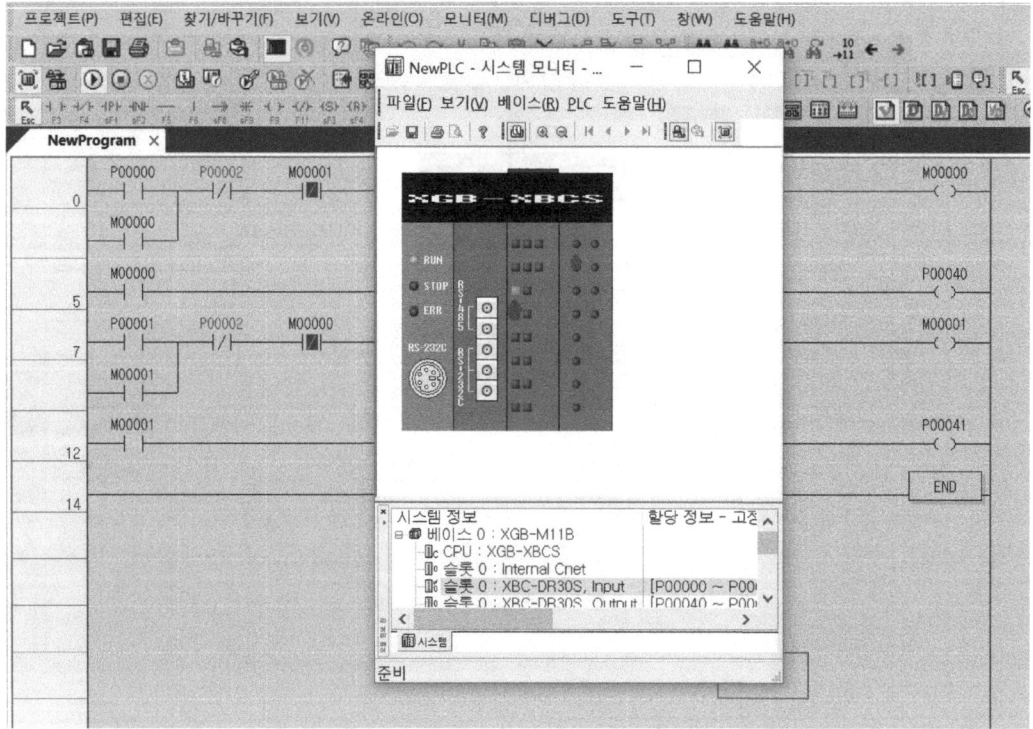

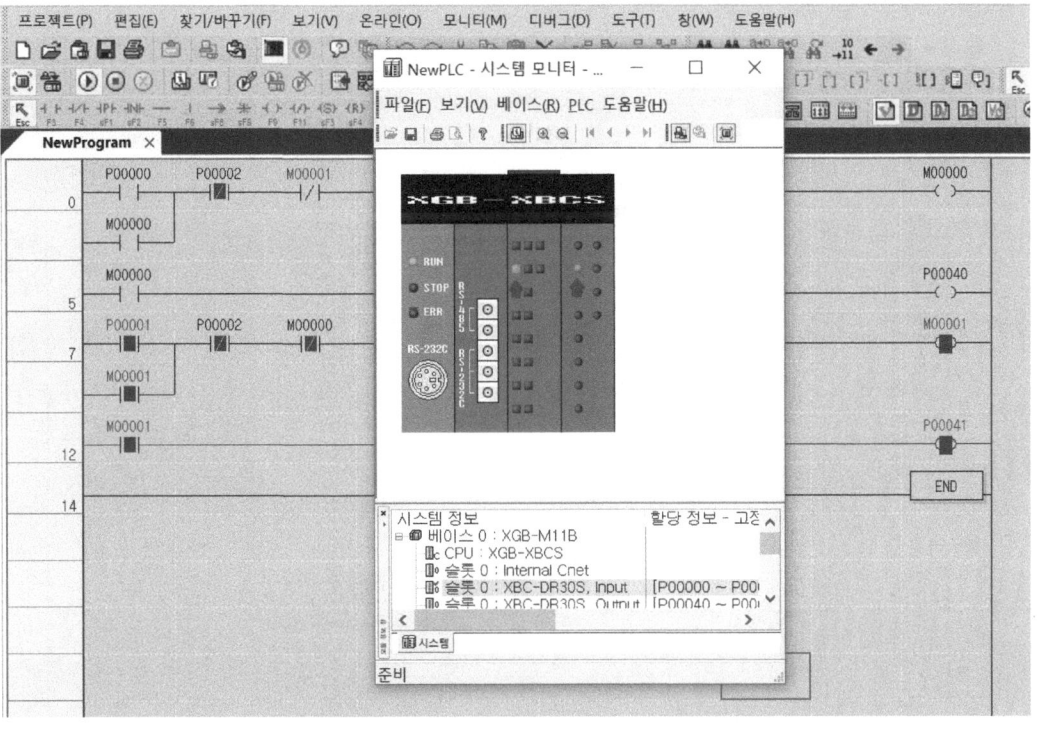

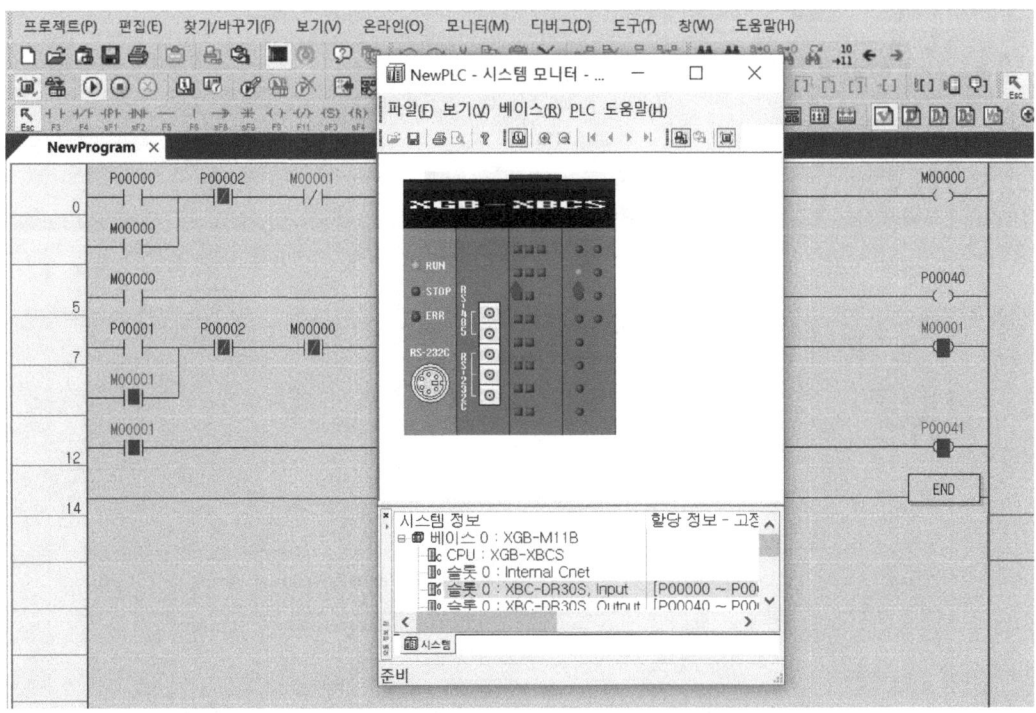

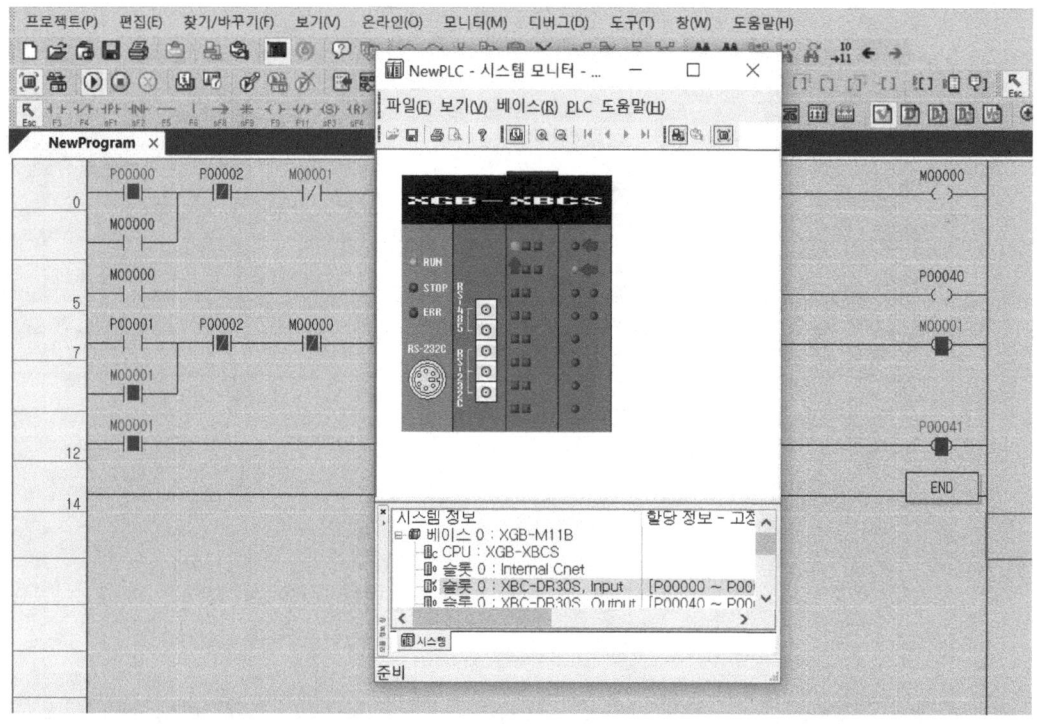

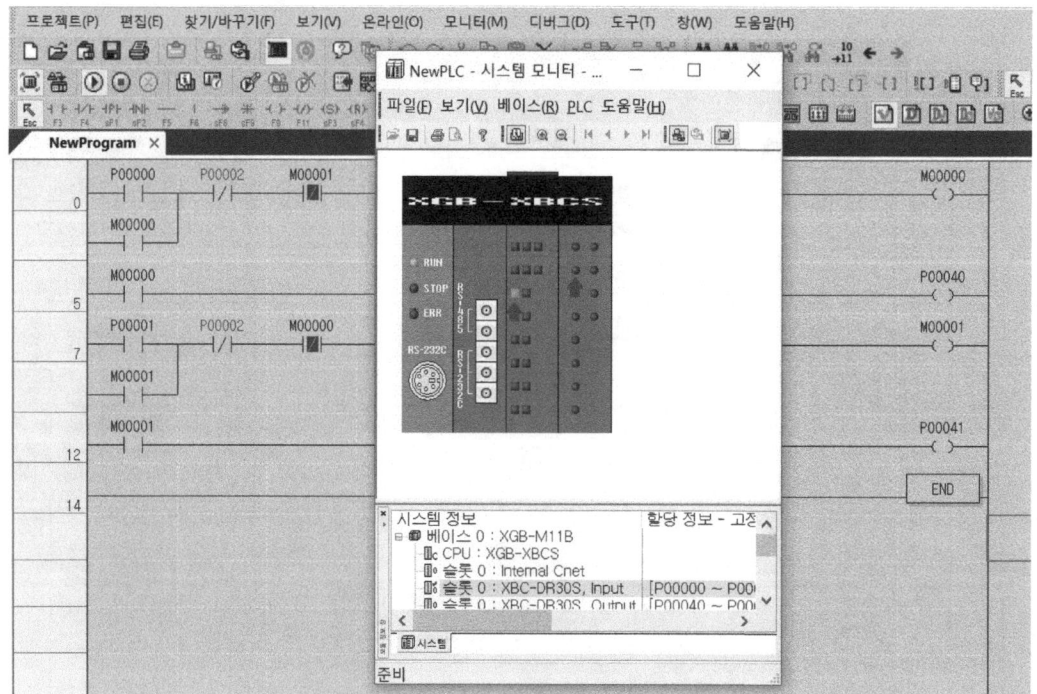

프로그램이 이상 없이 동작됨을 확인하면 시뮬레이션을 종료한다.

8) 후입력 우선회로

두 개의 입력이 서로의 출력에 영향을 주면서 먼저 발생한 입력에 의한 출력이 존재하고 있을 때 뒤에 새로운 입력이 발생하면 먼저 존재하고 있던 출력이 사라지면서 새로운 입력에 의한 출력이 발생하게 되는 회로, 다시 말해서 뒤에 발생한 입력이 우선하는 회로를 후입력 우선회로 라고 한다. 예를 들어 PB1을 눌러서 자기유지 되면서 RL을 켜고 PB2를 눌러서 자기유지 되면서 GL이 켜진다고 할 때 RL이 켜져있을 때 PB2를 누르면 RL이 꺼지면서 GL이 켜지게 되고, 반대로 GL이 켜져있을 때 PB1을 누르면 GL이 꺼지면서 RL이 켜지게끔 구성되는 회로를 후입력 우선회로라고 한다.

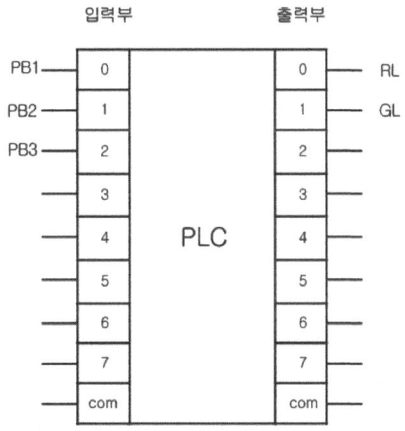

위 PLC 입출력도에 따르면 PB1은 P0, PB2는 P1, PB3는 P2가 되고, RL은 P40, GL은 P41이 된다.

그림을 보고 PB1을 눌렀을 때 RL이 점등되고, PB3를 누르면 소등되고, PB2를 누르면 GL이 점등되고 PB3를 누르면 소등되며, RL이 점등되어 있는 동안에 PB2를 누르면 RL이 소등되면서 GL이 점등되고, GL이 점등되어 있을 때 PB1을 누르면, GL이 소등되면서 RL이 점등되는 후입력 우선회로를 만들어 보도록 하자.

프로그램을 작성하는 방법은 다음과 같다.
① 빈 프로젝트 창에 커서를 가장 왼쪽 상단에 위치시킨 후 F3을 누른다.
　변수/디바이스 칸에는 P0라고 입력하고 확인을 누른다.(입력접점은 P0~P7을 사용한다.)
　이어서 F9를 누른 후 변수/디바이스 칸에는 M0라고 입력하고 확인을 누른다.

② 다음 줄에서 F3을 눌러 변수/디바이스 칸에 M0라고 입력하고 확인을 누른다.

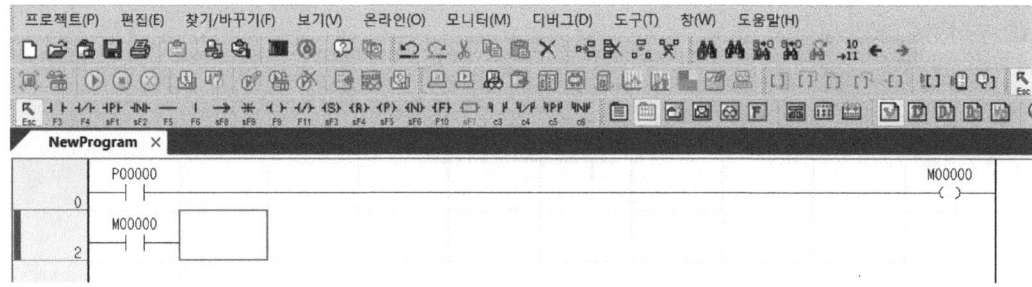

③ 커서를 윗 줄로 이동한 후 F6를 눌러서 병렬로 연결한다.

④ 커서를 위로 올려 F4를 누르고 변수/디바이스 칸에 P2라고 입력한 후 확인을 누른다. 입력접점 M0와 출력 M0사이에 b접점 입력을 넣어서 자기유지 신호를 끊을 때 사용하기 위함이다.

⑤ 새로운 줄로 이동하여 F3을 누르고 변수/디바이스 칸에 M0라고 입력한 후 확인을 누른다.
이어서 F9를 누르고 변수 디바이스 칸에 P40이라고 입력하고 확인을 누른다.

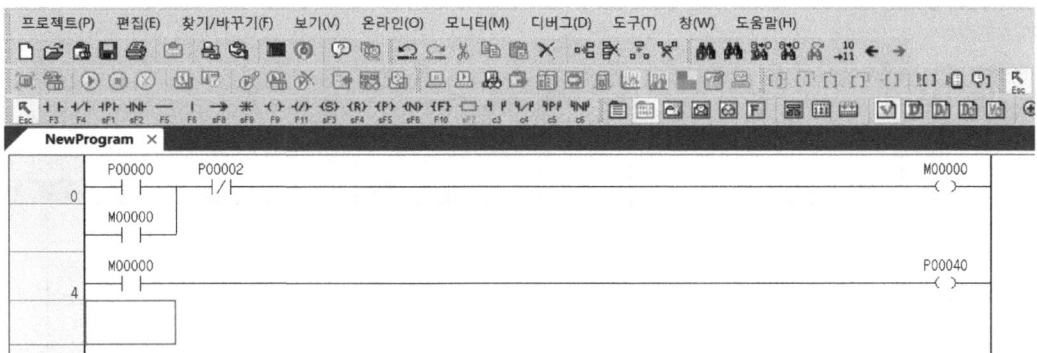

⑥ 다음 줄에서 다시 F3을 누른다.
변수/디바이스 칸에는 P1라고 입력하고 확인을 누른다.
이어서 F9를 누른 후 변수/디바이스 칸에는 M1라고 입력하고 확인을 누른다.

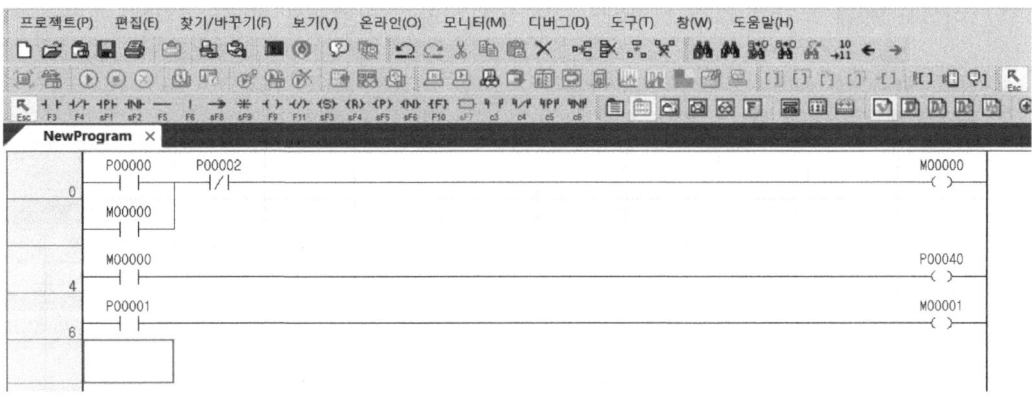

⑦ 다음 줄에서 F3을 눌러 변수/디바이스 칸에 M1이라고 입력하고 확인을 누른다.
커서를 윗 줄로 이동한 후 F6를 눌러서 병렬로 연결한다.

⑧ 커서를 위로 올려 F4를 누르고 변수/디바이스 칸에 P2라고 입력한 후 확인을 누른다. 입력접점 M1과 출력 M1사이에 b접점 입력을 넣어서 자기유지 신호를 끊을 때 사용하기 위함이다.

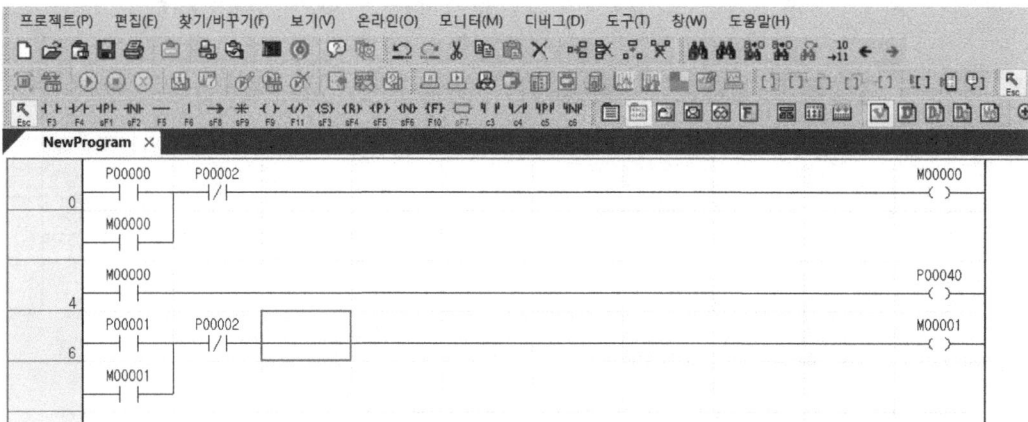

⑨ 새로운 줄로 이동하여 F3을 누르고 변수/디바이스 칸에 M1라고 입력한 후 확인을 누른다. 이어서 F9를 누르고 변수 디바이스 칸에 P41이라고 입력하고 확인을 누른다.

⑩ 후입력 우선회로에서 가장 중요한 점은 하나의 출력이 나오고 있는 동안에는 반대편의 입력이 들어가게 되면 발생하고 있던 출력을 끊으면서 새로운 입력에 의한 출력을 나오게 하는 것이다. 새로운 입력에 의해 기존의 출력을 끊어야 하므로 P1을 P0의 입력줄에 b접점으로 입력한다.

마찬가지로 P0를 P1의 입력줄에 b접점으로 입력한다.

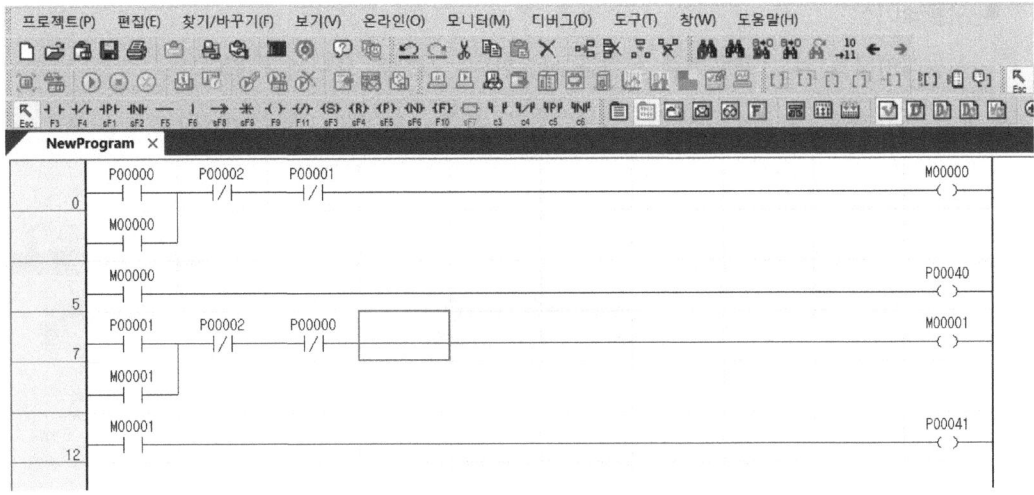

⑪ 하나의 프로그램이 완료되면 마지막 줄에 반드시 끝을 알리는 end 명령을 입력해야 한다.

새로운 줄에서 F10을 누른다.

응용명령 칸에 end라고 입력한 후 확인을 누른다.

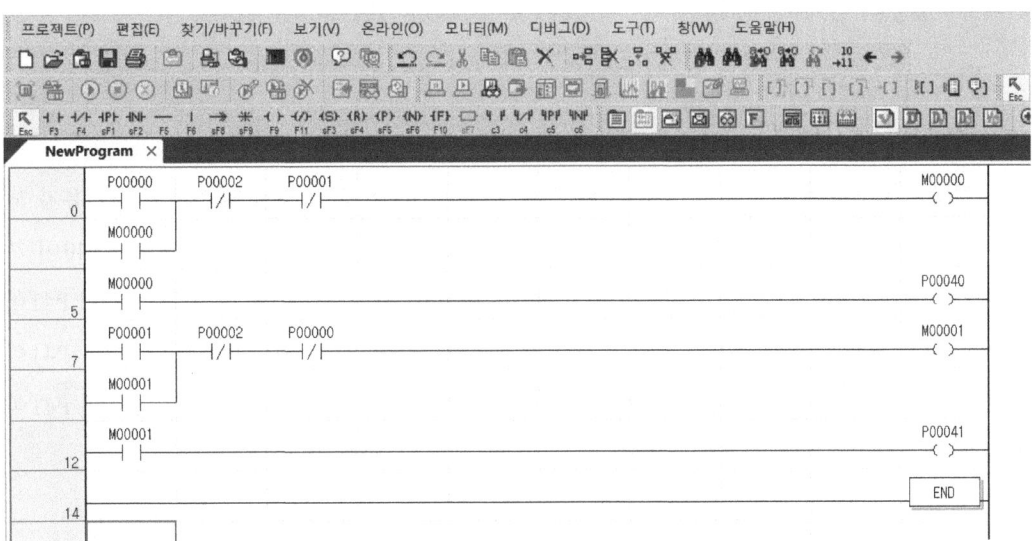

■ 시뮬레이션

시뮬레이터를 켜고 프로그램 쓰기를 완료한 후 시스템 모니터를 켠다.

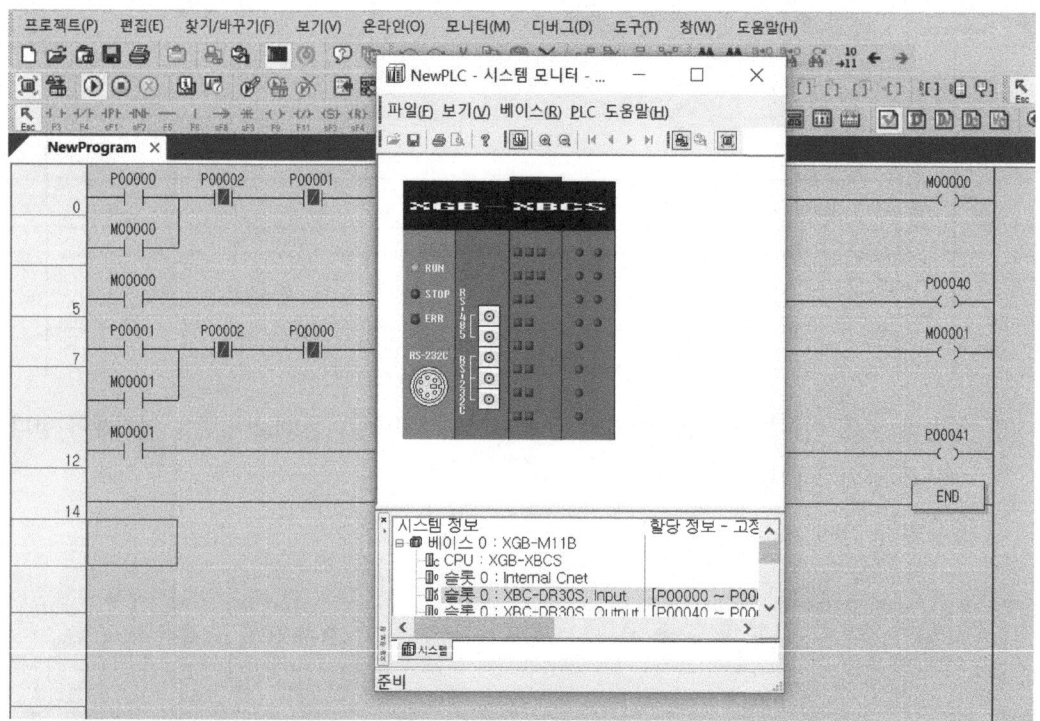

후입력 우선회로에서는 P0를 눌렀을 때 P40이 들어오고 P0의 신호를 제거해도 자기유지 되면서 P40의 출력은 계속 유지되어야 한다. P40이 나오고 있는 동안에는 P1을 누르면 P40이 꺼지면서 P41이 들어와야 한다. P2를 누르면 P40이 꺼져야 한다. 마찬가지로 P1을 누르면 P41이 들어오고 P1의 신호를 제거해도 자기유지 되면서 P41의 출력은 계속 유지되어야 한다. P41이 나오고 있는 동안에는 P0를 누르면 P41이 꺼지면서 P40이 들어와야 한다. P2를 누르면 P41이 꺼져야 하므로 이를 확인 하도록 한다.

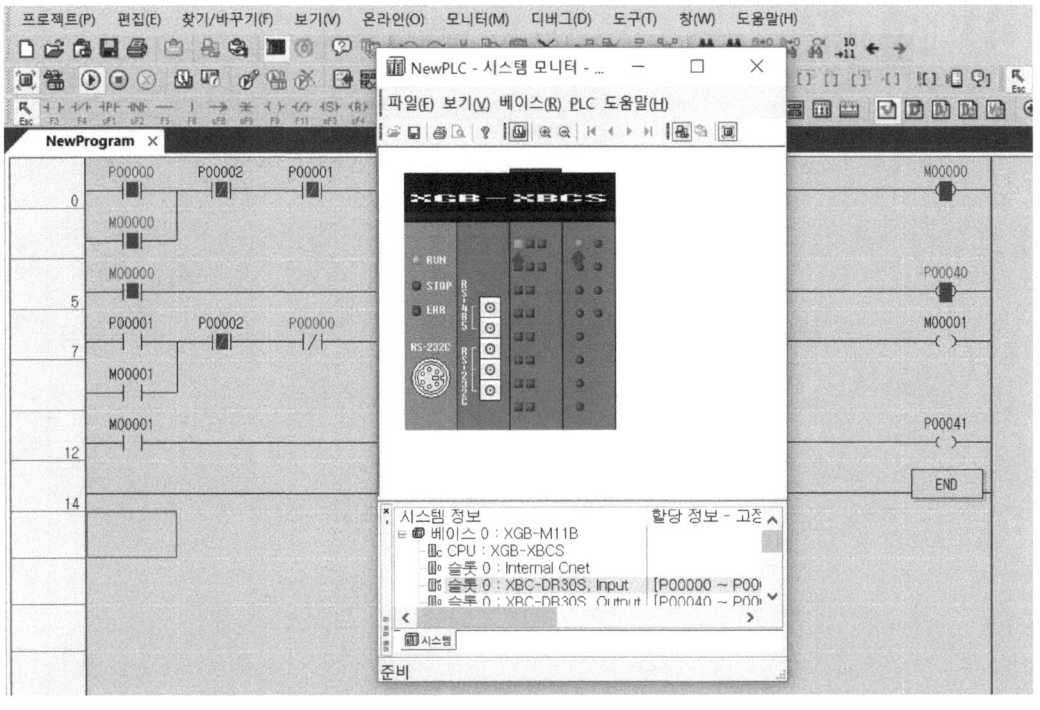

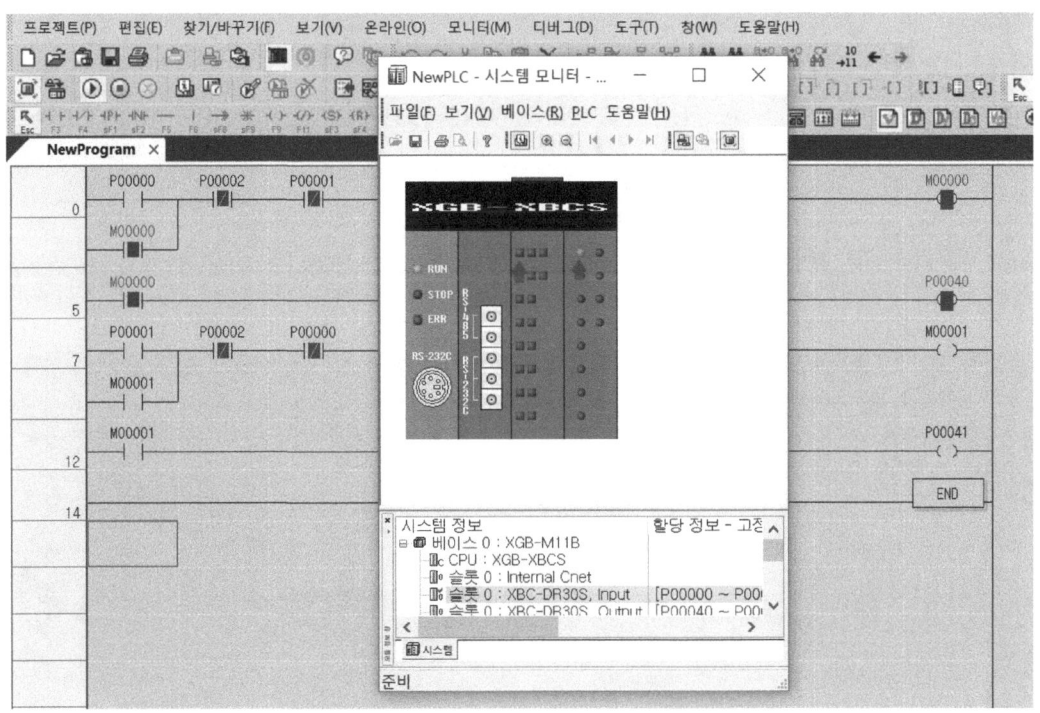

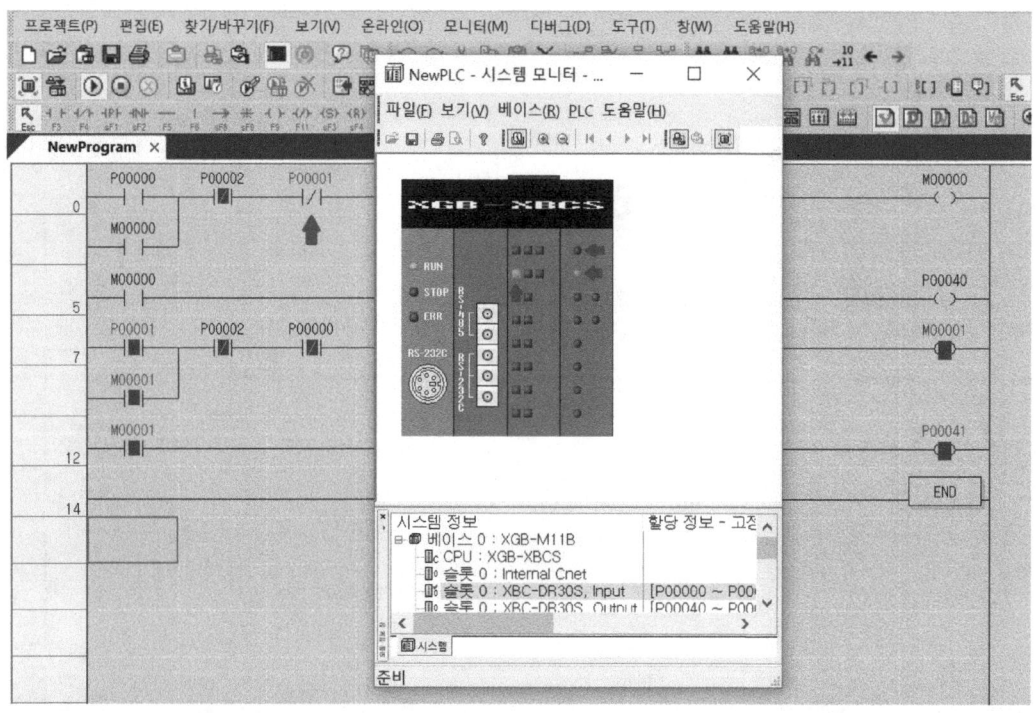

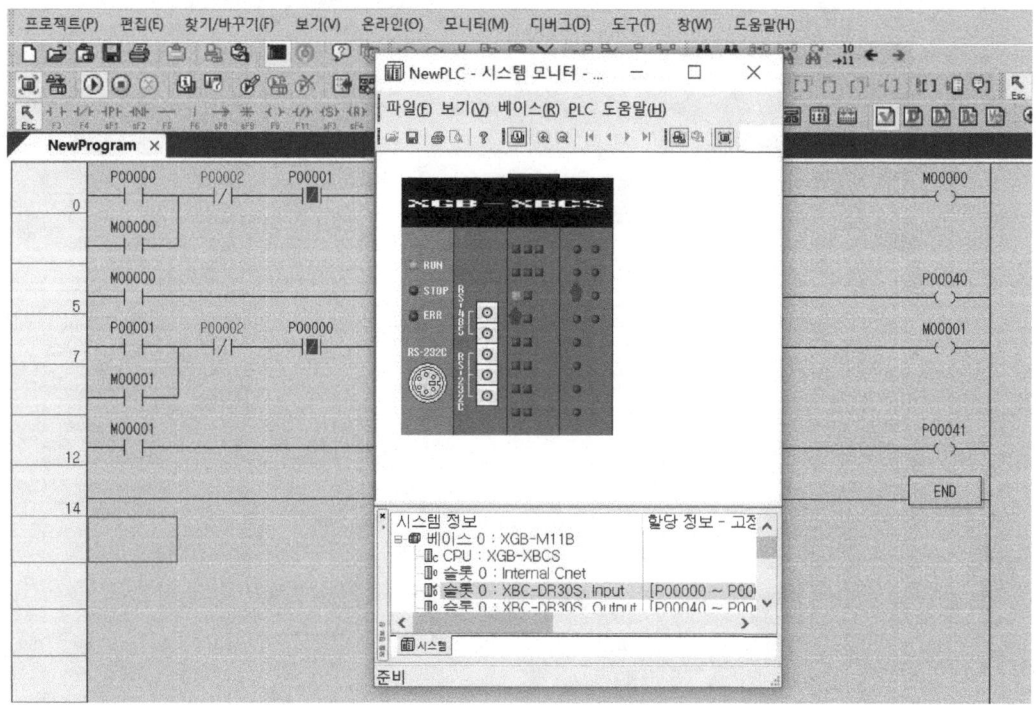

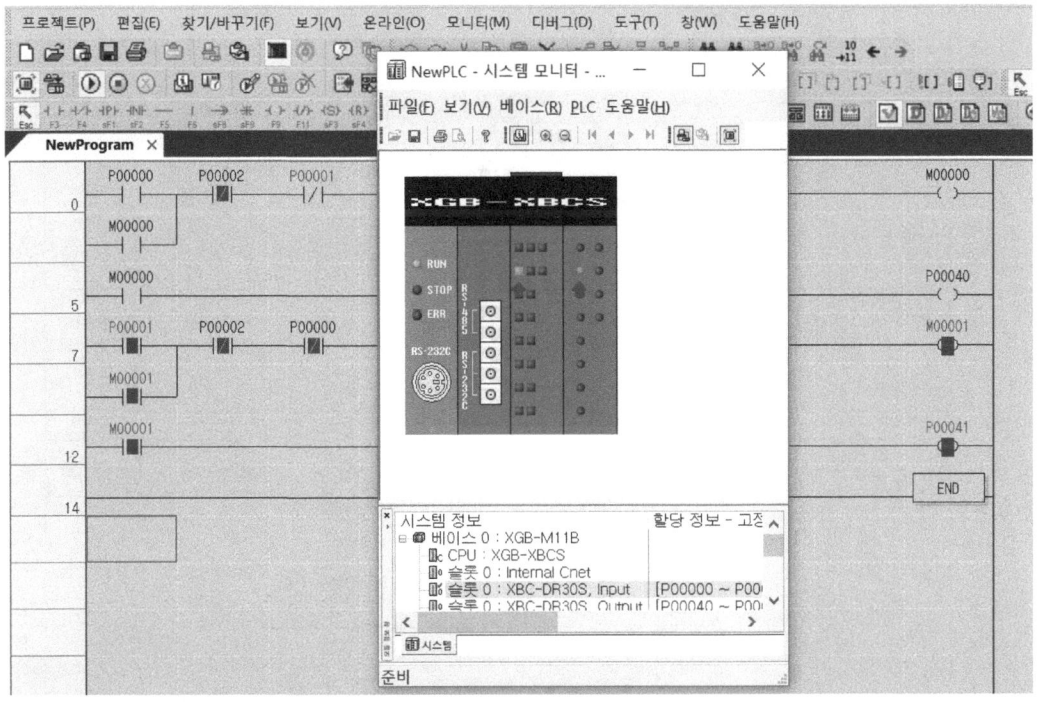

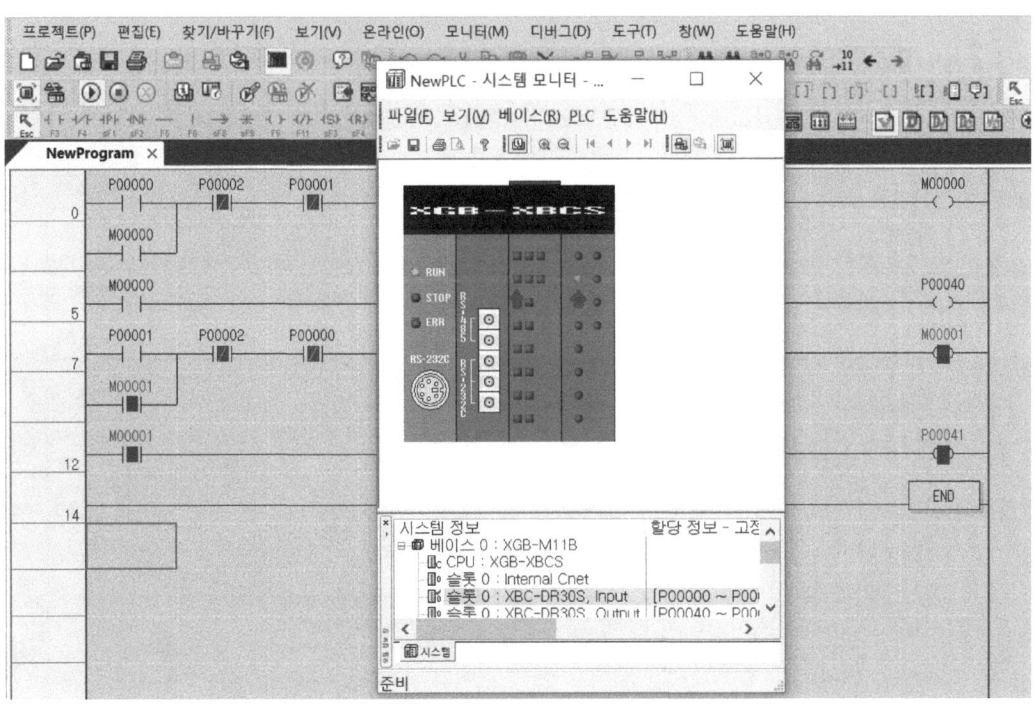

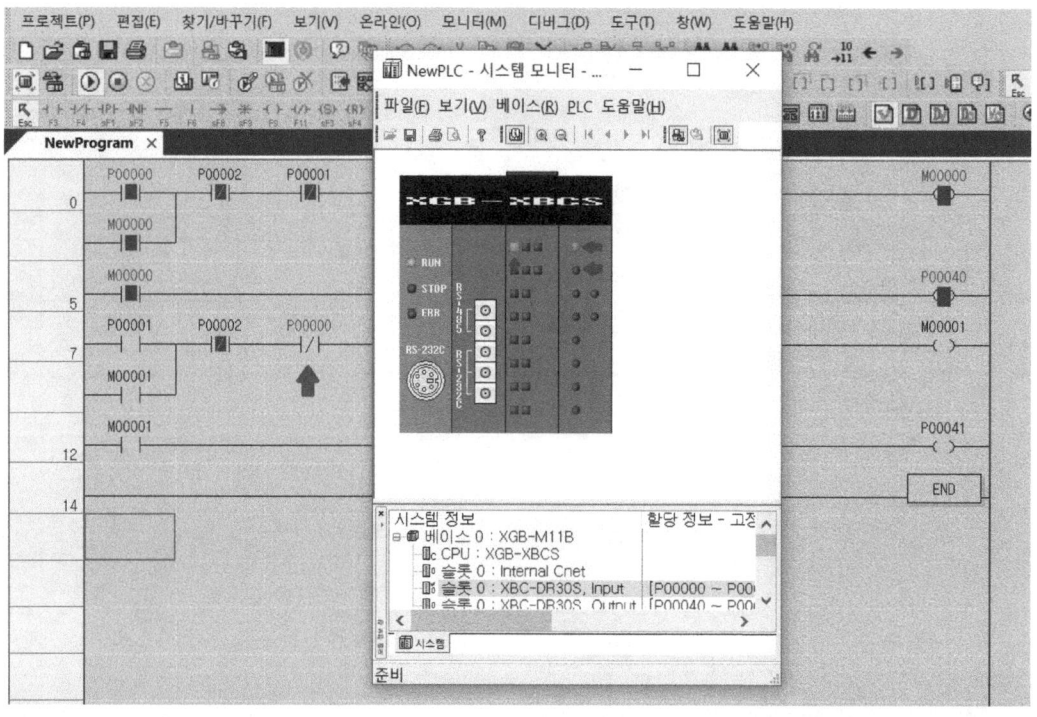

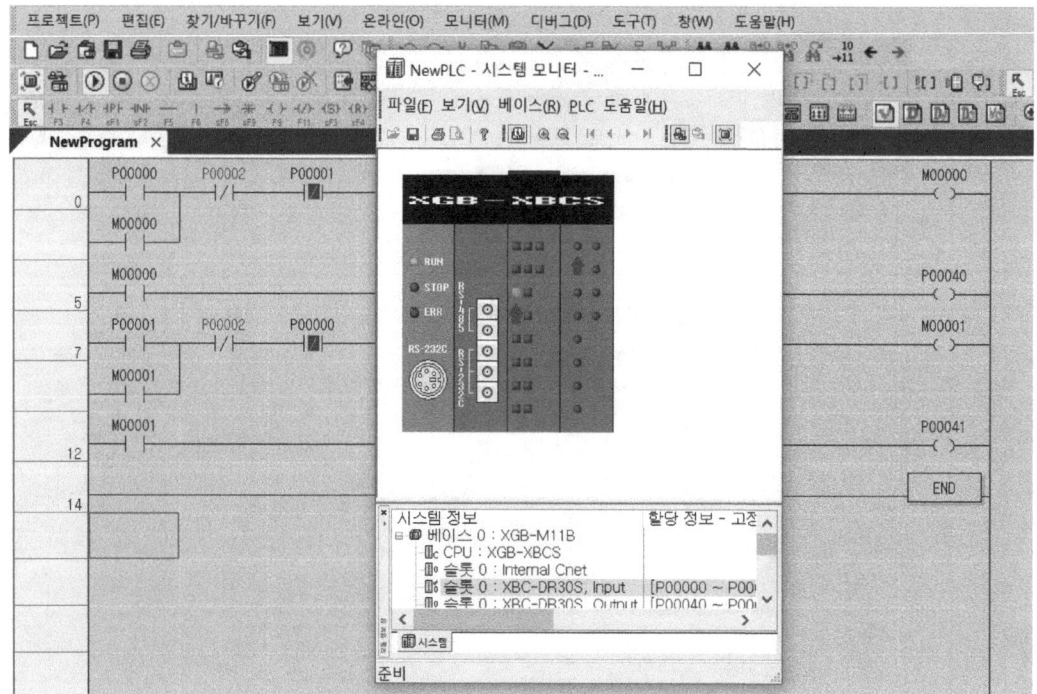

프로그램이 이상 없이 동작됨을 확인하면 시뮬레이션을 종료한다.

5. 응용명령

1) 양변환 검출, 음변환 검출

입력이 존재하자마자 동시에 출력이 존재하게 하는 명령을 양변환 검출이라 하고, 입력이 사라지자마자 동시에 출력이 존재하게 하는 명령을 음변환 검출이라 한다.

쉽게 말해서 양변환 검출은 말 그대로 음에서 양으로 변하는 상태, 즉 없다가 생겨나는 순간을 검출하는 명령이고, 음변환 검출은 말 그대로 양에서 음으로 변하는 상태, 즉 있다가 없어지는 순간을 검출하는 명령이다. 양변환 검출을 사용하게 되면 일정 입력이 있을 때 입력과 동시에 출력이 발생하게 되는데 반짝 나타났다 사라지는 반짝이 신호라고 생각할 수 있다. 마찬가지로 음변환 검출을 사용하게 되면 일정 입력이 있을 때 입력이 사라짐과 동시에 출력이 발생하게 되는데 이 역시 반짝 나타났다 사라지는 반짝이 신호라고 생각할 수 있다. 물론 이 신호를 자기유지 시켜 길게 유지하는 것은 가능하다. 양변환 검출과 음변환 검출은 주로 푸쉬버튼(PB)을 이용할 때 많이 사용되는데 푸쉬버튼을 누르자마자 동작을 하는지 혹은 푸쉬버튼을 눌렀다 뗐을 때 동작을 하는지를 구분할 때 주로 사용된다.

양변환 검출과 음변환 검출은 두 가지 형태로 작성이 가능하다. 입력 쪽에서 양변환 검출 접점이나, 음변환 검출 접점을 사용하고 그대로 출력하는 법이 있고, 입력 쪽은 일반 a접점을 사용하되 출력 쪽에서 양변환 검출 코일이나, 음변환 검출 코일을 사용하여 만들어 줄 수도 있다. 두 가지 모두 같은 결과를 만들어 내나 입력 쪽에서 양변환 검출 접점이나 음변환 검출 접점을 사용하는 편이 비교적 간단하게 회로를 구성할 수 있다. 양변환 검출이나 음변환 검출은 그대로 출력하게 되면 포착하기 힘들 정도로 짧은 신호이므로, 자기유지 회로를 이용하여 길게 늘려서 확인해 보도록 한다.

위 PLC 입출력도에 따르면 PB1은 P0, PB2는 P1, PB3는 P2가 되고, RL은 P40, GL은 P41이 된다. 위 그림을 참고하여 PB1을 누르자 마자 RL이 점등되고 PB3를 누르면 꺼지고, PB2를 눌렀다가 뗐을 때 GL이 점등되고 PB3를 누르면 꺼지게 되는 회로를 양(음)변환 검출 접점과 양(음)변환 검출 코일을 이용해서 각각 만들어 보도록 하자.

먼저 양(음)변환 검출 접점을 이용해서 프로그램을 작성해보자.
프로그램을 작성하는 방법은 다음과 같다.

① 빈 프로젝트 창에 커서를 가장 왼쪽 상단에 위치시킨 후 shift키를 누른 상태에서 F1을 누른다.
변수/디바이스 칸에는 P0라고 입력하고 확인을 누른다.(입력접점은 P0~P7을 사용한다.)
이어서 F9를 누른 후 변수/디바이스 칸에는 M0라고 입력하고 확인을 누른다.

② 다음 줄에서 F3을 눌러 변수/디바이스 칸에 M0라고 입력하고 확인을 누른다. 커서를 윗 줄로 이동한 후 F6를 눌러서 병렬로 연결한다.

③ 커서를 위로 올려 F4를 누르고 변수/디바이스 칸에 P2라고 입력한 후 확인을 누른다.
입력접점 M0와 출력 M0사이에 b접점 입력을 넣어서 자기유지 신호를 끊을 때 사용하기 위함이다.

제1장 기초편

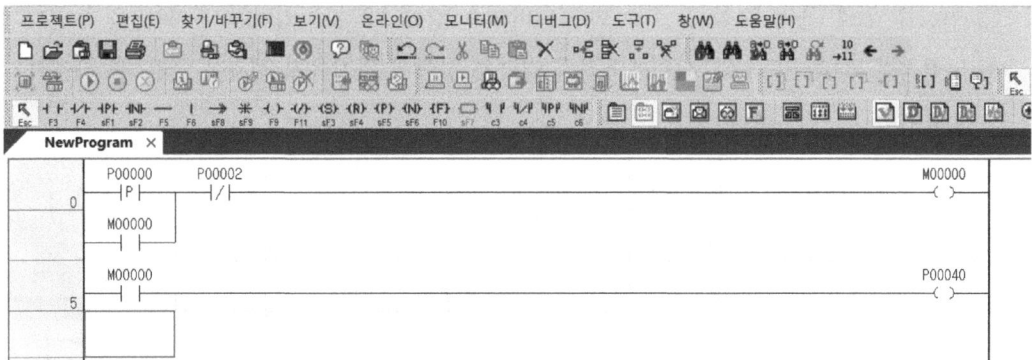

④ 새로운 줄로 이동하여 F3을 누르고 변수/디바이스 칸에 M0라고 입력한 후 확인을 누른다.
이어서 F9를 누르고 변수 디바이스 칸에 P40이라고 입력하고 확인을 누른다.

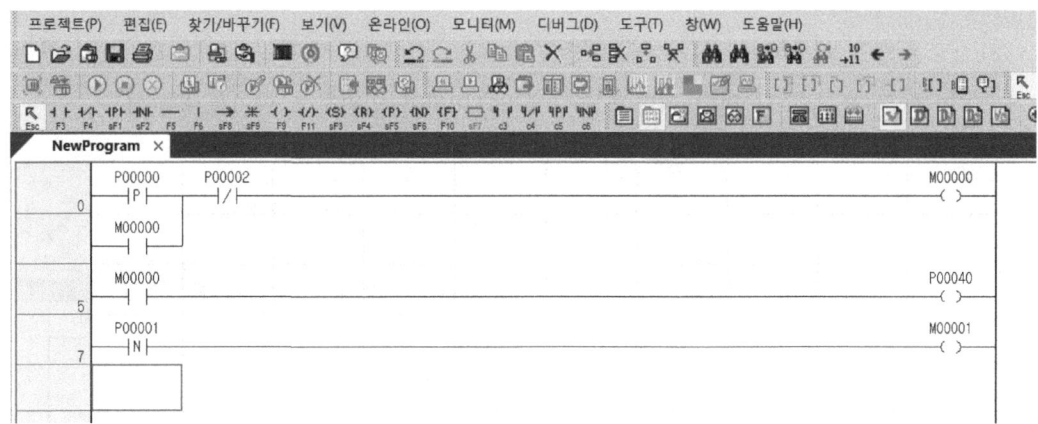

⑤ 다음 줄에서 shift키를 누른 상태에서 F2를 누른다.
변수/디바이스 칸에는 P1라고 입력하고 확인을 누른다.
이어서 F9를 누른 후 변수/디바이스 칸에는 M1라고 입력하고 확인을 누른다.

⑥ 다음 줄에서 F3을 눌러 변수/디바이스 칸에 M1이라고 입력하고 확인을 누른다.
커서를 윗 줄로 이동한 후 F6를 눌러서 병렬로 연결한다.

⑦ 커서를 위로 올려 F4를 누르고 변수/디바이스 칸에 P2라고 입력한 후 확인을 누른다. 입력접점 M1과 출력 M1사이에 b접점 입력을 넣어서 자기유지 신호를 끊을 때 사용하기 위함이다.

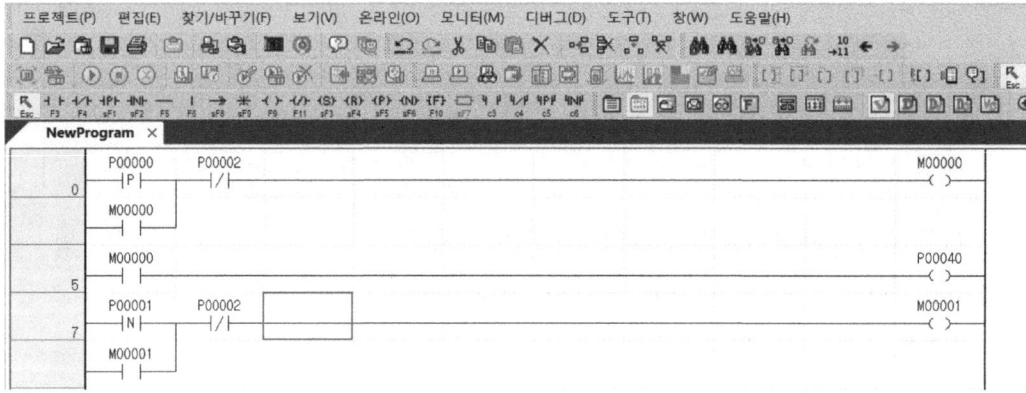

⑧ 새로운 줄로 이동하여 F3을 누르고 변수/디바이스 칸에 M1라고 입력한 후 확인을 누른다. 이어서 F9를 누르고 변수 디바이스 칸에 P41이라고 입력하고 확인을 누른다.

⑨ 하나의 프로그램이 완료되면 마지막 줄에 반드시 끝을 알리는 end 명령을 입력해야 한다.
새로운 줄에서 F10을 누른다.
응용명령 칸에 end라고 입력한 후 확인을 누른다.

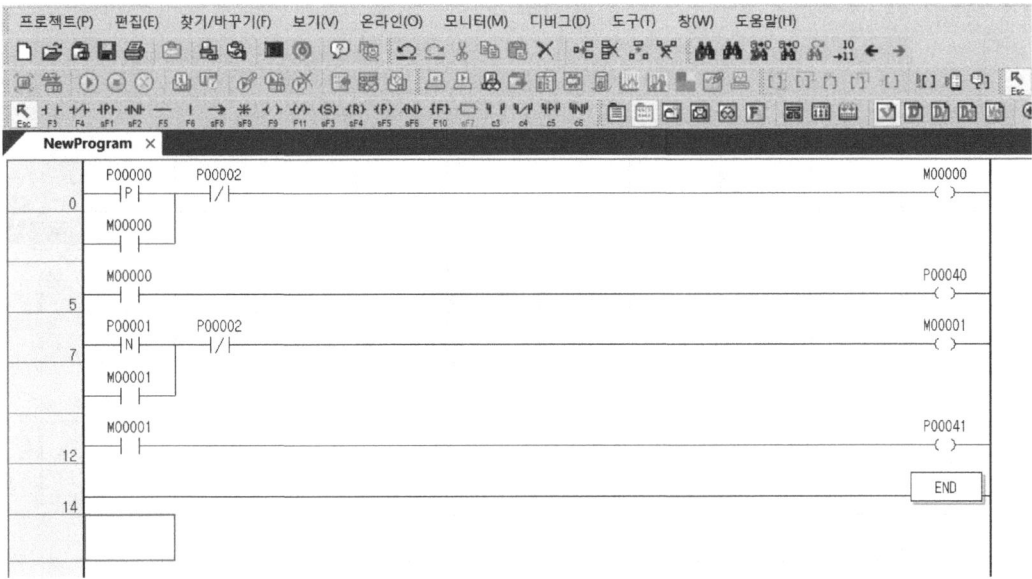

■ 시뮬레이션

시뮬레이터를 켜고 프로그램 쓰기를 완료한 후 시스템 모니터를 켠다.

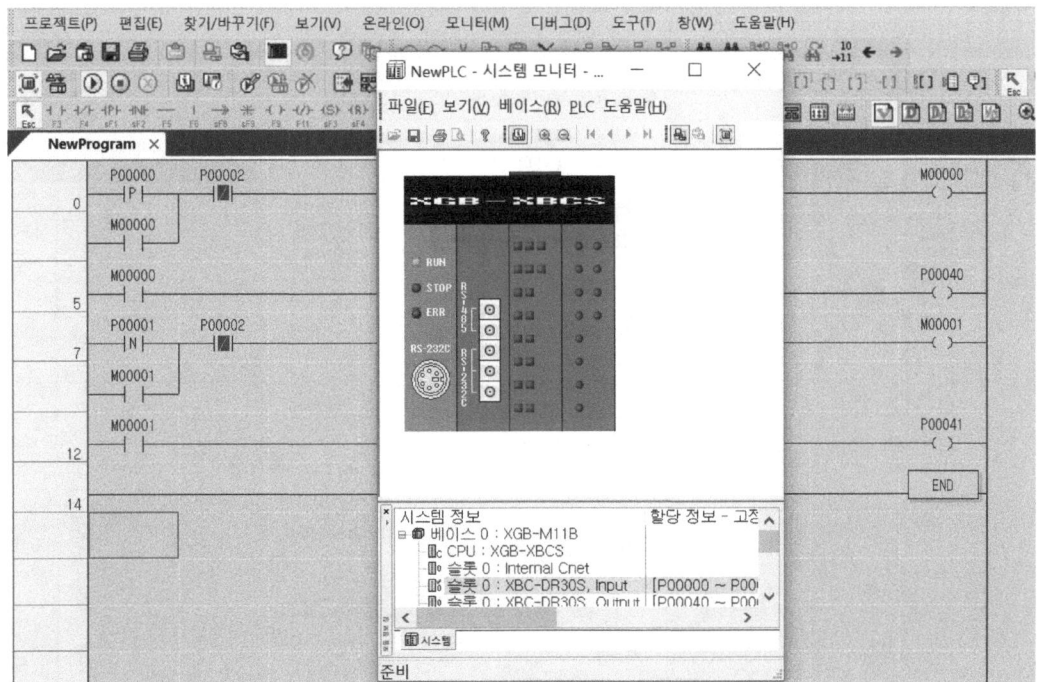

77

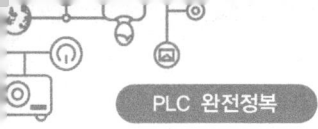

양변환 검출에서는 P0를 누르자마자 P40이 들어오고 P0의 신호를 제거해도 자기유지 되면서 P40의 출력은 계속 유지되다가 P2를 누르면 P40이 꺼져야 한다. 음변환 검출에서는 P1을 누르고 있는 동안에는 P41이 들어오지 않다가, P1의 입력을 제거하는 순간 P41이 들어와서 자기유지 되면서 P41의 출력은 계속 유지되다가 P2를 누르면 P41이 꺼져야 하므로 이를 확인 하도록 한다.

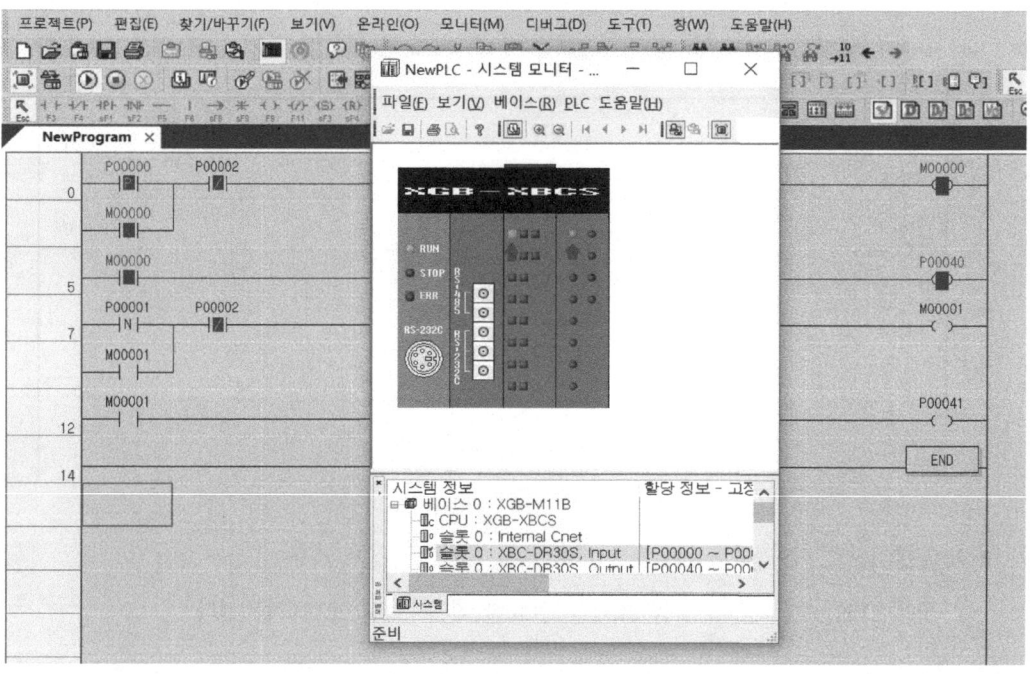

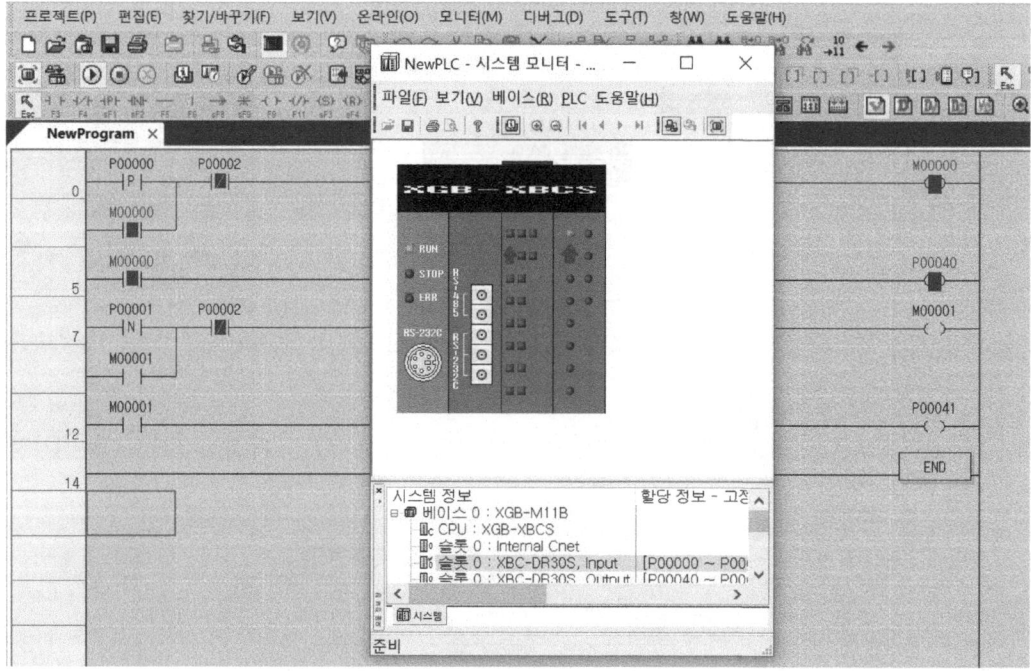

제1장 기초편

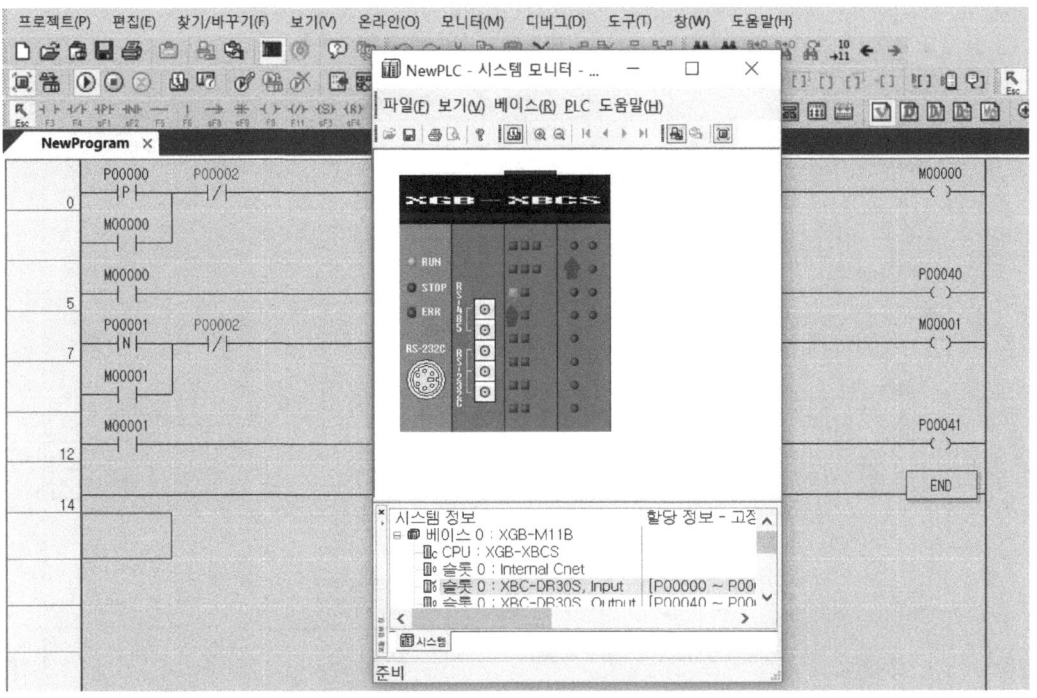

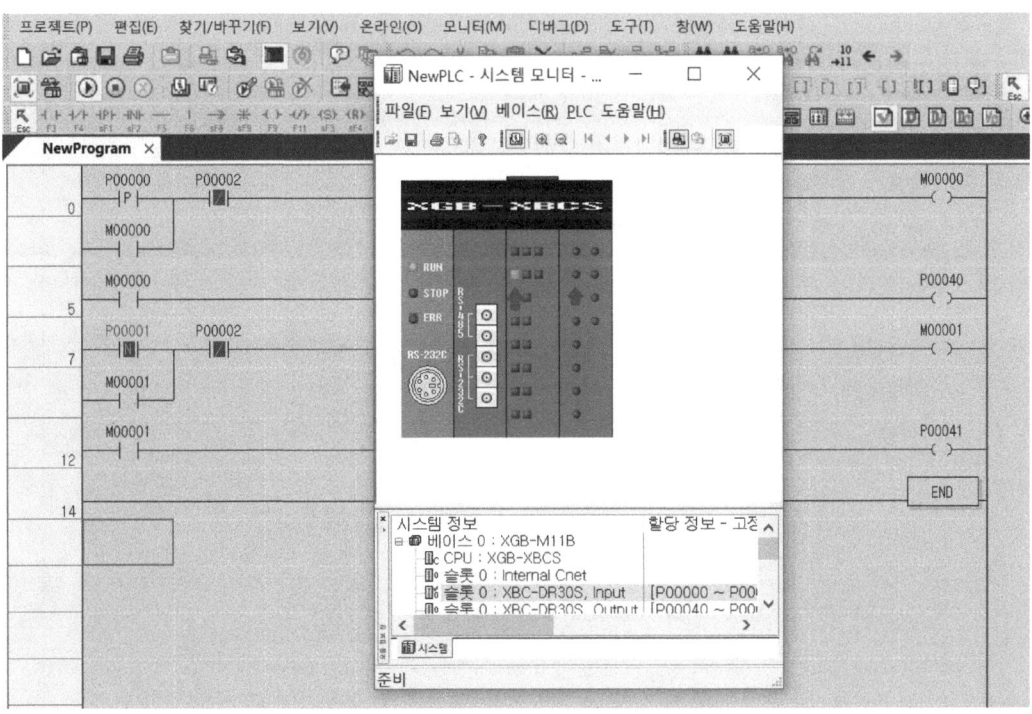

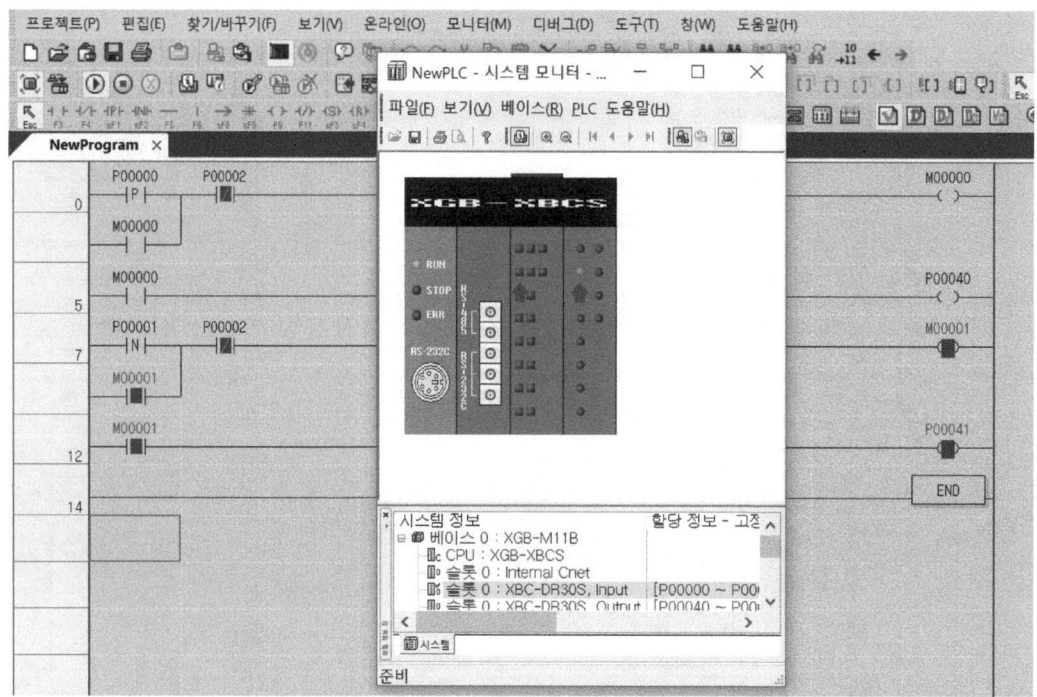

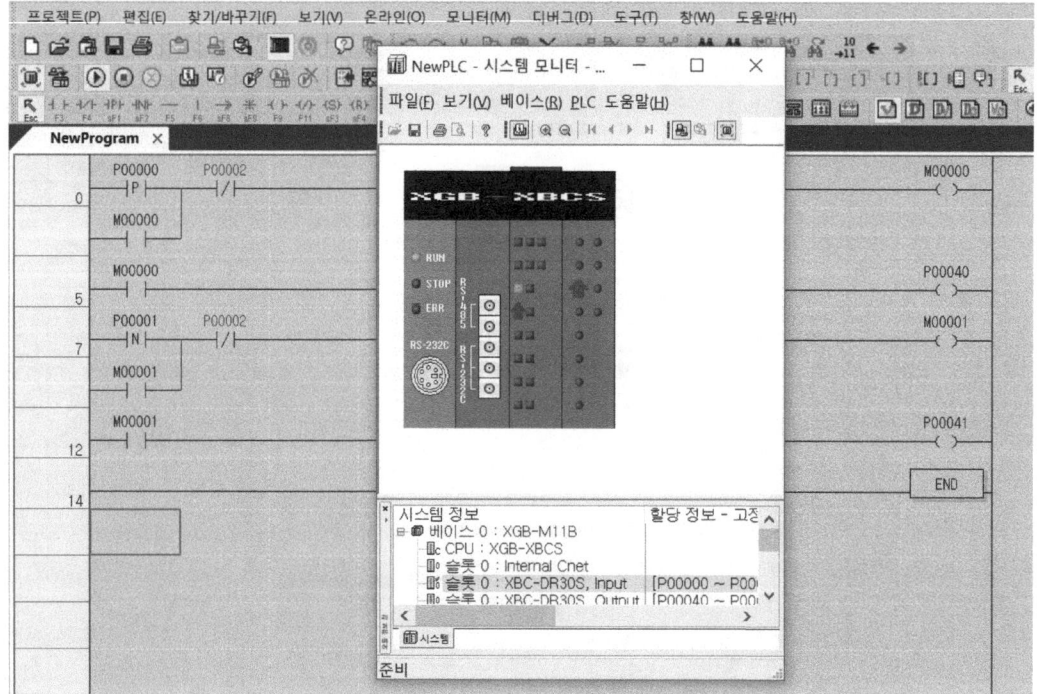

프로그램이 이상 없이 동작됨을 확인하면 시뮬레이션을 종료한다.

다음으로 양(음)변환 검출 코일을 이용해서 프로그램을 작성해보자.

프로그램을 작성하는 방법은 다음과 같다.
① 빈 프로젝트 창에 커서를 가장 왼쪽 상단에 위치시킨 후 F3을 누른다.
변수/디바이스 칸에는 P0라고 입력하고 확인을 누른다.
이어서 shift키를 누른 상태에서 F5를 누른다. 변수/디바이스 칸에는 M0라고 입력하고 확인을 누른다.

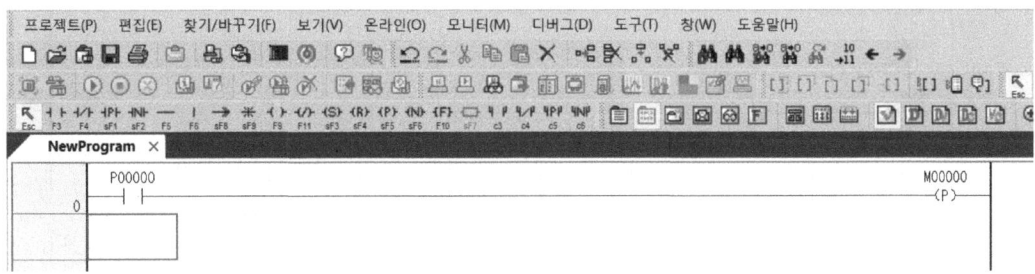

② 다음 줄에서 M0를 입력으로 하고 M1을 출력으로 하는 자기유지 회로를 만든다.

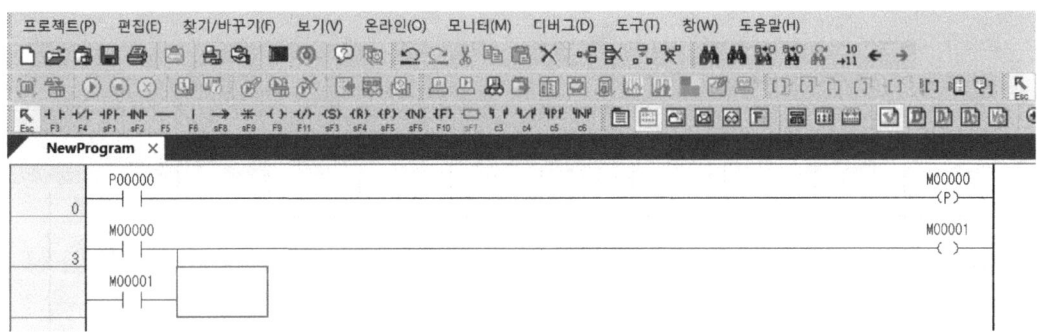

③ 커서를 위로 올려 F4를 누르고 변수/디바이스 칸에 P2라고 입력한 후 확인을 누른다.
입력접점 M1과 출력 M1사이에 b접점 입력을 넣어서 자기유지 신호를 끊을 때 사용하기 위함이다.

④ 새로운 줄로 이동하여 F3을 누르고 변수/디바이스 칸에 M1이라고 입력한 후 확인을 누른다. 이어서 F9를 누르고 변수 디바이스 칸에 P40이라고 입력하고 확인을 누른다.

⑤ 다음 줄에서 F3을 누른다. 변수/디바이스 칸에는 P1이라고 입력하고 확인을 누른다. 이어서 shift키를 누른 상태에서 F6를 누른다. 변수/디바이스 칸에는 M2라고 입력하고 확인을 누른다.

⑥ 다음 줄에서 M2를 입력으로 하고 M3를 출력으로 하는 자기유지 회로를 만든다.

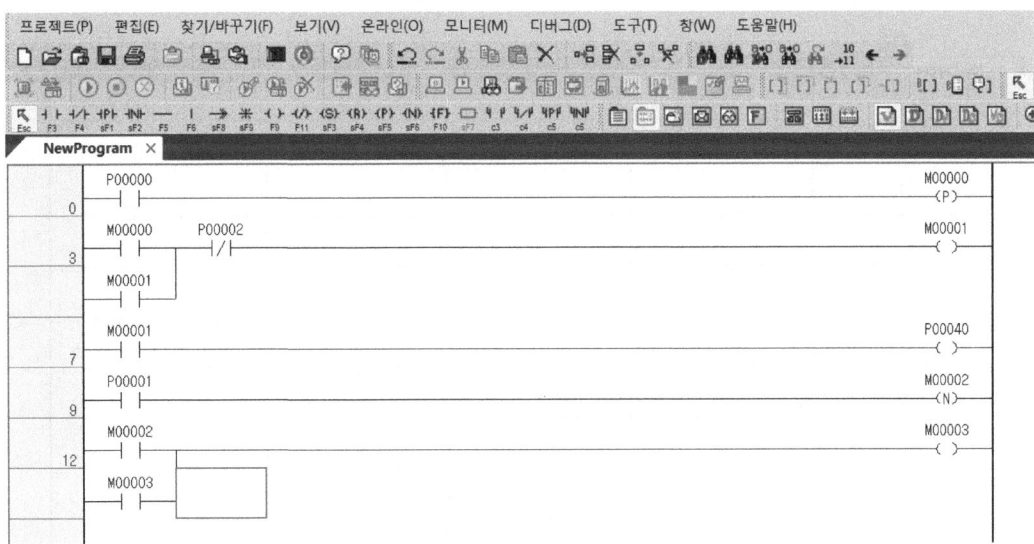

⑦ 커서를 위로 올려 F4를 누르고 변수/디바이스 칸에 P2라고 입력한 후 확인을 누른다. 입력접점 M3과 출력 M3사이에 b접점 입력을 넣어서 자기유지 신호를 끊을 때 사용하기 위함이다.

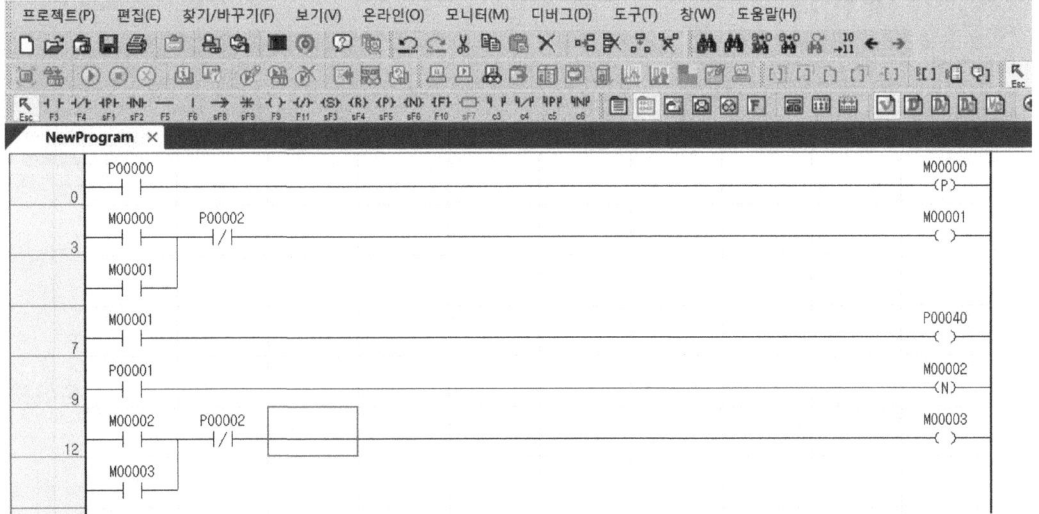

⑧ 새로운 줄로 이동하여 F3을 누르고 변수/디바이스 칸에 M3라고 입력한 후 확인을 누른다. 이어서 F9를 누르고 변수 디바이스 칸에 P41이라고 입력하고 확인을 누른다.

⑨ 하나의 프로그램이 완료되면 마지막 줄에 반드시 끝을 알리는 end 명령을 입력해야 한다.
새로운 줄에서 F10을 누른다.
응용명령 칸에 end라고 입력한 후 확인을 누른다.

■ 시뮬레이션은 위와 동일하므로 생략하기로 한다.

2) 타이머 명령

타이머 명령은 종류에 따라 조금씩 다르긴 하지만 이미 발생한 신호를 기준으로 일정시간 이후에 출력이 발생하도록 하거나, 일정시간 이후에 출력이 사라지게 하는 등의 역할을 한다.

따라서 타이머 명령이 정상적으로 적용되기 위해서는 반드시 타이머 명령을 수행 할 신호가 존재하고 있어야 한다. 다시 말해 자기유지 되고 있는 신호가 있어야 그 신호에 타이머 명령을 수행 할 수가 있는 것이다.

(1) TON (On Delay Timer)

이미 발생한 신호를 일정시간 이후에 출력이 나타나도록 하는 타이머명령으로 여러 종류의 타이머 명령 중 가장 많이 사용되는 명령이다.

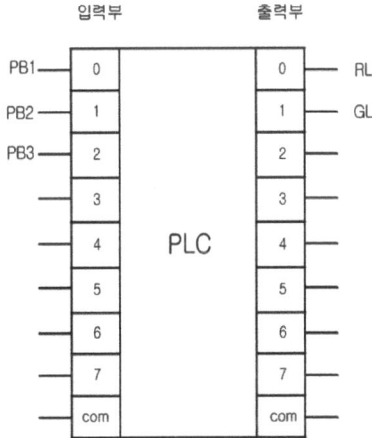

위 PLC 입출력도에 따르면 PB1은 P0, PB2는 P1, PB3는 P2가 되고, RL은 P40, GL은 P41이 된다. 위 그림을 참고하여 PB1을 누르자 마자 RL이 점등되고 PB1을 눌렀다가 떼도 유지되다가 PB3를 누르면 꺼지고, PB2를 눌렀다가 떼고 나서 3초 후에 GL이 점등되어 있다가 PB3를 누르면 꺼지게 되는 회로를 양(음)변환 검출 접점과 TON명령을 이용해서 각각 만들어 보도록 하자.

프로그램을 작성하는 방법은 다음과 같다.

① 빈 프로젝트 창에 커서를 가장 왼쪽 상단에 위치시킨 후 shift키를 누른 상태에서 F1을 누른다.
변수/디바이스 칸에는 P0라고 입력하고 확인을 누른다.(입력접점은 P0~P7을 사용한다.)
이어서 F9를 누른 후 변수/디바이스 칸에는 M0라고 입력하고 확인을 누른다.

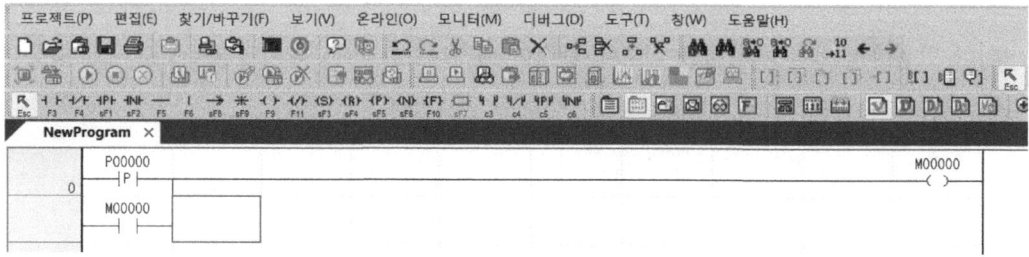

② 다음 줄에서 F3을 눌러 변수/디바이스 칸에 M0라고 입력하고 확인을 누른다. 커서를 윗줄로 이동한 후 F6를 눌러서 병렬로 연결한다.

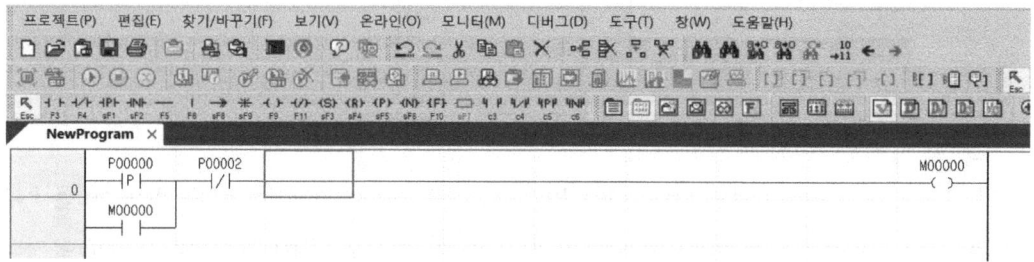

③ 커서를 위로 올려 F4를 누르고 변수/디바이스 칸에 P2라고 입력한 후 확인을 누른다. 입력접점 M0와 출력 M0사이에 b접점 입력을 넣어서 자기유지 신호를 끊을 때 사용하기 위함이다.

④ 새로운 줄로 이동하여 F3을 누르고 변수/디바이스 칸에 M0라고 입력한 후 확인을 누른다. 이어서 F9를 누르고 변수 디바이스 칸에 P40이라고 입력하고 확인을 누른다.

⑤ 다음 줄에서 shift키를 누른 상태에서 F2를 누른다.
변수/디바이스 칸에는 P1이라고 입력하고 확인을 누른다.
이어서 F9를 누른 후 변수/디바이스 칸에는 M1라고 입력하고 확인을 누른다.

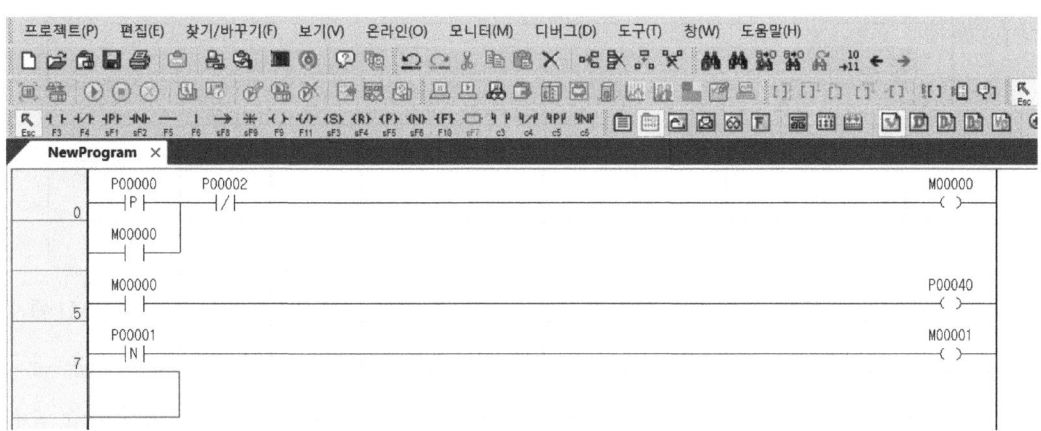

⑥ 다음 줄에서 F3을 눌러 변수/디바이스 칸에 M1이라고 입력하고 확인을 누른다.
커서를 윗 줄로 이동한 후 F6를 눌러서 병렬로 연결한다.

⑦ 커서를 위로 올려 F4를 누르고 변수/디바이스 칸에 P2라고 입력한 후 확인을 누른다.
입력접점 M1과 출력 M1사이에 b접점 입력을 넣어서 자기유지 신호를 끊을 때 사용하기 위함이다.

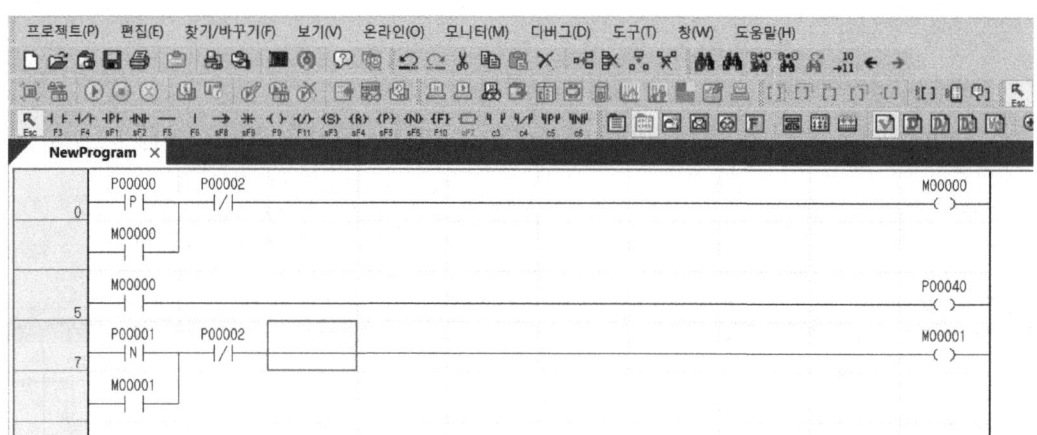

⑧ 이 때 M1을 그냥 출력하게 되면 PB2를 눌렀다가 뗐을 때 바로 켜지게 되므로 M1에게 TON 명령을 주어 일정 시간 이후에 출력이 등장하게 만들어 주도록 한다. 새로운 줄로 이동하여 F3을 누르고 변수/디바이스 칸에 M1라고 입력한 후 확인을 누른다. F10을 눌러 응용명령 칸에 TON T0 30 이라고 입력한다. 여기서 T0는 3초 후에 발생하는 신호가 저장되는 공간을 뜻하고, 타이머 명령에서 숫자는 1/10초를 의미하므로 3초를 입력하고자 할 때는 30이라고 입력해야 한다. 응용명령을 입력할 때는 띄어쓰기에 주의하도록 한다. 명령어를 입력하고 한 칸 띄우고 저장될 공간을 입력하고 한 칸 띄우고 시간에 해당하는 숫자를 입력한다.

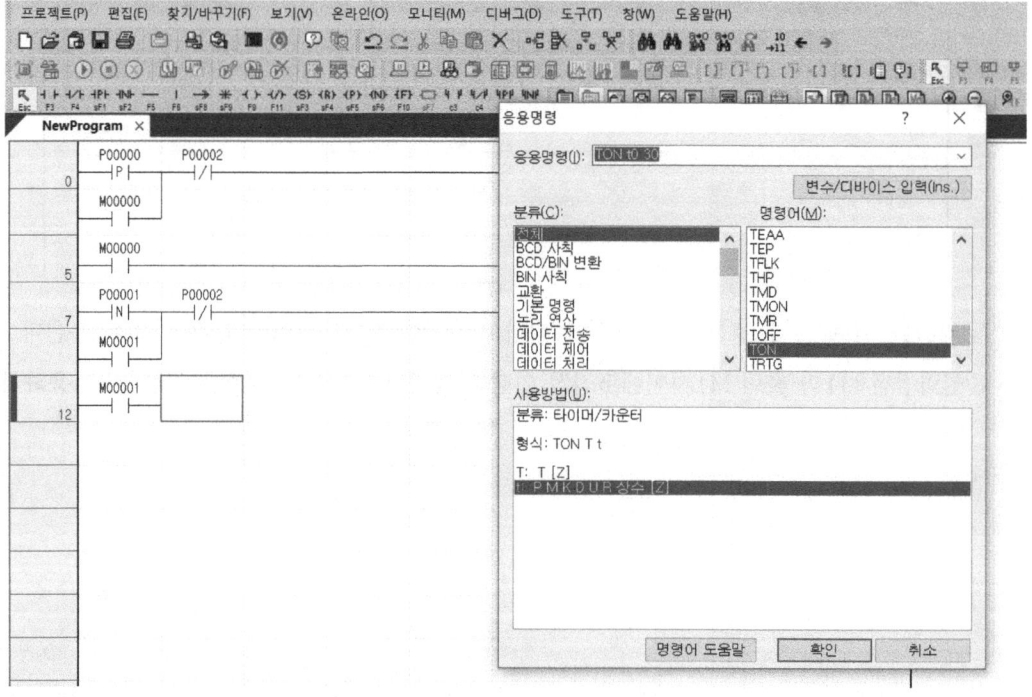

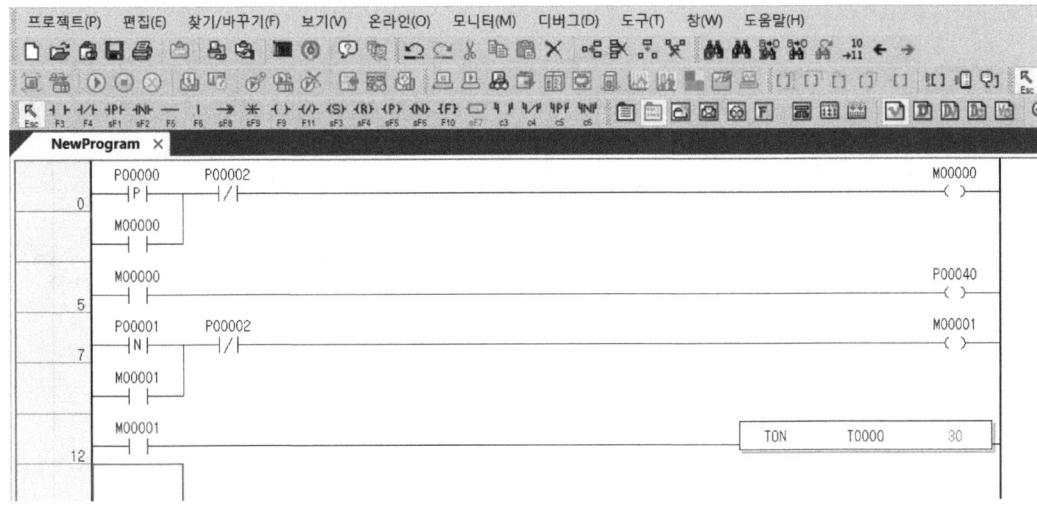

⑨ 새로운 줄로 이동하여 F3을 누르고 변수/디바이스 칸에 T0라고 입력한 후 확인을 누른다. 이어서 F9를 누르고 변수 디바이스 칸에 P41이라고 입력하고 확인을 누른다.

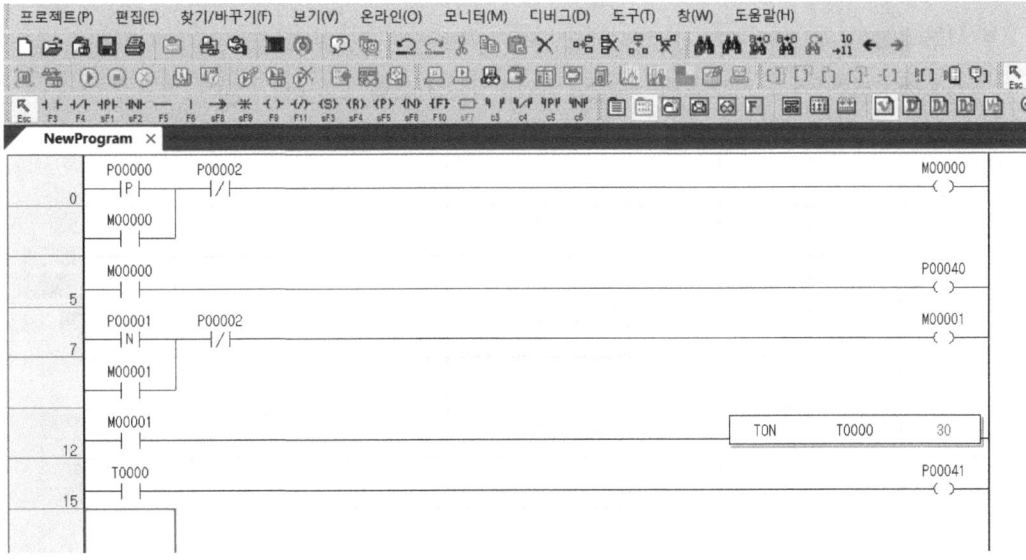

⑩ 하나의 프로그램이 완료되면 마지막 줄에 반드시 끝을 알리는 end 명령을 입력해야 한다. 새로운 줄에서 F10을 누른다.

응용명령 칸에 end라고 입력한 후 확인을 누른다.

■ 시뮬레이션

시뮬레이터를 켜고 프로그램 쓰기를 완료한 후 시스템 모니터를 켠다.

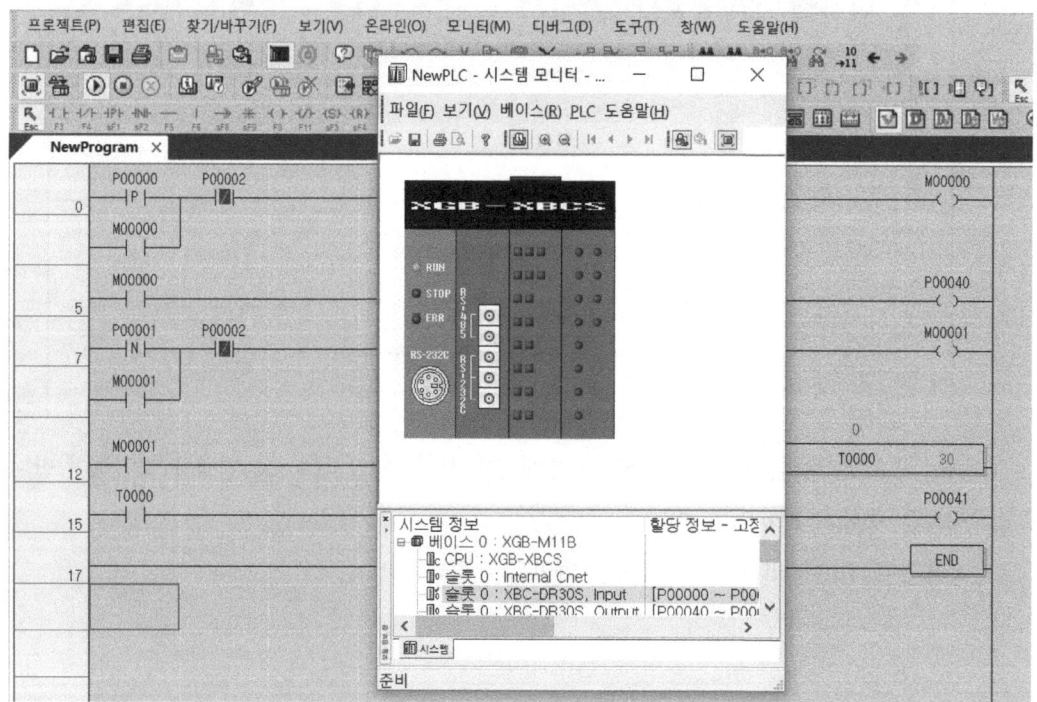

양(음)변환 검출을 이용했으므로 P0를 누르자마자 P40이 들어오고 P0의 신호를 제거해도 자기유지 되면서 P40의 출력은 계속 유지되다가 P2를 누르면 P40이 꺼져야 한다. P1을 눌렀다가

떼고 나면 타이머가 돌기 시작하여 설정된 시간인 3초가 지나면 P41이 들어오고 P2를 누르면 P41이 꺼져야 하므로 이를 확인 하도록 한다.

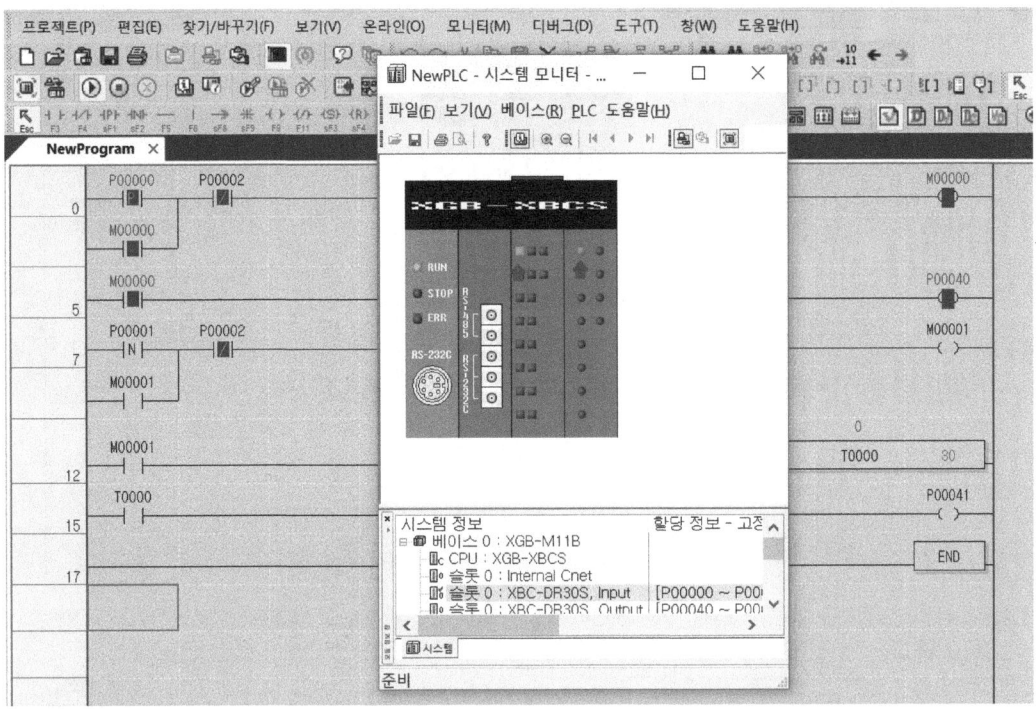

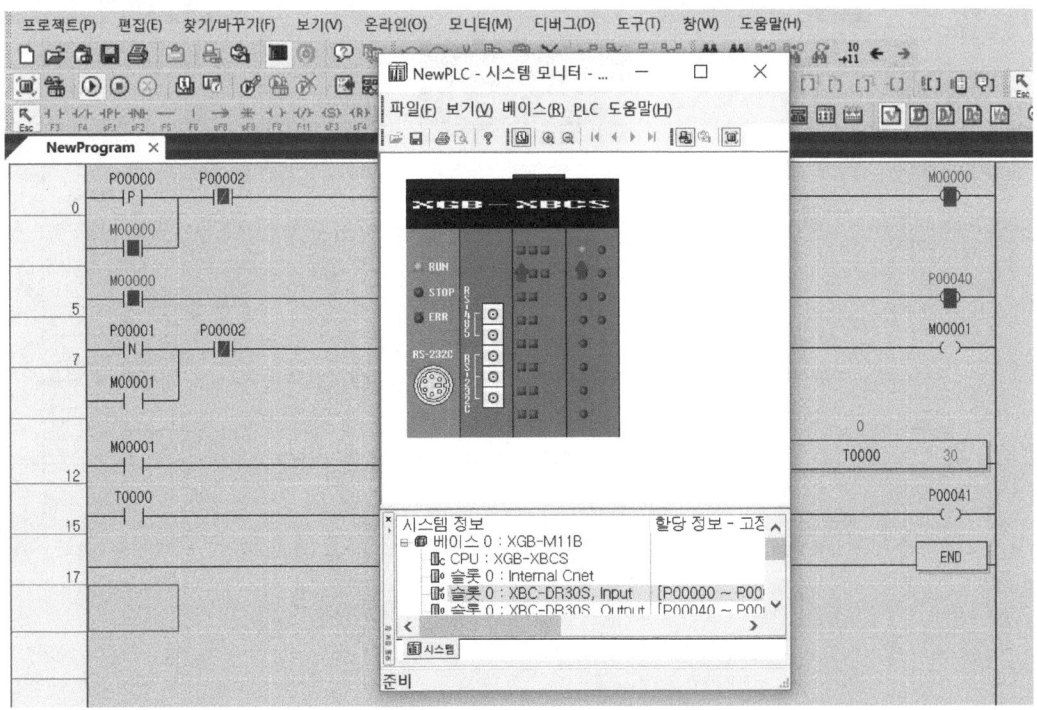

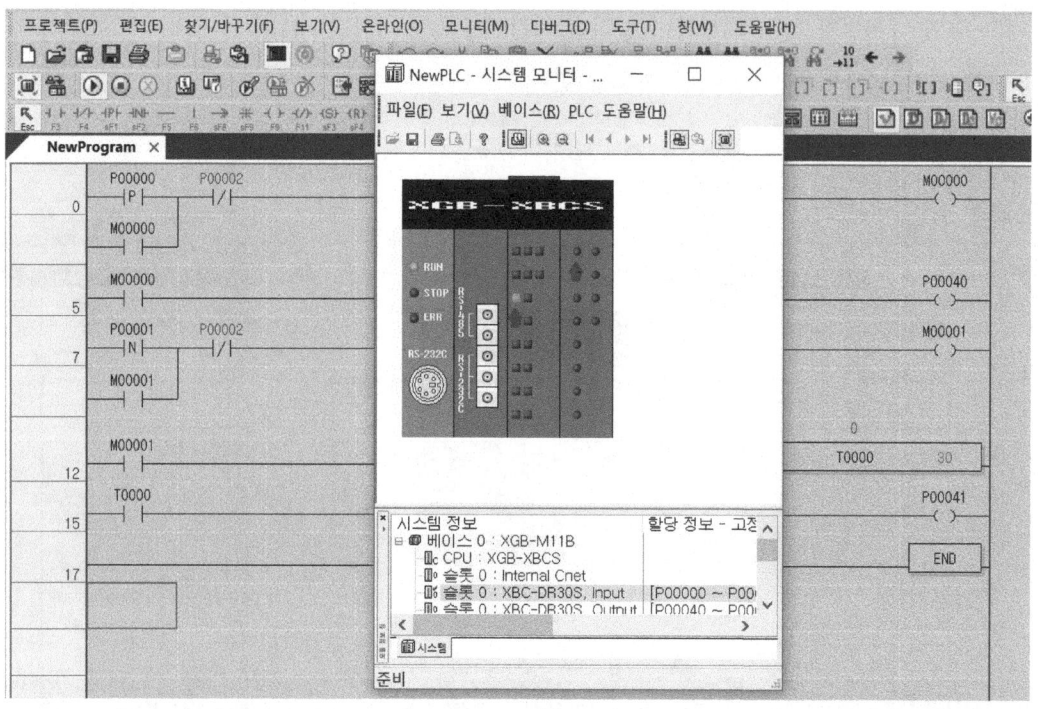

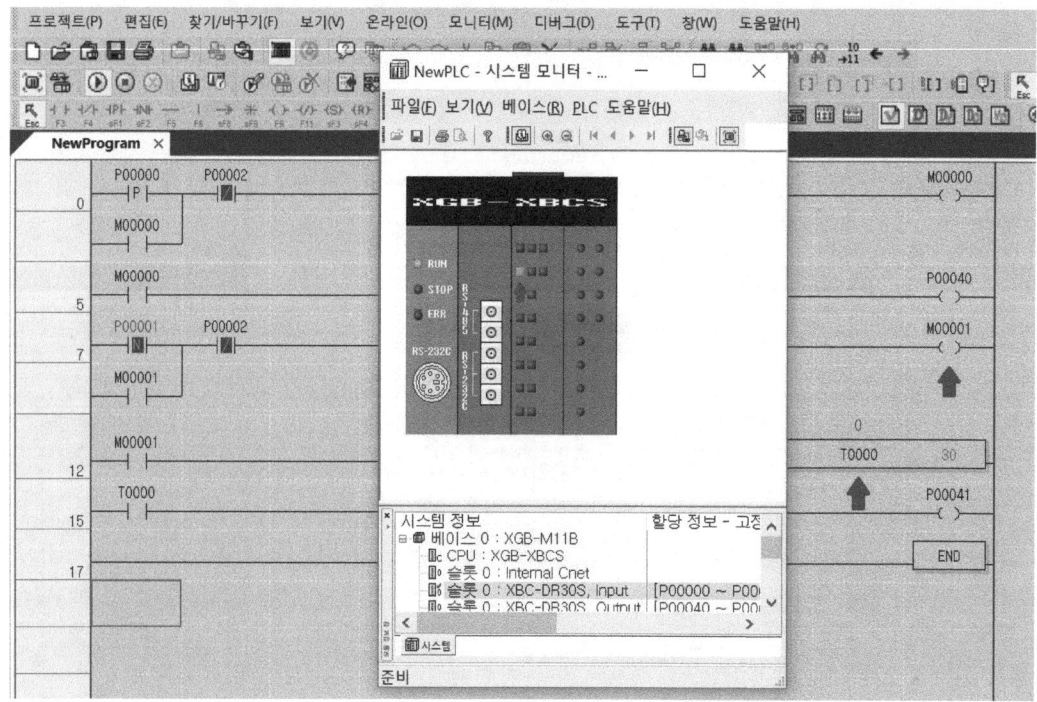

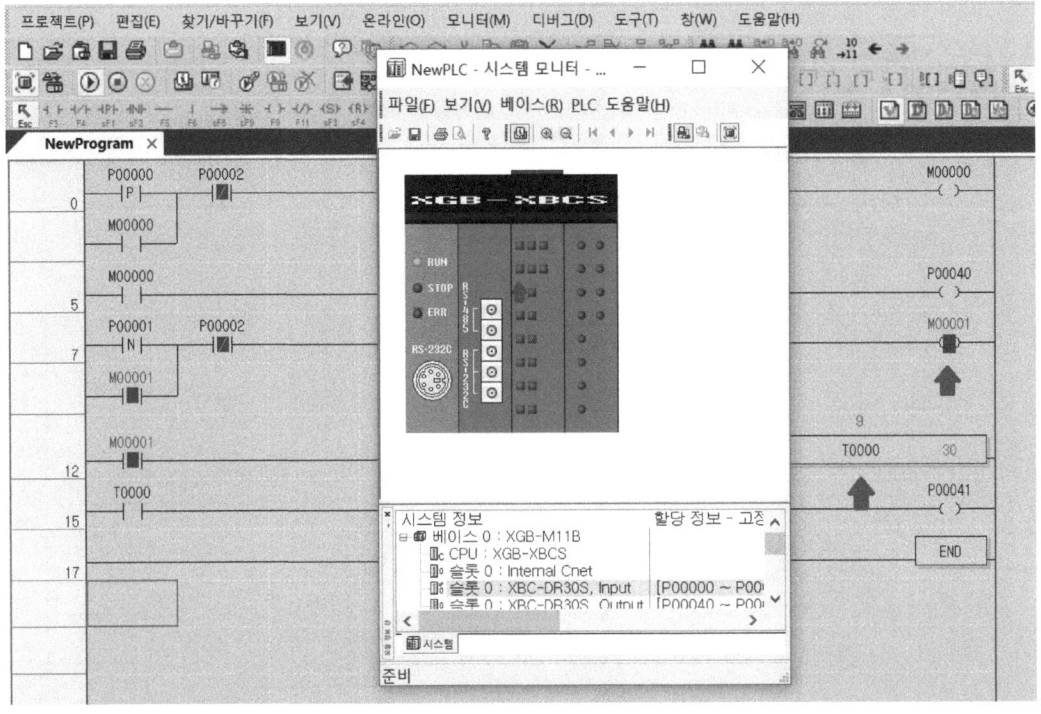

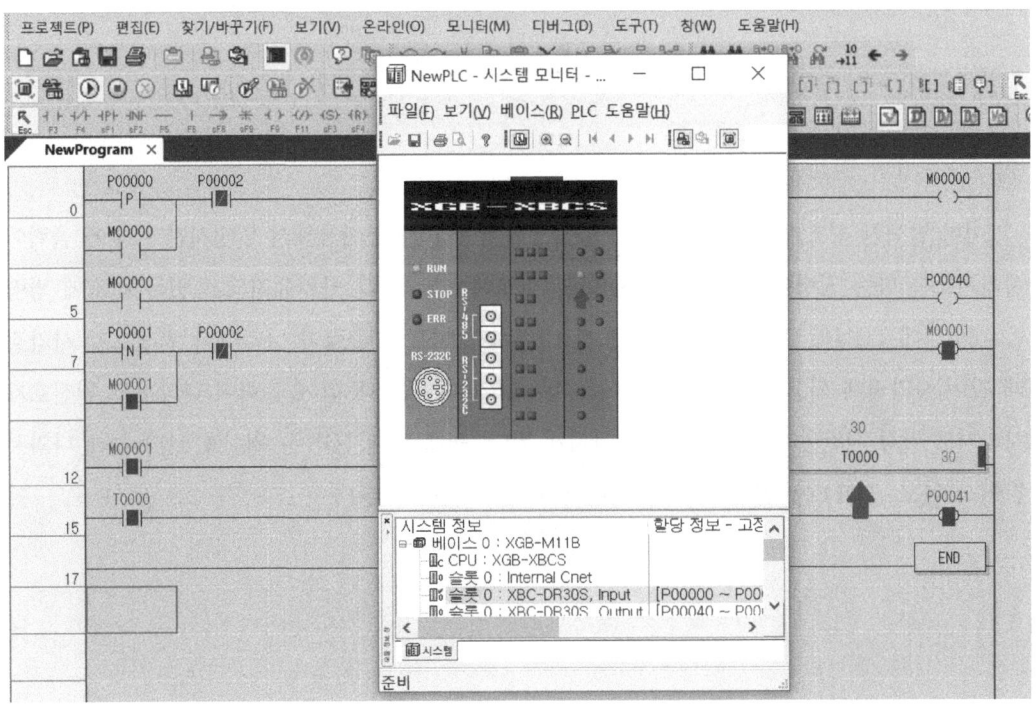

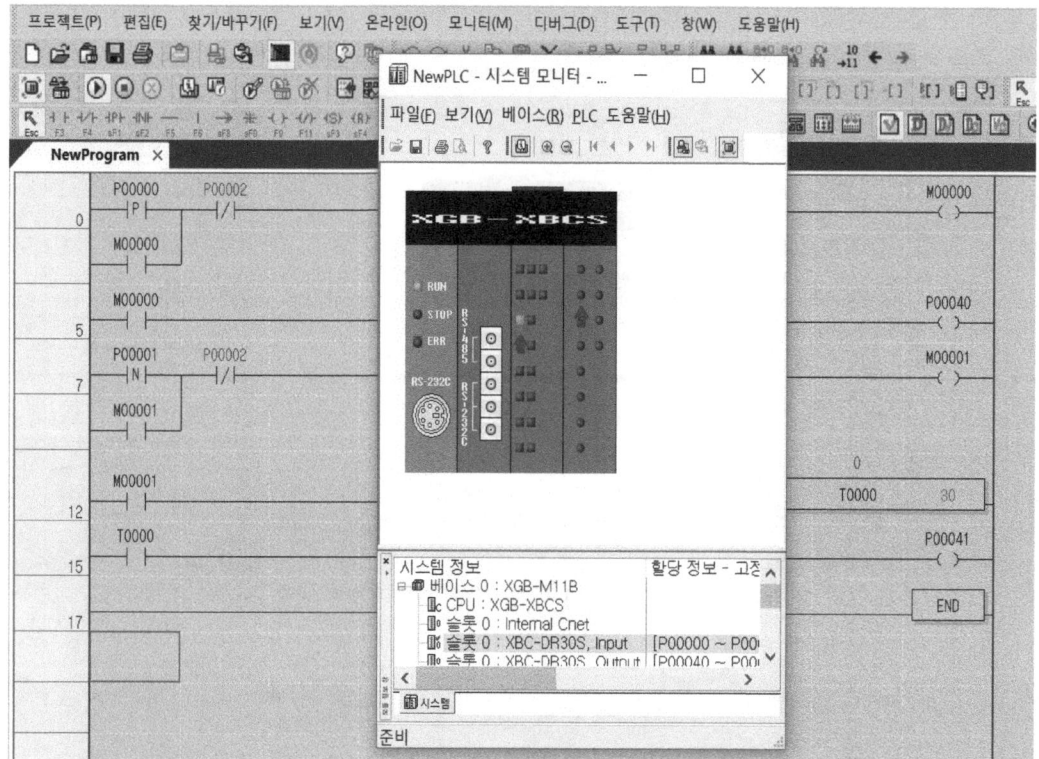

프로그램이 이상 없이 동작됨을 확인하면 시뮬레이션을 종료한다.

(2) TOFF (Off Delay Timer)

이미 발생한 신호가 사라질 때를 기점으로 타이머가 돌기 시작해서 일정시간 이후에 출력이 사라지도록 하는 명령이다. TON과 TOFF를 비교해보면 둘 다 자기유지되고 있는 신호에 명령을 내리는데 TON의 경우에는 원신호보다 일정시간 이후에 출력이 나타나서 원신호가 사라질 때 같이 사라지게 되고, TOFF의 경우에는 원신호가 나타날 때 함께 출력이 나타나고 원신호가 사라져도 일정 시간동안 유지되다가 사라지게 된다. 쉽게 말해 TON은 원신호 보다 늦게 나와서 같이 끝나고, TOFF는 원신호와 같이 나와서 늦게 끝나게 된다.

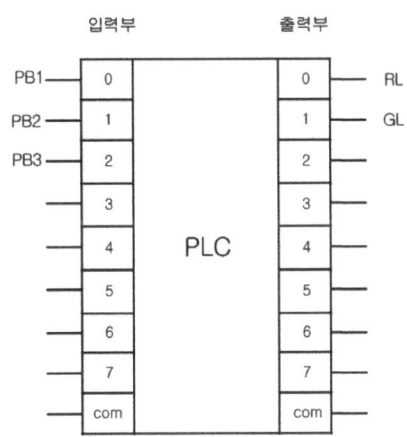

위 PLC 입출력도에 따르면 PB1은 P0, PB2는 P1, PB3는 P2가 되고, RL은 P40, GL은 P41이 된다. 위 그림을 참고하여 PB1을 누르자 마자 RL이 점등되고 PB1을 눌렀다가 떼도 유지되다가 PB3를 누르면 꺼지고, PB2를 눌렀다가 떼면 GL이 점등되어 있다가 PB3를 누르면 3초 후에 꺼지게 되는 회로를 양(음)변환 검출 접점과 TOFF명령을 이용해서 각각 만들어 보도록 하자.

프로그램을 작성하는 방법은 다음과 같다.

① 빈 프로젝트 창에 커서를 가장 왼쪽 상단에 위치시킨 후 shift키를 누른 상태에서 F1을 누른다.
　변수/디바이스 칸에는 P0라고 입력하고 확인을 누른다.(입력접점은 P0~P7을 사용한다.)
　이어서 F9를 누른 후 변수/디바이스 칸에는 M0라고 입력하고 확인을 누른다.

② 다음 줄에서 F3을 눌러 변수/디바이스 칸에 M0라고 입력하고 확인을 누른다. 커서를 윗줄로 이동한 후 F6를 눌러서 병렬로 연결한다.

③ 커서를 위로 올려 F4를 누르고 변수/디바이스 칸에 P2라고 입력한 후 확인을 누른다. 입력접점 M0와 출력 M0사이에 b접점 입력을 넣어서 자기유지 신호를 끊을 때 사용하기 위함이다.

④ 새로운 줄로 이동하여 F3을 누르고 변수/디바이스 칸에 M0라고 입력한 후 확인을 누른다. 이어서 F9를 누르고 변수 디바이스 칸에 P40이라고 입력하고 확인을 누른다.

⑤ 다음 줄에서 shift키를 누른 상태에서 F2를 누른다.
　변수/디바이스 칸에는 P1라고 입력하고 확인을 누른다.
　이어서 F9를 누른 후 변수/디바이스 칸에는 M1라고 입력하고 확인을 누른다.

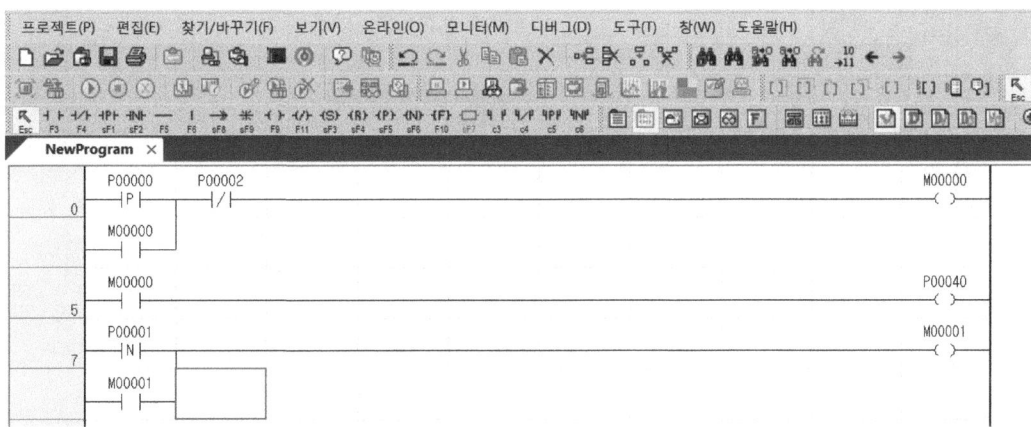

⑥ 다음 줄에서 F3을 눌러 변수/디바이스 칸에 M1이라고 입력하고 확인을 누른다. 커서를 윗 줄로 이동한 후 F6를 눌러서 병렬로 연결한다.

⑦ 커서를 위로 올려 F4를 누르고 변수/디바이스 칸에 P2라고 입력한 후 확인을 누른다. 입력접점 M1과 출력 M1사이에 b접점 입력을 넣어서 자기유지 신호를 끊을 때 사용하기 위함이다.

⑧ 이 때 M1을 그냥 출력하게 되면 PB3를 눌렀을 때 바로 꺼지게 되므로 M1에게 TOFF 명령을 주어 일정 시간 이후에 출력이 사라지게 만들어 주도록 한다. 새로운 줄로 이동하여 F3을 누르고 변수/디바이스 칸에 M1라고 입력한 후 확인을 누른다. F10을 눌러 응용명령 칸에 TOFF T0 30 이라고 입력한다. 여기서 T0는 M1이 발생함과 동시에 발생해서 M1이 사라지고 3초 후에 사라지는 신호가 저장되는 공간을 뜻하고, 타이머 명령에서 숫자는 1/10초를 의미하므로 3초를 입력하고자 할 때는 30이라고 입력해야 한다. 응용명령을 입력할 때는 띄어쓰기에 주의하도록 한다. 명령어를 입력하고 한 칸 띄우고 저장될 공간을 입력하고 한 칸 띄우고 시간에 해당하는 숫자를 입력한다.

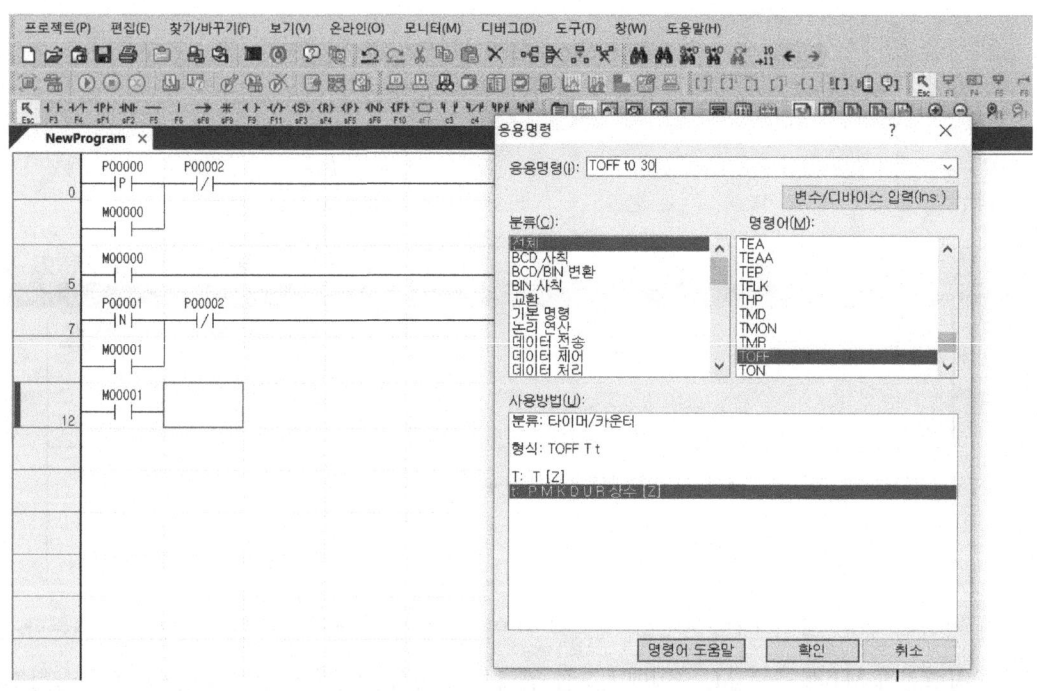

⑨ 새로운 줄로 이동하여 F3을 누르고 변수/디바이스 칸에 T0라고 입력한 후 확인을 누른다.
이어서 F9를 누르고 변수 디바이스 칸에 P41이라고 입력하고 확인을 누른다.

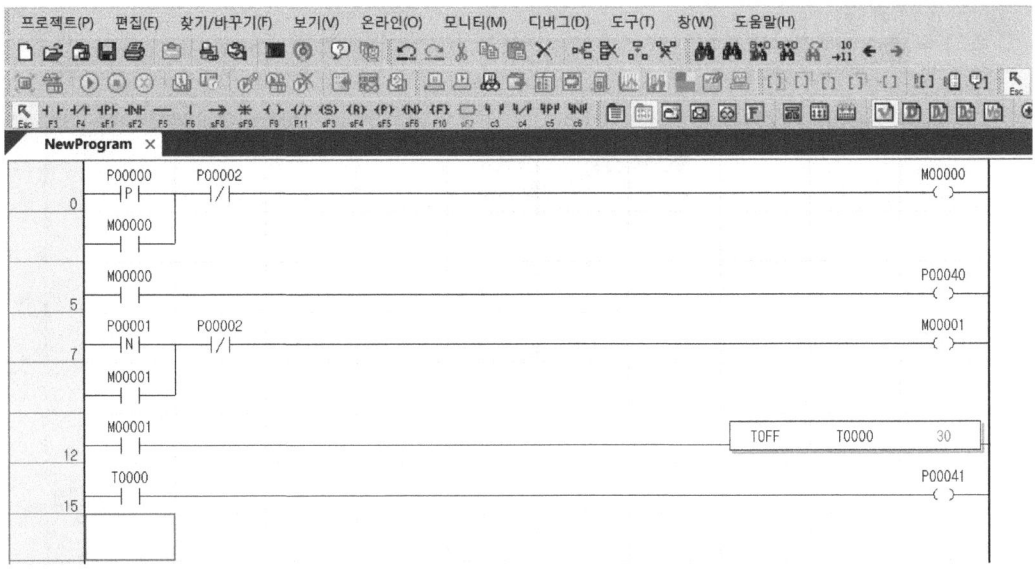

⑩ 하나의 프로그램이 완료되면 마지막 줄에 반드시 끝을 알리는 end 명령을 입력해야 한다.
새로운 줄에서 F10을 누른다.
응용명령 칸에 end라고 입력한 후 확인을 누른다.

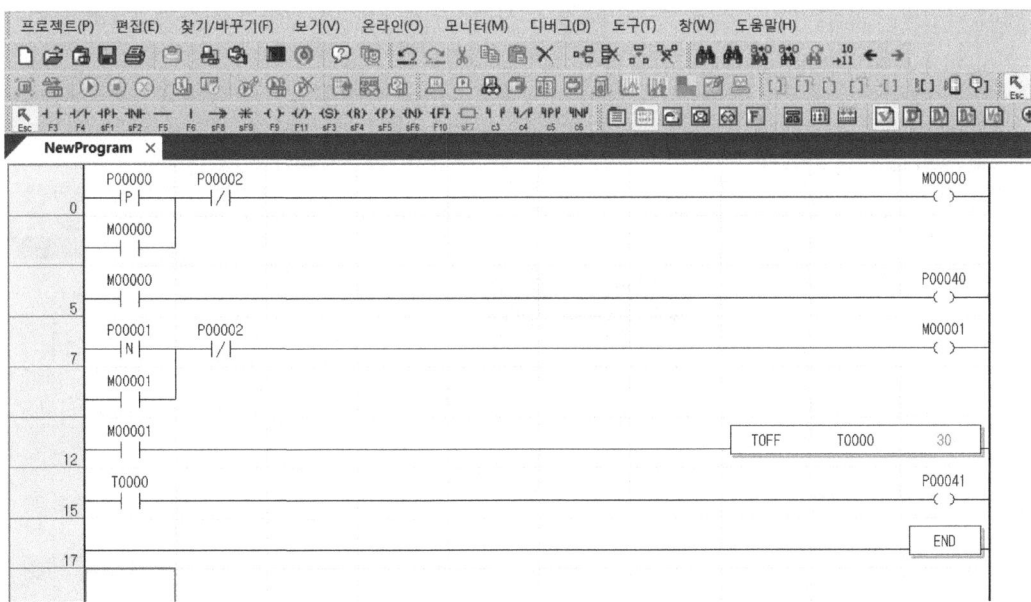

■ 시뮬레이션

시뮬레이터를 켜고 프로그램 쓰기를 완료한 후 시스템 모니터를 켠다.

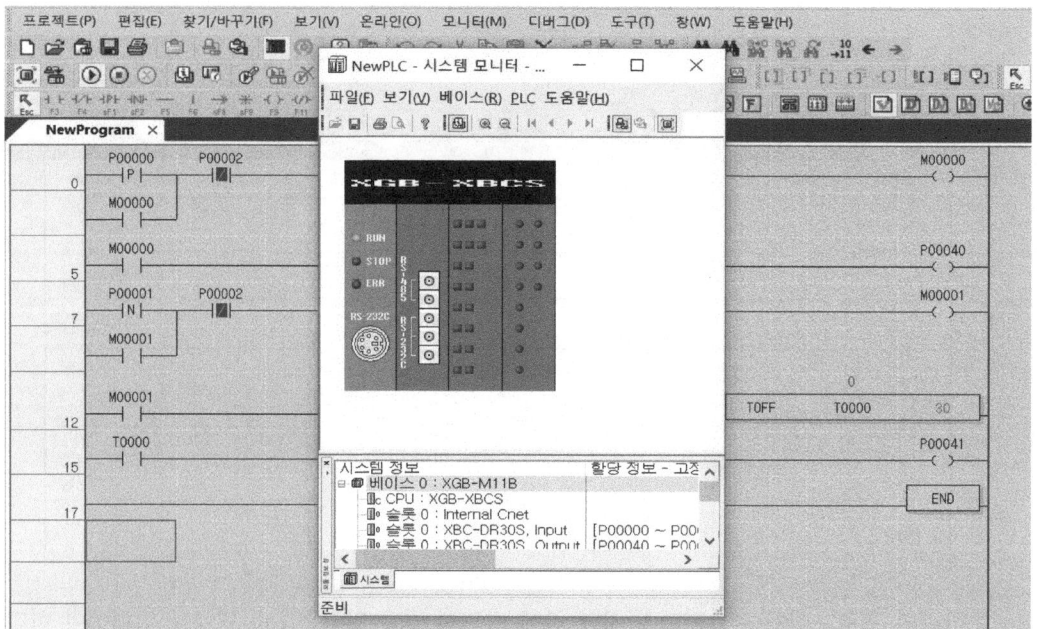

양(음)변환 검출을 이용했으므로 P0를 누르자마자 P40이 들어오고 P0의 신호를 제거해도 자기유지 되면서 P40의 출력은 계속 유지되다가 P2를 누르면 P40이 꺼져야 한다. P1을 눌렀다가 떼고 나면 P41이 들어오고 P2를 누르면 M1이 사라지면서 타이머가 돌기 시작하고 3초가 지나고 나면 P41이 꺼져야 하므로 이를 확인 하도록 한다.

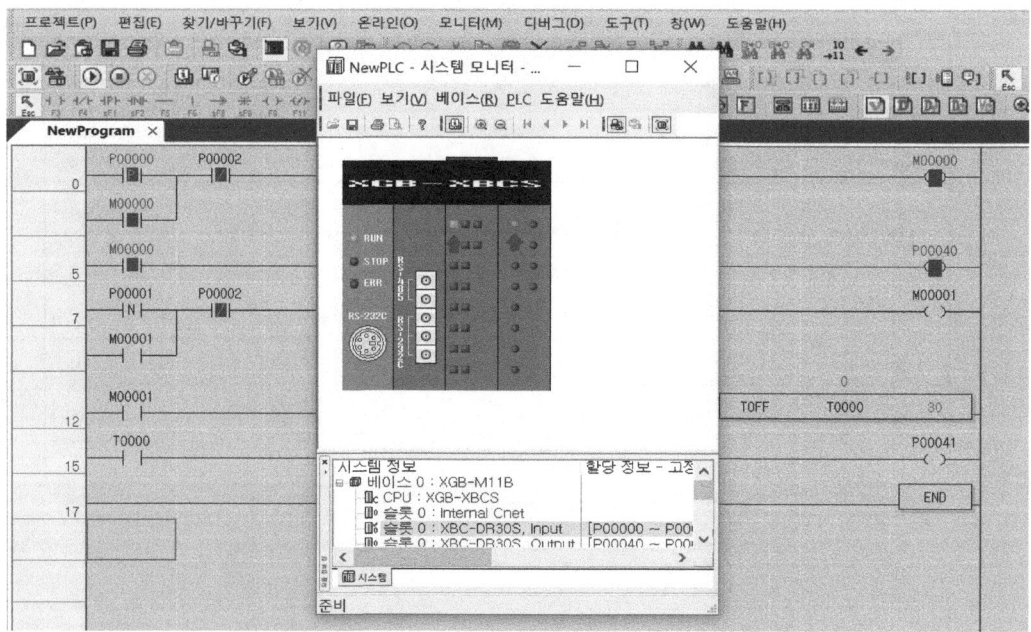

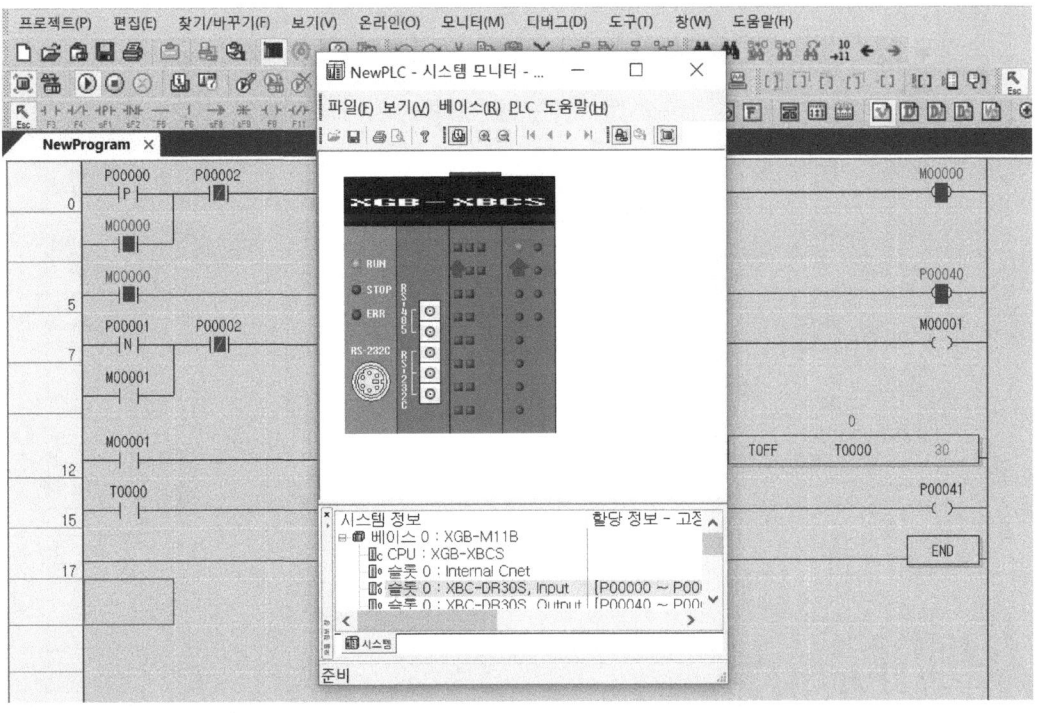

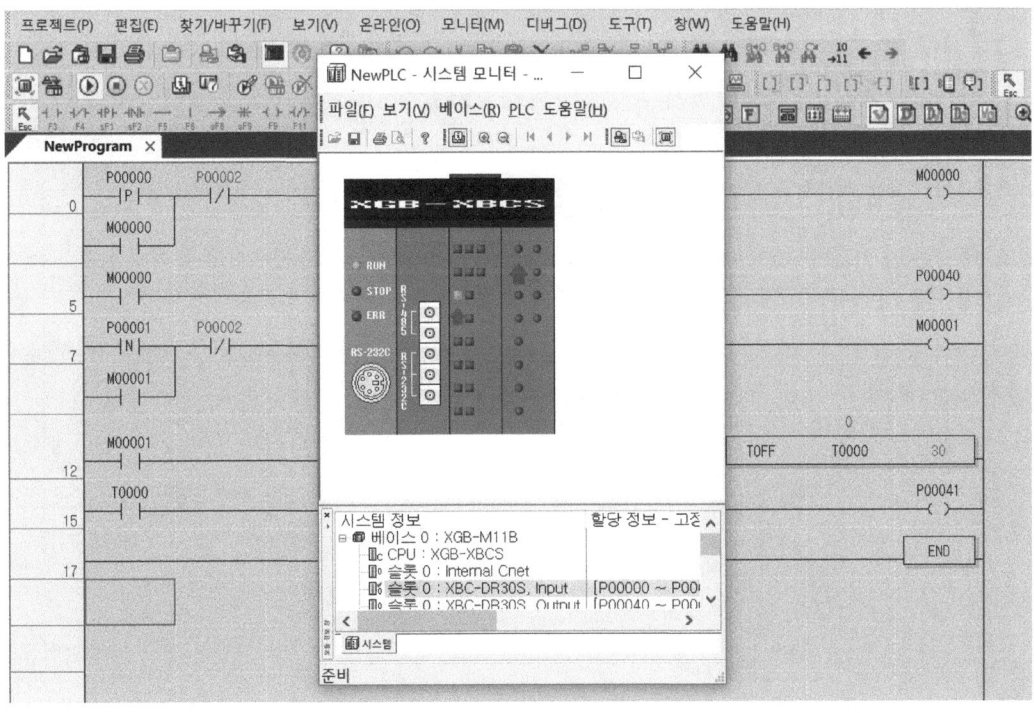

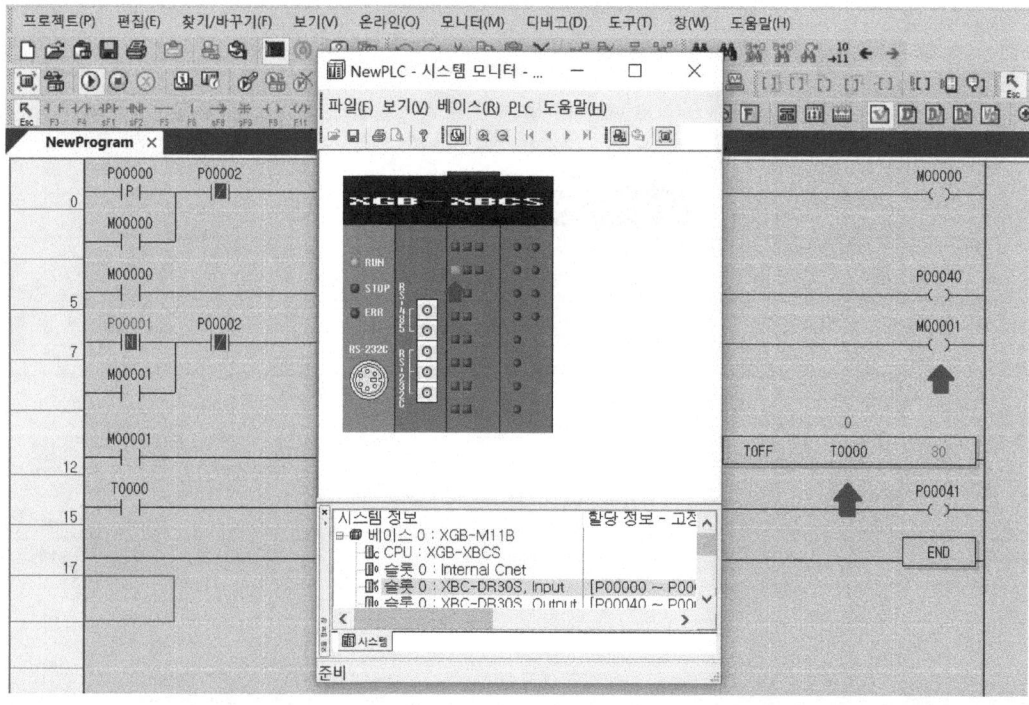

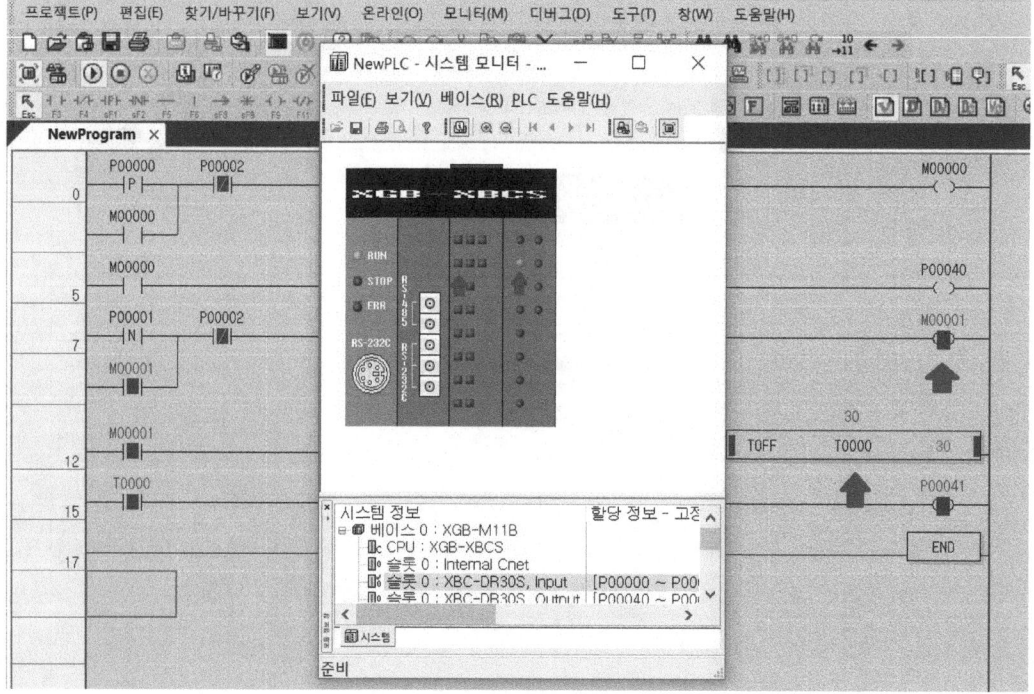

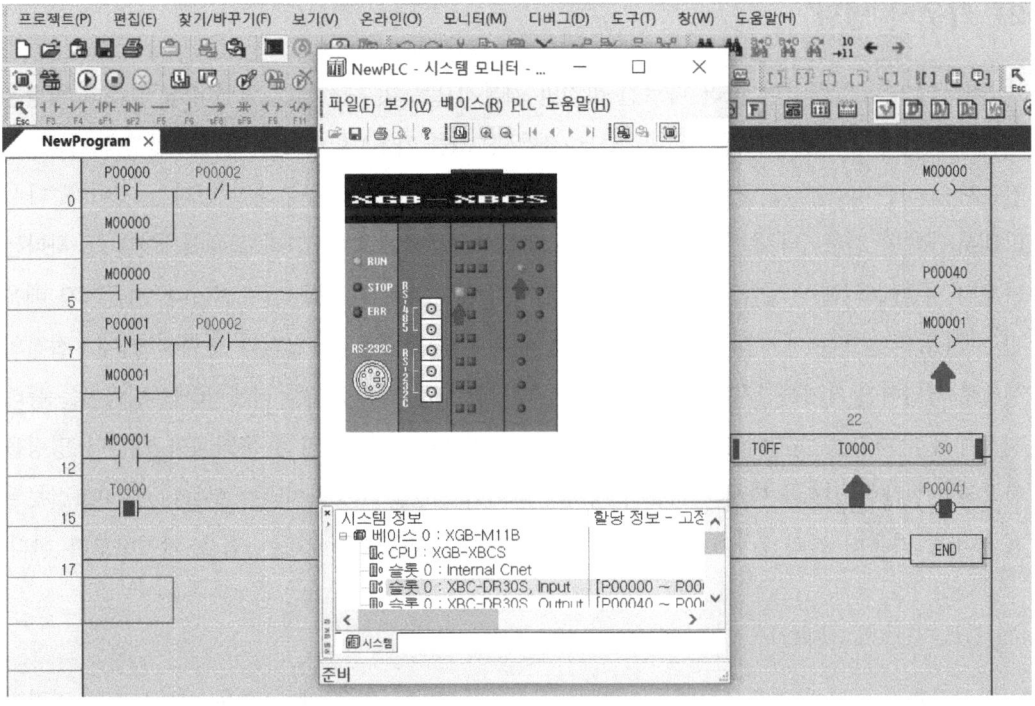

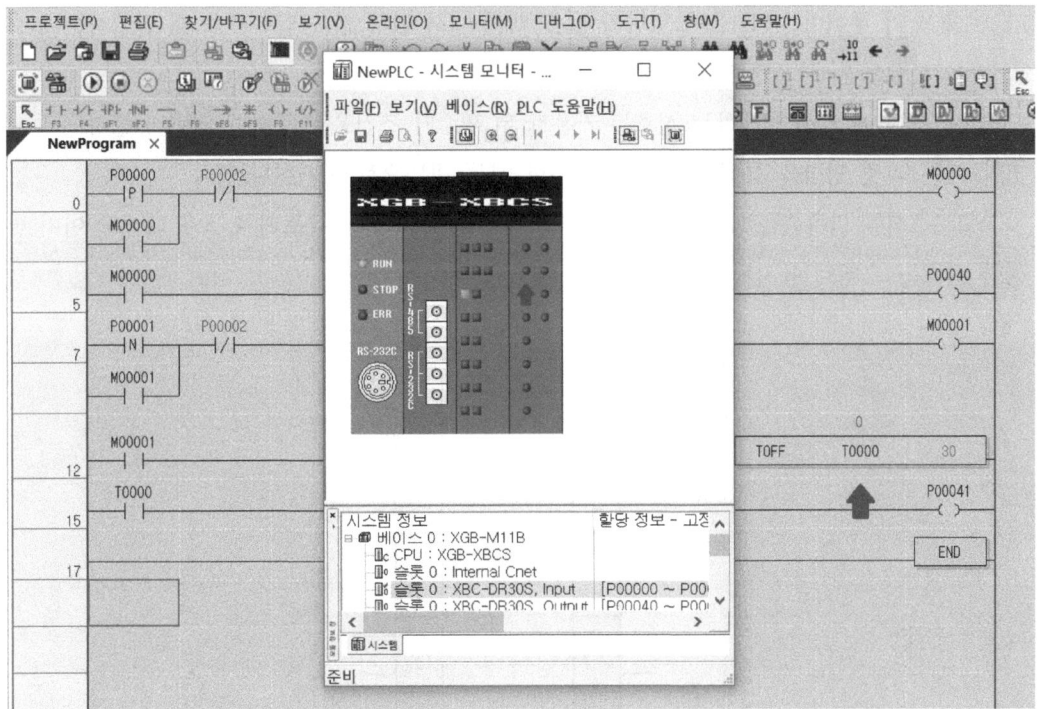

프로그램이 이상 없이 동작됨을 확인하면 시뮬레이션을 종료한다.

2) 카운터 명령

카운터 명령은 종류에 따라 다르긴 하지만 기본적으로 횟수를 세는 명령이다. 카운터 명령을 사용함에 있어서 가장 중요한 것은 펄스신호(짧은 신호)를 카운트함에 있어서 신호발생을 기준으로 카운트를 하는지 신호가 끝나는 것을 기준으로 카운트를 하는지 구분해야 한다는 것이다. 다시 말해서 양변환 검출이나 음변환 검출을 잘 구분해서 사용해야 한다. 그리고 유의해야할 또 하나는 카운터 명령에 의해 발생한 신호는 리셋 될 때까지 유지되는 긴 신호라는 점이다. 지금까지 배운 긴 자기유지 신호를 제거할 때는 제거신호를 자기유지 되고있는 a접점과 출력 사이에 b접점의 형태로 삽입하여 제거하였지만, 카운터 신호를 제거할 때는 제거신호를 리셋이라는 명령어를 통해 지정해서 제거함을 숙지하도록 한다. 간혹 카운터와 타이머의 복합형 문제에서 카운터 명령을 만족하여 발생한 신호를 다시 자기유지 시켜서 타이머 명령을 사용하시려는 분들이 있는데 잘못된 설계이다. 카운터 결과 값은 그 자체가 자기유지신호처럼 긴 신호라는 점을 기억하도록 한다.

(1) CTU (Up Counter)

입력신호를 하나씩 카운트하면서 더해서 설정치를 만족하였을 때 출력을 발생시키는 명령이다. 예를 들어 푸쉬버튼(PB)을 눌렀다가 뗐을 때를 세서 일정 값을 만족했을 때 발생하는 신호를 만들고 싶으면 CTU명령을 사용한다.

카운터 명령에 의해 발생하는 신호는 카운트 된 횟수가 조건을 만족하게 되면 발생하므로 제거할 때는 리셋 명령을 통해서 횟수를 초기화 하는 방법으로 제거한다.

참고로 3회를 만족했을 때 발생하는 신호는 입력을 더 주어 카운트가 4, 5가 되어도 이미 발생한 신호는 그대로 유지됨도 기억하도록 한다.

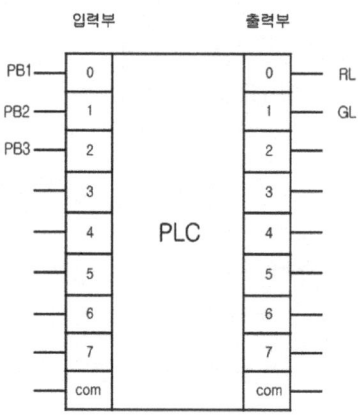

위 PLC 입출력도에 따르면 PB1은 P0, PB2는 P1, PB3는 P2가 되고, RL은 P40, GL은 P41이 된다. 위 그림을 참고하여 PB1을 세 번 누르자 마자 RL이 점등되고 PB3를 누르면 꺼지고, PB2를 다섯 번 눌렀다가 떼면 GL이 점등되고 PB3를 누르면 꺼지게 되는 회로를 양(음)변환

검출 접점과 CTU명령을 이용해서 각각 만들어 보도록 하자.

프로그램을 작성하는 방법은 다음과 같다.

① 빈 프로젝트 창에 커서를 가장 왼쪽 상단에 위치시킨 후 shift키를 누른 상태에서 F1을 누른다.
변수/디바이스 칸에는 P0라고 입력하고 확인을 누른다.(입력접점은 P0~P7을 사용한다.)
이어서 F9를 누른 후 변수/디바이스 칸에는 M0라고 입력하고 확인을 누른다.

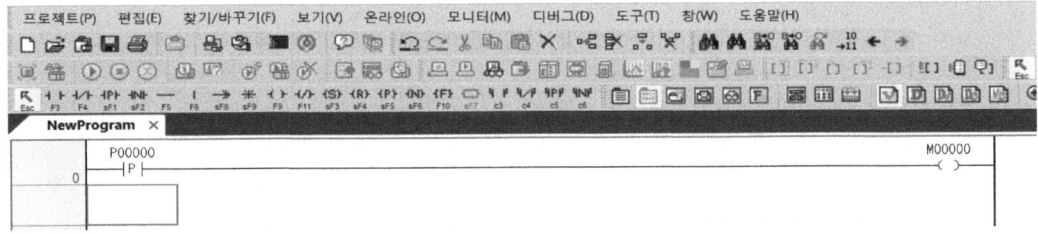

② 다음 줄에서 F3을 눌러 변수/디바이스 칸에 M0라고 입력하고 확인을 누른다. 이어서 F10을 눌러 응용명령 칸에 CTU C0 3이라고 입력한다. 양변환 검출 접점에 의해서 생긴 M0 신호는 매우 짧은 신호로 발생하자마자 바로 사라지지만 CTU는 입력 접점이 붙는 순간 숫자가 하나씩 카운트 되므로 이상 없이 카운트 할 수 있다. 여기서 C0란 카운터 되는 숫자가 기억되는 공간이고 뒤에 3이 신호가 발생하게 되는 카운트를 의미한다. 신호가 들어올 때마다 C0의 숫자가 하나씩 올라가다가 3이 되는 순간 C0신호가 발생하게 된다.

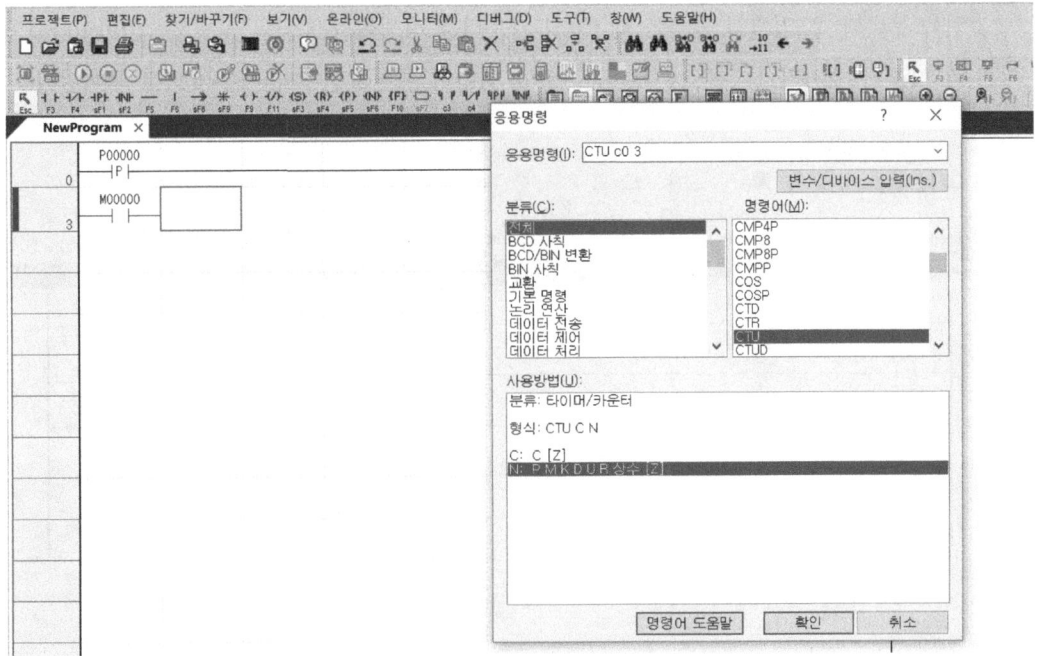

③ 새로운 줄로 이동하여 F3을 누르고 변수/디바이스 칸에 C0라고 입력한 후 확인을 누른다. 이어서 F9를 누르고 변수 디바이스 칸에 P40이라고 입력하고 확인을 누른다.

④ 새로운 줄로 이동하여 F3을 누르고 변수/디바이스 칸에 P2라고 입력한 후 확인을 누른다. 이어서 shift키를 누른 상태에서 F4를 누른다. 변수/디바이스 칸에 C0라고 입력한 후에 확인을 누른다. P2입력이 들어올 때 C0의 카운터를 리셋해서 0으로 만든다는 의미이다. C0의 카운터 숫자가 1이든 2든 3이든 P2의 입력이 들어오면 카운터는 0으로 돌아간다.

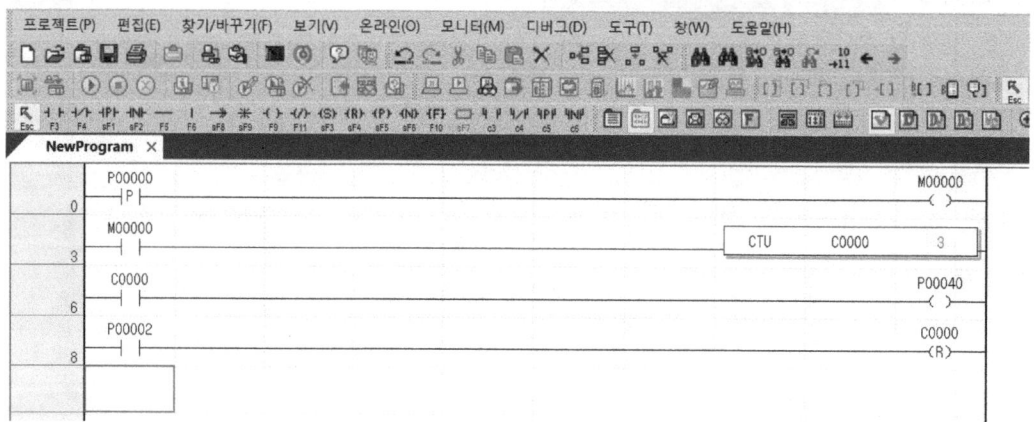

⑤ 다음 줄에서 shift키를 누른 상태에서 F2를 누른다.

변수/디바이스 칸에는 P1라고 입력하고 확인을 누른다.

이어서 F9를 누른 후 변수/디바이스 칸에는 M1라고 입력하고 확인을 누른다.

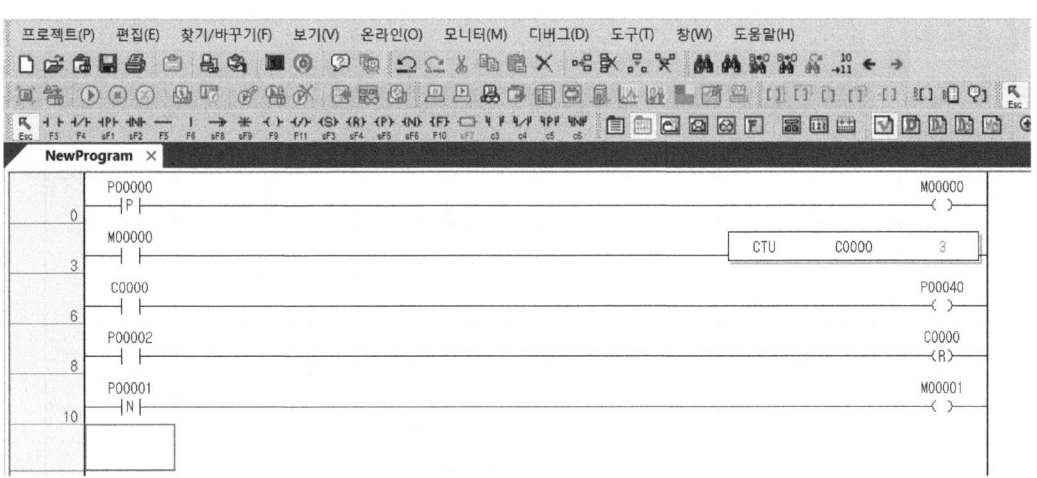

⑥ 다음 줄에서 F3을 눌러 변수/디바이스 칸에 M1이라고 입력하고 확인을 누른다. 이어서 F10을 눌러 응용명령 칸에 CTU C1 5라고 입력한다. 음변환 검출 접점에 의해서 생긴 M1 신호 역시 매우 짧은 신호로 발생하자마자 바로 사라지지만 CTU는 입력 접점이 붙는 순간 숫자가 하나씩 카운트 되므로 이상 없이 카운트 할 수 있다. 여기서 C1이란 카운터 되는 숫자가 기억되는 공간을 의미하는데 동일한 프로그램에서 같은 문자에 의한 저장공간을 설정할 때는 숫자가 중복되면 안된다. C0를 이미 사용하였으므로 C1을 사용하도록 한다. 뒤에 5는 신호가 발생하게 되는 카운트를 의미한다. 신호가 들어올 때마다 C1의 숫자가 하나씩 올라가다가 5가 되는 순간 C1신호가 발생하게 된다.

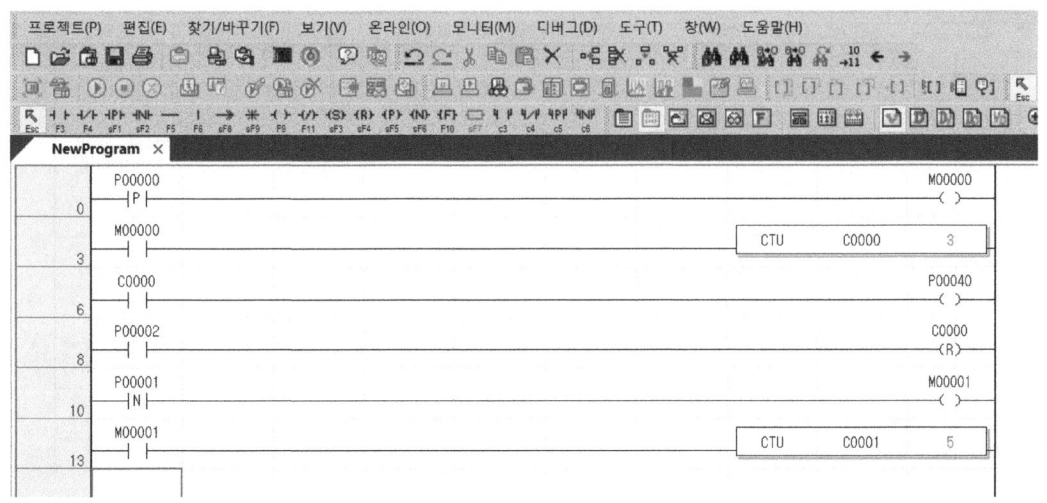

⑦ 새로운 줄로 이동하여 F3을 누르고 변수/디바이스 칸에 C1이라고 입력한 후 확인을 누른다. 이어서 F9를 누르고 변수 디바이스 칸에 P41이라고 입력하고 확인을 누른다.

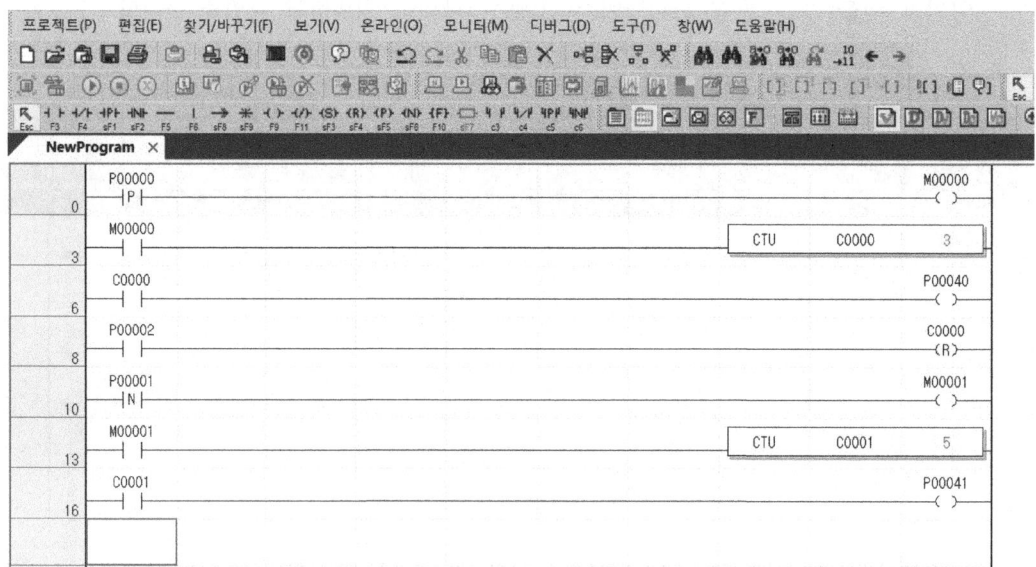

⑧ 새로운 줄로 이동하여 F3을 누르고 변수/디바이스 칸에 P2라고 입력한 후 확인을 누른다. 이어서 shift키를 누른 상태에서 F4를 누른다. 변수/디바이스 칸에 C1이라고 입력한 후에 확인을 누른다. P2입력이 들어올 때 C1의 카운터를 리셋해서 0으로 만든다는 의미이다. 이미 위에 P2의 입력으로 C0를 리셋하는 부분이 있으니 그 사이에 ctrl키를 누른 상태에서 L을 눌러 줄을 추가 하여 병렬로 입력하여도 똑같이 동작한다. 두 가지 모두 확인해보자.

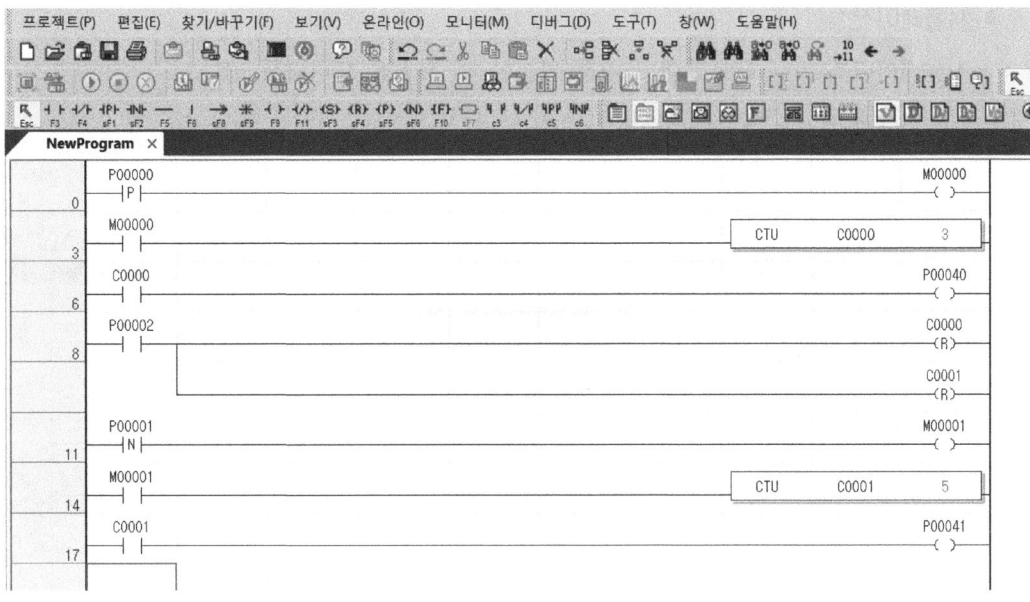

⑨ 하나의 프로그램이 완료되면 마지막 줄에 반드시 끝을 알리는 end 명령을 입력해야 한다.
새로운 줄에서 F10을 누른다.
응용명령 칸에 end라고 입력한 후 확인을 누른다.

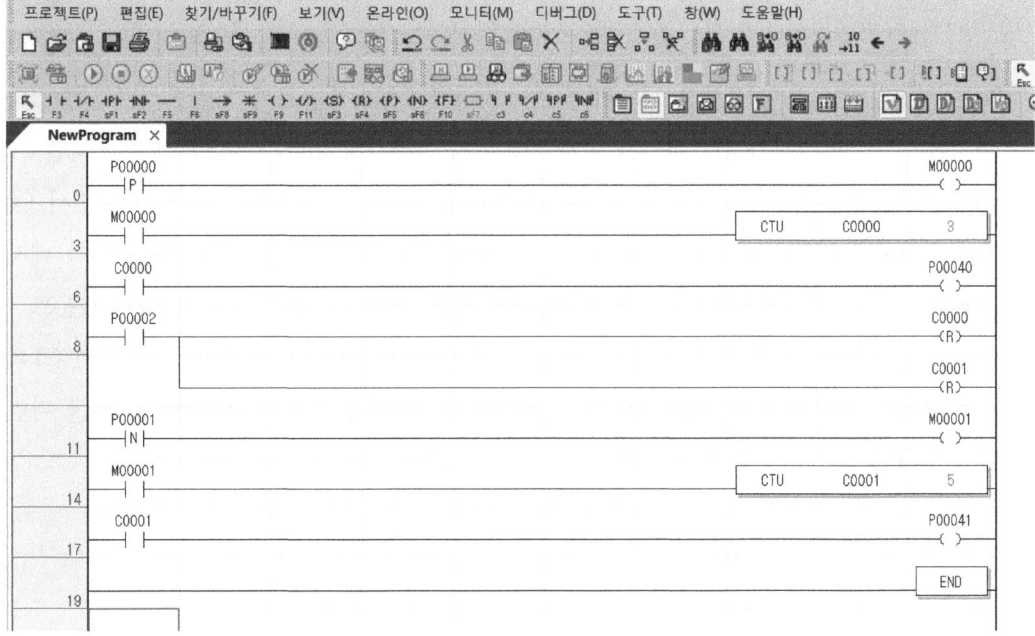

■ 시뮬레이션

시뮬레이터를 켜고 프로그램 쓰기를 완료한 후 시스템 모니터를 켠다.

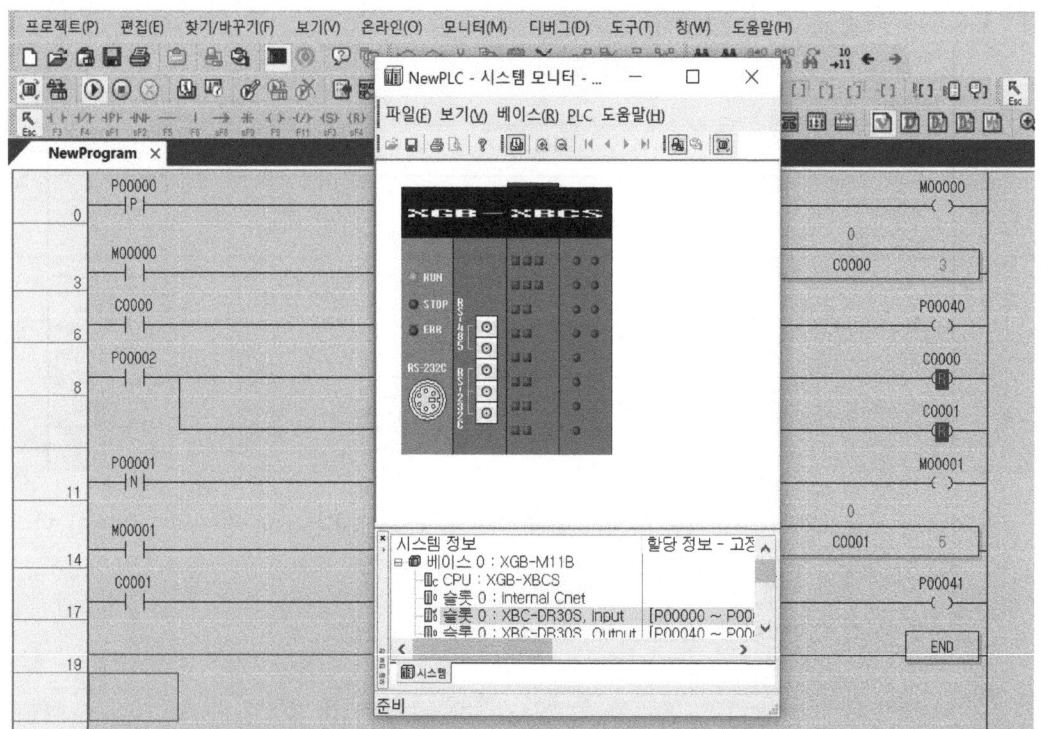

P0는 양변환 검출을 이용했으므로 P0를 누르자마자 C0의 카운트가 1이 올라가고 눌렀다 뗀 후 다시 누르면 마찬가지로 누르자 마자 카운트가 올라가게 되다가 카운트가 3이 되면 C0 접점이 붙으면서 P40이 들어오고 P2를 누르면 C0의 카운트가 리셋되어 0으로 바뀌면서 C0 접점이 떨어지고 P40이 꺼져야 한다. P1은 음변환 접점을 이용했으므로 P1을 눌렀다가 떼자 마자 C1의 카운트가 1이 올라가고 다시 눌렀다가 떼게 되면 마찬가지로 떼자 마자 카운트가 올라가게 되다가 카운트가 5가 되면 C1접점이 붙으면서 P41이 들어오고 P2를 누르면 C1의 카운트 역시 리셋되어 0으로 바뀌면서 C1접점이 떨어지면서 P41이 꺼져야 하므로 이를 확인 하도록 한다.

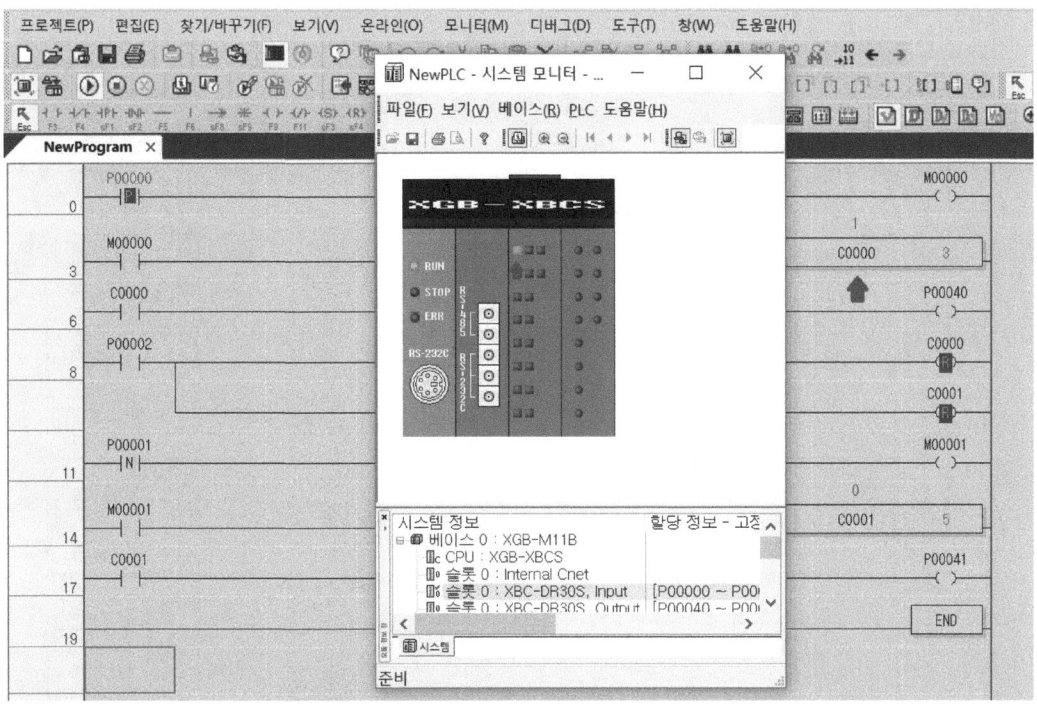

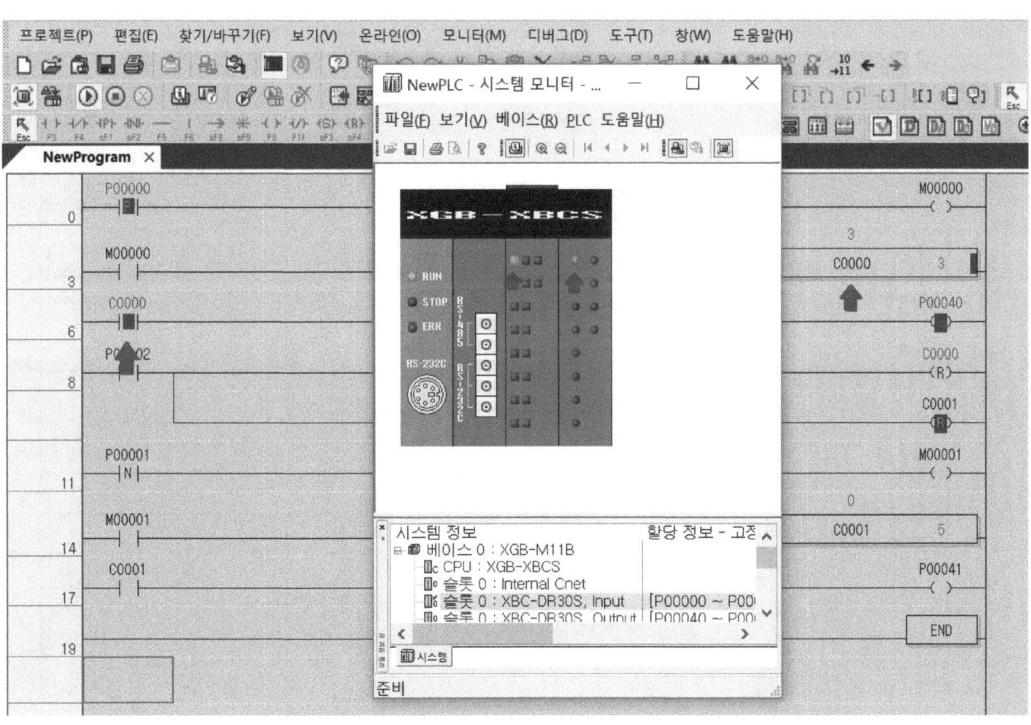

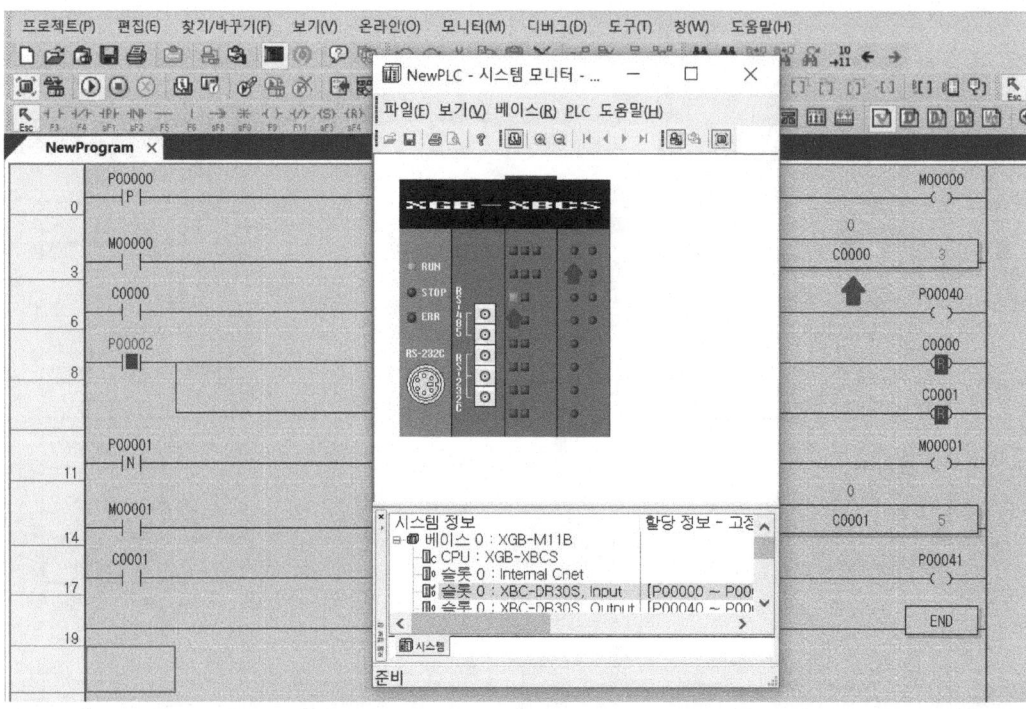

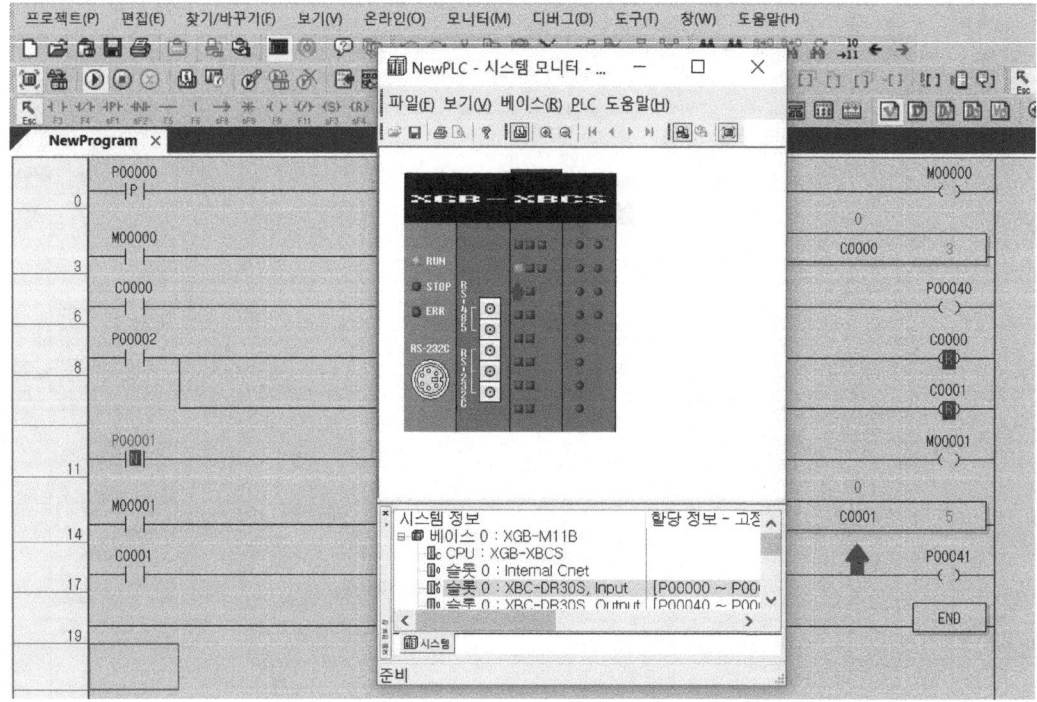

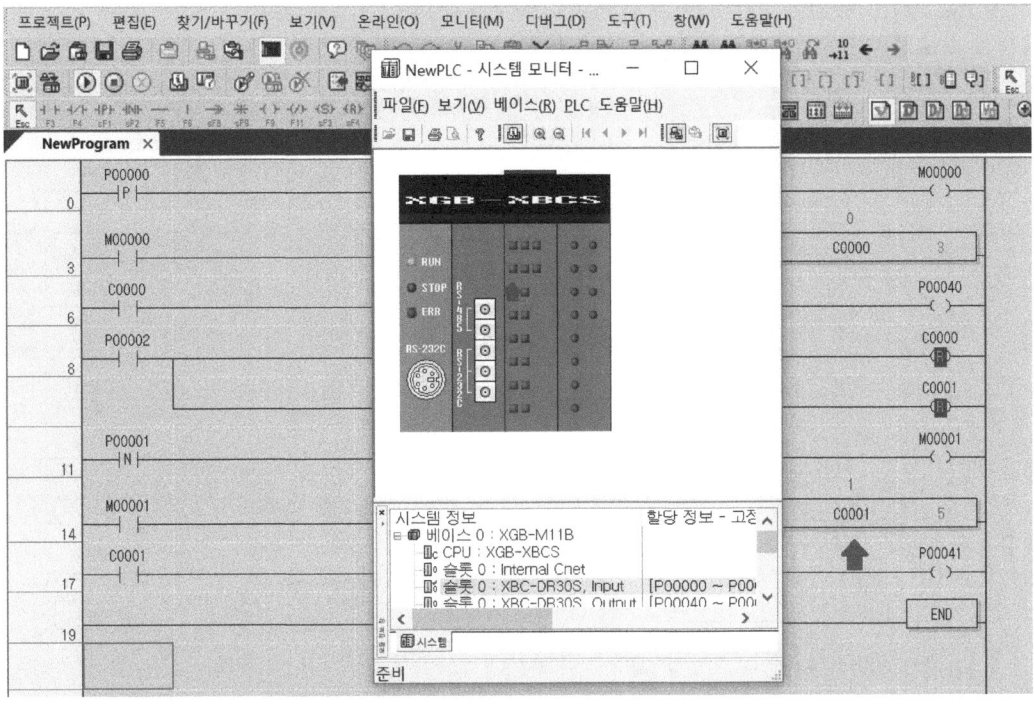

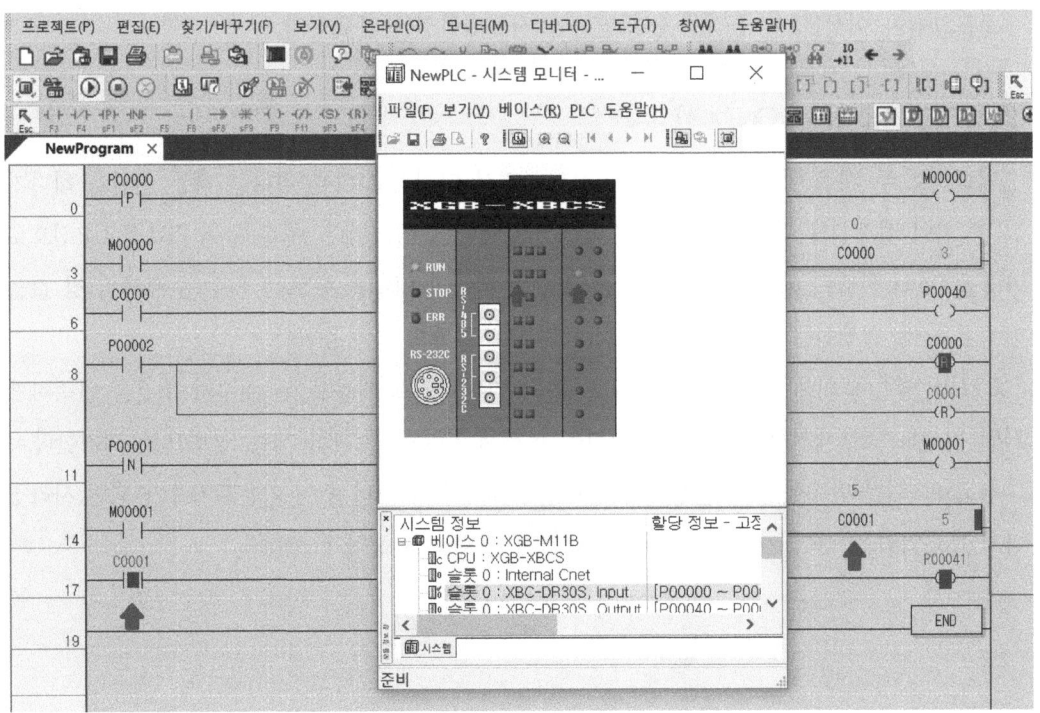

프로그램이 이상 없이 동작됨을 확인하면 시뮬레이션을 종료한다.

(2) CTUD (Up Down Counter)

입력신호 두 개를 이용하여 하나는 카운트하면서 더해지고 다른 하나는 빼는 연산을 하다가 그 총 합이 설정치를 만족하였을 때 출력을 발생시키는 명령이다. 예를 들어 PB1을 UP신호로 PB2를 Down신호로 하여 PB1을 누르는 횟수는 더하고 PB2를 누르는 횟수는 빼서 일정 값을 만족했을 때 발생하는 신호를 만들고 싶으면 CTUD명령을 사용한다.

CTUD 명령에 의해 발생하는 신호도 CTU와 마찬가지로 카운트 된 횟수가 조건을 만족하게 되면 발생하므로 제거할 때는 리셋 명령을 통해서 횟수를 초기화 하는 방법으로 제거한다.

참고로 3회를 만족했을 때 발생하는 신호는 Down 입력을 더 주어 카운트가 2가 되면 사라졌다가 Up 입력을 주어 카운트가 3이 되면 다시 신호는 발생하게 된다.

	입력부			출력부	
PB1 —	0			0	— RL
PB2 —	1			1	
PB3 —	2			2	
	3			3	
	4	PLC		4	
	5			5	
	6			6	
	7			7	
	com			com	

위 PLC 입출력도에 따르면 PB1은 P0, PB2는 P1, PB3는 P2가 되고, RL은 P40이 된다. 위 그림을 참고하여 PB1을 눌렀다 떼는 것을 Up신호로 하고, PB2를 누르자 마자를 Down신호로 하여 카운터가 3을 만족하게 되면 RL이 점등되고 PB3를 누르면 리셋되는 회로를 양(음)변환 검출 접점과 CTUD명령을 이용해서 만들어 보도록 하자.

프로그램을 작성하는 방법은 다음과 같다.

① 빈 프로젝트 창에 커서를 가장 왼쪽 상단에 위치시킨 후 shift키를 누른 상태에서 F2를 누른다. 변수/디바이스 칸에는 P0라고 입력하고 확인을 누른다.(입력접점은 P0~P7을 사용한다.)

이어서 F9를 누른 후 변수/디바이스 칸에는 M0라고 입력하고 확인을 누른다.

다음 줄에서 shift키를 누른 상태에서 F1을 누른다. 변수/디바이스 칸에는 P1이라고 입력하고 확인을 누른다. 이어서 F9를 누른 후 변수/디바이스 칸에는 M1이라고 입력하고 확인을 누른다.

② 다음 줄에서 F3을 눌러 변수/디바이스 칸에 F99라고 입력하고 확인을 누른다. 카운터를 하는 입력 접점이 외부에 있는 CTU명령과는 다르게, CTUD명령은 응용명령안에서 Up신호와 Down신호를 넣게 된다. 하지만 빈 줄에 바로 응용명령을 입력하게 되면 프로그램이 정상적으로 동작하지 않으므로 CTUD명령을 사용할 때는 언제나 붙어있는 a접점인 상시 On을 뜻하는 F99를 입력하여야 한다.

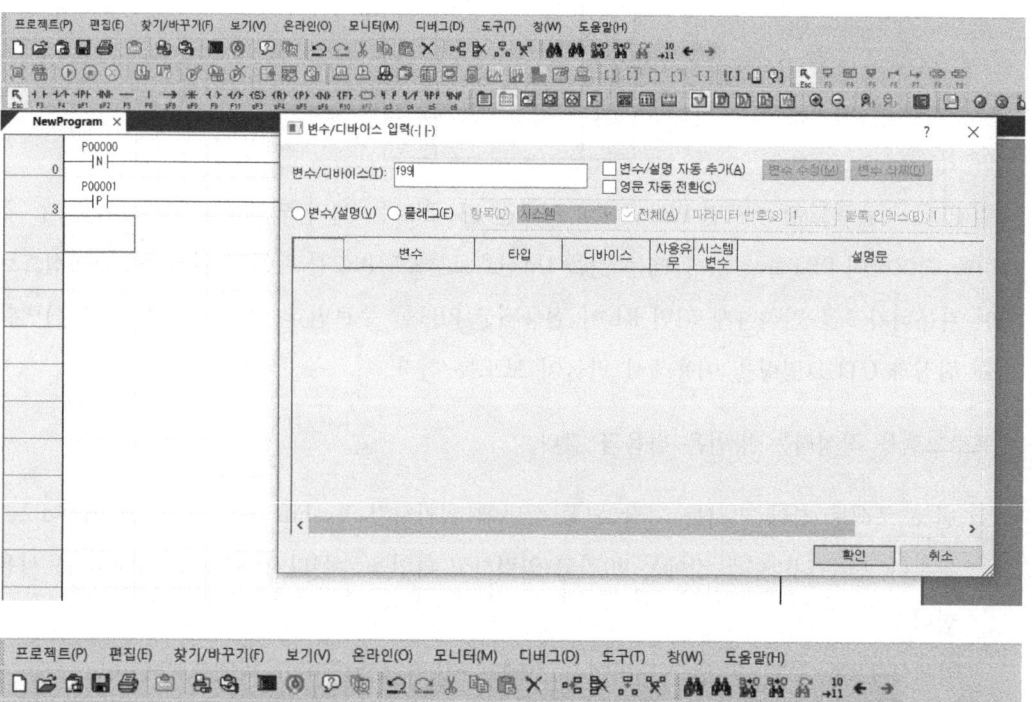

③ 이어서 F10을 눌러 응용명령 칸에 CTUD C0 M0 M1 3이라고 입력한다. 여기서 C0란 카운터 되는 숫자가 기억되는 공간이고 M0는 Up입력 M1은 Down입력 뒤에 3이 신호가 발생하게 되는 카운트를 의미한다. 신호가 들어올 때마다 C0의 숫자가 하나씩 올라가거나 내려가다가 3이 되는 순간 C0신호가 발생하게 된다.

④ 새로운 줄로 이동하여 F3을 누르고 변수/디바이스 칸에 C0라고 입력한 후 확인을 누른다. 이어서 F9를 누르고 변수 디바이스 칸에 P40이라고 입력하고 확인을 누른다.

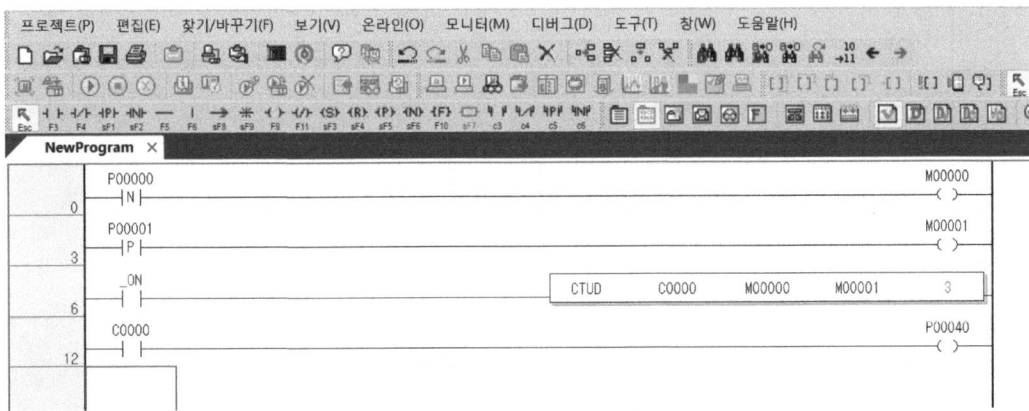

⑤ 새로운 줄로 이동하여 F3을 누르고 변수/디바이스 칸에 P2라고 입력한 후 확인을 누른다. 이어서 shift키를 누른 상태에서 F4를 누른다. 변수/디바이스 칸에 C0라고 입력한 후에 확인을 누른다. P2입력이 들어올 때 C0의 카운터를 리셋해서 0으로 만든다는 의미이다. C0의 카운터 숫자가 1이든 2든 3이든 P2의 입력이 들어오면 카운터는 0으로 돌아간다.

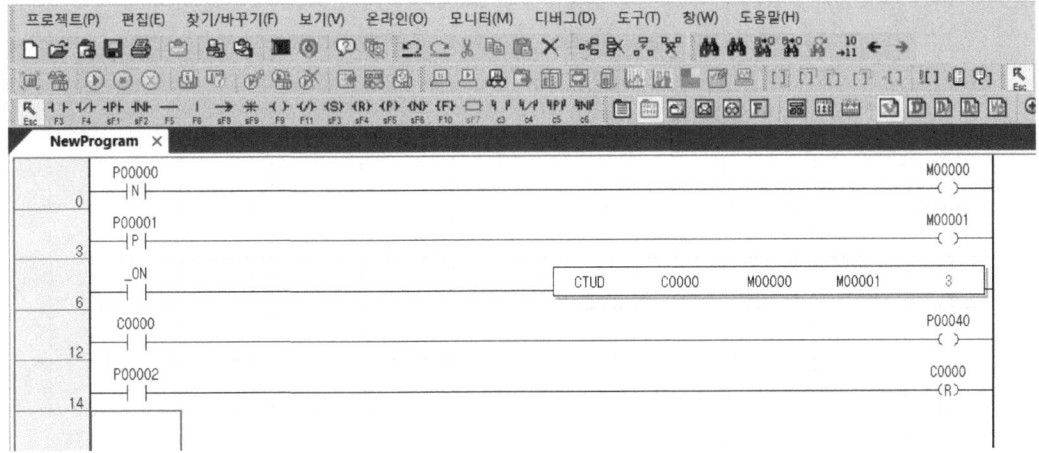

⑥ 하나의 프로그램이 완료되면 마지막 줄에 반드시 끝을 알리는 end 명령을 입력해야 한다. 새로운 줄에서 F10을 누른다.

응용명령 칸에 end라고 입력한 후 확인을 누른다.

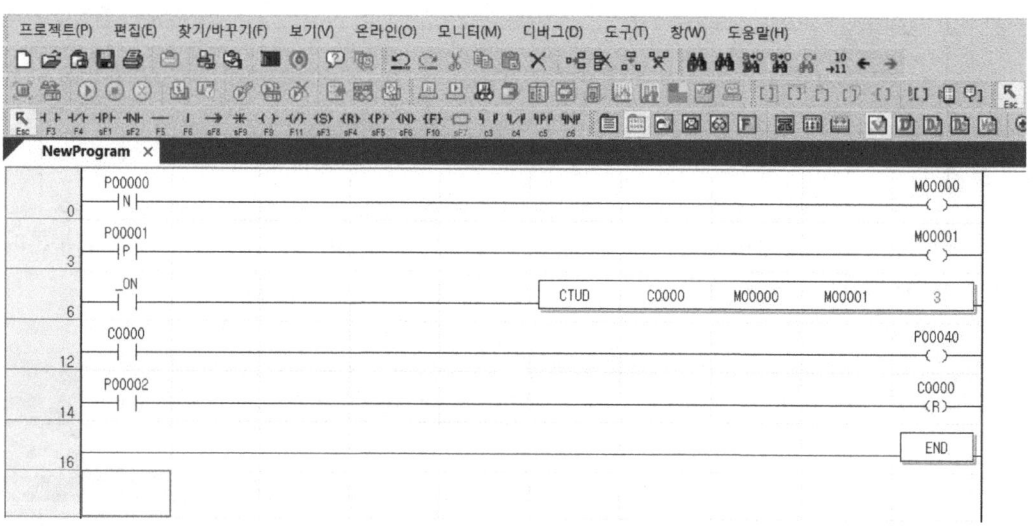

■ 시뮬레이션

시뮬레이터를 켜고 프로그램 쓰기를 완료한 후 시스템 모니터를 켠다.

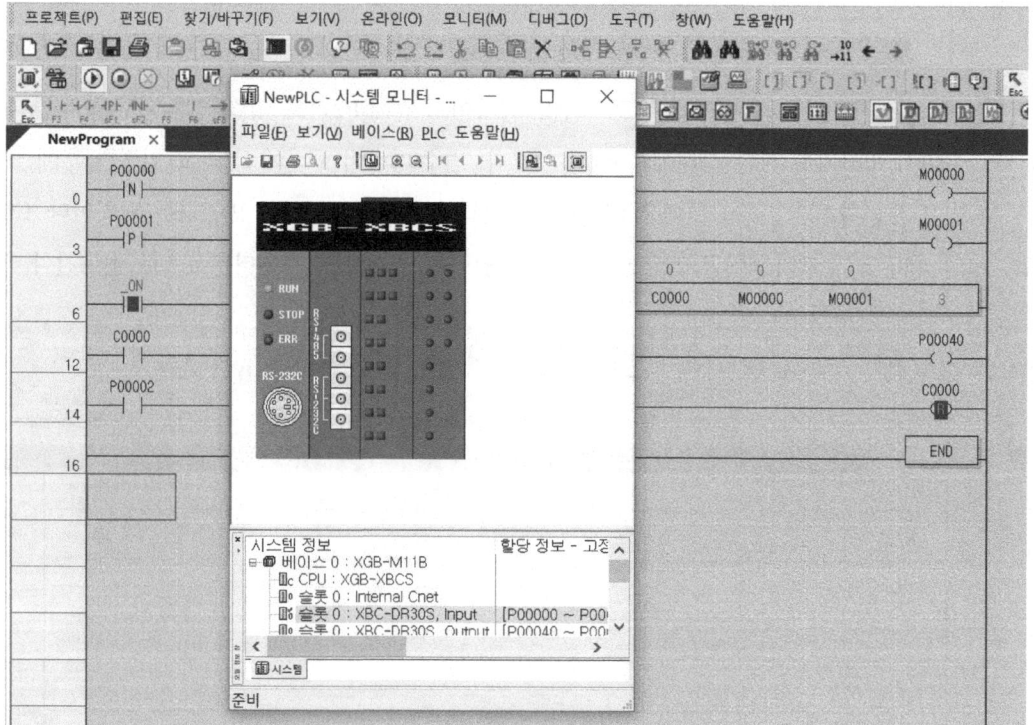

P0는 음변환 검출을 이용했으므로 P0를 눌렀다 떼자 마자 C0의 카운트가 1이 올라가고 다시 눌렀다가 떼면 마찬가지로 떼자 마자 카운트가 올라가게 된다. P1은 양변환 검출을 이용했으므로 P1을 누르자 마자 카운트가 -1이 되면서 내려가게 된다. P0를 눌렀다 떼면서 C0의 카운터를 3으로 만들면 C0접점이 붙으면서 P40이 들어오고 P2를 누르면 C0의 카운트가 리셋되어 0으로 바뀌면서 C0접점이 떨어지고 P40이 꺼져야 한다. 꼭 리셋을 시키지 않더라도 3이였던 카운트가 Down입력에 의해 2로 바뀌게 되어도 C0의 접점은 떨어지며 P40은 꺼져야 한다. 이를 하나씩 확인해 보도록 한다.

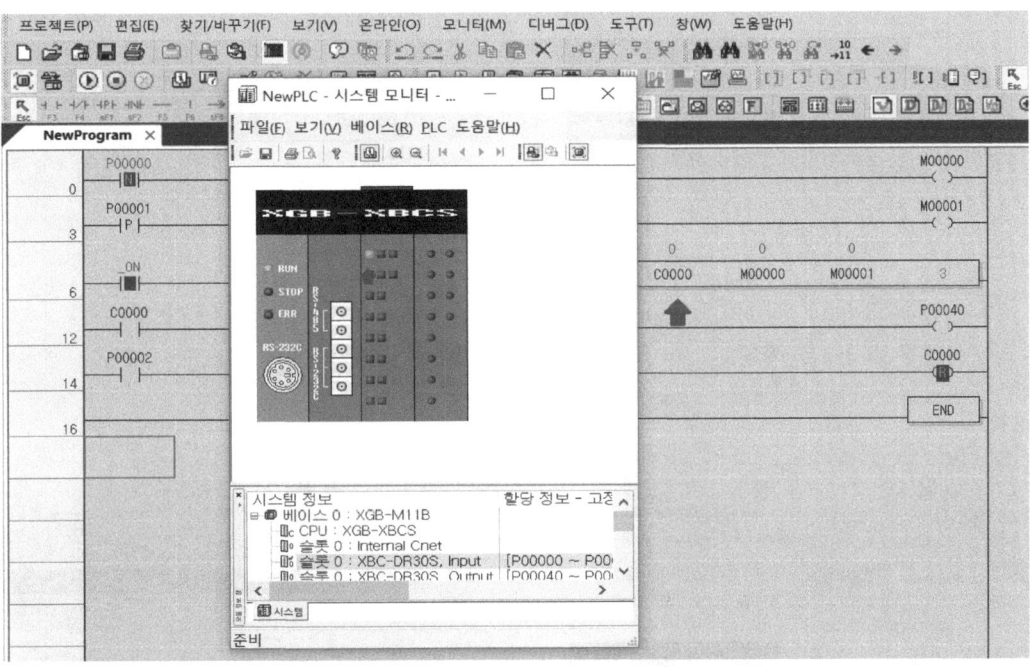

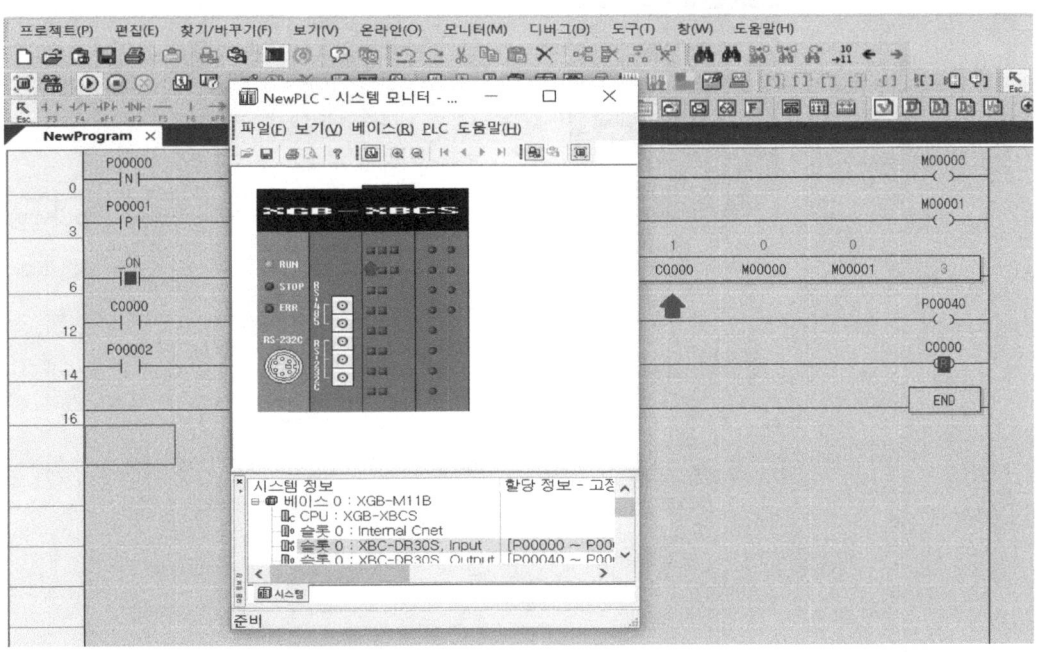

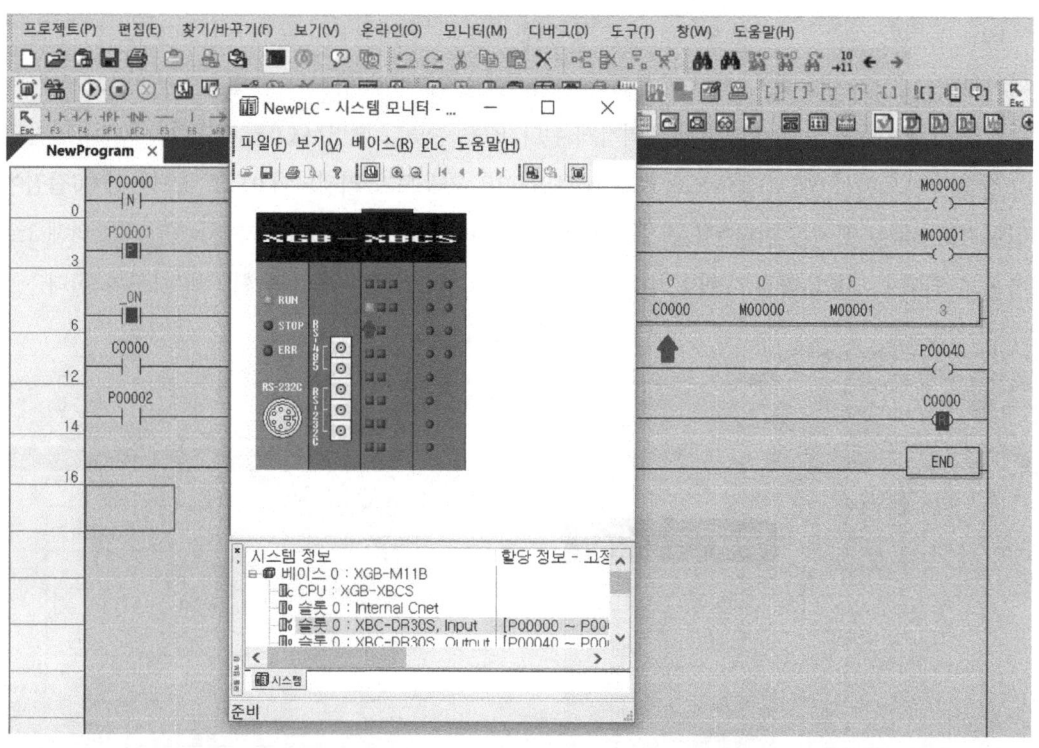

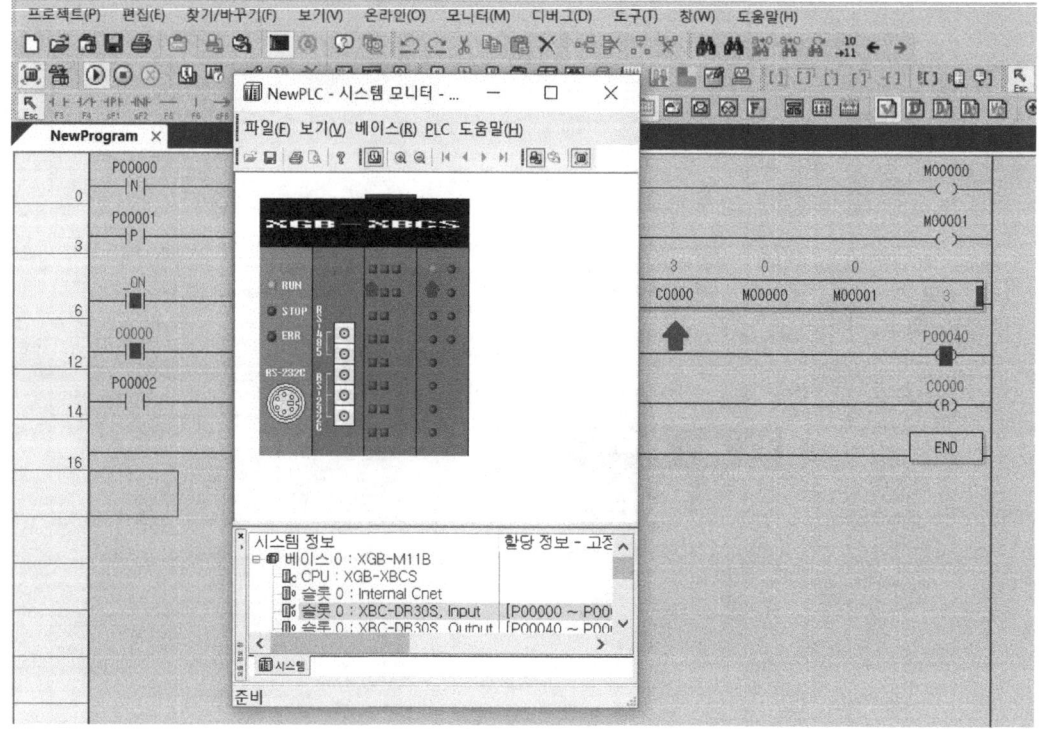

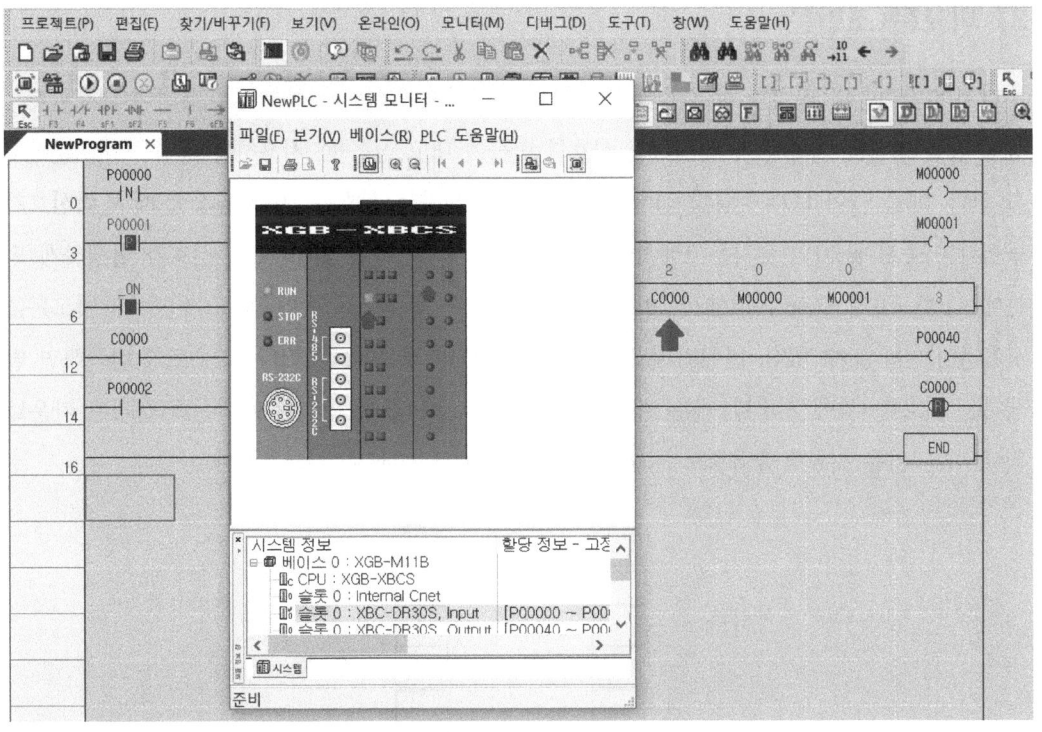

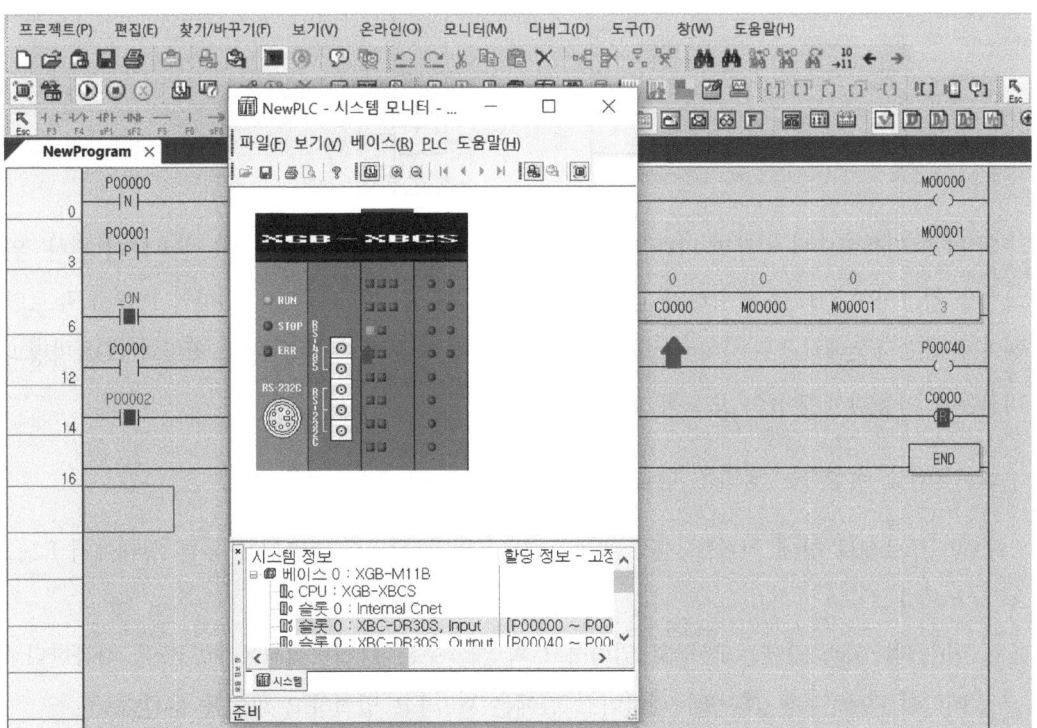

프로그램이 이상 없이 동작됨을 확인하면 시뮬레이션을 종료한다.

3) 비교문(조건문)

타이머나 카운터 명령과 같이 숫자가 기억되는 명령에 있어서 부등호를 이용하여 대소관계를 통해 일정 조건을 만족할 때 발생하는 신호를 만들어 내고 싶을 때 사용하는 명령을 비교문이라고 한다. 예를 들어 TON명령의 경우에 3초 후에 발생하는 신호를 T0에 저장할 때 입력신호가 들어감과 동시에 T0의 숫자는 0에서 30까지 변하게 되고 30이 되면 T0의 신호가 발생하게 되는데 이 때 T0의 숫자가 10에서 20이 될 때만 뽑아서 출력으로 발생시키고자 할 때 비교문을 사용하여 나태낼 수 있다. 마찬가지로 CTU나 CTUD의 경우에도 설정된 카운트를 만족하면 발생하는 신호를 C0에 저장할 때는 카운트가 됨에 따라 C0값이 달라지게 되는데 설정된 카운트 외에 다른 카운트에서 출력으로 발생시키고자 할 때도 비교문을 사용한다.

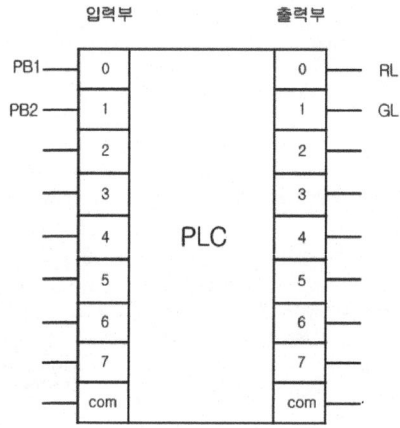

위 PLC 입출력도에 따르면 PB1은 P0, PB2는 P1이 되고, RL은 P40, GL은 P41이 된다. 위 그림을 참고하여 PB1을 눌렀다가 떼고 나서 3초 후에 RL이 점등되어 있다가 PB2를 누르면 꺼지게 되고, 1초에서 2초 사이에는 GL이 점등되는 회로를 양(음)변환 검출 접점과 TON명령과 비교문을 이용해서 만들어 보도록 하자.

프로그램을 작성하는 방법은 다음과 같다.

① 빈 프로젝트 창에 커서를 가장 왼쪽 상단에 위치시킨 후 shift키를 누른 상태에서 F2을 누른다.
변수/디바이스 칸에는 P0라고 입력하고 확인을 누른다.(입력접점은 P0~P7을 사용한다.)
이어서 F9를 누른 후 변수/디바이스 칸에는 M0라고 입력하고 확인을 누른다.

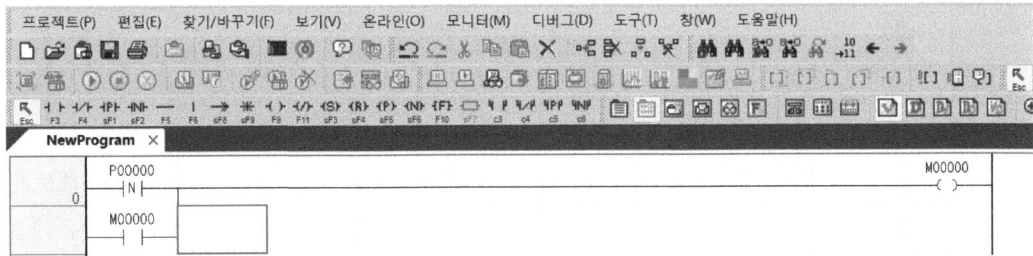

② 다음 줄에서 F3을 눌러 변수/디바이스 칸에 M0라고 입력하고 확인을 누른다. 커서를 윗 줄로 이동한 후 F6를 눌러서 병렬로 연결한다.

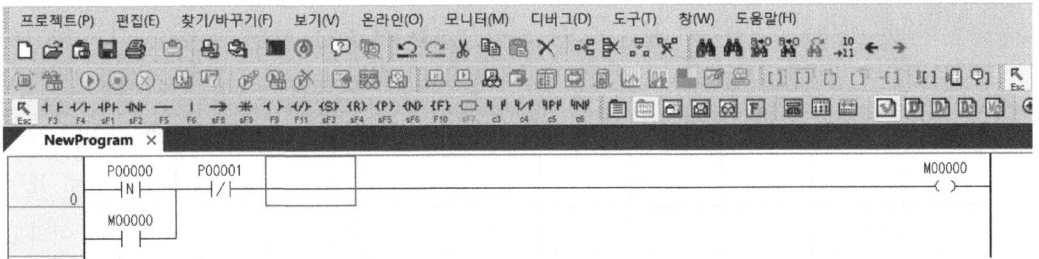

③ 커서를 위로 올려 F4를 누르고 변수/디바이스 칸에 P1이라고 입력한 후 확인을 누른다. 입력접점 M0와 출력 M0사이에 b접점 입력을 넣어서 자기유지 신호를 끊을 때 사용하기 위함이다.

④ 새로운 줄로 이동하여 F3을 누르고 변수/디바이스 칸에 M0라고 입력한 후 확인을 누른다. 이어서 F10을 눌러 응용명령 칸에 TON T0 30 이라고 입력한다.

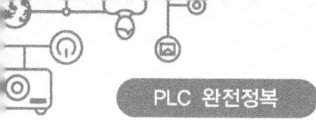

⑤ 새로운 줄로 이동하여 F3을 누르고 변수/디바이스 칸에 T0라고 입력한 후 확인을 누른다. 이어서 F9를 누르고 변수 디바이스 칸에 P40이라고 입력하고 확인을 누른다.

⑥ 이번에는 비교문을 써서 T0가 1초에서 2초 사이일 때 GL이 점등되는 부분을 완성해보자. 1초에서 2초 사이는 것은 T0의 숫자가 10보다 크거나 같고 20보다 작거나 같다는 것을 의미하므로 새로운 줄에서 F10을 눌러 응용명령 칸에 >= T0 10 이라고 치고 이어서 다시 F10을 눌러 응용명령칸에 <= T0 20 이라고 친후 이어서 F9를 누르고 변수 디바이스 칸에 P41이라고 입력하고 확인을 누른다. 비교문을 작성할 때는 가장 먼저 부등호를 입력하는데 크다는 >로 작다는 <로 표시한다. 크거나 같다는 >=, 작거나 같다는 <=로 표시한다. 부등호를 표시한 후에는 한 칸을 띄우고 비교대상을 적어준다. 비교대상을 하나씩 적어줄 때는 입력 방법은 부등호를 먼저 쓰지만, 해석을 할 때는 부등호가 문자와 숫자 사이(T0 >= 10)에 있다고 해석하면 크다와 작다를 혼동하는 것을 막을 수 있다. 위에 작성한 것과 같이 10보다 크거나 같고 20보다 작거나 같다는 명령을 따로 따로 입력해서 직렬로 표현하여 and명령으로 활용할 수도 있고 한꺼번에 입력하고 싶을 때는 <=3 10 T0 20 이라고 입력할 수도 있다.

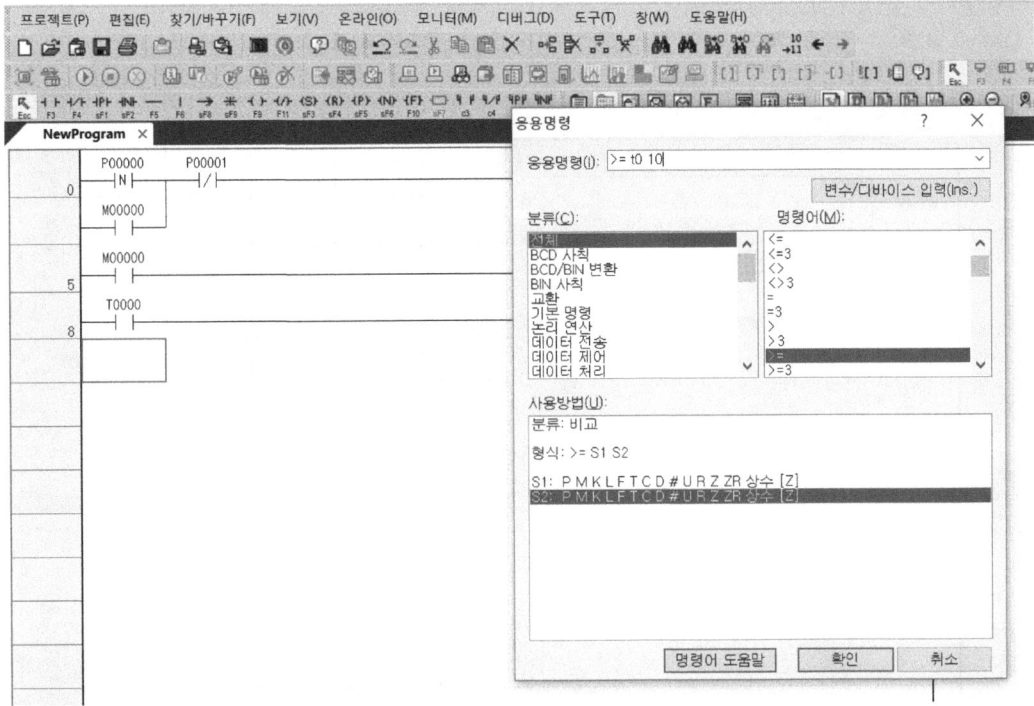

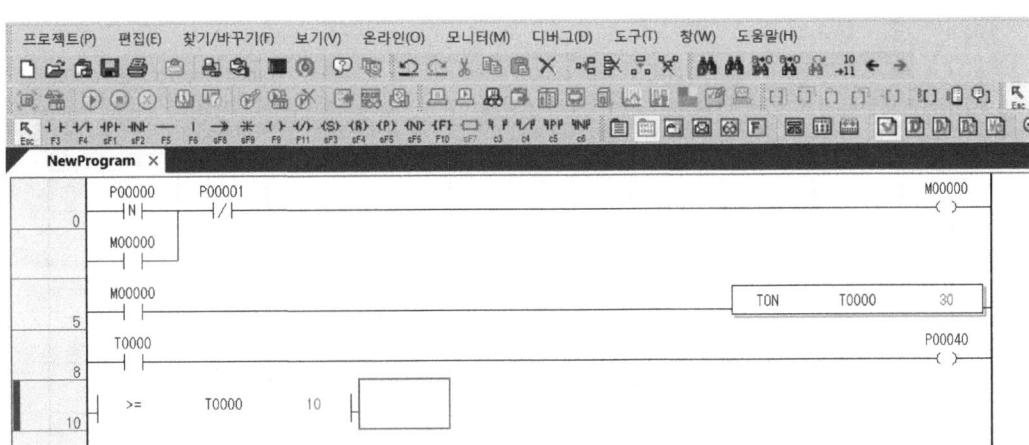

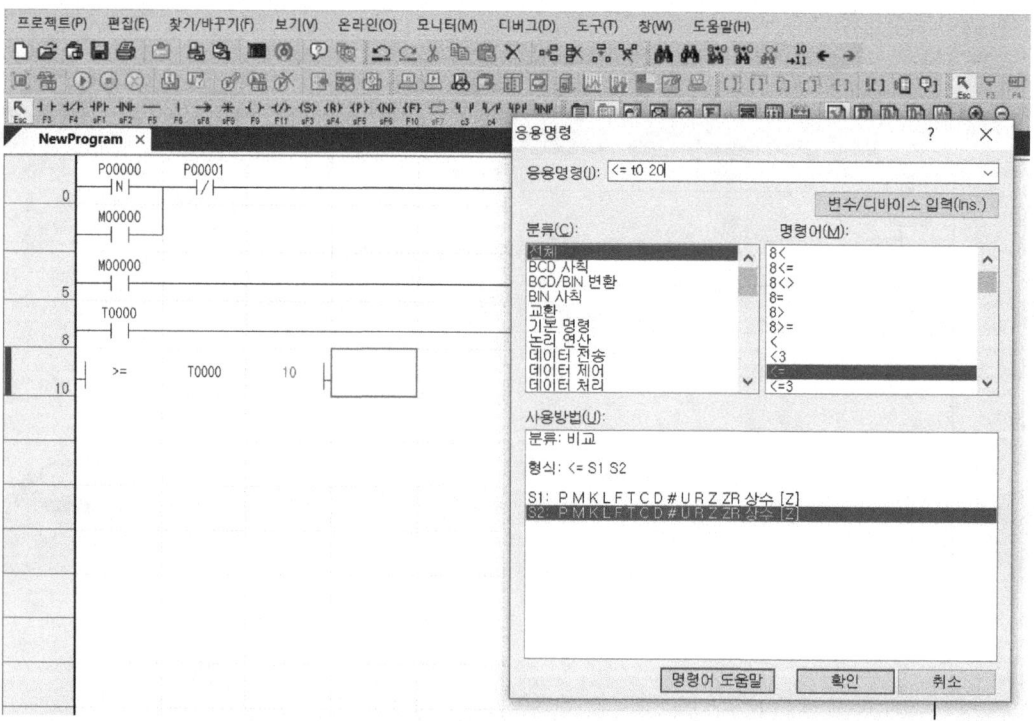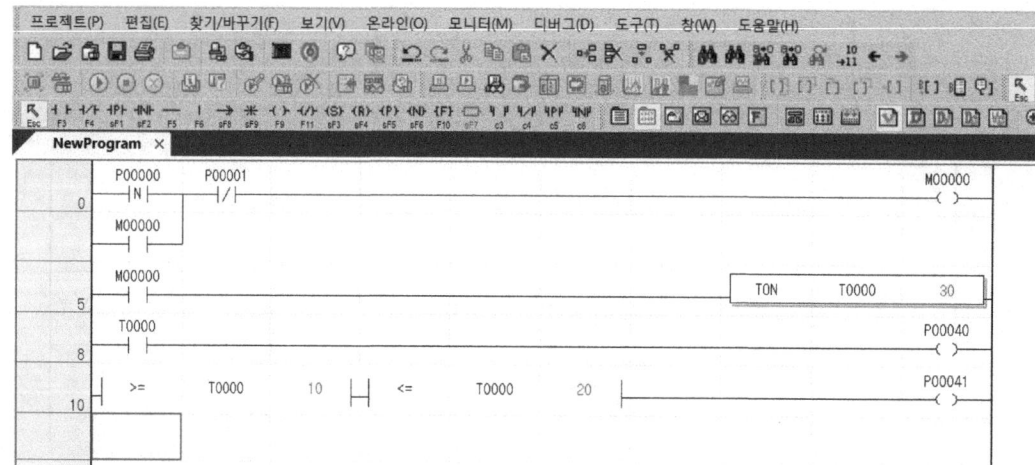

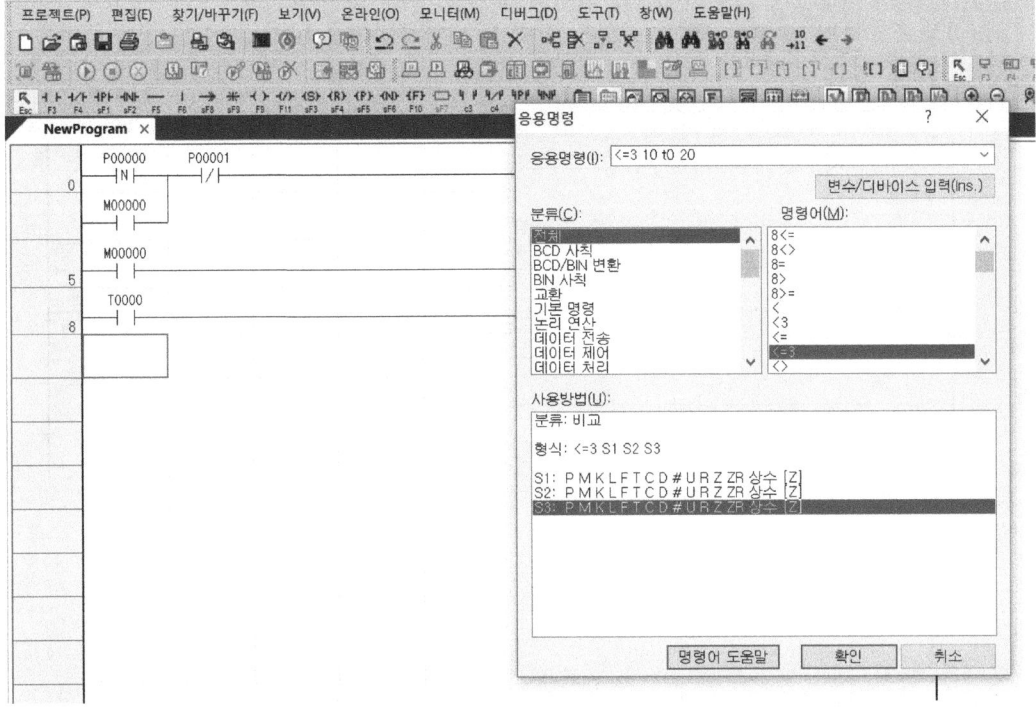

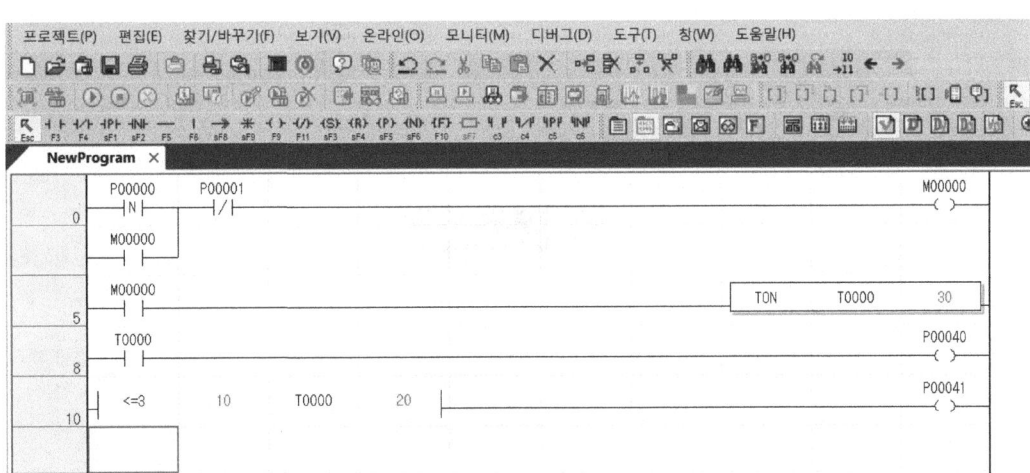

⑦ 하나의 프로그램이 완료되면 마지막 줄에 반드시 끝을 알리는 end 명령을 입력해야 한다.
새로운 줄에서 F10을 누른다.
응용명령 칸에 end라고 입력한 후 확인을 누른다.

■ 시뮬레이션

시뮬레이터를 켜고 프로그램 쓰기를 완료한 후 시스템 모니터를 켠다.

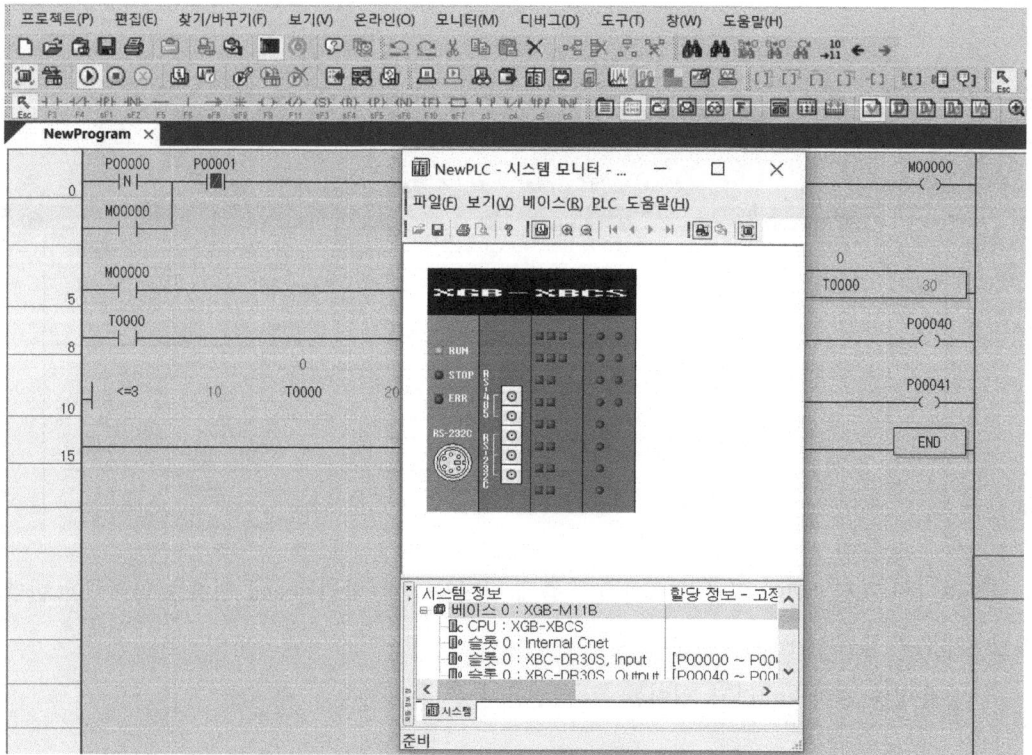

음변환 검출을 이용했으므로 P0를 눌렀을 때는 반응이 없다가 눌렀다 떼자 마자 M0가 자기유지 되며 M0신호에 의해 T0의 타이머가 돌기 시작한다. 1초까지는 아무 일이 없고 1초에서 2초 사이에는 P41이 들어왔다 사라지고 3초가 지나면 T0의 신호에 의해 P40이 들어온다. P1을 누르면 P40이 꺼져야 하므로 이를 확인 하도록 한다.

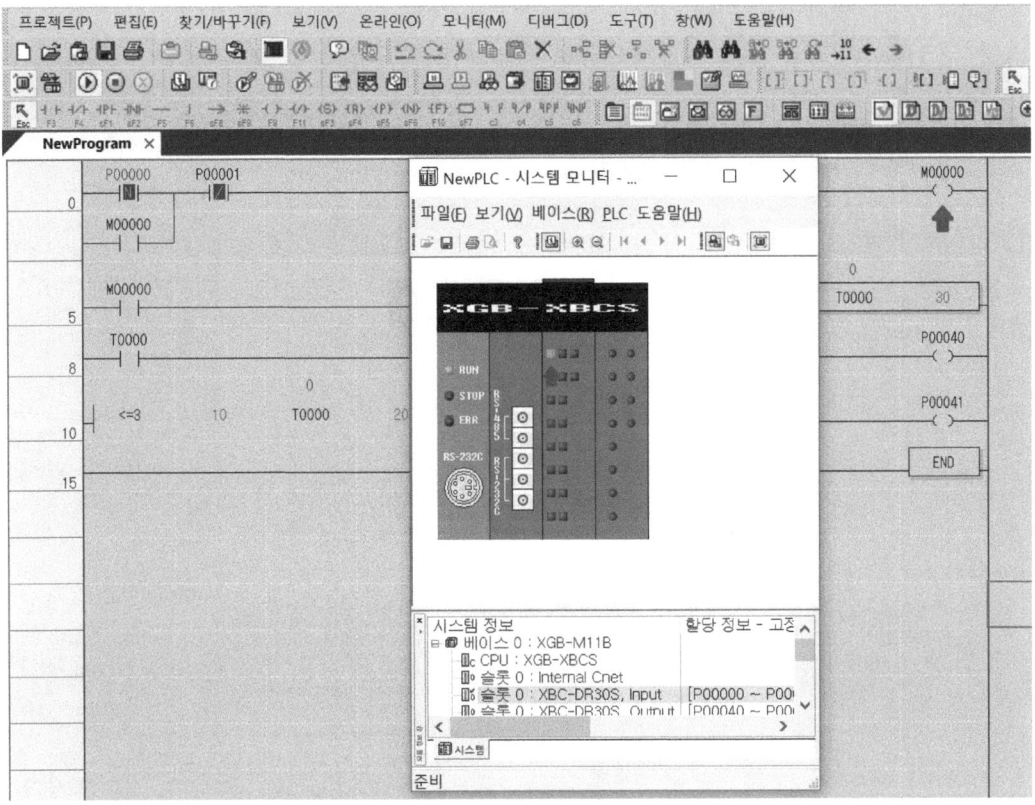

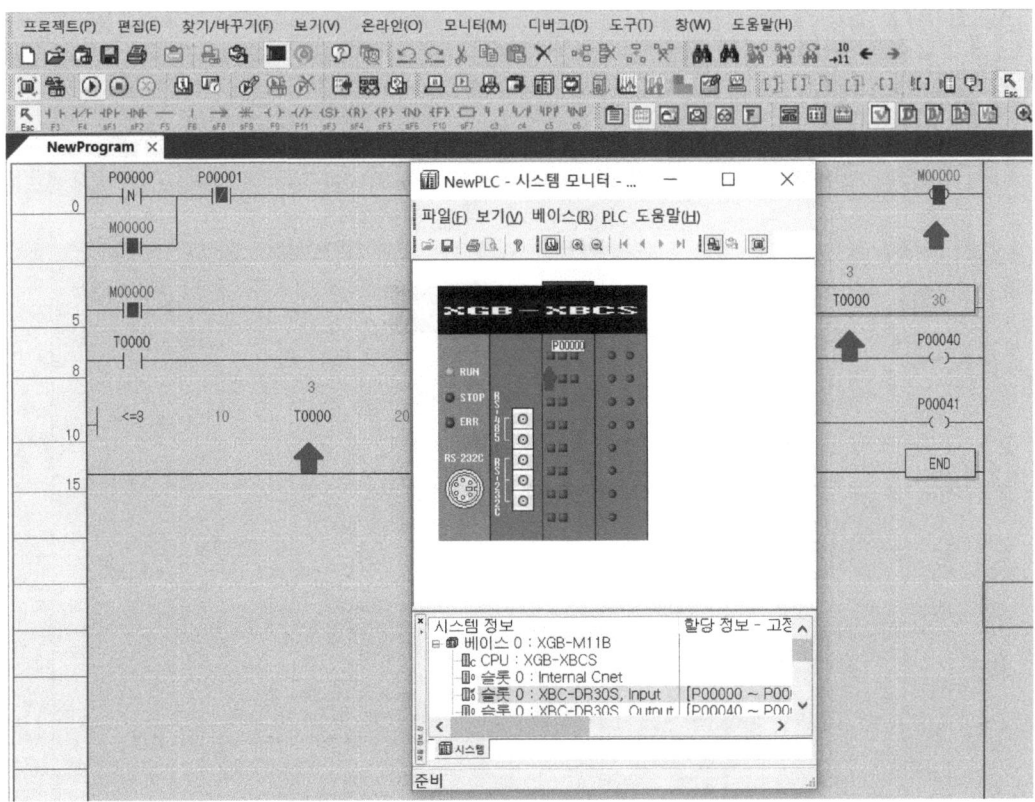

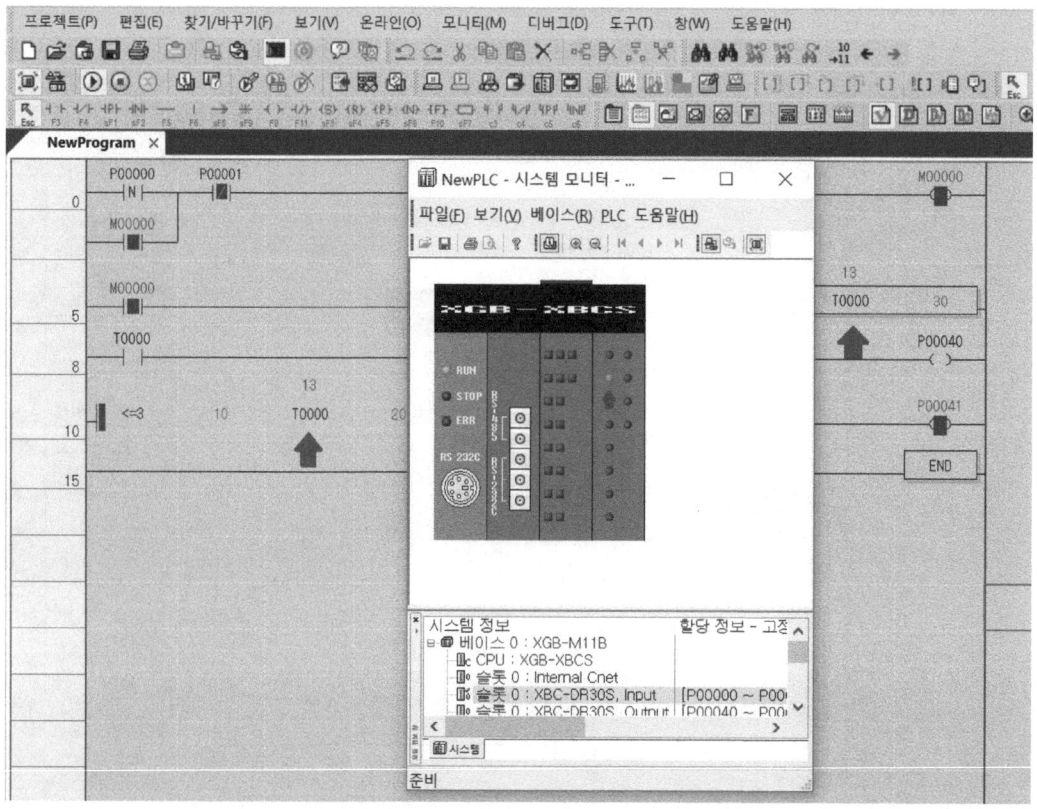
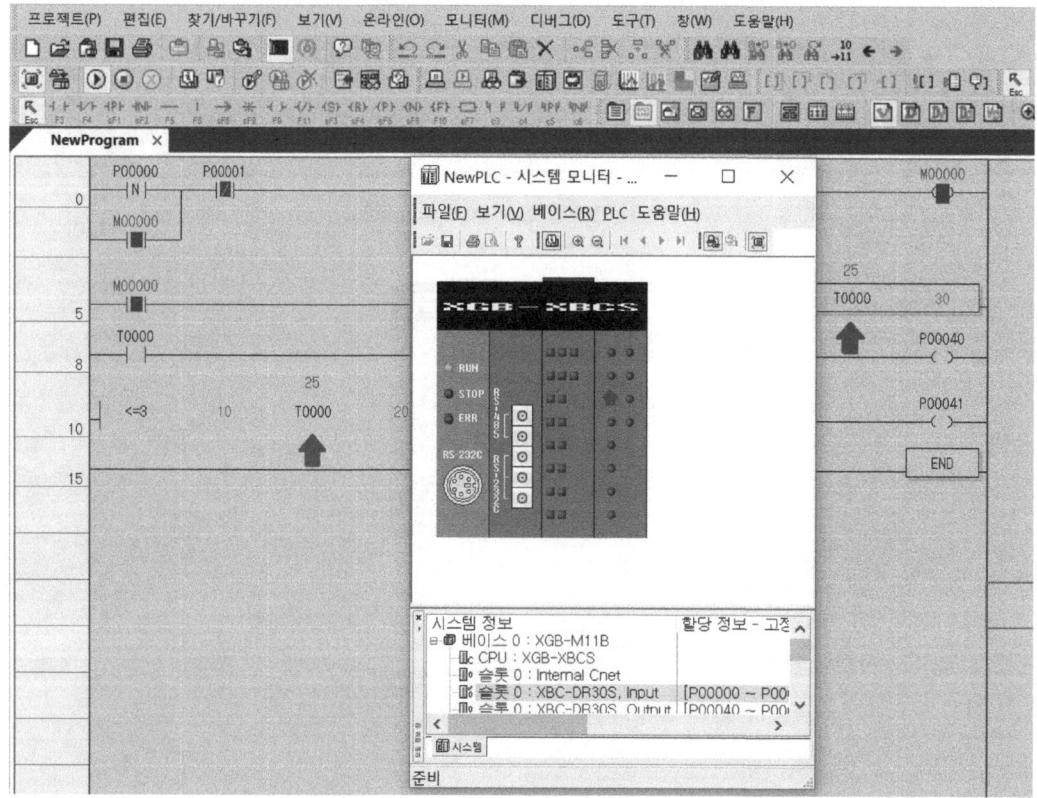

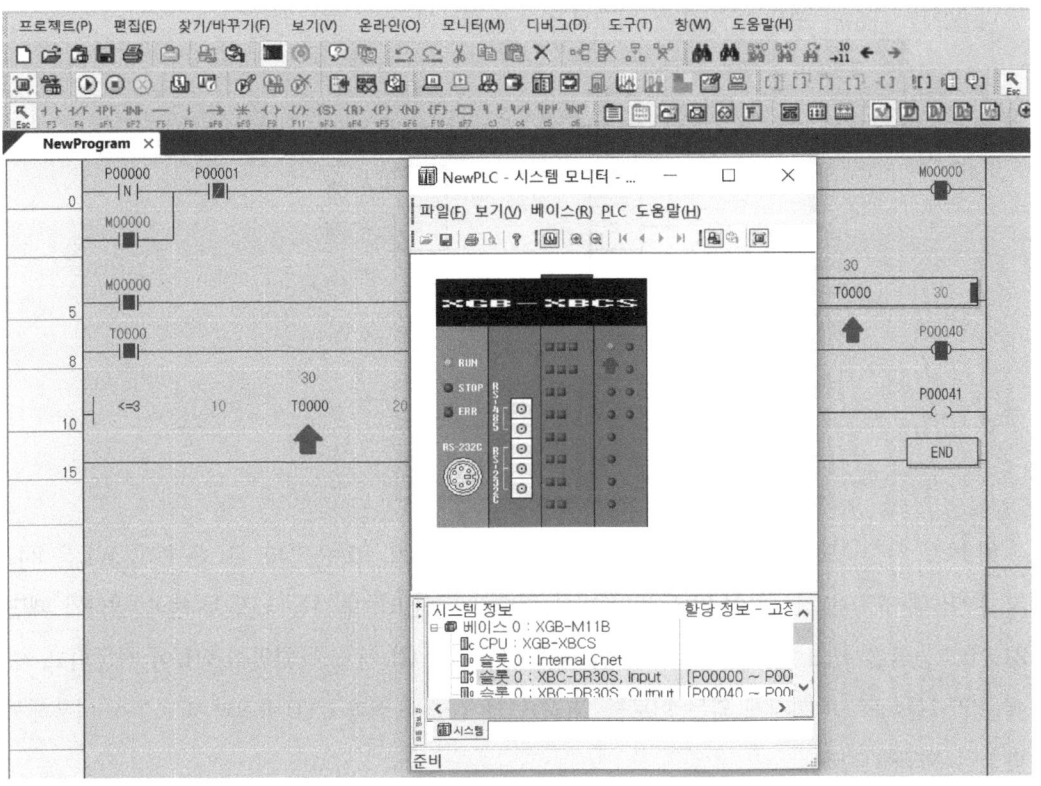

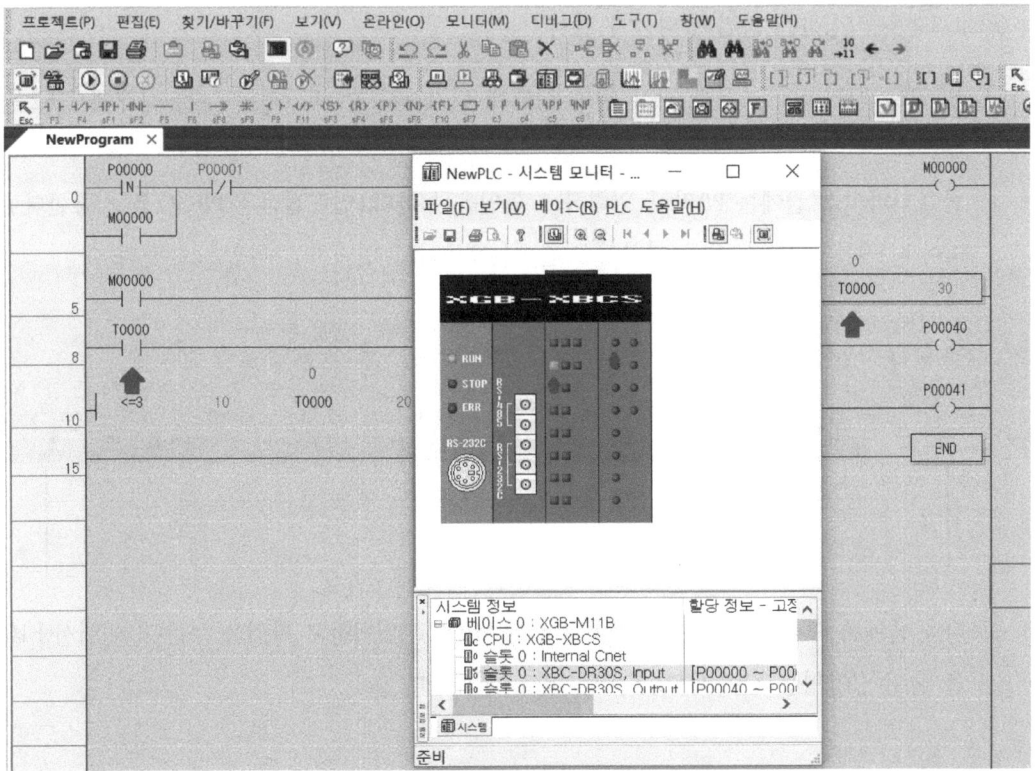

프로그램이 이상 없이 동작됨을 확인하면 시뮬레이션을 종료한다.

다음으로 카운터 명령의 경우에 비교문을 사용해보자.

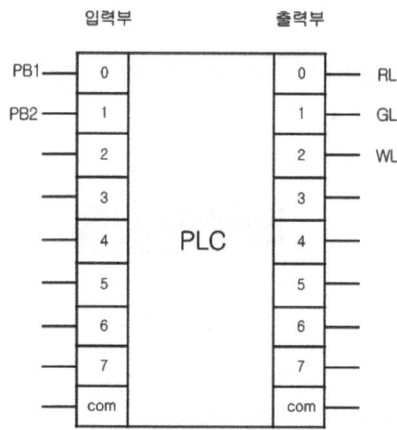

위 PLC 입출력도에 따르면 PB1은 P0, PB2는 P1이 되고, RL은 P40, GL은 P41, WL은 P42가 된다. 위 그림을 참고하여 PB1을 한 번 눌렀다가 떼면 RL이 점등되고, 두 번 눌렀다가 떼면 RL이 소등되면서 GL이 점등되고, 세 번 눌렀다가 떼면 GL이 소등되면서 WL이 점등되고, 언제든 PB2를 누르면 꺼지게 되는 회로를 양(음)변환 검출 접점과 CTU명령과 비교문을 이용해서 만들어 보도록 하자.

프로그램을 작성하는 방법은 다음과 같다.

① 빈 프로젝트 창에 커서를 가장 왼쪽 상단에 위치시킨 후 shift키를 누른 상태에서 F2을 누른다.
변수/디바이스 칸에는 P0라고 입력하고 확인을 누른다.(입력접점은 P0~P7을 사용한다.)
이어서 F9를 누른 후 변수/디바이스 칸에는 M0라고 입력하고 확인을 누른다.

② 다음 줄에서 F3을 눌러 변수/디바이스 칸에 M0라고 입력하고 확인을 누른다. 이어서 F10을 눌러 응용명령 칸에 CTU C0 3이라고 입력한다.

③ 이번에는 조건문을 써서 C0가 1일 때 RL, 2일 때 GL, 3일 때 WL이 점등되는 부분을 완성해보자. C0는 카운터를 저장하므로 입력이 들어 올 때 마다 1씩 증가하게 된다. 1일 때, 2일 때, 3일 때, 각각 다른 출력을 만들어 내고 싶다면 조건문을 이용해서 새로운 줄에서 F10을 눌러 응용명령 칸에 = C0 1이라고 치고 이어서 F9를 누르고 변수/디바이스 칸에 P40이라고 치고, 마찬가지로 새로운 줄에서 F10을 눌러 응용명령 칸에 = C0 2라고 치고 이어서 F9를 누르고 변수/디바이스 칸에 P41, 또 새로운 줄에서 F10을 눌러 응용명령 칸에 = C0 3이라고 치고 이어서 F9를 누르고 변수/디바이스 칸에 P42라고 치면 된다. 조건문에 등호(=)를 사용하면 그 숫자 일 때만 출력이 발생하게 된다.

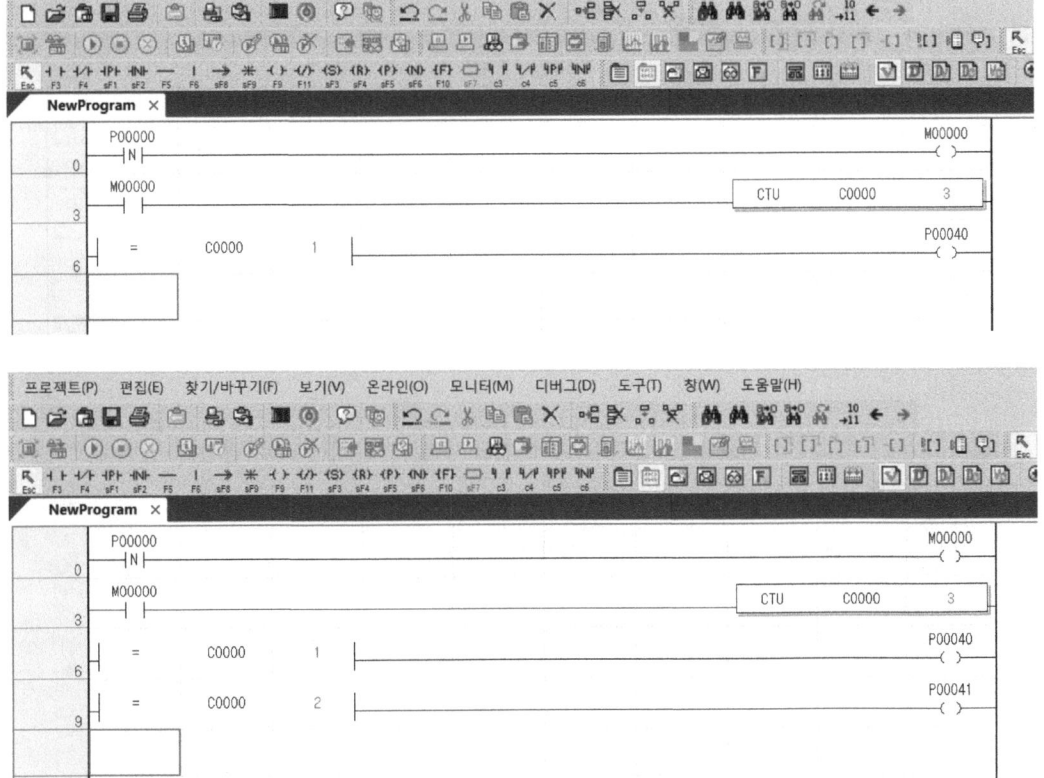

④ 언제든 PB2를 누르면 꺼져야 함으로 카운터의 횟수를 초기화 하는 리셋명령을 사용한다. 새로운 줄로 이동하여 F3을 누르고 변수/디바이스 칸에 P1이라고 입력한 후 확인을 누른다. 이어서 shift키를 누른 상태에서 F4를 누른다. 변수/디바이스 칸에 C0라고 입력한 후에 확인을 누른다.

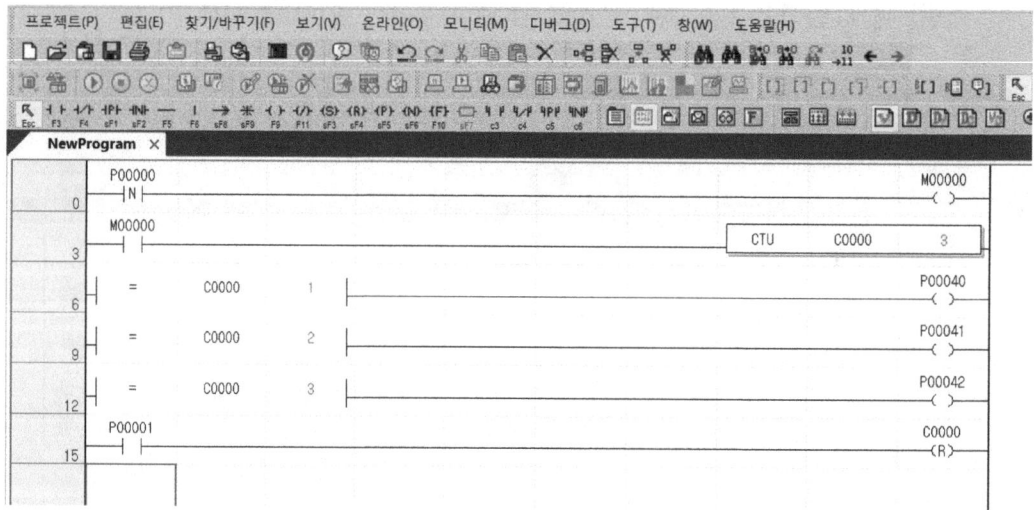

⑤ 하나의 프로그램이 완료되면 마지막 줄에 반드시 끝을 알리는 end 명령을 입력해야 한다. 새로운 줄에서 F10을 누른다.

응용명령 칸에 end라고 입력한 후 확인을 누른다.

제1장 기초편

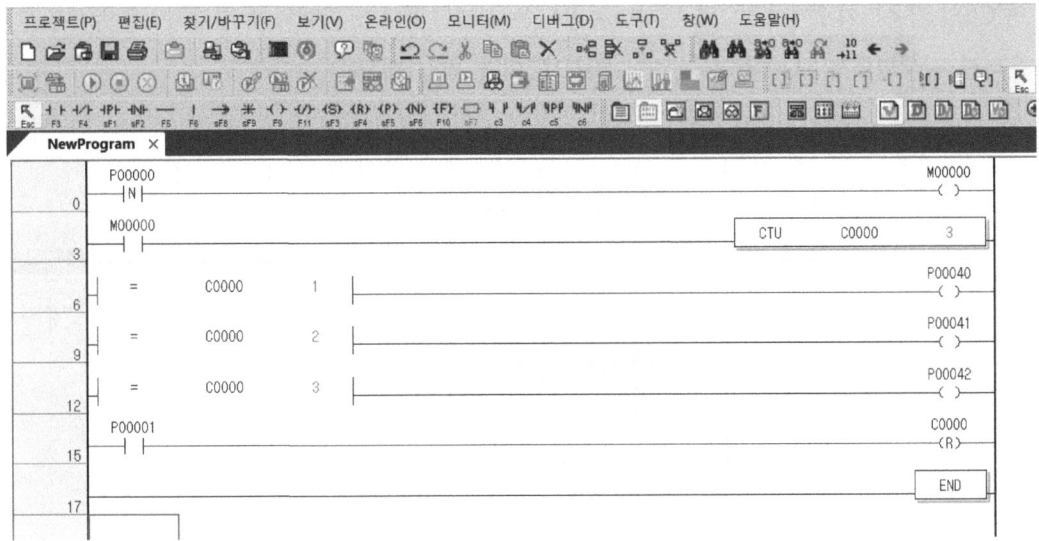

■ 시뮬레이션

시뮬레이터를 켜고 프로그램 쓰기를 완료한 후 시스템 모니터를 켠다.

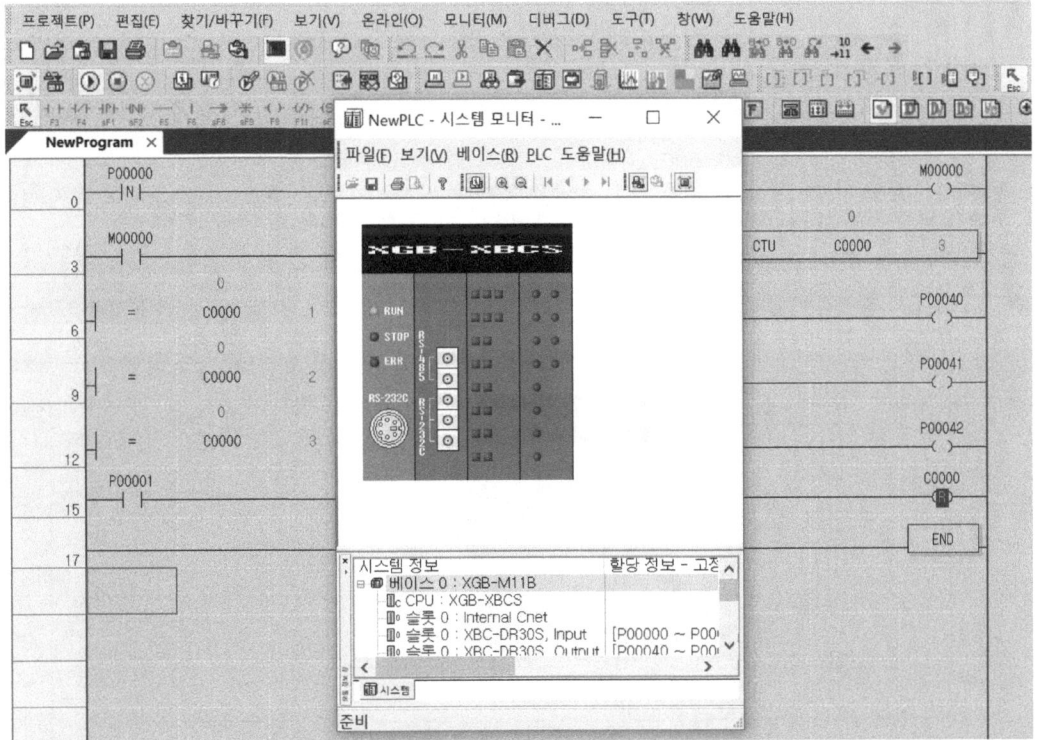

음변환 검출을 이용했으므로 P0를 눌렀을 때는 반응이 없다가 눌렀다 떼자 마자 M0가 카운터 되어 C0의 카운터가 0에서 1로 변하면서 P40이 들어온다. 한 번 더 눌렀다 떼면 C0의 카운터가 1에서 2로 변하면서 P40은 꺼지고 P41이 들어와야 한다. 마찬가지로 한 번 더 눌렀다 떼면 C0의 카운터가 2에서 3으로 변하면서 P41은 꺼지고 P42가 들어와야 한다. P1을 누르면 카운터가 리셋되면서 모든 불은 꺼져야 하므로 이를 확인 하도록 한다.

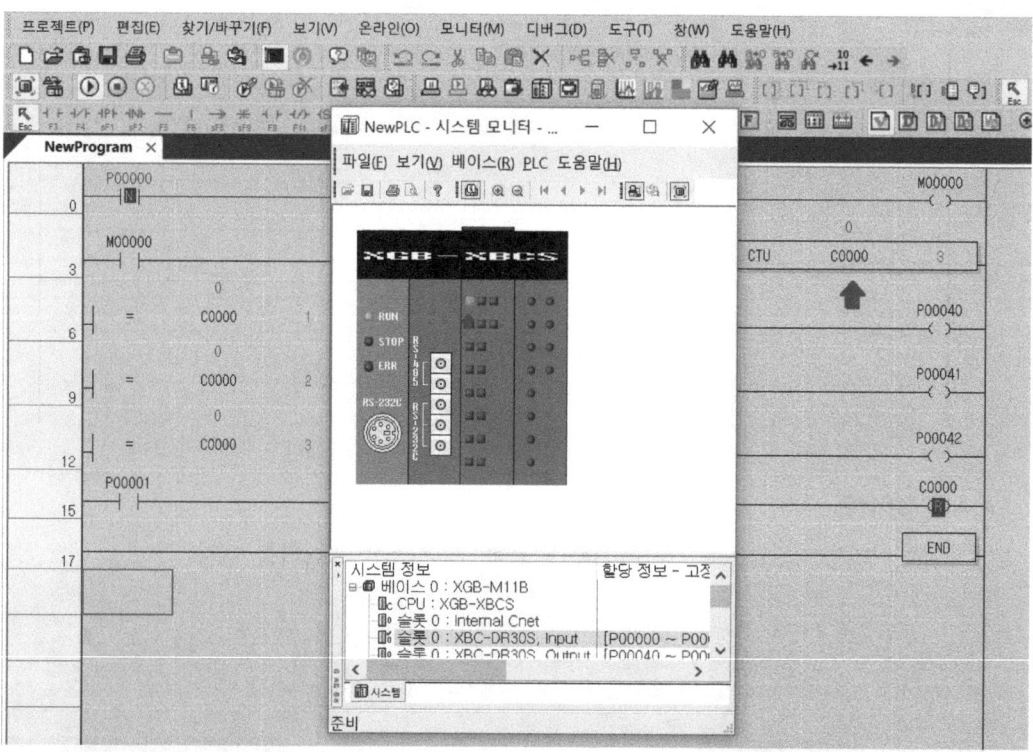

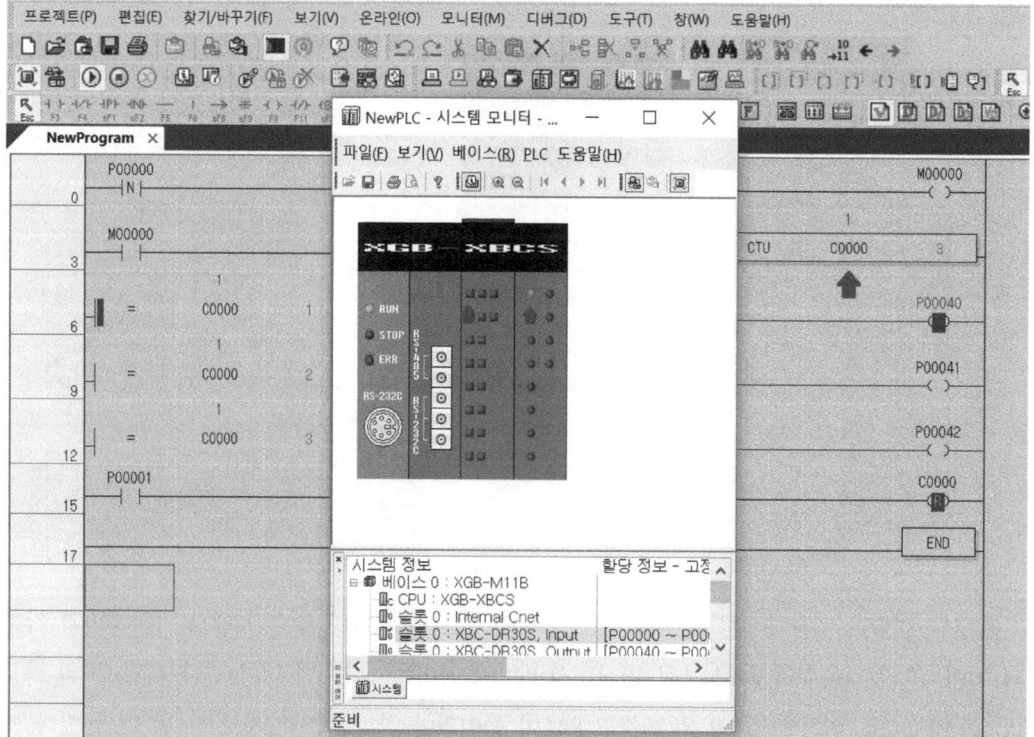

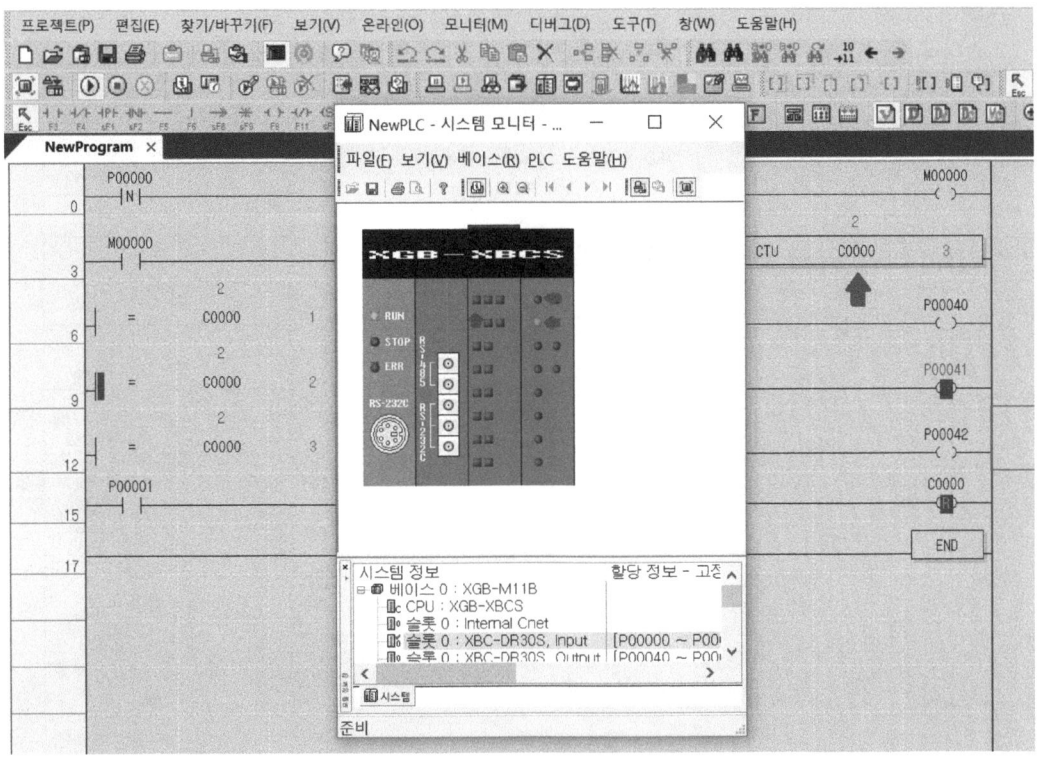

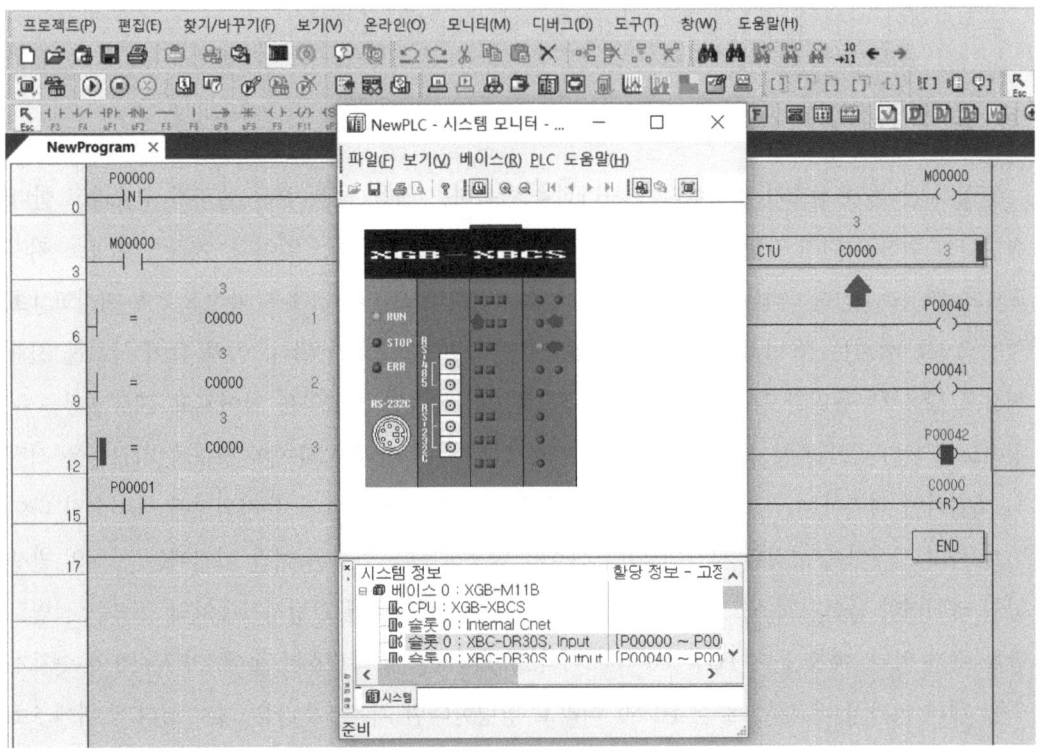

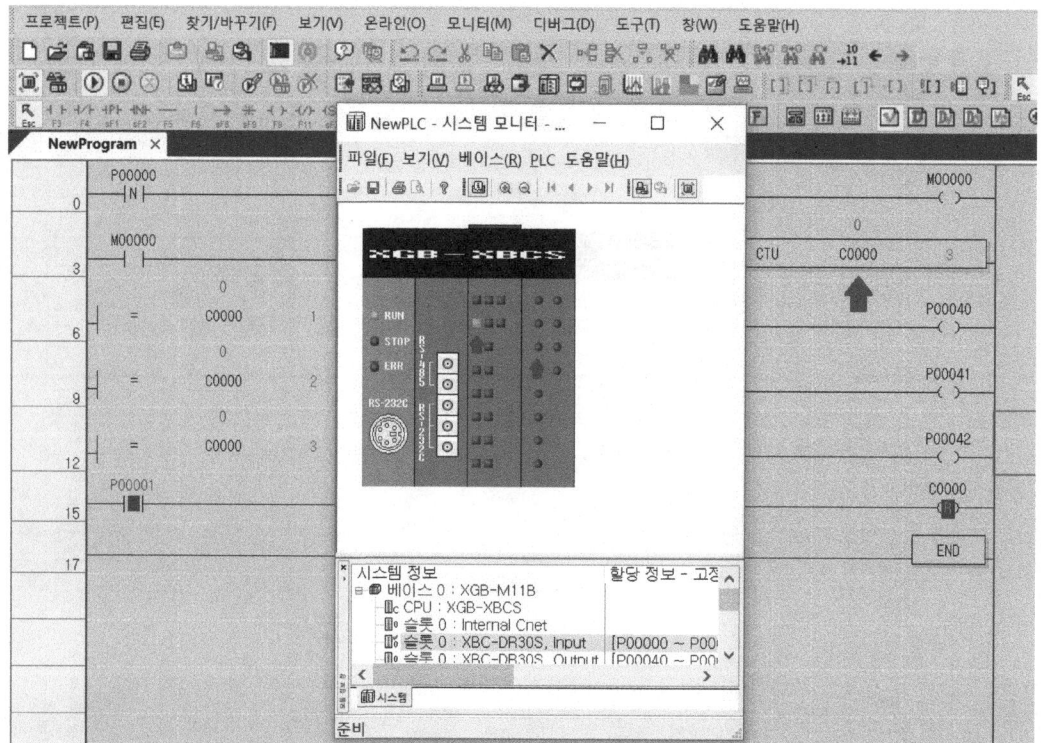

프로그램이 이상 없이 동작됨을 확인하면 시뮬레이션을 종료한다.

4) 플리커(점멸)

일정 시간 동안 신호가 발생했다가 사라짐을 반복하는 것을 점멸, 혹은 플리커 신호라고 한다. 점멸을 표현하기 위해 가장 중요한 것은 반복되는 구간을 포착하는 일이다. 예를 들어 1초 켜지고 1초 꺼지는 걸 반복하는 신호가 있다면 반복구간은 2초가 된다. 1초 켜지고 2초 꺼지고 1초 켜지고 3초 꺼지는 걸 반복하는 신호가 있다면 반복구간은 7초가 된다. 이와 같이 신호를 전체적으로 봤을 때 동일한 동작을 반복하는 구간을 발견한다면 점멸임을 알아채고 프로그램을 구성하도록 한다. 플리커는 특별한 명령어가 따로 있는 것이 아니라 타이머 명령과 비교문을 적절히 조합하여 점멸하는 신호를 만들어 낸다. TON 명령은 입력신호가 유지되면서 들어오면 타이머가 돌기 시작하여 설정된 시간이 되면 신호가 발생하는데, 설정된 시간 이전에는 신호의 발생 없이 타이머만 돌아가게 되므로 이 숫자를 비교문으로 뽑아내면 일정시간동안의 출력을 점멸로 만들 수가 있다. 예를 들어 TON T0 100 이라고 명령하면 입력신호가 들어오면서 T0의 숫자가 변할 텐데 여기서 비교문으로 > T0 50 이라고 명령한다면 처음 5초간은 꺼져 있다가 뒤에 5초간은 켜지게 되는 신호를 만들어 낼 수 있다. 반복 등 자세한 사항은 예제를 풀면서 살펴보기로 한다.

제1장 기초편

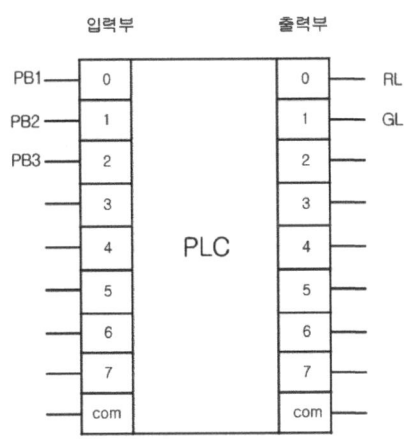

위 PLC 입출력도에 따르면 PB1은 P0, PB2는 P1, PB3는 P2가 되고, RL은 P40, GL은 P41이 된다. 위 그림을 참고하여 PB1을 눌렀다 떼자 마자 RL이 1초 점등 1초 소등을 반복하다가 PB3를 누르면 소등되고, PB2를 눌렀다가 떼자 마자 GL이 2초 소등, 2초 점등을 반복하다가 PB3를 누르면 꺼지게 되는 회로를 양(음)변환 검출 접점과 TON명령과 비교문을 이용해서 각각 만들어 보도록 하자.

프로그램을 작성하는 방법은 다음과 같다.

① 빈 프로젝트 창에 커서를 가장 왼쪽 상단에 위치시킨 후 shift키를 누른 상태에서 F2을 누른다.
변수/디바이스 칸에는 P0라고 입력하고 확인을 누른다.(입력접점은 P0~P7을 사용한다.)
이어서 F9를 누른 후 변수/디바이스 칸에는 M0라고 입력하고 확인을 누른다.

② 다음 줄에서 F3을 눌러 변수/디바이스 칸에 M0라고 입력하고 확인을 누른다. 커서를 윗줄로 이동한 후 F6를 눌러서 병렬로 연결한다.

139

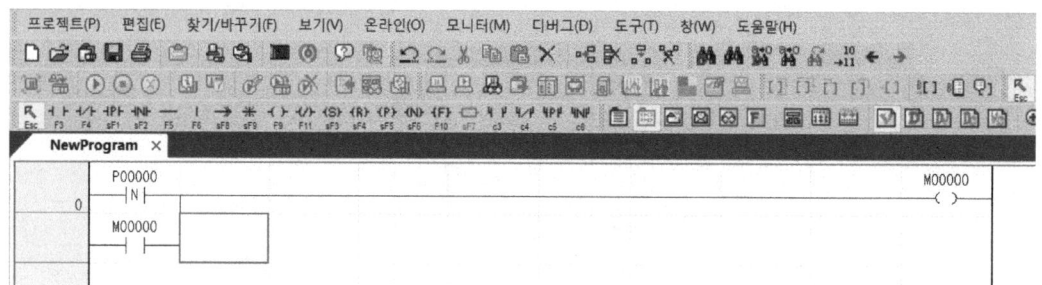

③ 커서를 위로 올려 F4를 누르고 변수/디바이스 칸에 P2라고 입력한 후 확인을 누른다. 입력접점 M0와 출력 M0사이에 b접점 입력을 넣어서 자기유지 신호를 끊을 때 사용하기 위함이다.

④ 자기유지 신호를 이용하여 TON명령을 이용하여 반복설정 할 시계를 만든다. 먼저 만들어 볼 점멸 신호는 1초 점등, 1초 소등을 반복하므로 반복구간은 2초가 된다. 새로운 줄로 이동하여 F3을 누르고 변수/디바이스 칸에 M0라고 입력한 후 확인을 누른다. 이어서 F10을 눌러 응용명령 칸에 TON T0 20 이라고 입력한다. 그리고 커서를 M0 a접점과 타이머 명령 사이로 이동하여 F4를 누르고 변수/디바이스 칸에 T0라고 입력한다. 이 부분이 점멸에서 가장 중요한 반복을 설정하는 부분이다. M0의 입력이 들어오게 되면 T0의 타이머가 올라가게 되는데 설정된 20이 되면 T0의 신호가 발생하면서 방금 설정한 b접점이 떨어지게 된다. 그 결과 타이머에 들어가는 신호가 끊어지므로 타이머는 초기화 되면서 T0의 신호는 다시 없어지게 되고 b접점도 다시 붙게 되므로 M0의 입력이 계속 유지되고 있는한 T0의 타이머는 0~20을 계속 반복하게 된다.

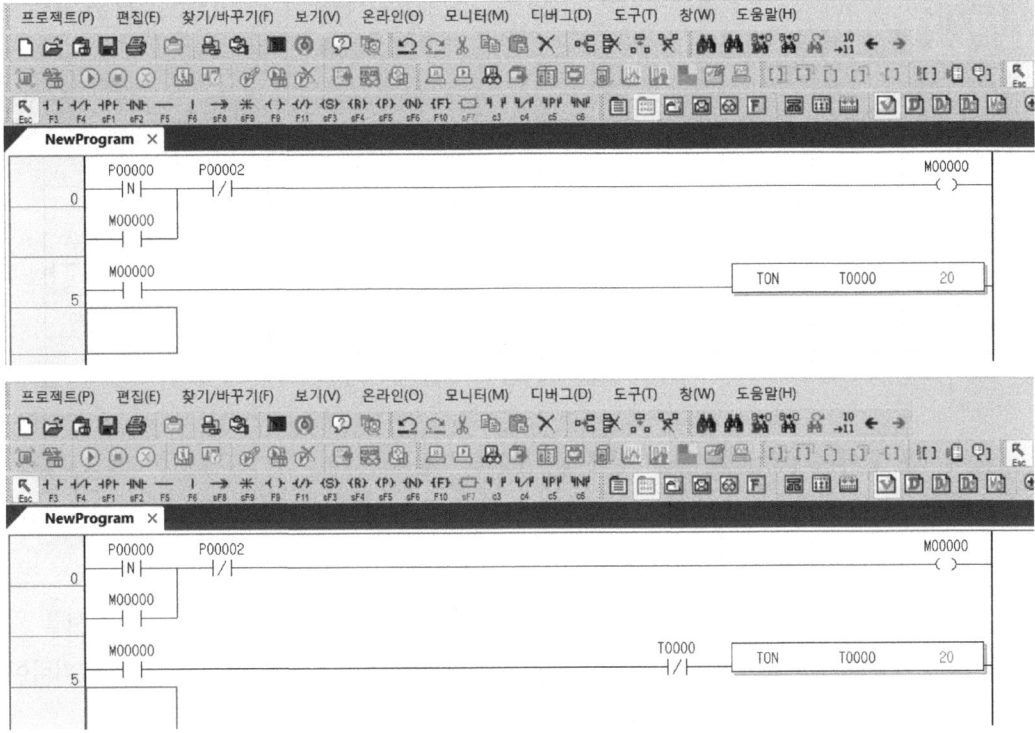

⑤ 이번에는 비교문을 써서 1초 점등, 1초 소등을 표현해보자. 플리커를 표현할 때는 점등되는 부분만을 표현해주고 소등되는 부분은 표현하지 않으면 된다. 1초 점등이 먼저이므로 T0의 숫자가 0보다 크고 10보다 작거나 같을 때 P40이 켜진다고 설정을 하면 그 외의 시간에는 P40은 꺼지게 되므로 자연스럽게 소등이 완성된다. 0보다 크다를 설정하지 않고 10보다 작거나 같다만 설정하는 경우에는 신호가 발생하기 전, 다시 말해 T0가 0일 때에도 출력이 계속 발생하게 되므로 실수하지 않도록 주의하자. 또한 점멸은 연속되는 시간안에서 이루어 지다 보니 10보다 작거나 같다라는 표현이나, 10보다 작다라는 표현이나 육안상 구분이 되지 않으므로 등호는 생략해도 관계가 없다.

새로운 줄에서 F10을 눌러 응용명령 칸에 > T0 0 이라고 치고 이어서 다시 F10을 눌러 응용명령칸에 <= T0 0 이라고 친후 이어서 F9를 누르고 변수 디바이스 칸에 P40이라고 입력하고 확인을 누른다.

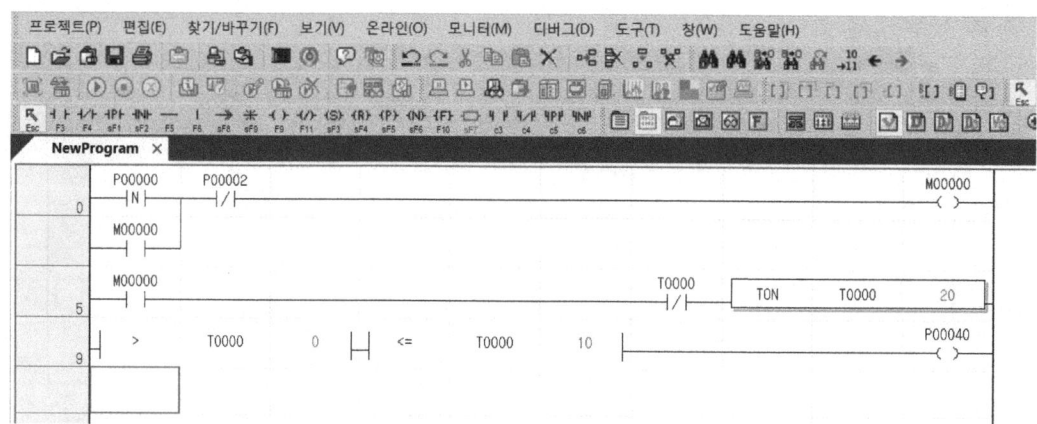

⑥ 새로운 줄에서 shift키를 누른 상태에서 F2을 누른다.

변수/디바이스 칸에는 P1이라고 입력하고 확인을 누른다.(입력접점은 P0~P7을 사용한다.)
이어서 F9를 누른 후 변수/디바이스 칸에는 M1이라고 입력하고 확인을 누른다.

다음 줄에서 F3을 눌러 변수/디바이스 칸에 M1라고 입력하고 확인을 누른다. 커서를 윗줄로 이동한 후 F6를 눌러서 병렬로 연결한다. 커서를 위로 올려 F4를 누르고 변수/디바이스 칸에 P2라고 입력한 후 확인을 누른다.

입력접점 M1과 출력 M1사이에 b접점 입력을 넣어서 자기유지 신호를 끊을 때 사용하기 위함이다.

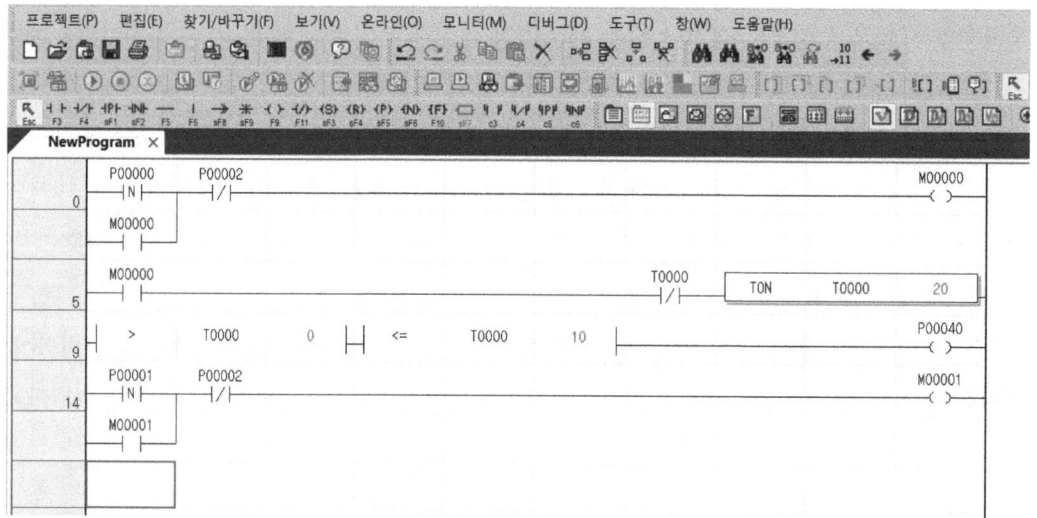

⑦ 자기유지 신호를 이용하여 TON명령을 이용하여 반복설정 할 시계를 만든다. 다음으로 만들어볼 점멸 신호는 2초 소등, 2초 점등을 반복하므로 반복구간은 4초가 된다. 새로운 줄로 이동하여 F3을 누르고 변수/디바이스 칸에 M1이라고 입력한 후 확인을 누른다. 이어서 F10을 눌러 응용명령 칸에 TON T1 40 이라고 입력한다. 그리고 커서를 M1 a접점과

타이머 명령 사이로 이동하여 F4를 누르고 변수/디바이스 칸에 T1이라고 입력한다. M1의 입력이 계속 유지되고 있는 한 T1의 타이머는 0~40을 계속 반복하게 된다.

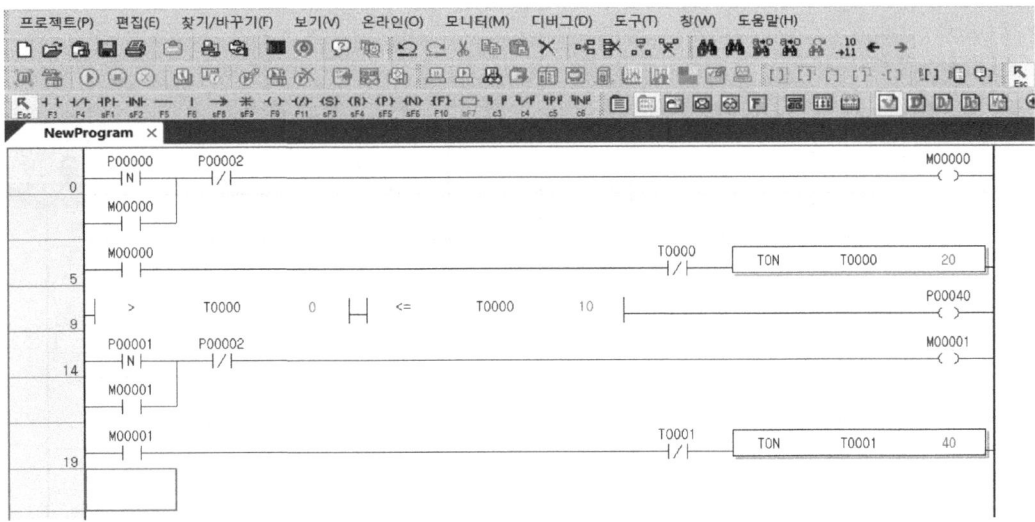

⑧ 이번에는 비교문을 써서 2초 소등, 2초 점등을 표현해보자. 플리커를 표현할 때는 점등되는 부분만을 표현해주고 소등되는 부분은 표현하지 않으면 된다. 2초 소등 후 2초 점등이므로 T1의 숫자가 20보다 크고 40보다 작거나 같을 때 P41이 켜진다고 설정을 하면 그 외의 시간에는 P40은 꺼지게 되므로 자연스럽게 소등이 완성된다.

새로운 줄에서 F10을 눌러 응용명령 칸에 > T1 20 이라고 치고 이어서 다시 F10을 눌러 응용명령칸에 <= T1 40 이라고 친 후 이어서 F9를 누르고 변수 디바이스 칸에 P41이라고 입력하고 확인을 누른다.

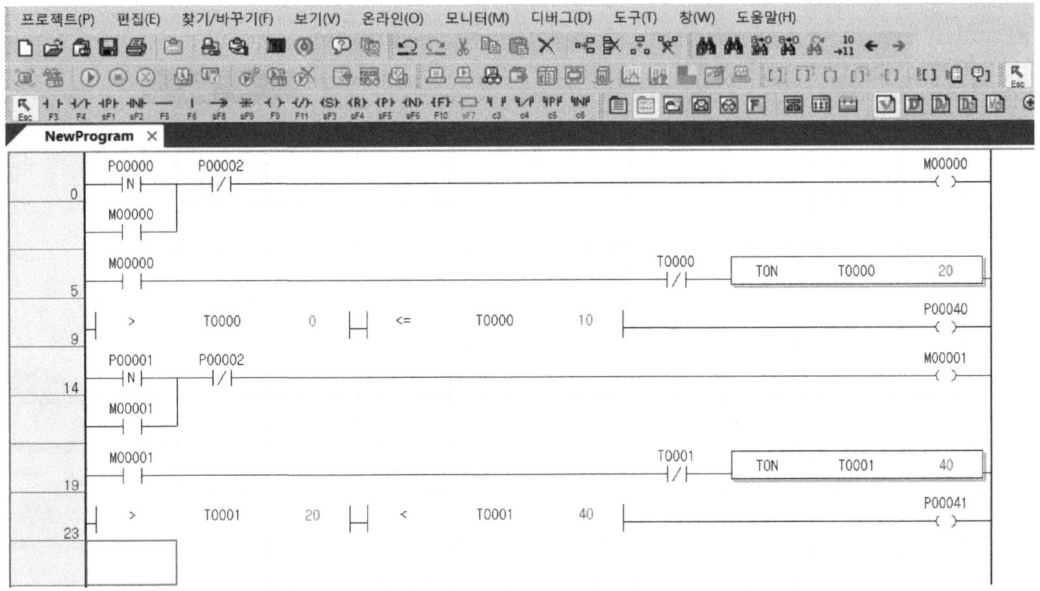

⑨ 하나의 프로그램이 완료되면 마지막 줄에 반드시 끝을 알리는 end 명령을 입력해야 한다.

새로운 줄에서 F10을 누른다.

응용명령 칸에 end라고 입력한 후 확인을 누른다.

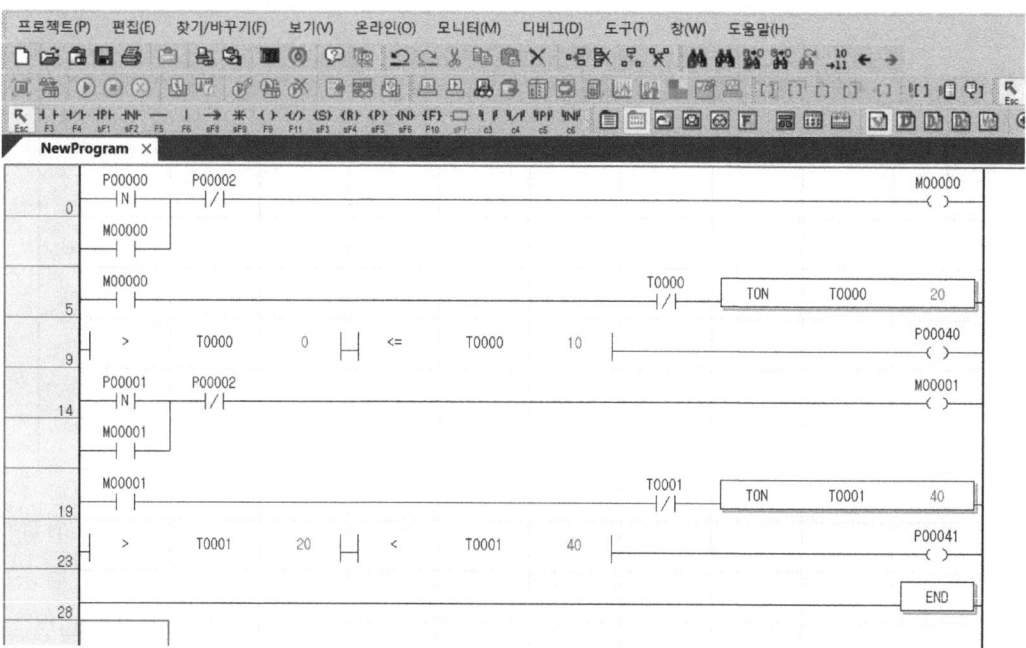

■ 시뮬레이션

시뮬레이터를 켜고 프로그램 쓰기를 완료한 후 시스템 모니터를 켠다.

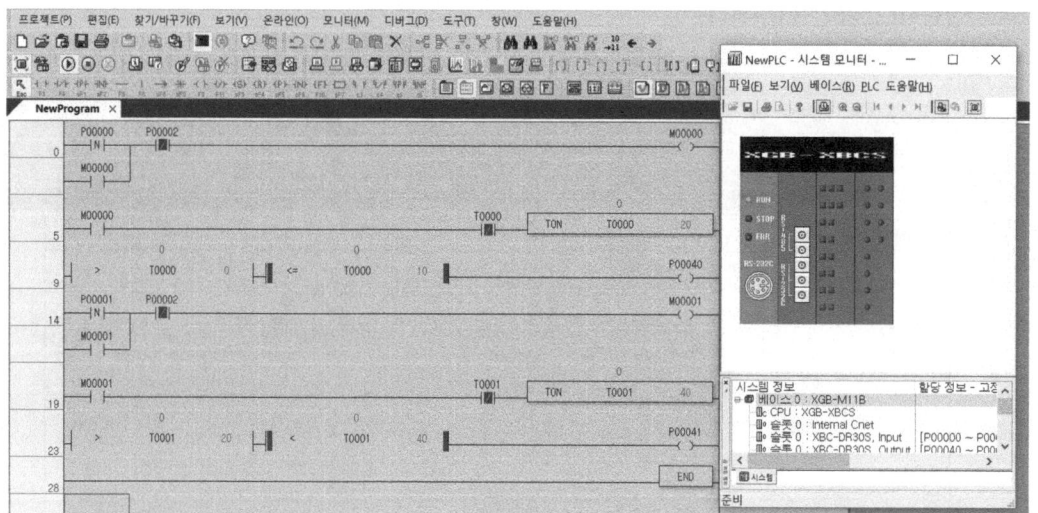

음변환 검출을 이용했으므로 P0를 눌렀다 떼자 마자 P40이 1초 점등, 1초 소등을 반복하다가 P2를 누르면 꺼지고, P1을 눌렀다 떼자 마자 P41이 2초 소등, 2초 점등을 반복하다가 P2를 누르면 꺼져야 하므로 이를 확인 하도록 한다.

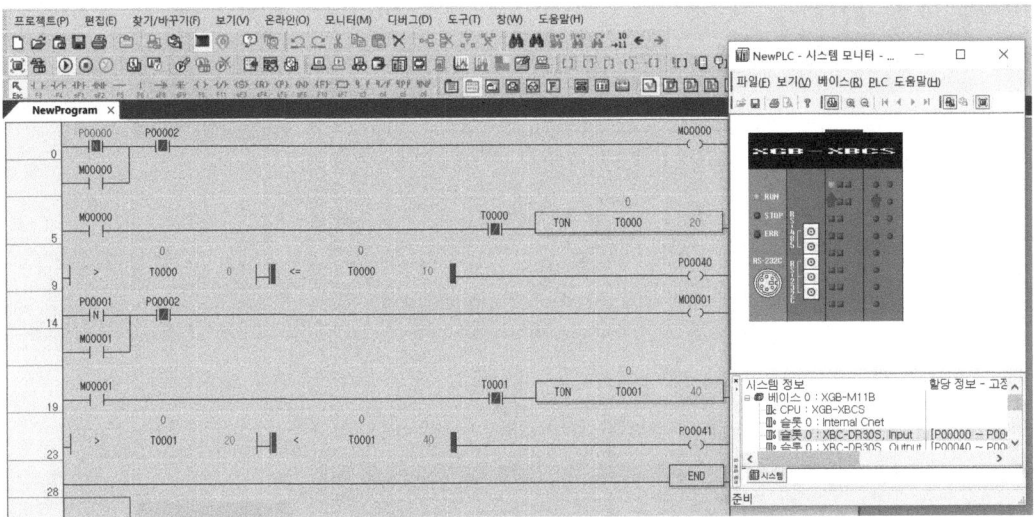

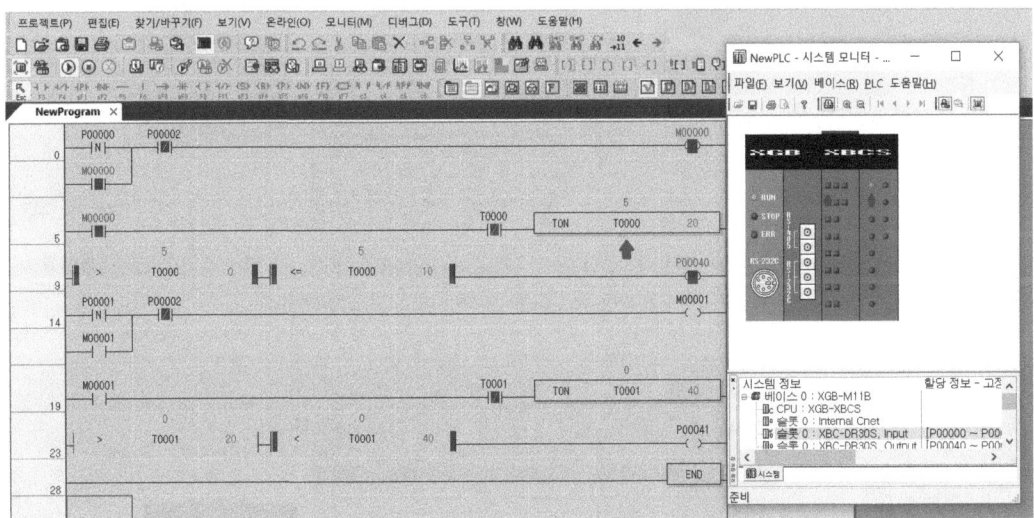

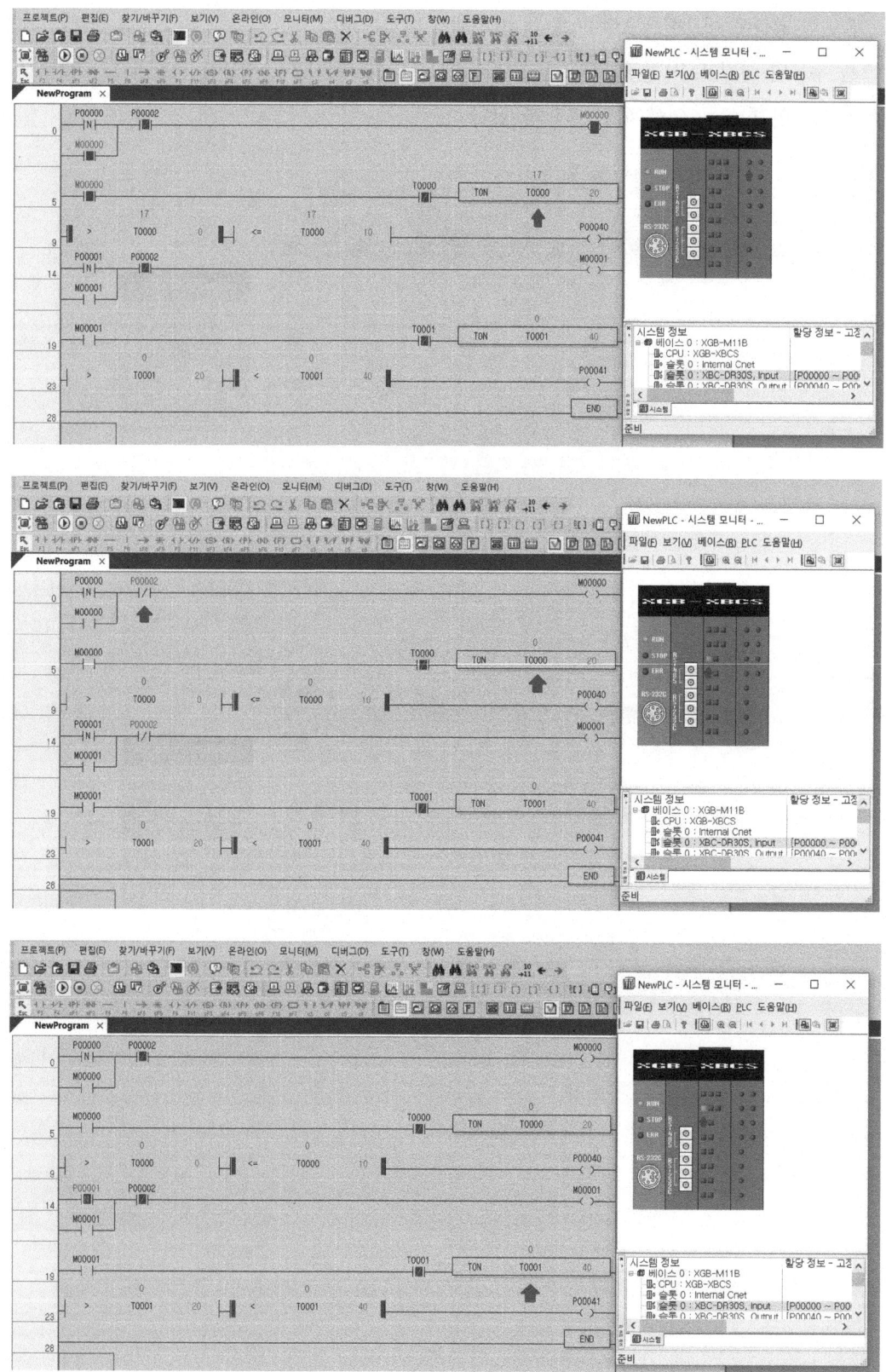

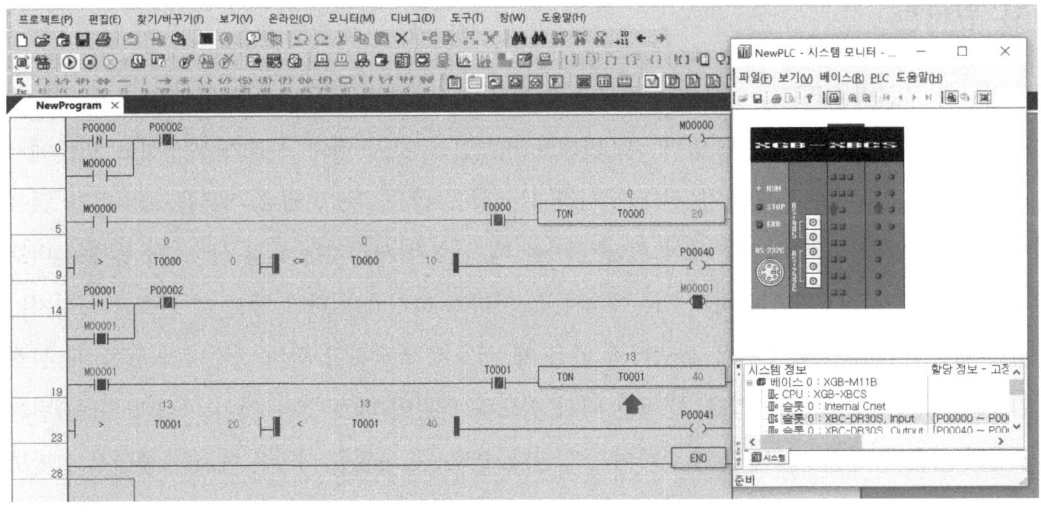

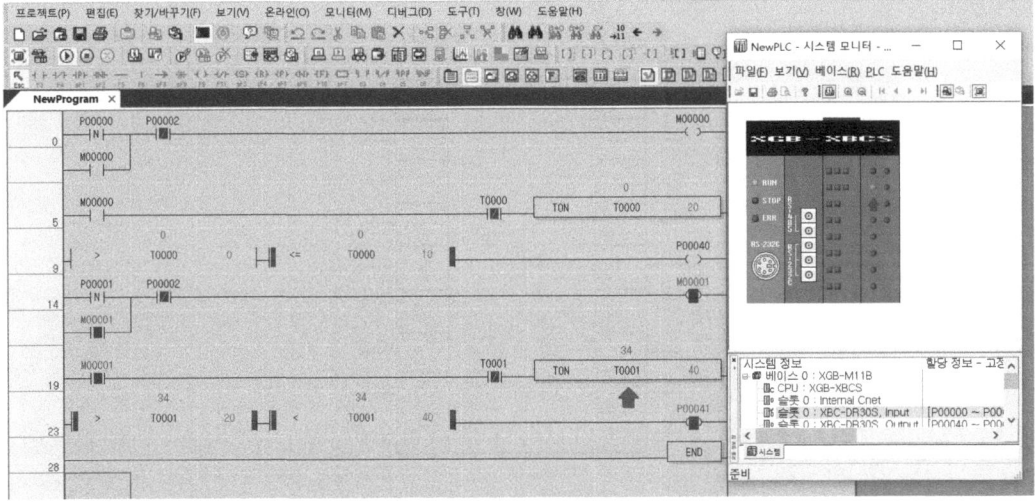

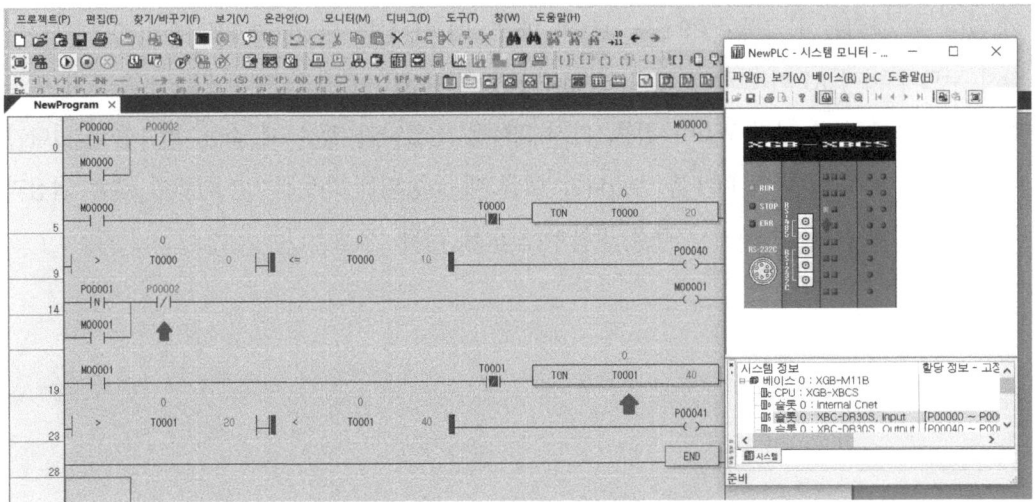

프로그램이 이상 없이 동작됨을 확인하면 시뮬레이션을 종료한다.

5) 원버튼

하나의 푸쉬버튼(PB)을 이용하여 신호를 발생시키고 소멸시키는 방식을 원버튼 이라고 한다. 원버튼의 형식은 총 4가지가 있다. 첫 번째로 버튼을 누르자 마자 신호가 발생하고 버튼에서 손을 뗐다가 다시 누르자 마자 신호가 사라지는 상승 상승, 두 번째로 버튼을 눌렀다가 뗐을 때 신호가 발생하고 다시 버튼을 눌렀다가 뗐을 때 신호가 사라지는 하강 상승, 세 번째로 버트을 누르자 마자 신호가 발생하고 버튼에서 손을 뗐다가 다시 눌렀다가 뗐을 때 신호가 사라지는 상승 하강, 마지막으로 버튼을 눌렀다가 뗐을 때 신호가 발생하고 다시 눌렀다가 뗐을 때 신호가 사라지는 하강 하강이 있다. 원버튼 역시 별도의 명령이 따로 있는 것이 아니라 양(음)변환 검출과 카운터 명령, 비교문을 혼합하여 구성한다. 반복 등 자세한 사항은 예제를 풀면서 살펴보기로 한다.

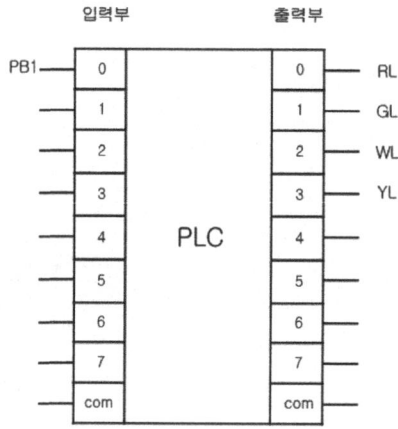

위 PLC 입출력도에 따르면 PB1은 P0가 되고, RL은 P40, GL은 P41, WL은 P42, YL은 P43이 된다. 위 그림을 참고하여 PB1을 누르자 마자 RL이 점등 되었다가 PB1에서 손을 뗐다가 다시 누르자 마자 RL이 소등, PB1을 눌렀다가 뗐을 때 GL이 점등, 다시 PB1을 누르자 마자 소등, PB1을 누르자 마자 WL이 점등, 다시 PB1을 눌렀다가 뗐을 때 소등, PB1을 눌렀다가 뗐을 때 YL이 점등, 다시 PB1을 눌렀다가 뗐을 때 소등되는 회로를 양(음)변환 검출 접점과 CTU명령과 비교문을 이용해서 각각 만들어 보도록 하자.

제1장 기초편

PB1		■		■			■		■	
RL		■	■					■	■	
GL				■						■
WL		■	■					■	■	
YL			■	■					■	■

프로그램을 작성하는 방법은 다음과 같다.

① 빈 프로젝트 창에 커서를 가장 왼쪽 상단에 위치시킨 후 shift키를 누른 상태에서 F1을 누른다.

변수/디바이스 칸에는 P0라고 입력하고 확인을 누른다.(입력접점은 P0~P7을 사용한다.) 이어서 F9를 누른 후 변수/디바이스 칸에는 M0라고 입력하고 확인을 누른다.

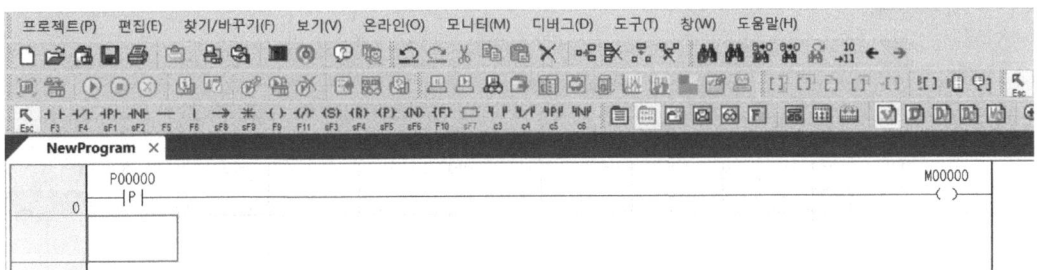

② 다음 줄에서 shift키를 누른 상태에서 F2를 누른다. 변수/디바이스 칸에는 P0라고 입력하고 확인을 누른다. 커서를 윗 줄로 이동한 후 F6를 눌러서 병렬로 연결한다. 이런 식으로 양변환 검출 접점과 음변환 검출 접점을 병렬로 연결하여 하나의 출력으로 만들면 PB1을 누르자 마자 M0가 발생했다 사라지고, 뗄 때도 M0가 발생했다 사라지게 된다.

③ 누르자 마자와 눌렀다 뗐을 때를 CTU명령을 이용하여 카운트 한다.

새로운 줄에서 F3을 누르고 변수/디바이스 칸에 M0라고 입력하고 이어서 F10을 눌러 응

149

용명령칸에 CTU C0 4 라고 입력한다. PB1을 누르자 마자 C0의 카운트는 1이 되고, 눌렀다 떼면 C0의 카운터는 2가 된다. 다시 누르면 3, 눌렀다 떼면 4가 된다.

④ 동일한 동작을 반복하기 위해서는 C0의 카운트가 4가 됨과 동시에 0으로 돌아가야 하므로 C0의 신호가 발생하면 C0를 리셋한다. 새로운 줄에서 F3을 누르고 변수/디바이스 칸에 C0라고 입력한다. 이어서 shift키를 누른 상태에서 F4를 눌러 변수/디바이스 칸에 C0라고 입력한다.

⑤ 이번에는 비교문을 써서 각각의 출력을 표현해 보자. 위 프로그램에 따르면 PB1을 누르자 마자 C0 카운트는 1이 되고, 떼면 2가 된다. 다시 누르면 3이 되고 떼면 4가 되면서 리셋이 되어 0이 된다. 다시 누르면 1,2,3,4(0)을 반복하게 된다. 상승 상승 같은 경우는 C0의 카운터가 1부터 2까지인 부분과 일치하며, 하강 상승인 경우는 2인 부분과 일치한다. 상승 하강인 경우에는 C0가 1부터 3까지인 부분과 일치하며, 하강 하강인 경우에는 C0가 2에서 3까지인 부분과 일치한다.

	①	②	③		①	②	③
PB1	■		■		■		■
RL	■	■			■	■	
GL		■				■	
WL	■	■			■	■	
YL			■				■

새로운 줄에서 F10을 눌러 응용명령 칸에 > C0 0 라고 치고 이어서 다시 F10을 눌러 응용명령칸에 < C0 3 라고 친후 이어서 F9를 누르고 변수 디바이스 칸에 P40이라고 입력하고 확인을 누른다. 카운터는 숫자가 1 2 3 4..순으로 올라가기 때문에 0보다 크고 3보다 작다는건 1과 2일 때를 의미한다. 물론 1보다 크거나 같고 2보다 작거나 같다라고 사용해도 무방하다.

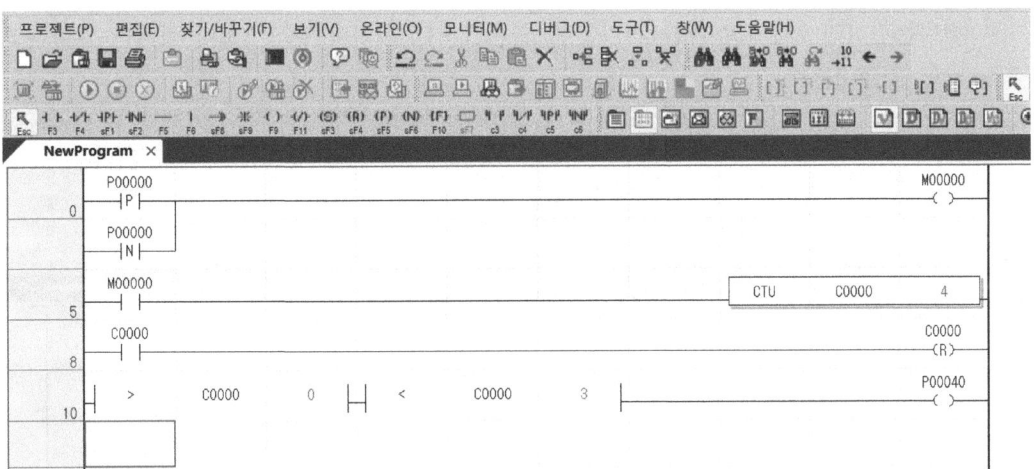

⑥ 새로운 줄에서 F10을 눌러 응용명령 칸에 = C0 2 라고 치고 이어서 F9를 누르고 변수 디바이스 칸에 P41이라고 입력하고 확인을 누른다.

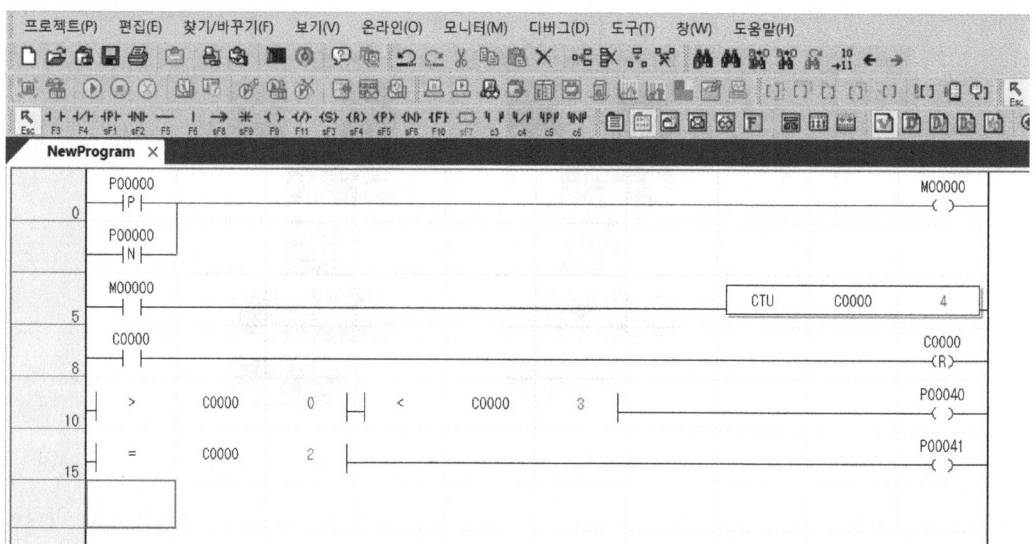

⑦ 새로운 줄에서 F10을 눌러 응용명령 칸에 > C0 0 라고 치고 이어서 다시 F10을 눌러 응용명령칸에 < C0 4 라고 친후 이어서 F9를 누르고 변수 디바이스 칸에 P42라고 입력하고 확인을 누른다. 카운터는 숫자가 1 2 3 4..순으로 올라가기 때문에 0보다 크고 4보다 작다는건 1과 2와 3일 때를 의미한다. 물론 1보다 크거나 같고 3보다 작거나 같다라고 해도 무방하다.

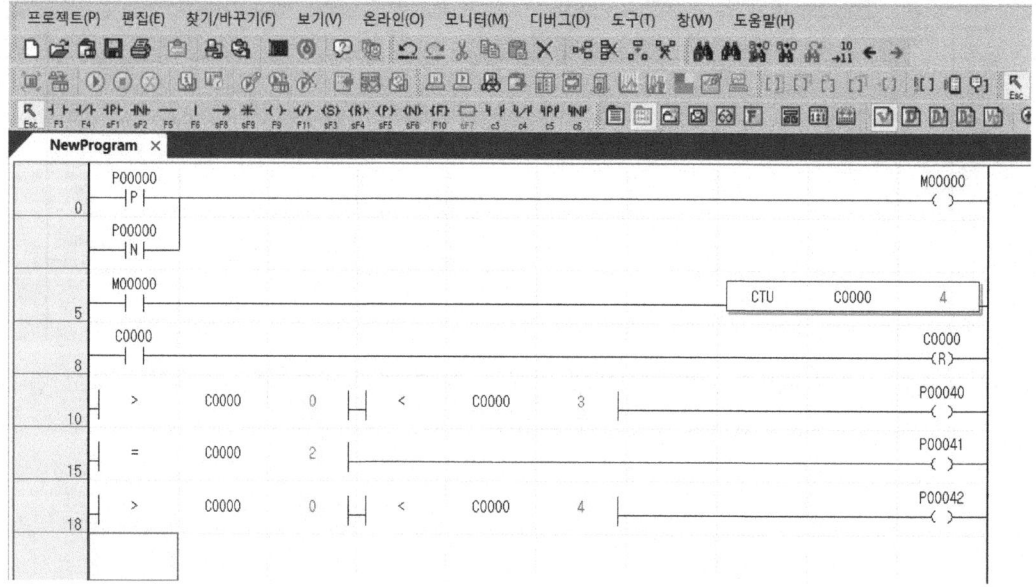

⑧ 새로운 줄에서 F10을 눌러 응용명령 칸에 > C0 1 라고 치고 이어서 다시 F10을 눌러 응용명령칸에 < C0 4 라고 친후 이어서 F9를 누르고 변수 디바이스 칸에 P43이라고 입력하고 확인을 누른다. 카운터는 숫자가 1 2 3 4..순으로 올라가기 때문에 1보다 크고 4보다

작다는건 2와 3일 때를 의미한다. 물론 2보다 크거나 같고 3보다 작거나 같다라고 해도 무방하다.

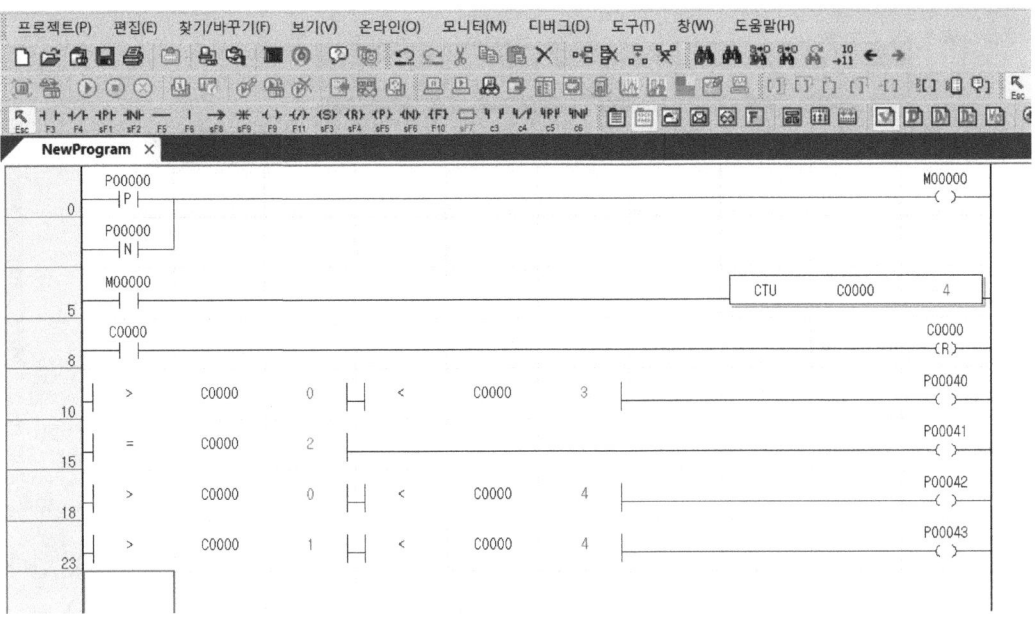

⑨ 하나의 프로그램이 완료되면 마지막 줄에 반드시 끝을 알리는 end 명령을 입력해야 한다. 새로운 줄에서 F10을 누른다.

응용명령 칸에 end라고 입력한 후 확인을 누른다.

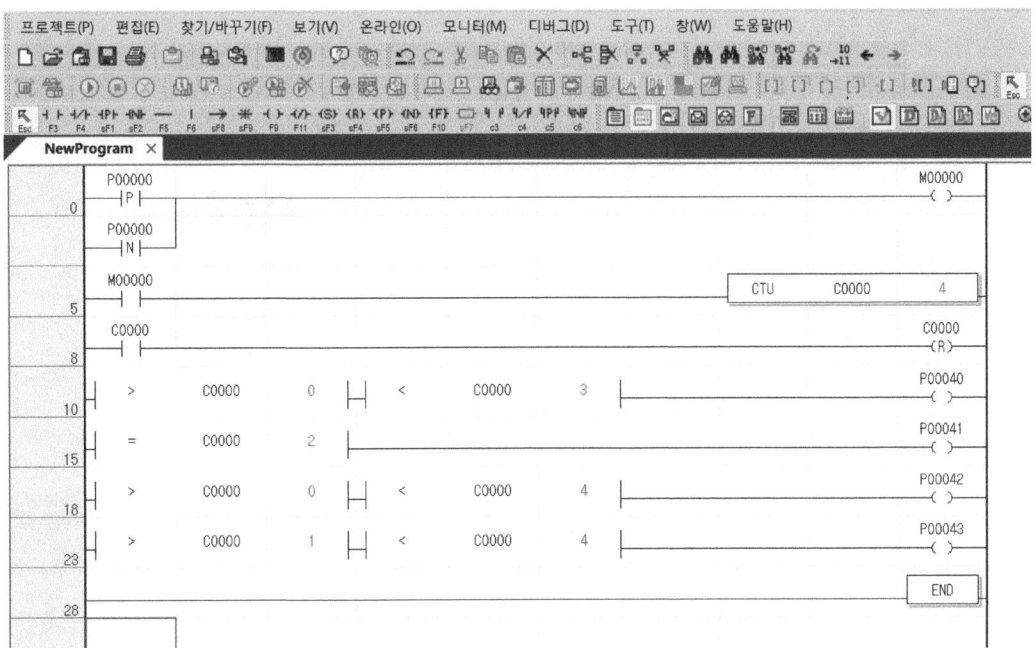

■ 시뮬레이션

시뮬레이터를 켜고 프로그램 쓰기를 완료한 후 시스템 모니터를 켠다.

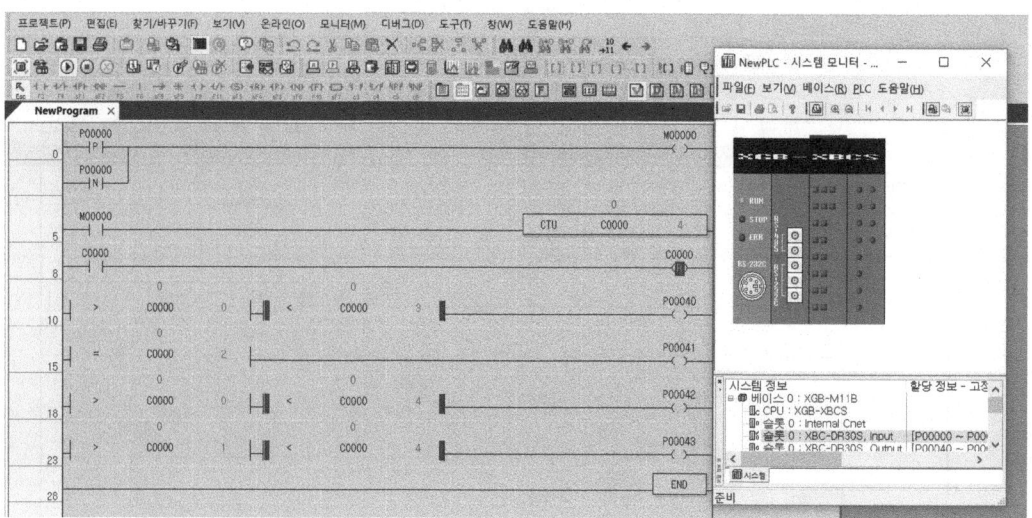

한꺼번에 확인하면 혼란스러울 수 있으므로 출력을 하나씩 따로 떼어서 확인해보도록 한다. P40은 P0를 한 번 누르자 마자 들어오고 눌렀다 뗀 후 다시 한번 누르자 마자 사라져야 하고, P41은 P0를 한번 눌렀다 뗐을 때 들어오고 다시 한번 누르자 마자 사라져야 한다. P42는 P0를 한 번 누르자 마자 들어오고 눌렀다 뗀 후 다시 한번 눌렀다가 뗄 때 사라져야 하고, P43은 P0를 한 번 눌렀다 뗐을 때 들어오고 다시 한번 눌렀다 뗄 때 사라져야 하므로 이를 확인해 보도록 한다.

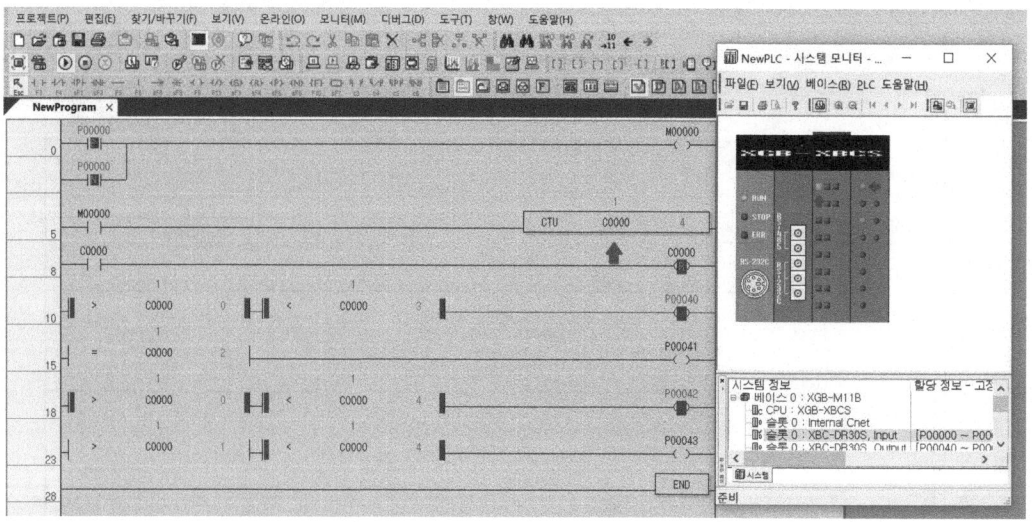

제1장 기초편

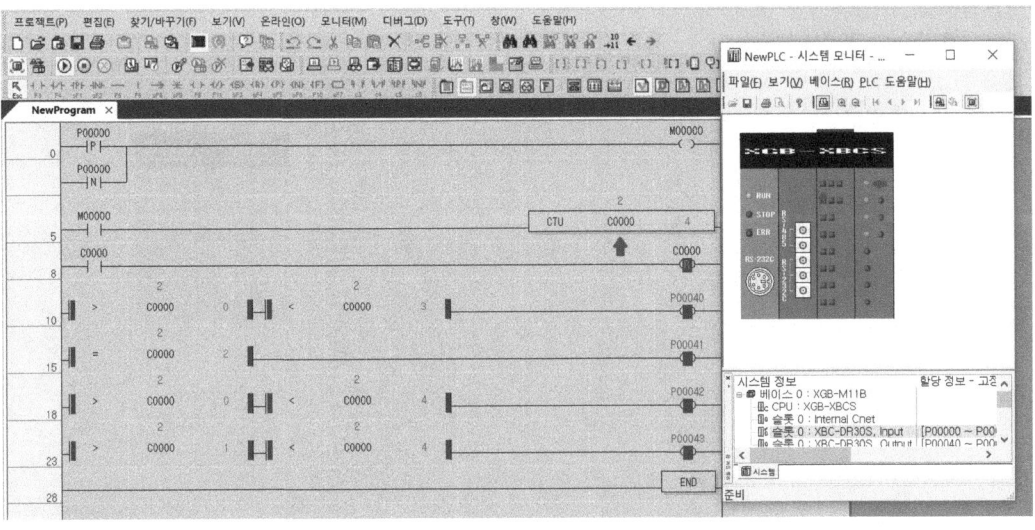

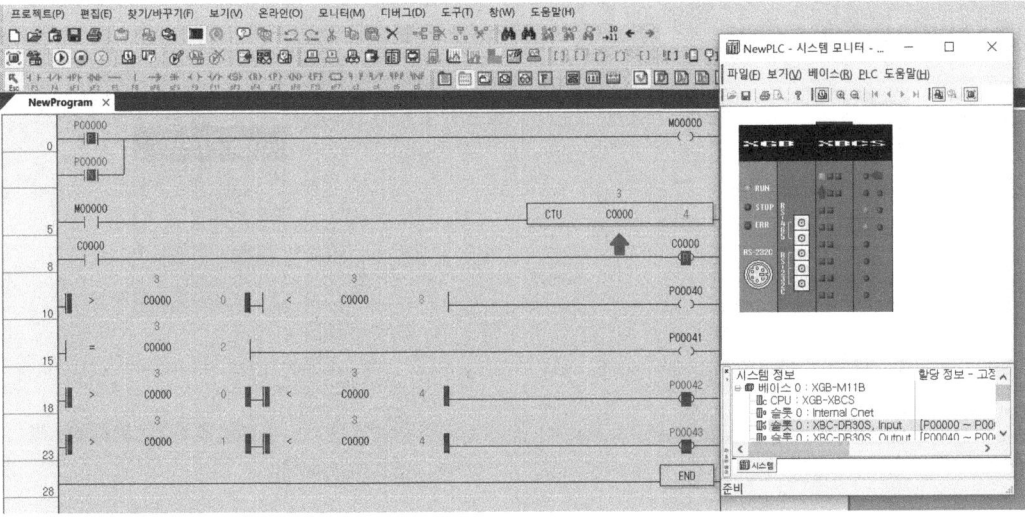

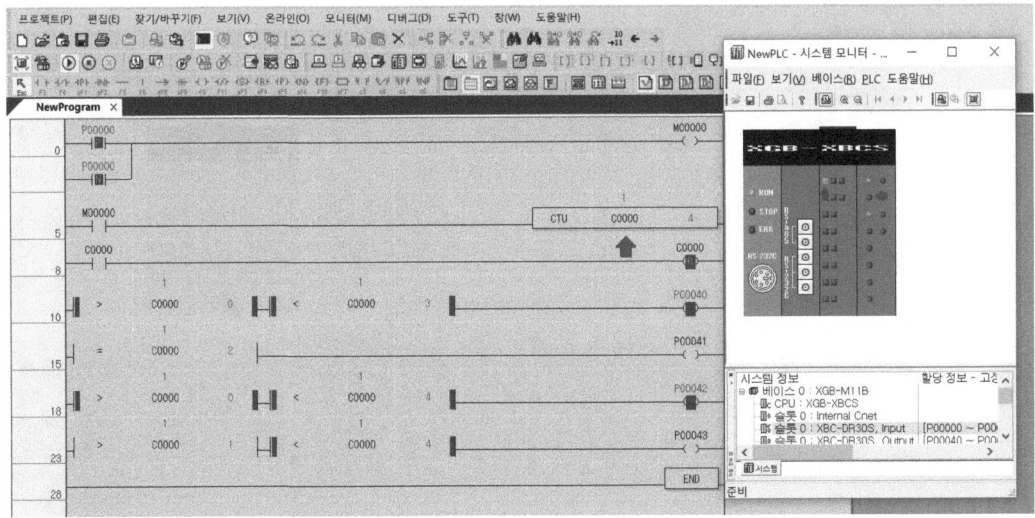

155

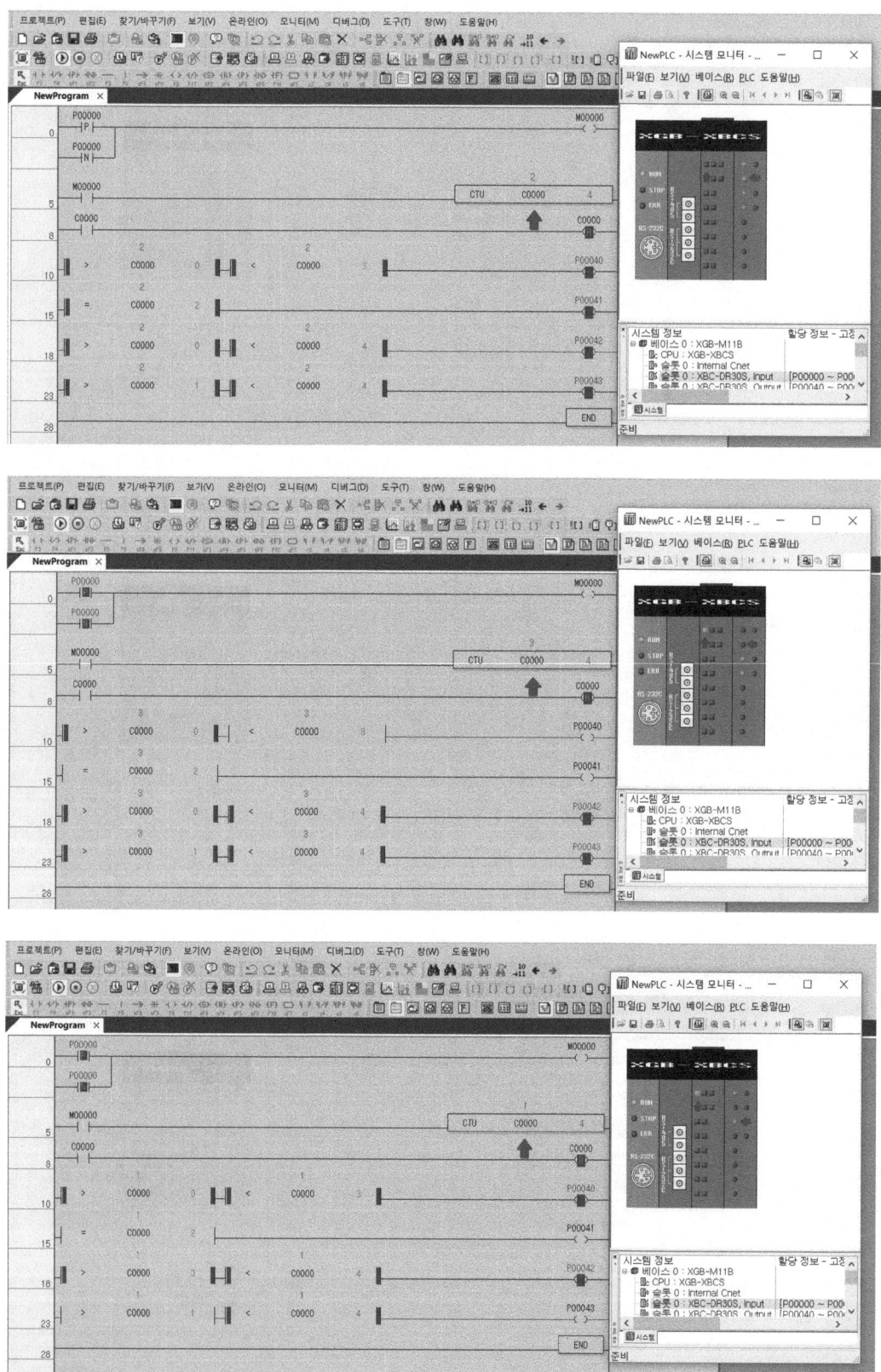

제1장 기초편

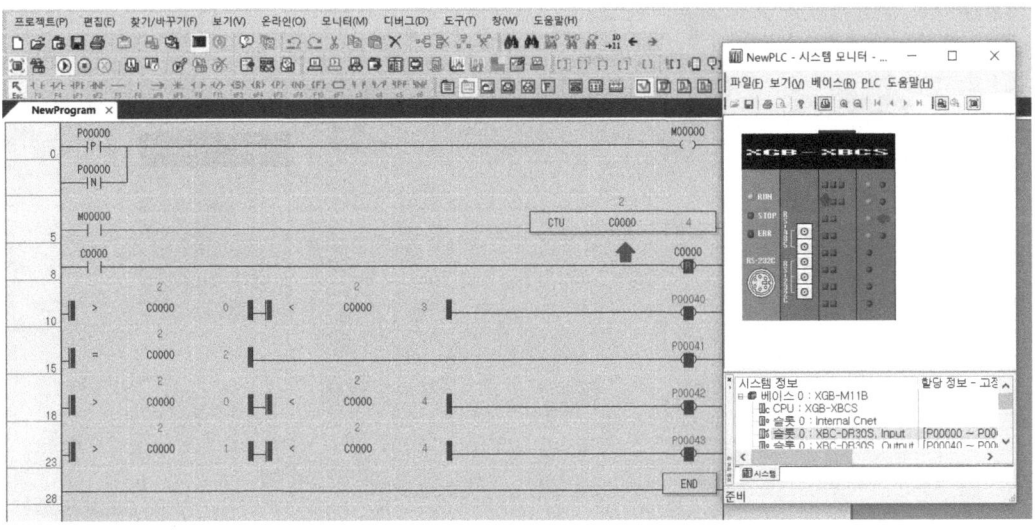

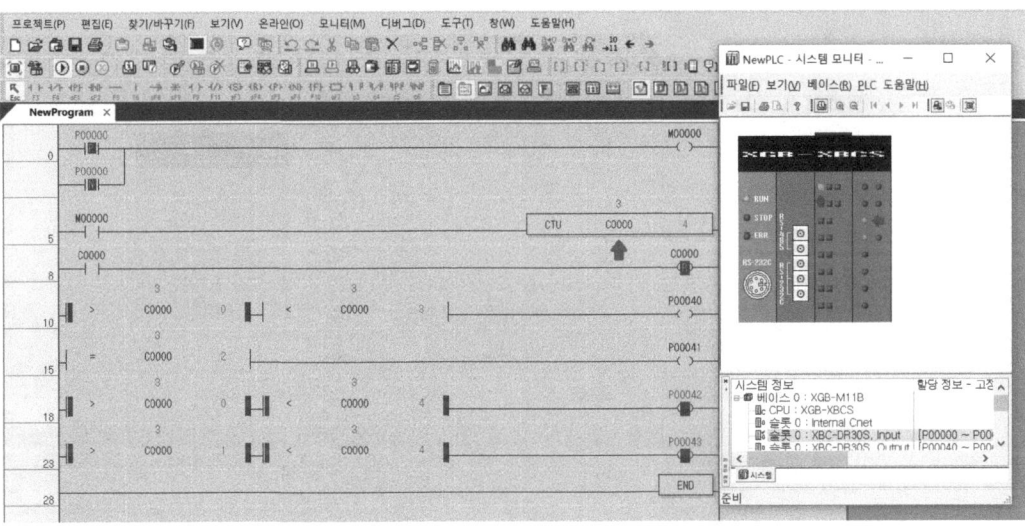

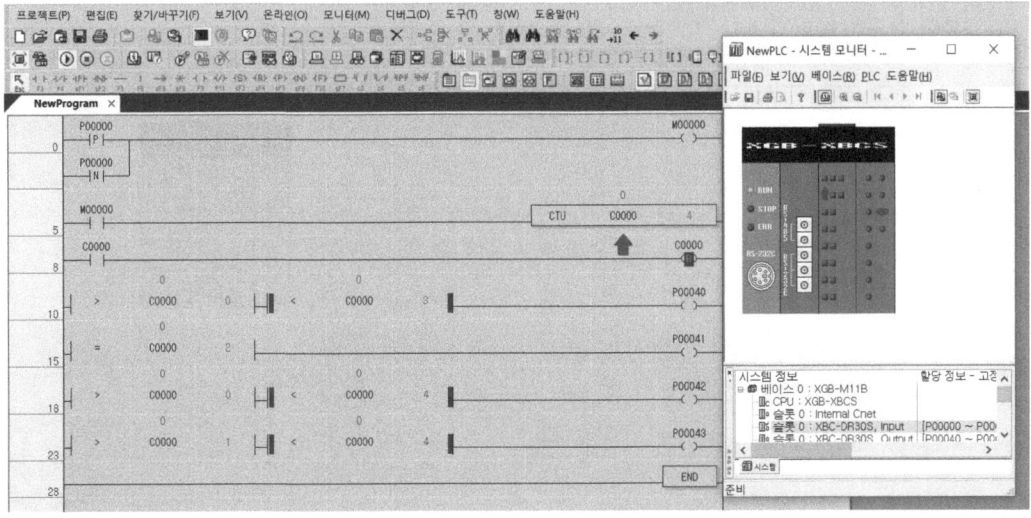

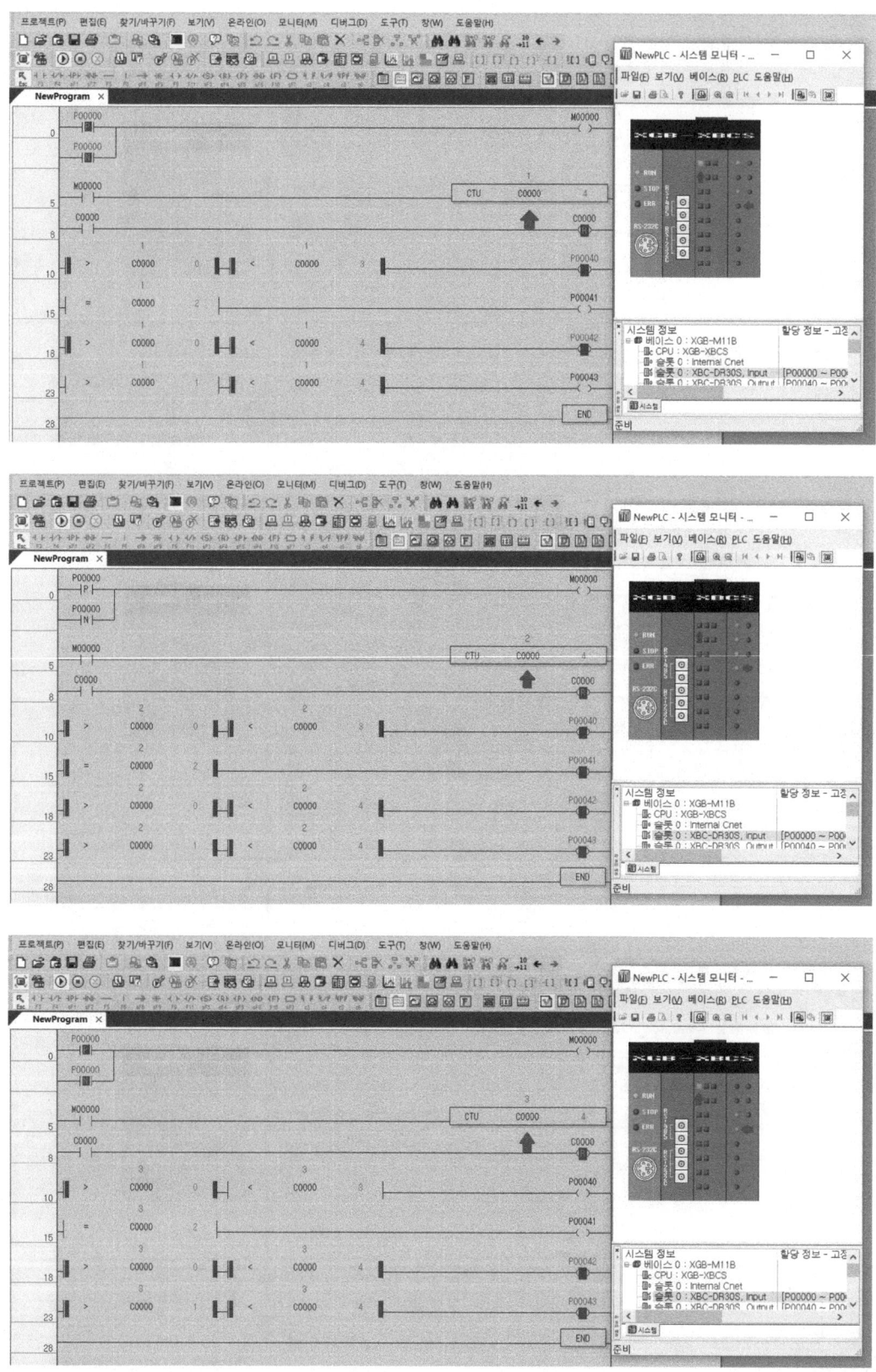

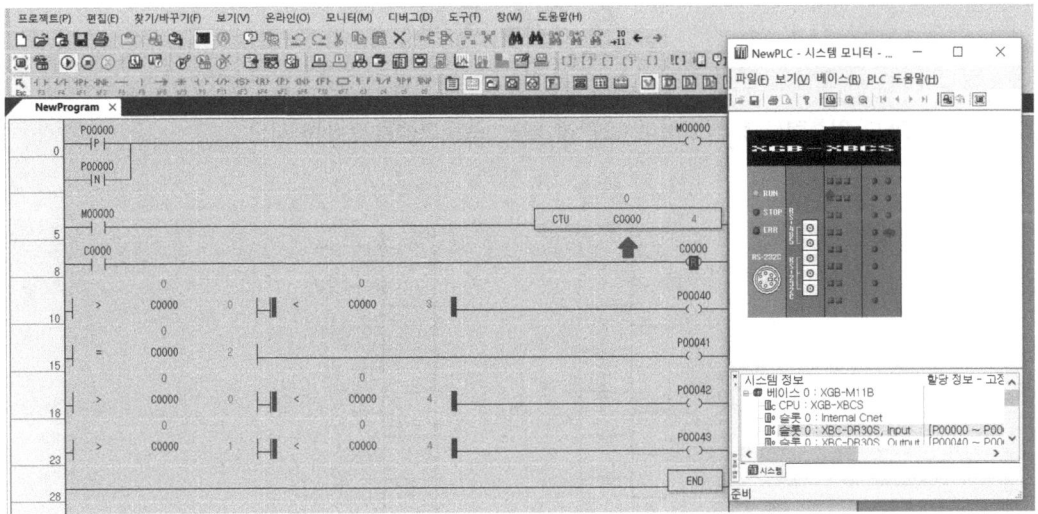

프로그램이 이상 없이 동작됨을 확인하면 시뮬레이션을 종료한다.

6. 연습 문제

01 다음 PLC 입출력도를 참고하여 조건에 맞는 프로그램을 완성하시오.

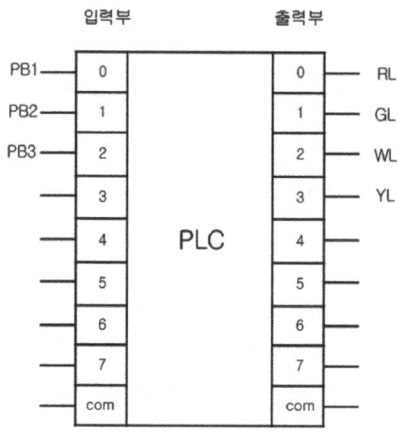

① PB1, PB2, PB3를 모두 누르고 있을 때 RL점등

② PB1, PB2, PB3중 어느 하나 이상을 누르고 있으면 GL 점등

③ PB1이나 PB3중 어느 하나만 누르고 있을 때 WL 점등

④ PB1, PB2, PB3중 어느 것도 누르지 않았을 때 YL 점등

02 다음 PLC 입출력도를 참고하여 조건에 맞는 프로그램을 완성하시오.

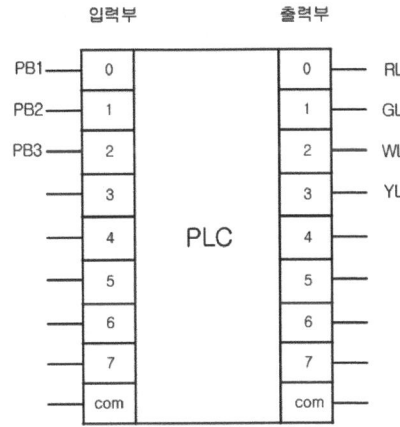

① PB1을 눌렀다가 떼면 RL이 점등, PB3를 눌렀다가 떼면 소등

② PB2를 누르자 마자 GL이 점등, PB3를 눌렀다가 떼면 소등

③ RL과 GL이 모두 점등되어 있으면 WL 점등

④ RL과 GL중 어느 하나만 점등되어 있으면 YL점등

03 다음 PLC 입출력도를 참고하여 조건에 맞는 프로그램을 완성하시오.

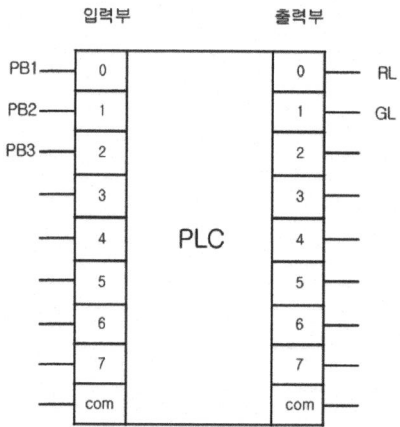

① PB1을 눌렀다가 떼면 3초 후 RL이 점등, PB3를 눌렀다가 떼면 소등

② PB2를 누르자 마자 3초 후 GL이 점등, PB3를 눌렀다가 떼면 소등

③ RL이 점등되어 있으면 PB2를 눌러도 반응하지 않음

④ GL이 점등되어 있으면 PB1을 눌러도 반응하지 않음

04 다음 PLC 입출력도를 참고하여 조건에 맞는 프로그램을 완성하시오.

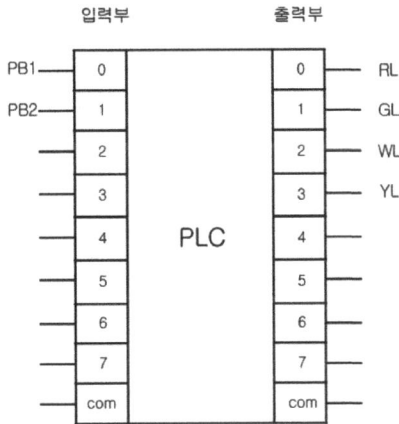

① PB1을 눌렀다가 떼면 RL이 점등, 3초 후 GL이 점등, 3초 후 WL이 점등, 3초 후 YL이 점등
② PB2를 누르자 마자 YL이 소등, 3초 후 WL이 소등, 3초 후 GL이 소등, 3초 후 RL이 소등

05 다음 PLC 입출력도를 참고하여 조건에 맞는 프로그램을 완성하시오.

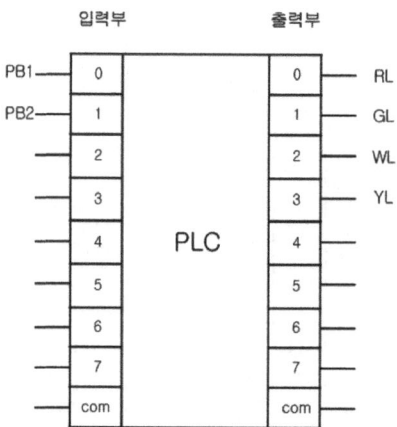

① 빈 주머니 안에 열 개의 공을 넣는데 넣을 때는 PB1을 누르고 공을 뺄 때는 PB2를 누른다.

② 주머니 안의 공의 개수가 5개 이하 일 때는 RL점등

③ 주머니 안의 공의 개수가 6개 이상 9개 이하 일 때는 GL점등

④ 주머니 안의 공의 개수가 10개 일 때는 WL점등

⑤ 주머니 안의 공의 개수가 홀수 일 때는 YL점등

06 다음 PLC 입출력도를 참고하여 조건에 맞는 프로그램을 완성하시오.

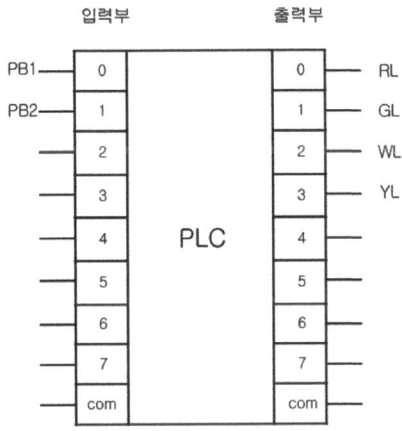

① PB1을 한 번 누르자 마자 RL 1초 간격 점멸(1초 점등 1초 소등), PB1을 다시 누르자 마자 RL 소등.

② PB1을 한 번 누르자 마자 GL 3초 주기 점멸(1.5초 점등 1.5초 소등), PB1을 다시 눌렀다가 떼면 GL 소등

③ PB1을 한 번 눌렀다 떼면 WL과 YL이 1초씩 교차 점멸(WL이 1초 켜지고 꺼지면서 YL이 1초 켜지고 꺼지면서 다시 WL이 1초 켜지고를 반복), PB1을 다시 눌렀다가 떼면 WL, YL모두 소등

④ 동작 중 PB2를 누르면 모두 소등

7. 연습문제 해설 및 해답

01 해설 및 해답

① PB1, PB2, PB3를 모두 누르고 있을 때 RL 점등
모두 누르고 있을 때 이므로 3개를 AND로 연결한다

② PB1, PB2, PB3중 어느 하나 이상을 누르고 있으면 GL 점등
어느 하나 이상을 눌렀을 때 이므로 3개를 OR로 연결한다.

③ PB1이나 PB3중 어느 하나만 누르고 있을 때 WL 점등
둘 중 하나만 눌렀을 때 이므로 XOR로 연결한다.

④ PB1, PB2, PB3중 어느 것도 누르지 않았을 때 YL 점등
어느 것도 누르지 않았을 때 이므로 b접점으로 3개를 AND로 연결한다.

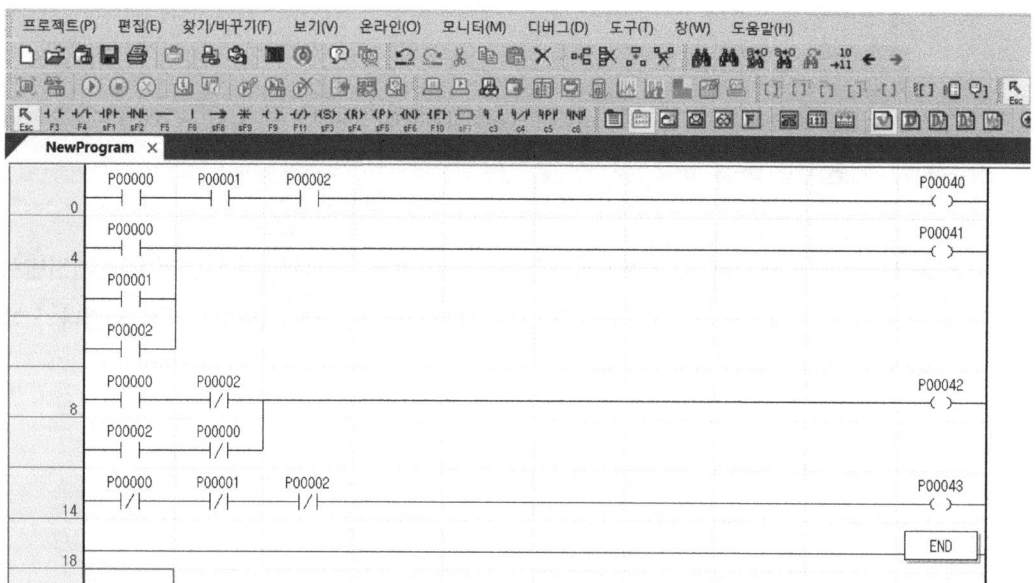

제1장 기초편

■ 시뮬레이션

시뮬레이터를 켜고 프로그램 쓰기를 완료한 후 시스템 모니터를 켠다.

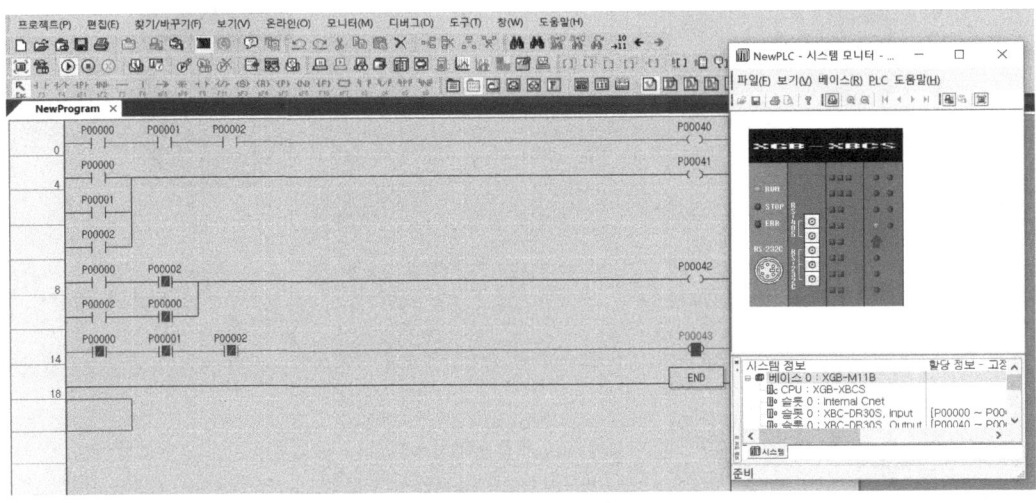

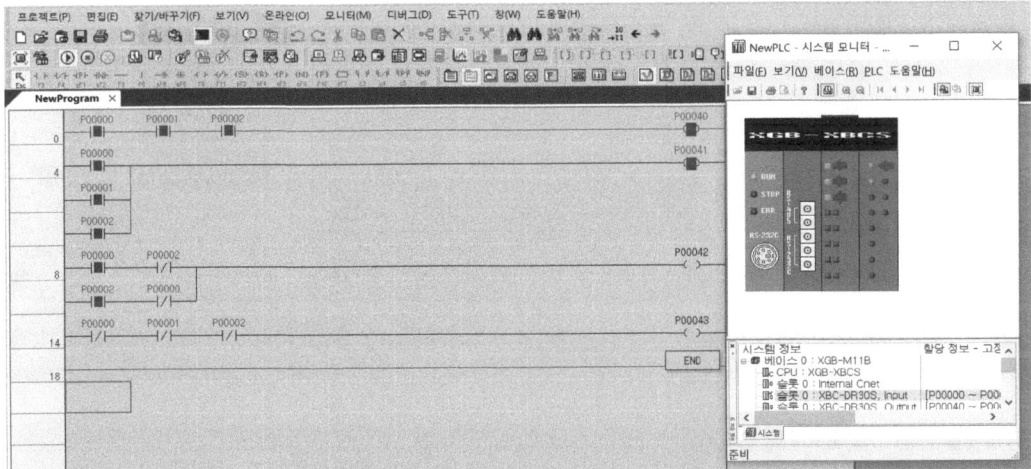

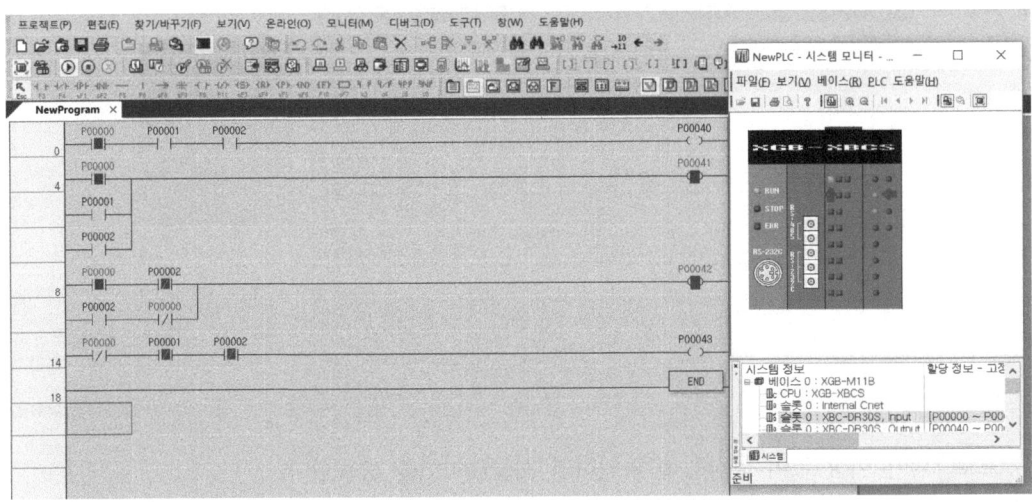

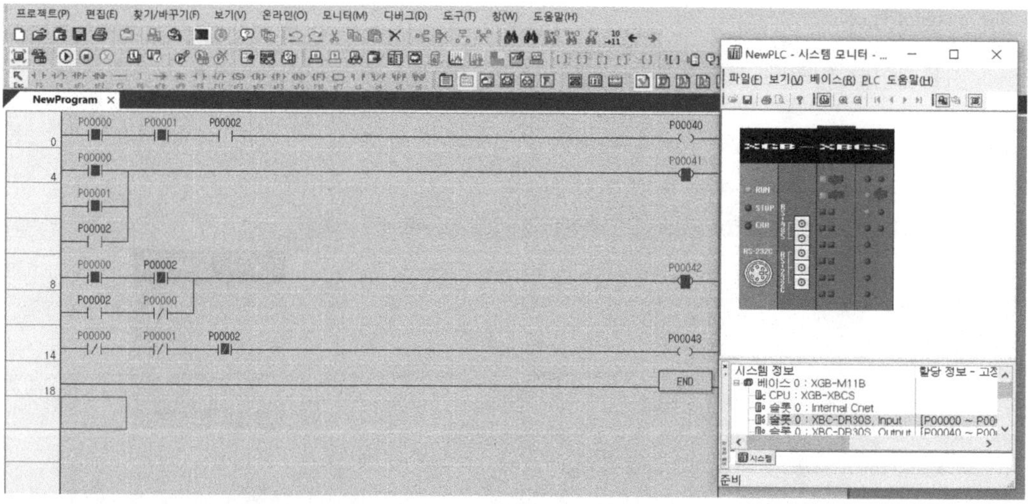

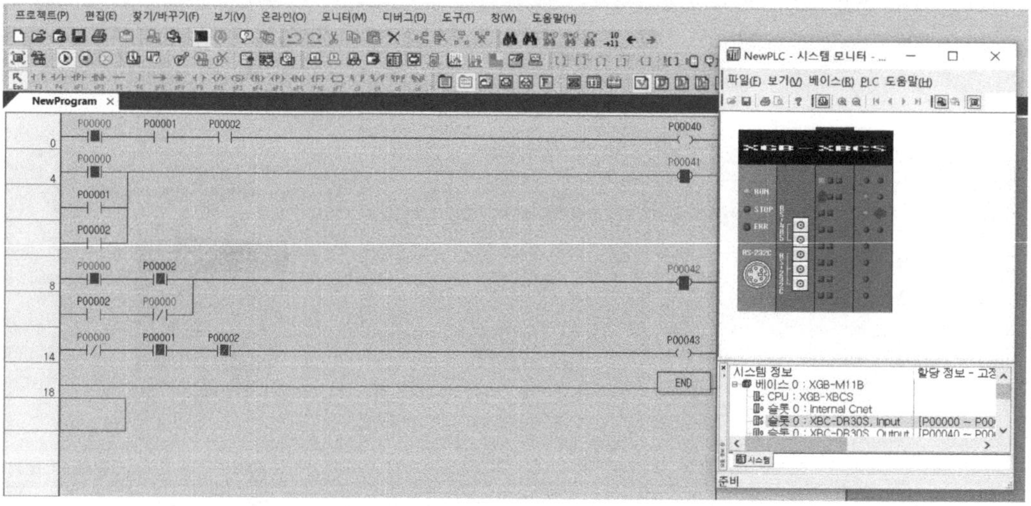

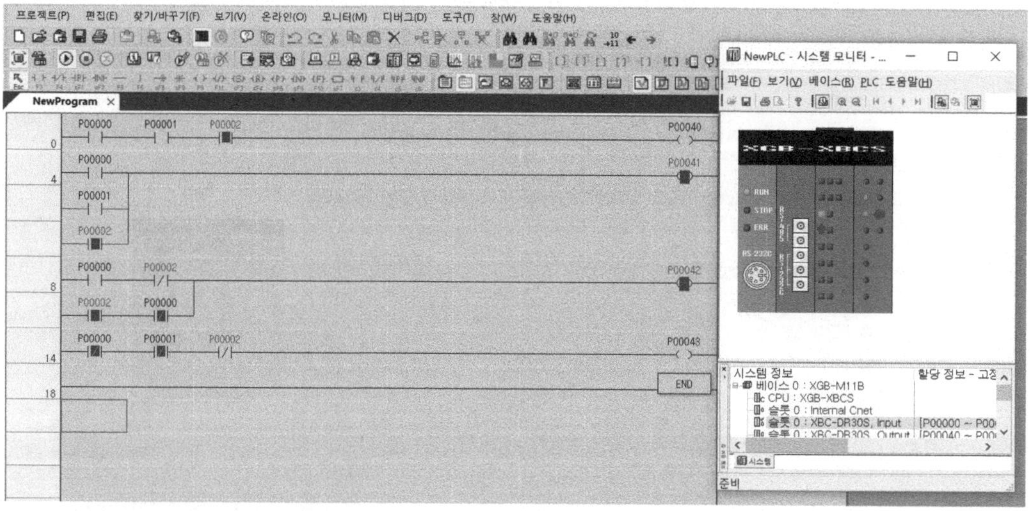

프로그램이 이상 없이 동작됨을 확인하면 시뮬레이션을 종료한다.

02 해설 및 해답

① PB1을 눌렀다가 떼면 RL이 점등, PB3를 눌렀다가 떼면 소등

　둘 다 눌렀다 떼면 이므로 음변환 검출 접점을 이용하여 자기유지 회로를 구성한다.

② PB2를 누르자 마자 GL이 점등, PB3를 눌렀다가 떼면 소등

　누르자 마자와 눌렀다 떼면 이므로 양(음)변환 검출 접점을 이용하여 자기유지 회로를 구성한다.

③ RL과 GL이 모두 점등되어 있으면 WL 점등

　모두 이므로 RL과 GL의 출력을 AND로 연결한다.

④ RL과 GL중 어느 하나만 점등되어 있으면 YL점등

　어느 하나만 이므로 RL과 GL의 출력을 XOR로 연결한다.

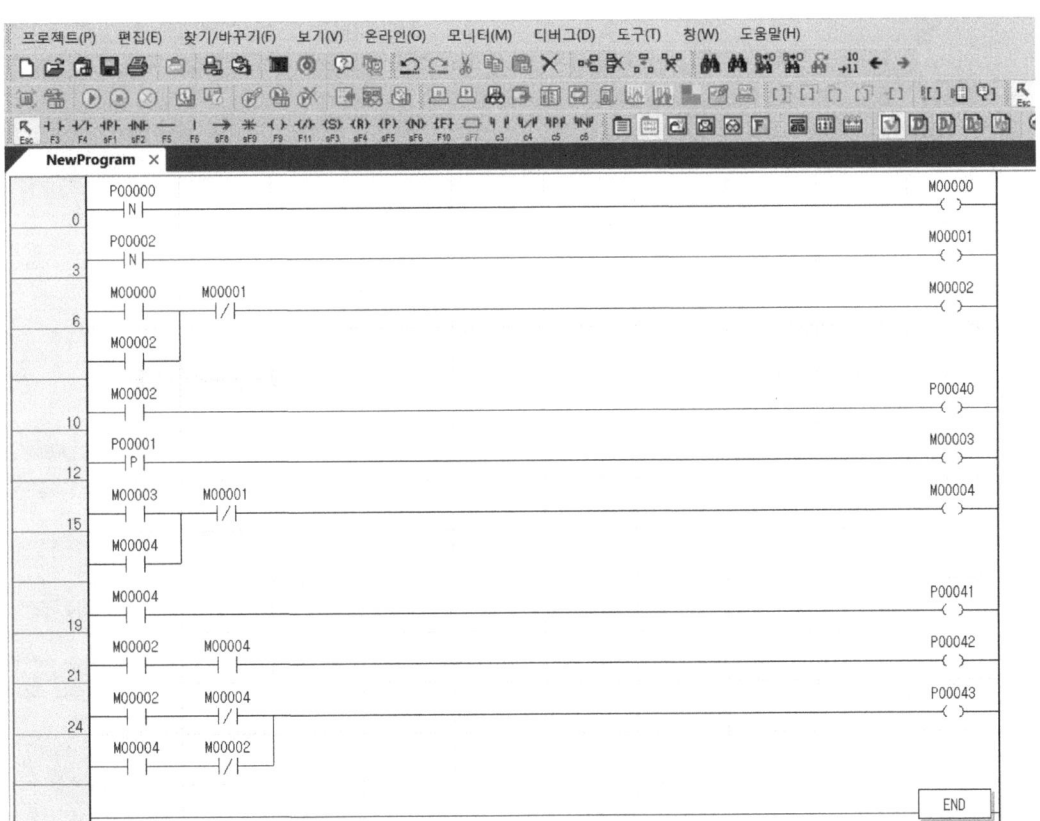

■ 시뮬레이션

시뮬레이터를 켜고 프로그램 쓰기를 완료한 후 시스템 모니터를 켠다.

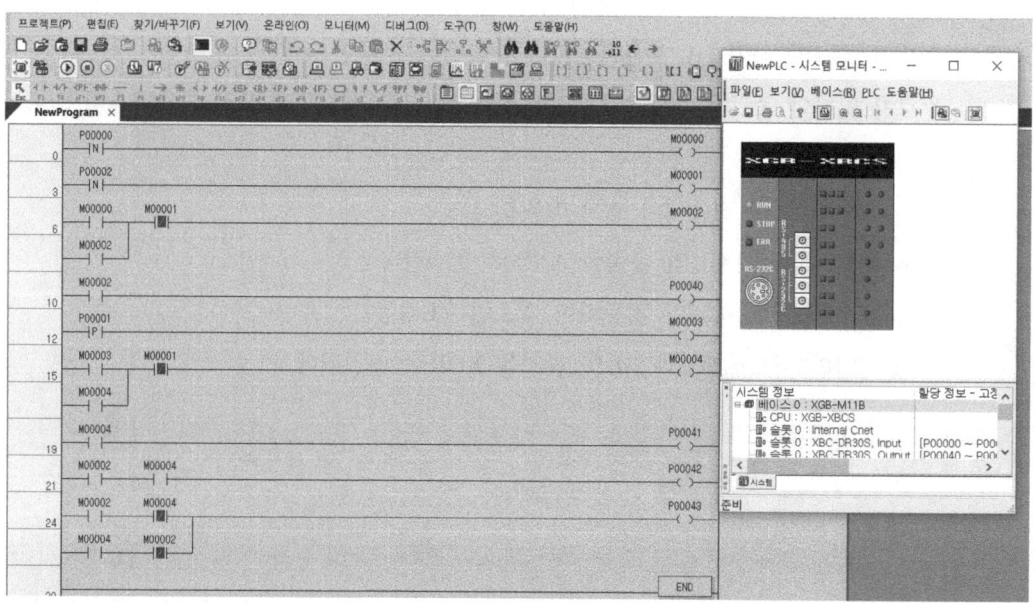

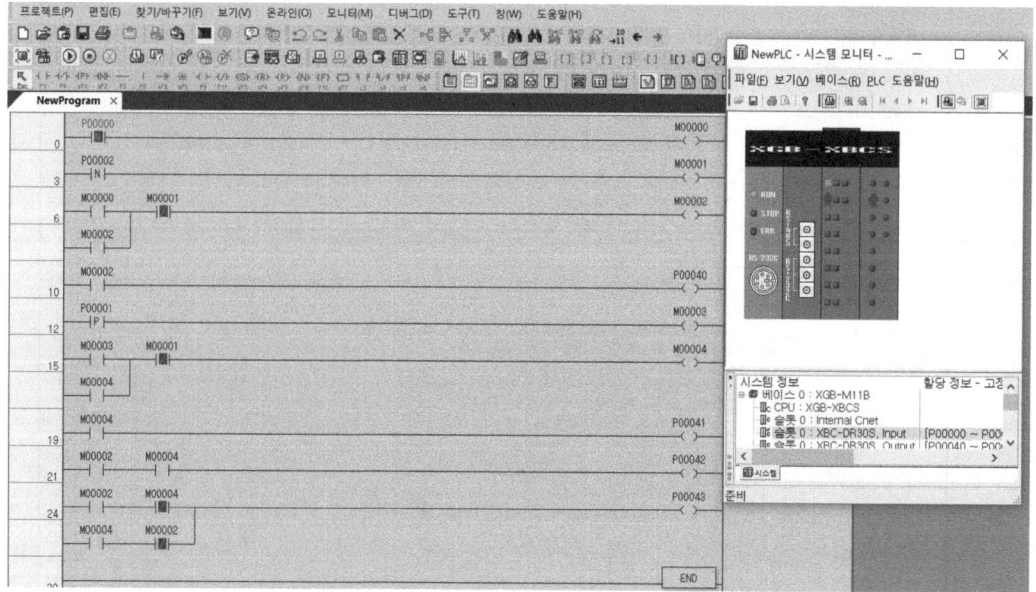

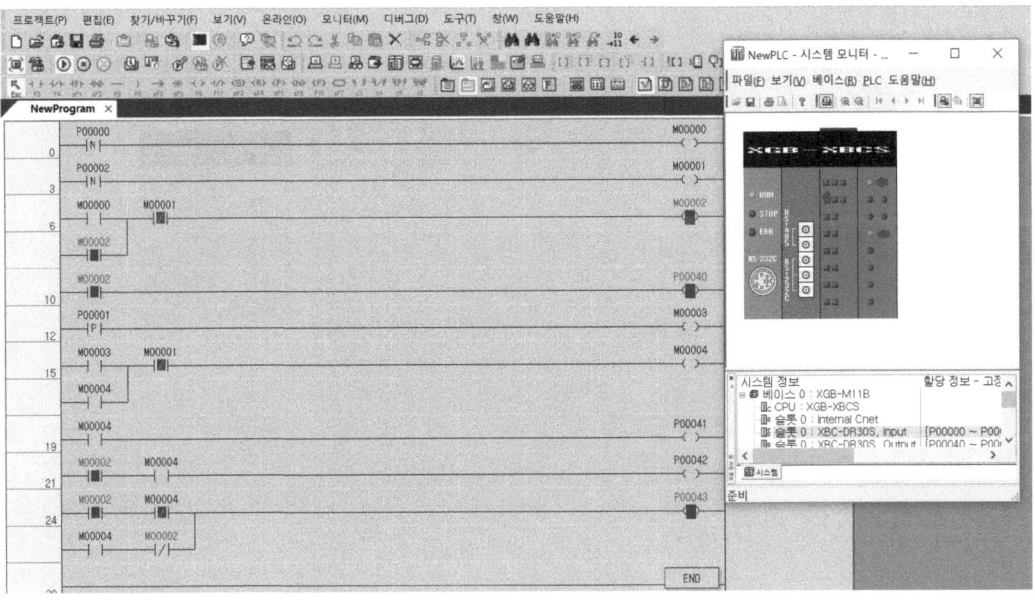

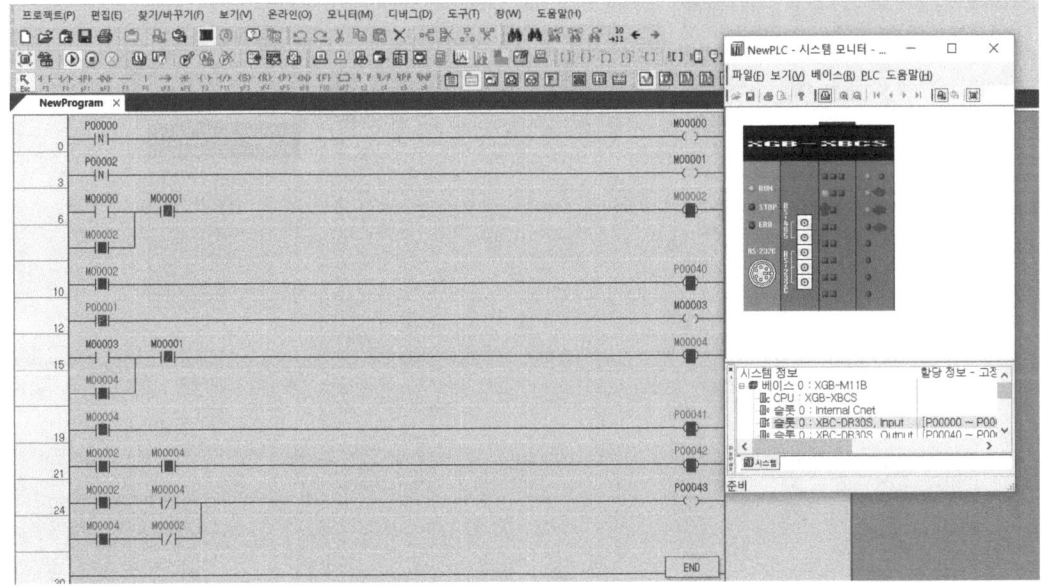

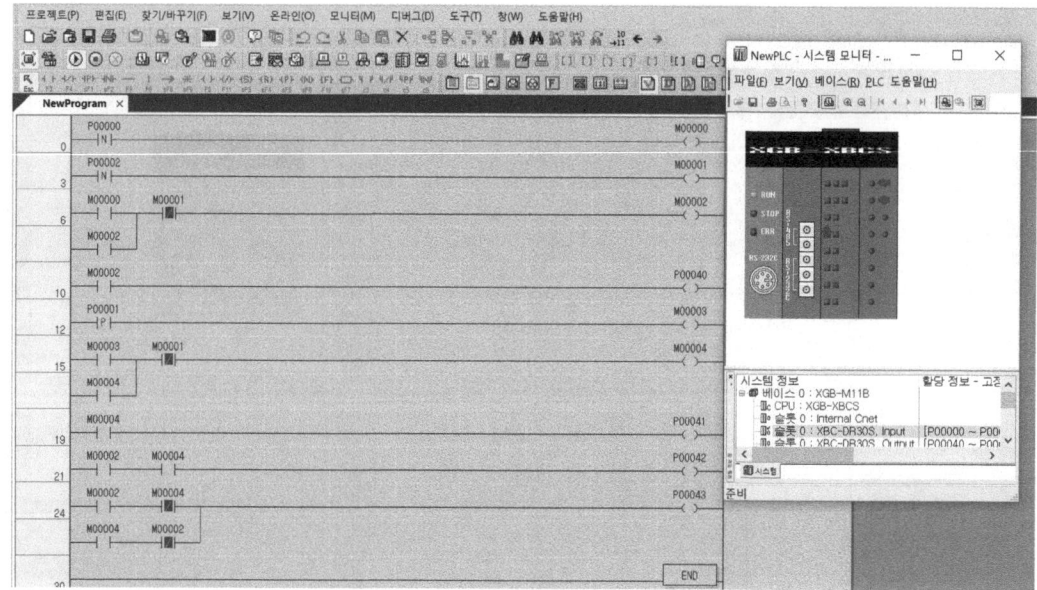

프로그램이 이상 없이 동작됨을 확인하면 시뮬레이션을 종료한다.

03 해설 및 해답

① PB1을 눌렀다가 떼면 3초 후 RL이 점등, PB3를 눌렀다가 떼면 소등

둘 다 눌렀다 떼면 이므로 음변환 검출 접점을 이용하여 자기유지 회로를 구성한 후 TON명령을 활용한다.

② PB2를 누르자 마자 3초 후 GL이 점등, PB3를 눌렀다가 떼면 소등

누르자 마자 이므로 양변환 검출 접점을 이용하여 자기 유지 회로를 구성한 후 TON 명령을 활용한다.

③ RL이 점등되어 있으면 PB2를 눌러도 반응하지 않음

④ GL이 점등되어 있으면 PB1을 눌러도 반응하지 않음

서로의 출력으로 서로의 입력을 막는 선입력 우선 회로(인터록)를 구성한다.

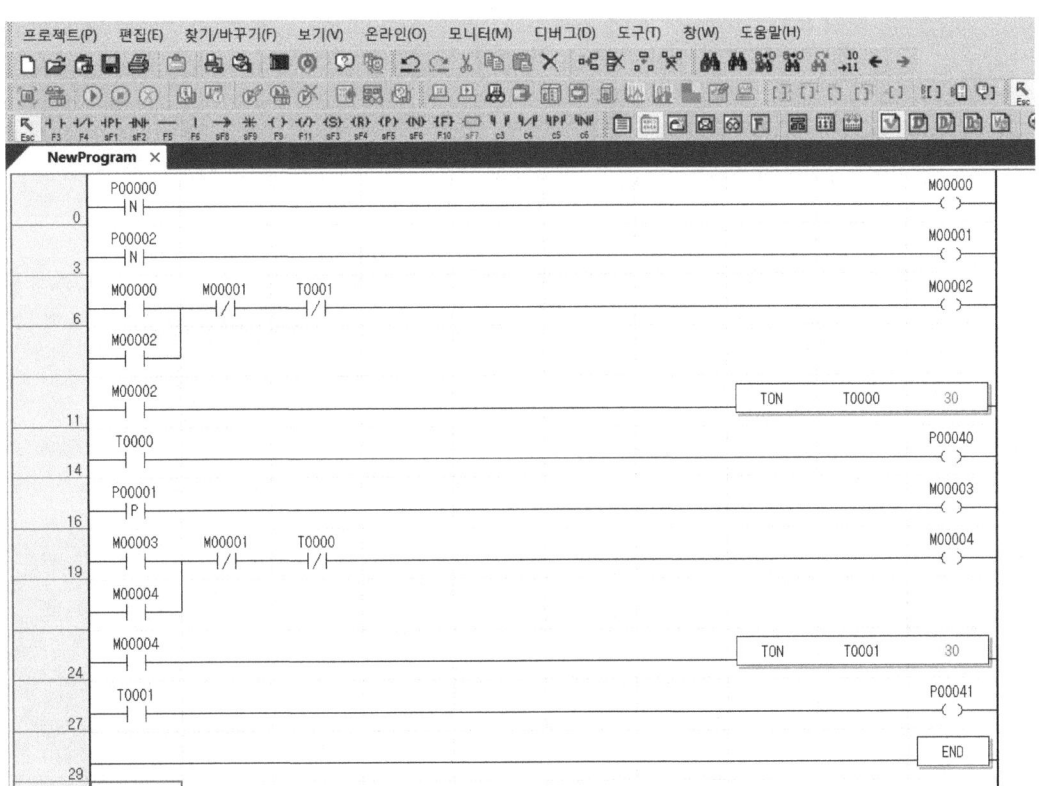

■ 시뮬레이션

시뮬레이터를 켜고 프로그램 쓰기를 완료한 후 시스템 모니터를 켠다.

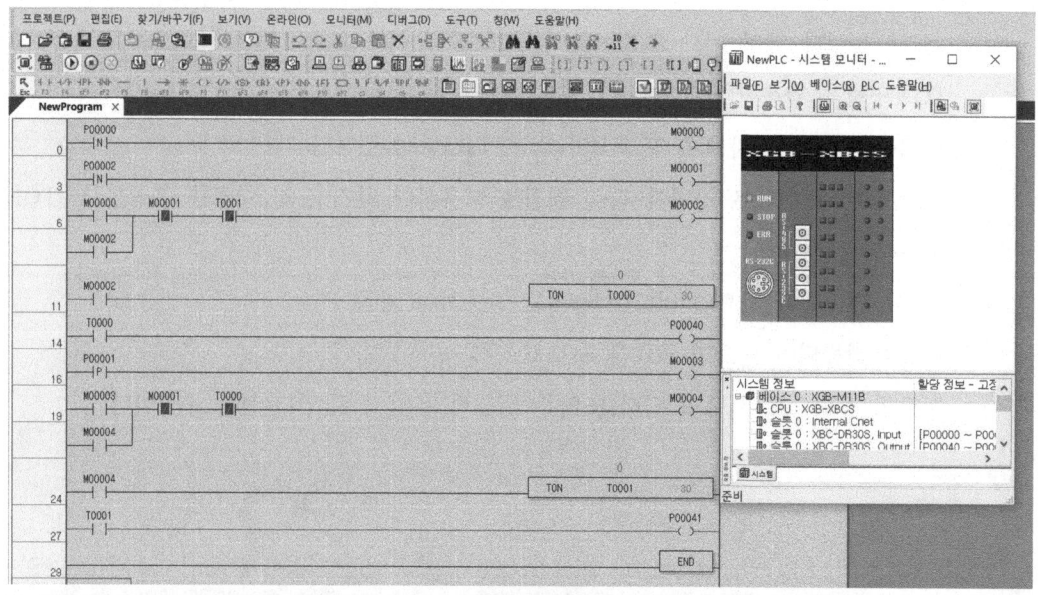

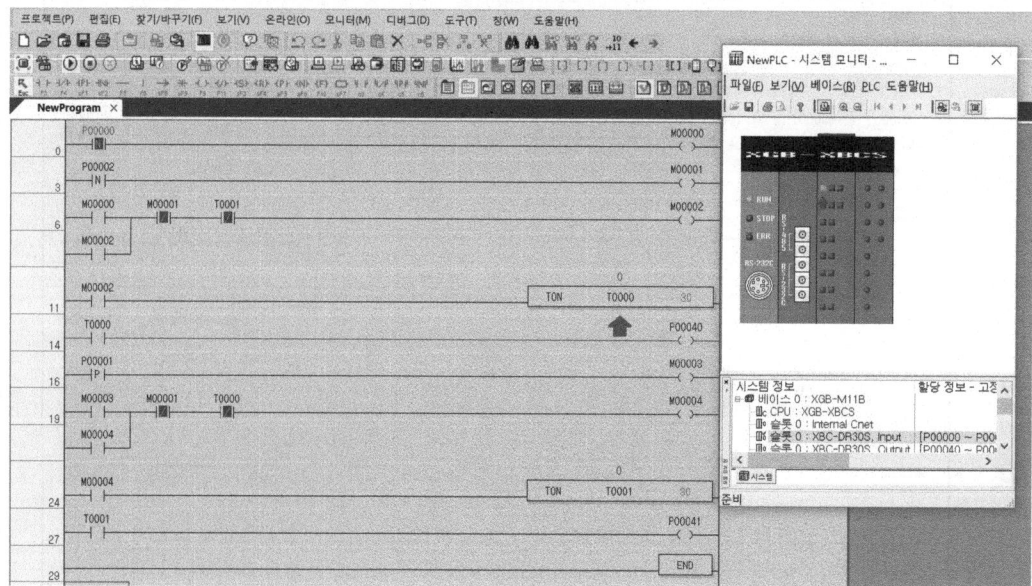

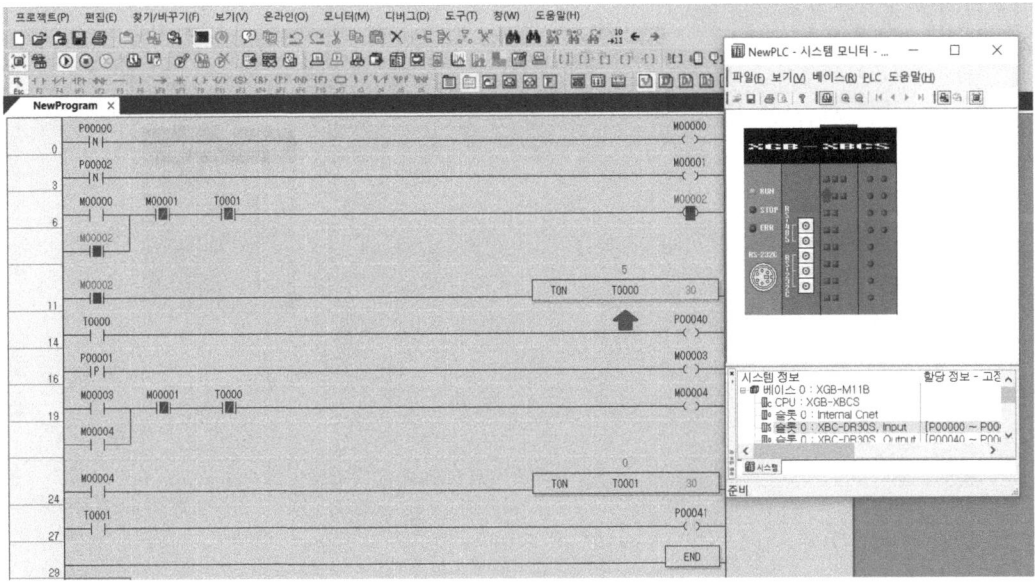

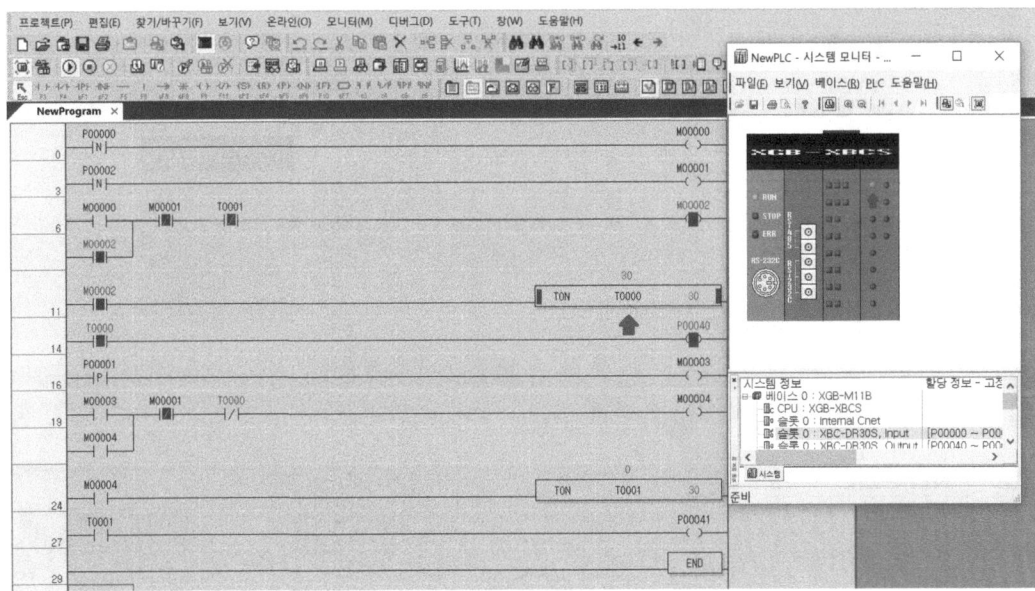

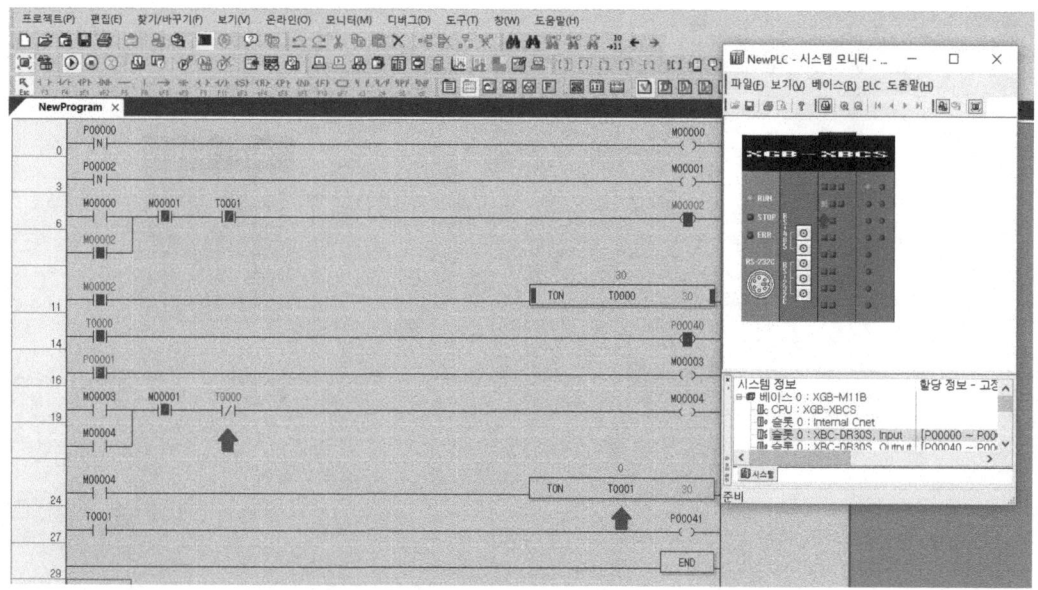
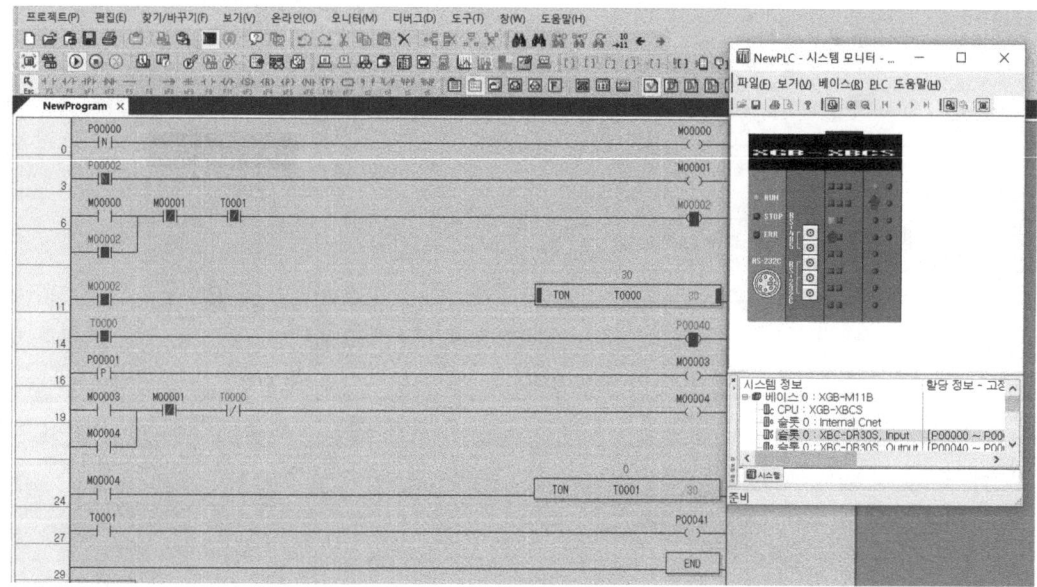

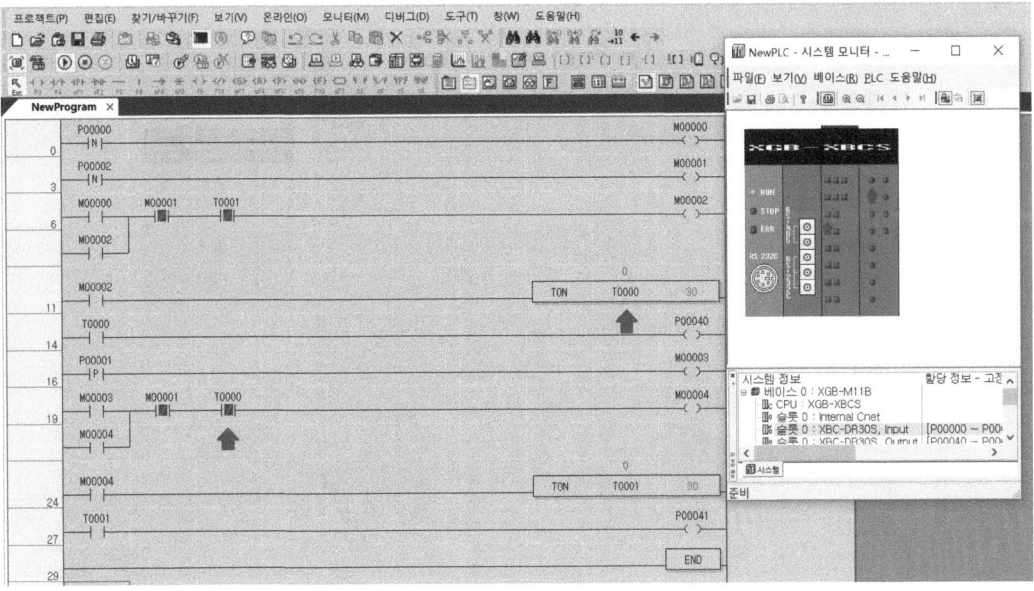

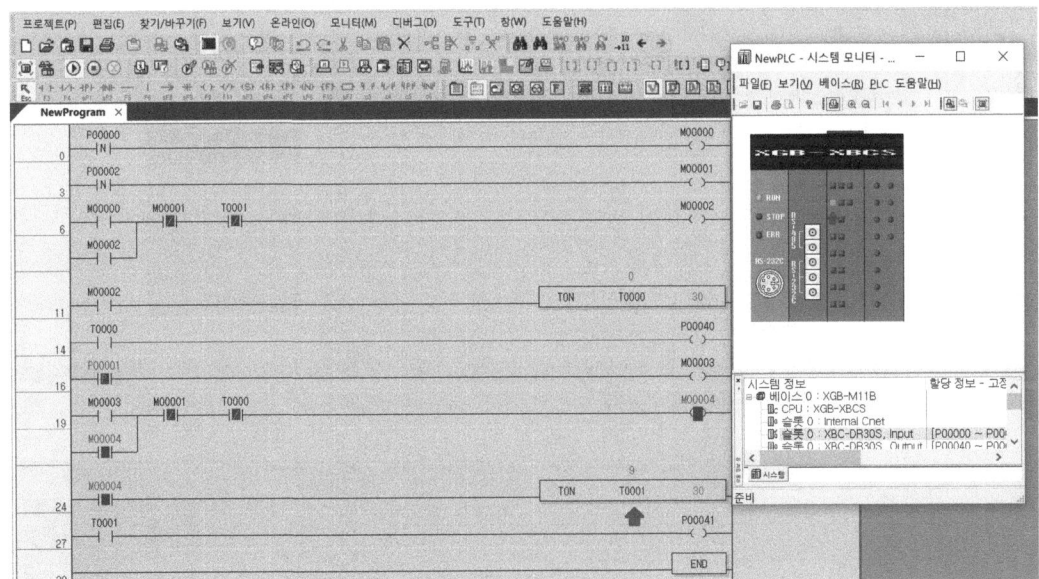

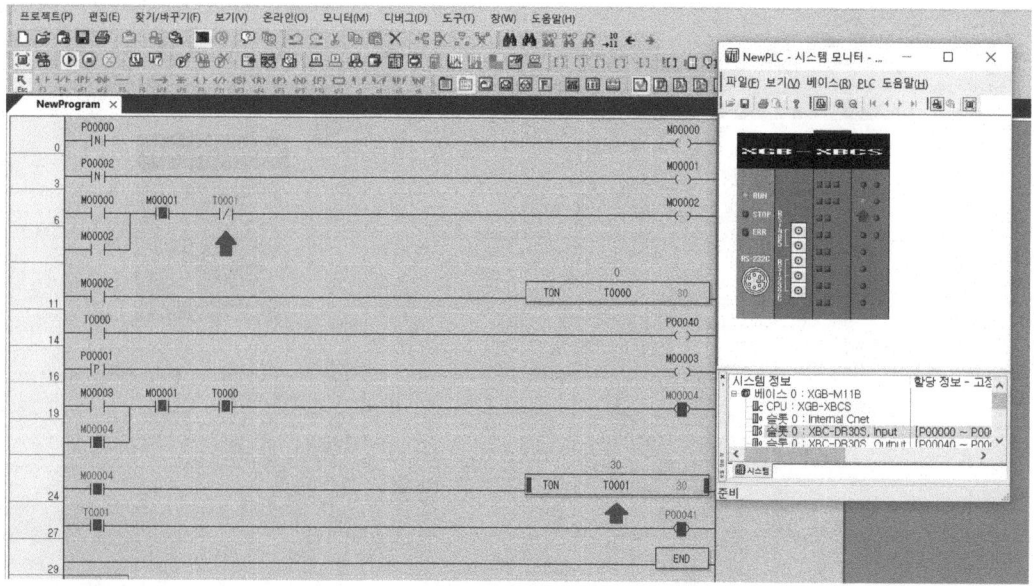

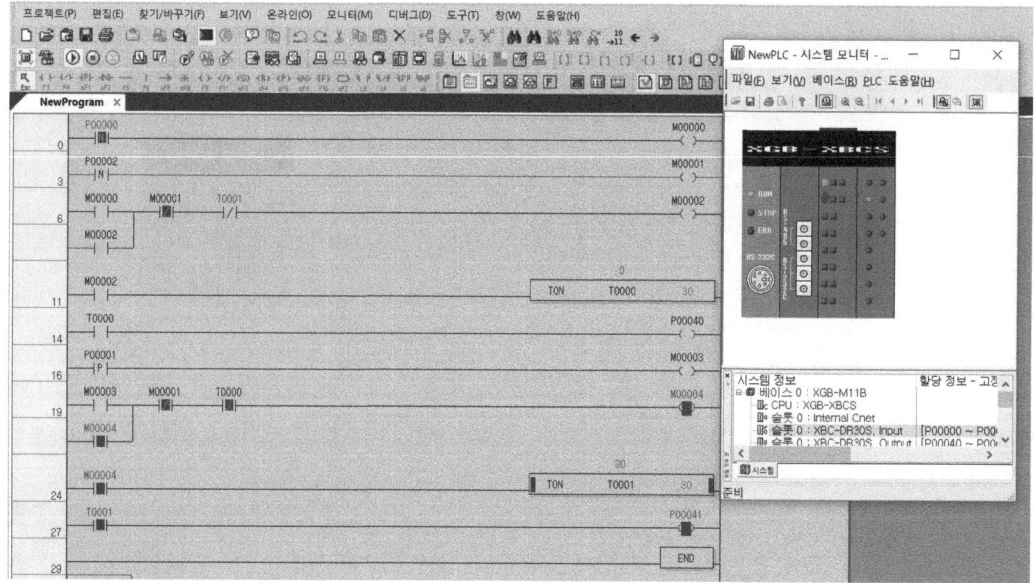

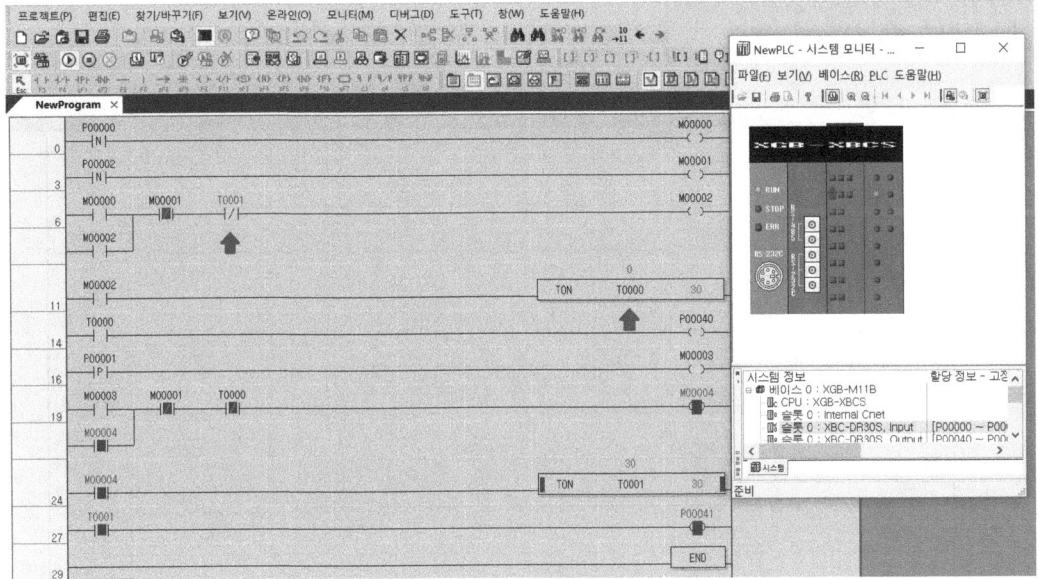

프로그램이 이상 없이 동작됨을 확인하면 시뮬레이션을 종료한다.

04 해설 및 해답

① PB1을 눌렀다가 떼면 RL이 점등, 3초 후 GL이 점등, 3초 후 WL이 점등, 3초 후 YL이 점등

② PB2를 누르자 마자 YL이 소등, 3초 후 WL이 소등, 3초 후 GL이 소등, 3초 후 RL이 소등

PB1을 눌렀다가 떼면 발생해서 PB2를 누르자 마자 사라지는 자기유지 신호를 만든다. RL은 PB1을 눌렀다가 떼자 마자 점등, PB2를 누르고 9초 후 소등되므로 자기유지 신호에 TOFF를 이용해서 구성하고, GL은 PB1을 눌렀다가 뗀 후 3초 후에 점등되고, PB2를 누르고 6초 후 소등되므로 TON에 의해 발생한 신호에 TOFF를 이용해서 구성한다. WL은 PB1을 눌렀다가 뗀 후 6초 후에 점등되고, PB2를 누르고 3초 후 소등되므로 TON에 의해 발생한 신호에 TOFF를 이용해서 구성한다. YL은 PB1을 눌렀다가 뗀 후 9초 후에 점등되고 PB2를 누르자 마자 소등되므로 TON을 이용해서 구성한다.

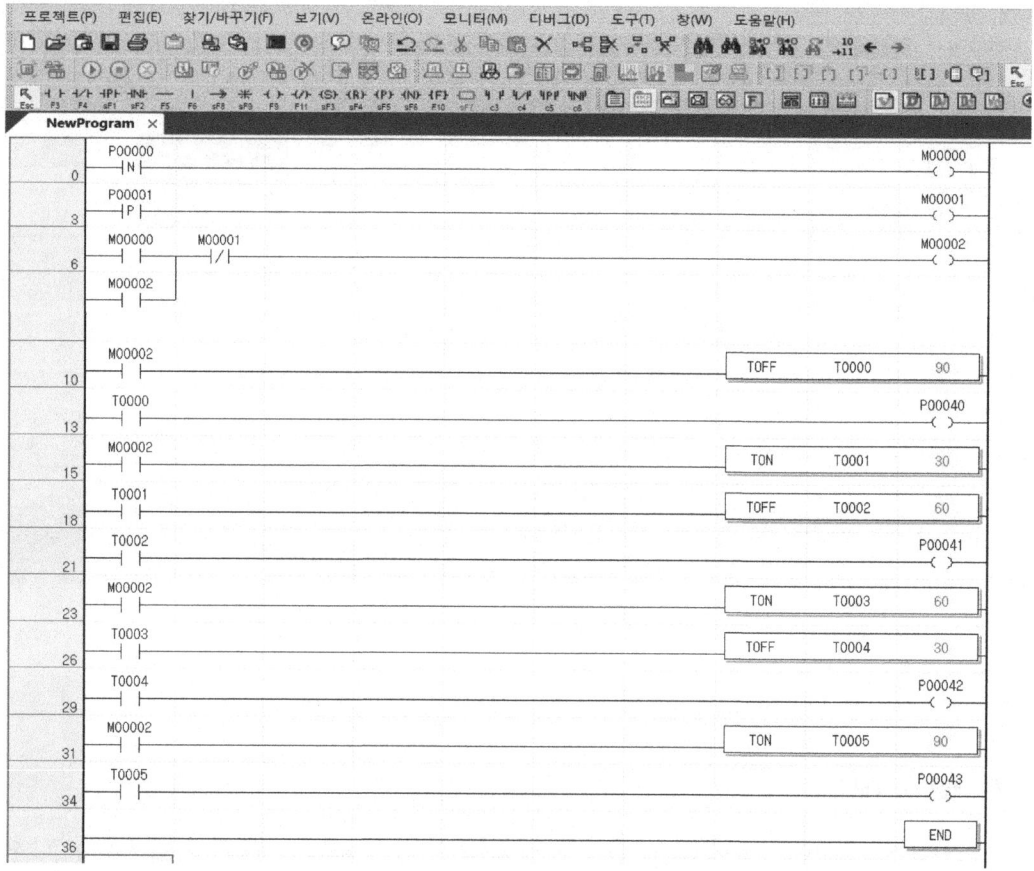

■ 시뮬레이션

시뮬레이터를 켜고 프로그램 쓰기를 완료한 후 시스템 모니터를 켠다.

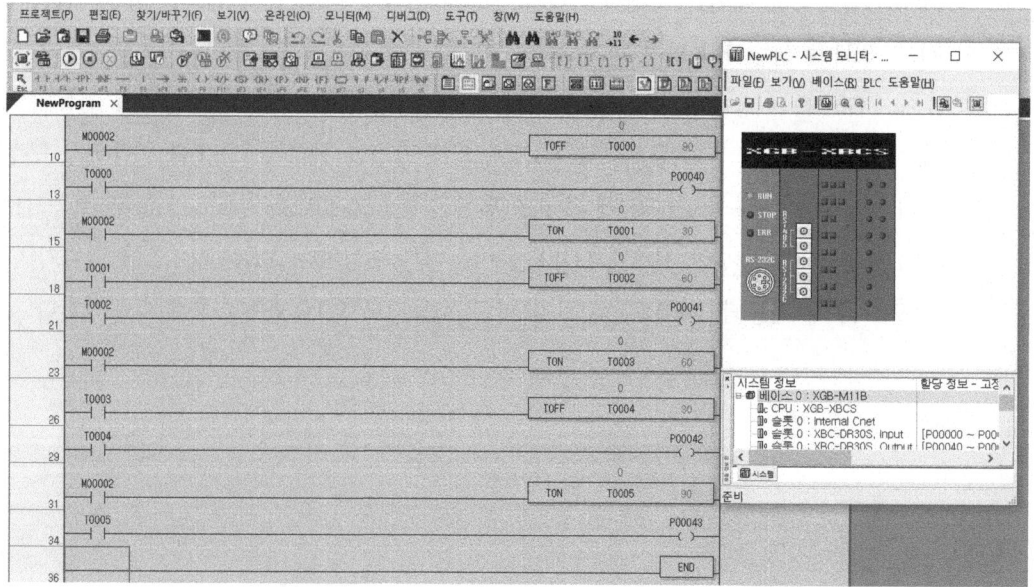

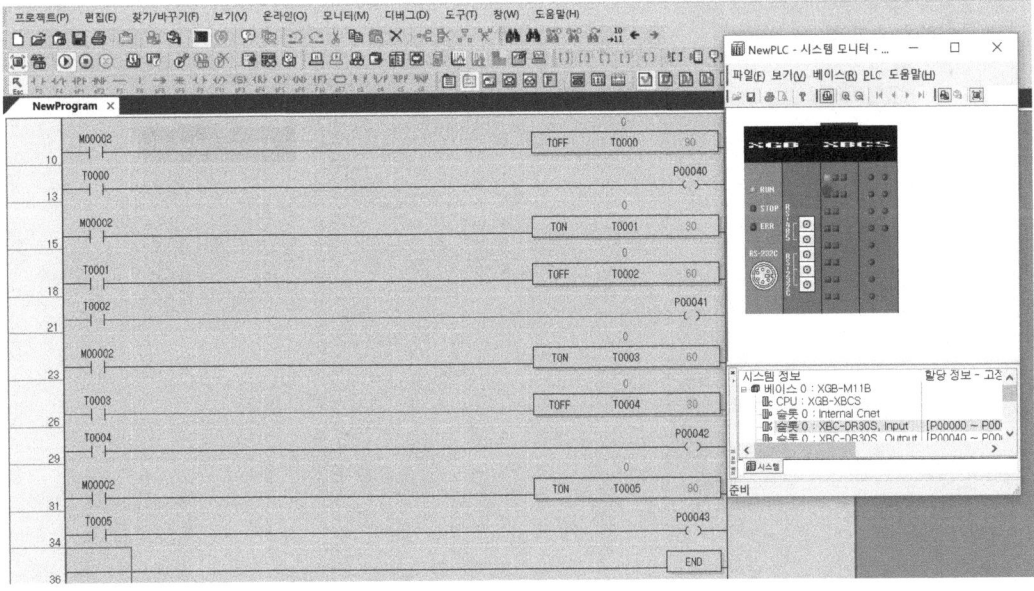

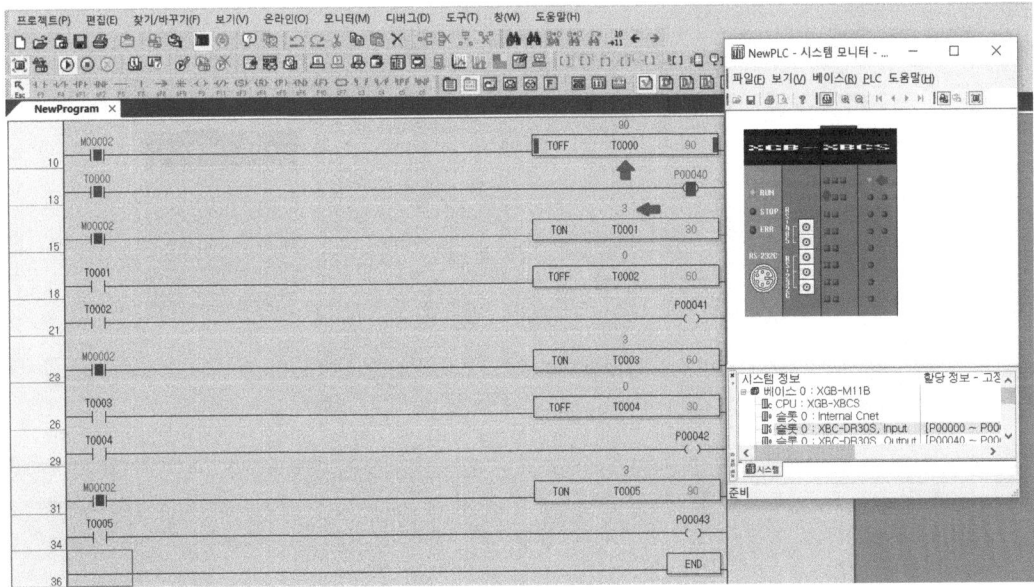

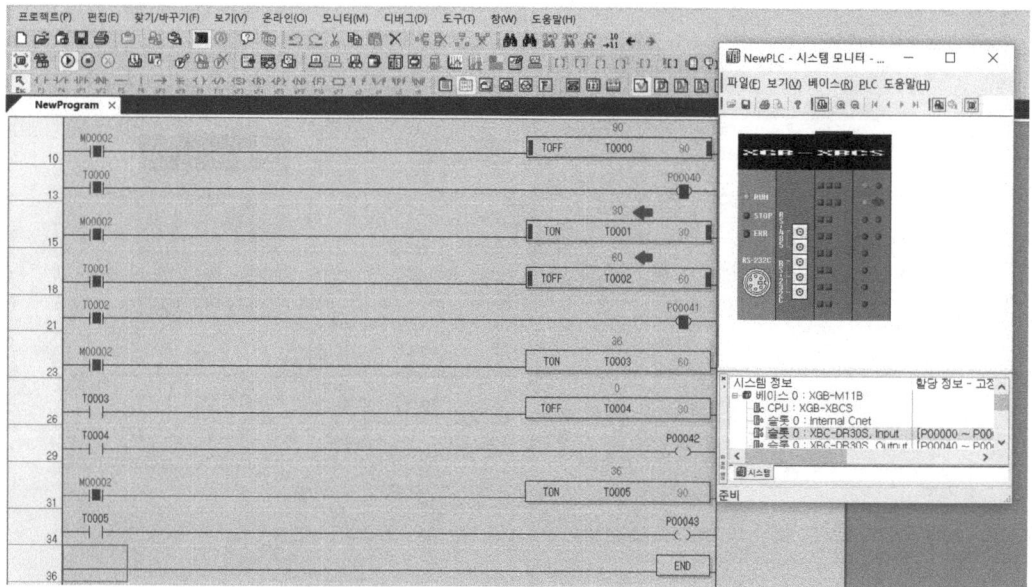

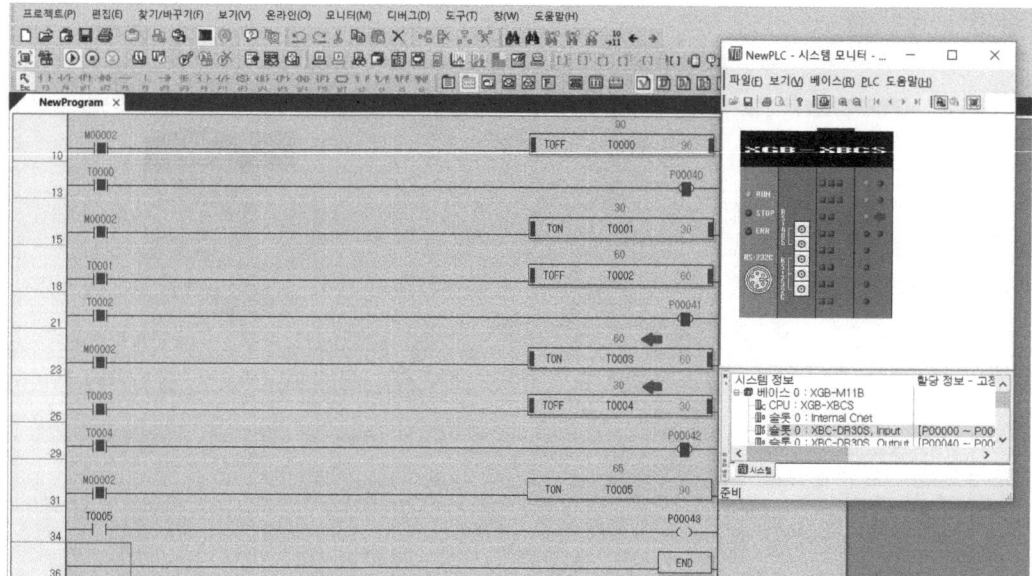

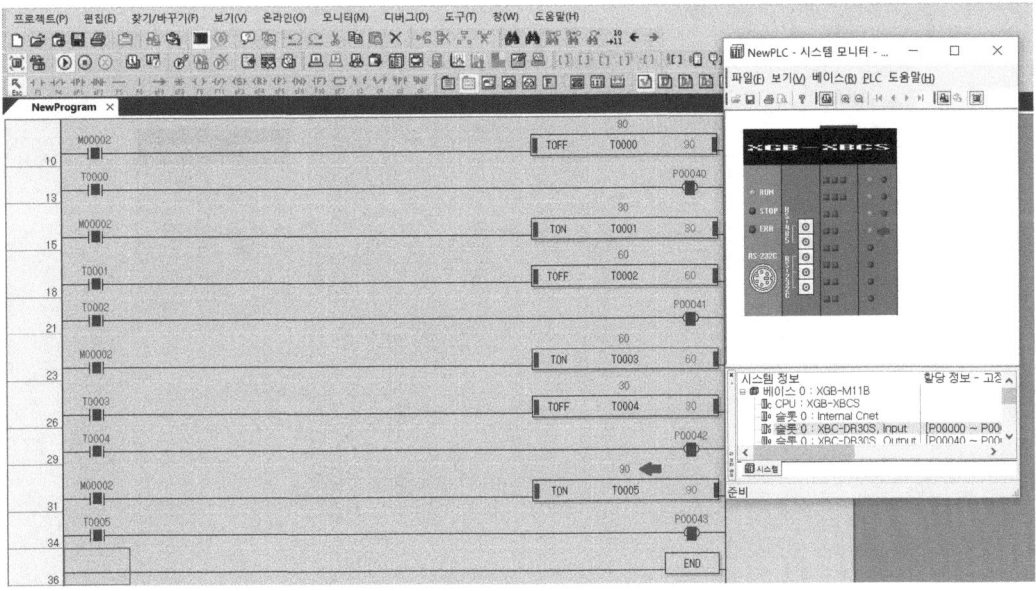

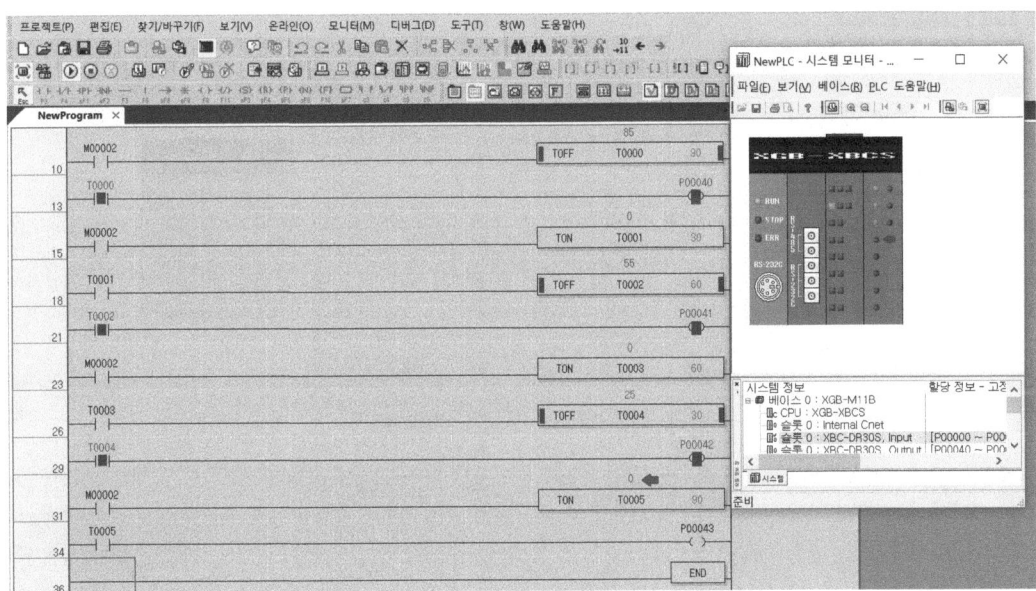

183

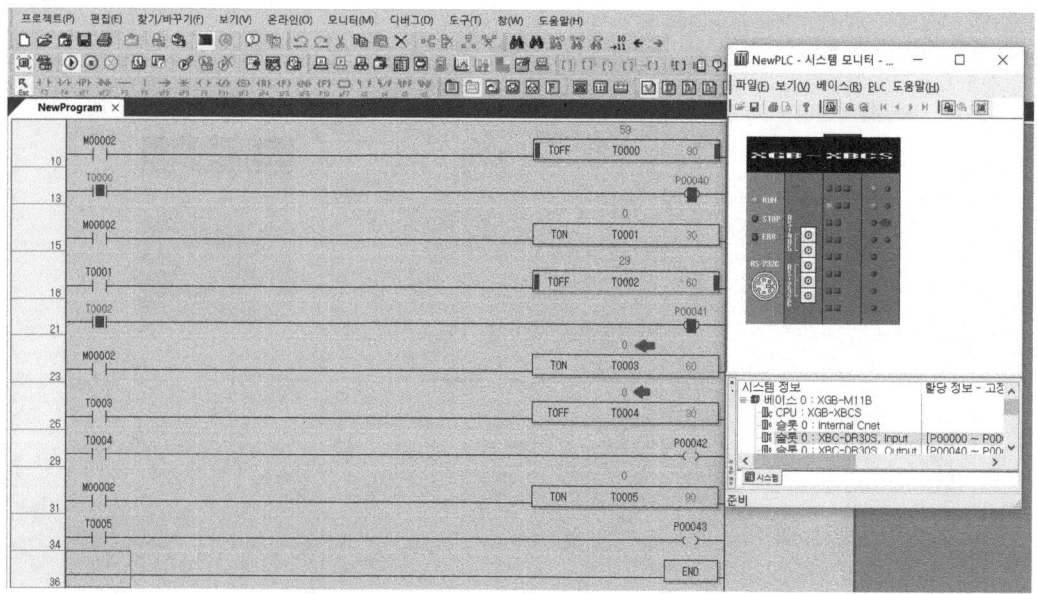

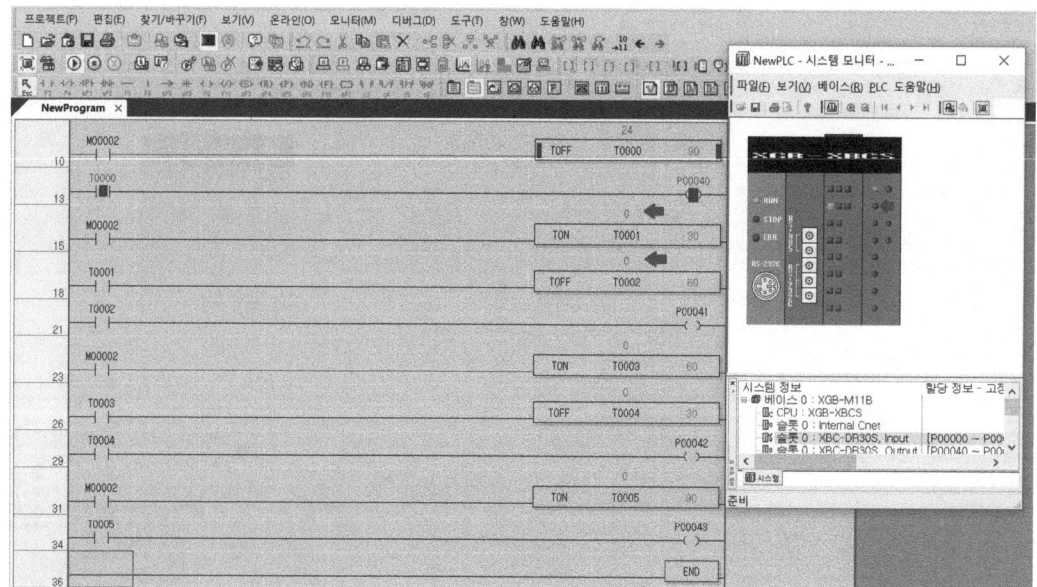

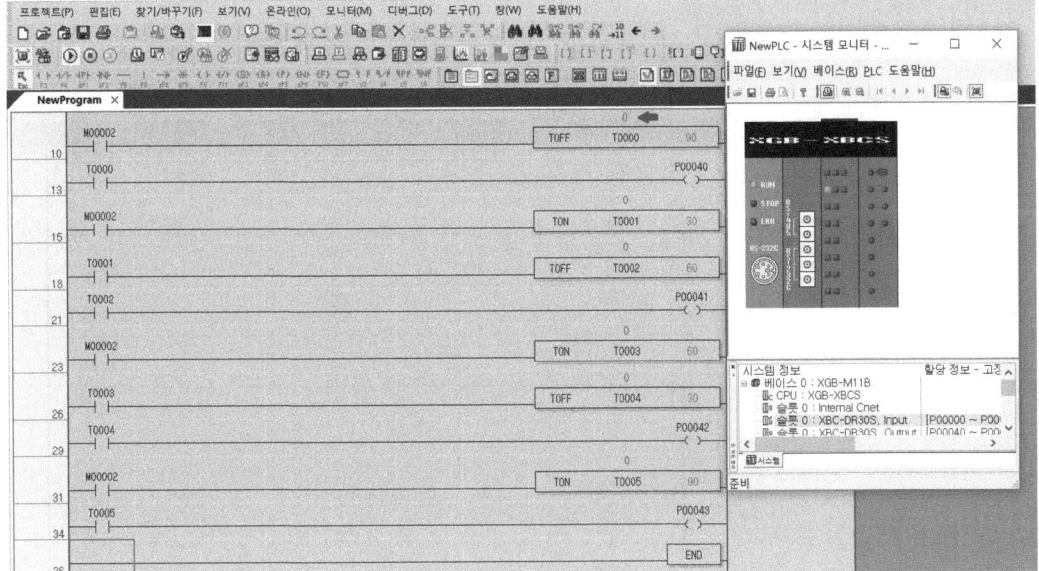

프로그램이 이상 없이 동작됨을 확인하면 시뮬레이션을 종료한다.

05 해설 및 해답

① 빈 주머니 안에 열 개의 공을 넣는데 넣을 때는 PB1을 누르고 공을 뺄 때는 PB2를 누른다. PB1을 UP, PB2를 DOWN으로 하는 CTUD 회로를 구성한다
② 주머니 안의 공의 개수가 5개 이하 일 때는 RL점등
③ 주머니 안의 공의 개수가 6개 이상 9개 이하 일 때는 GL점등
④ 주머니 안의 공의 개수가 10개 일 때는 WL점등
⑤ 주머니 안의 공의 개수가 홀수 일 때는 YL점등

비교문을 활용하여 각각의 램프를 점등한다. 공이 총 10개 이므로 홀수인 경우는 1,3,5,7,9 뿐이므로 각각을 OR회로를 이용하여 점등한다.

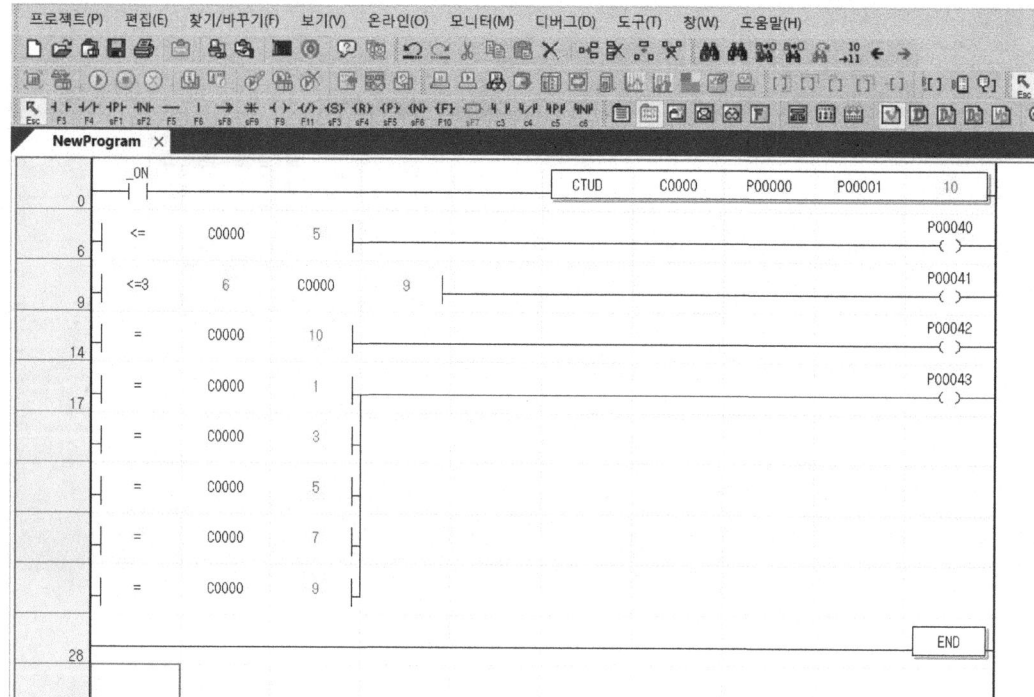

■ 시뮬레이션

시뮬레이터를 켜고 프로그램 쓰기를 완료한 후 시스템 모니터를 켠다.

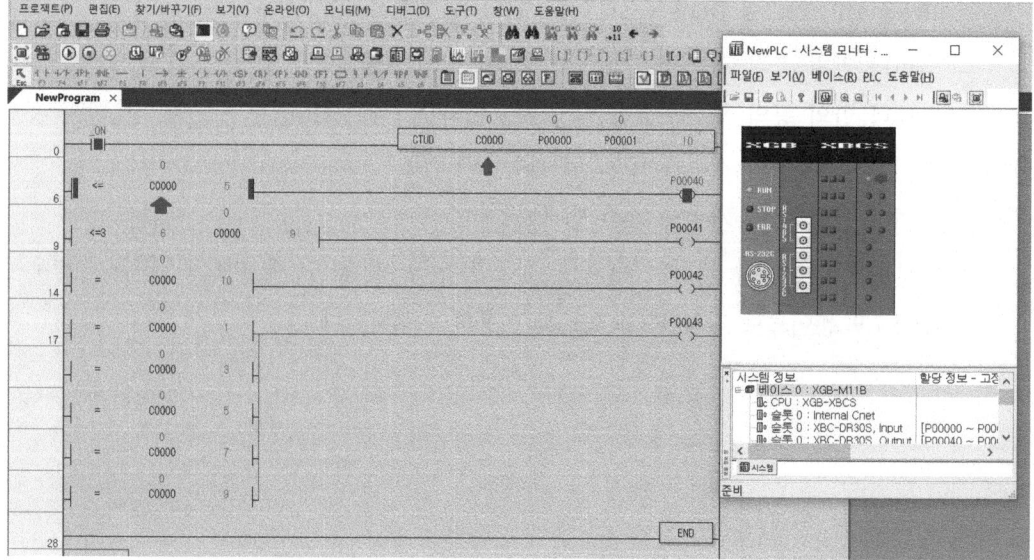

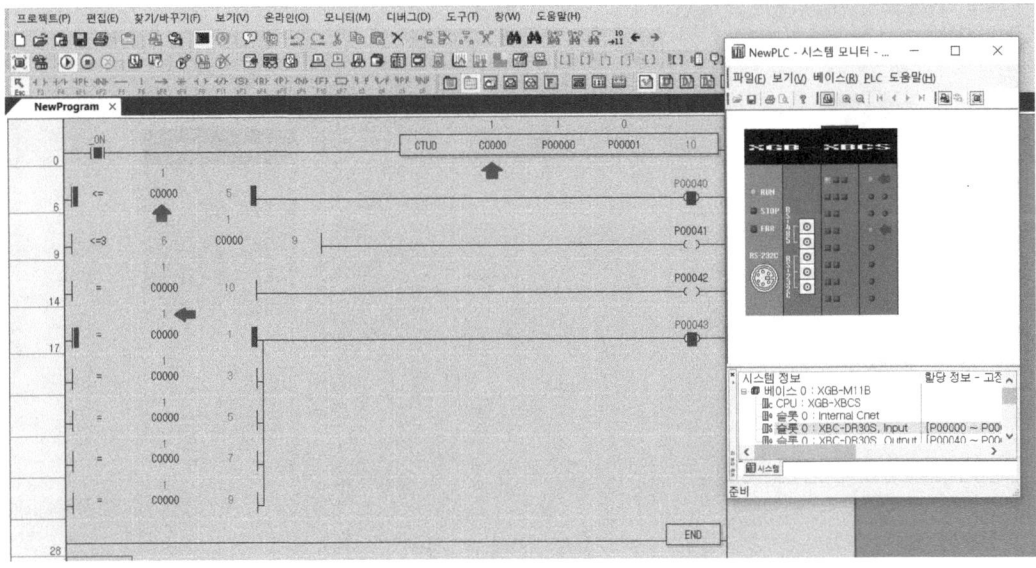

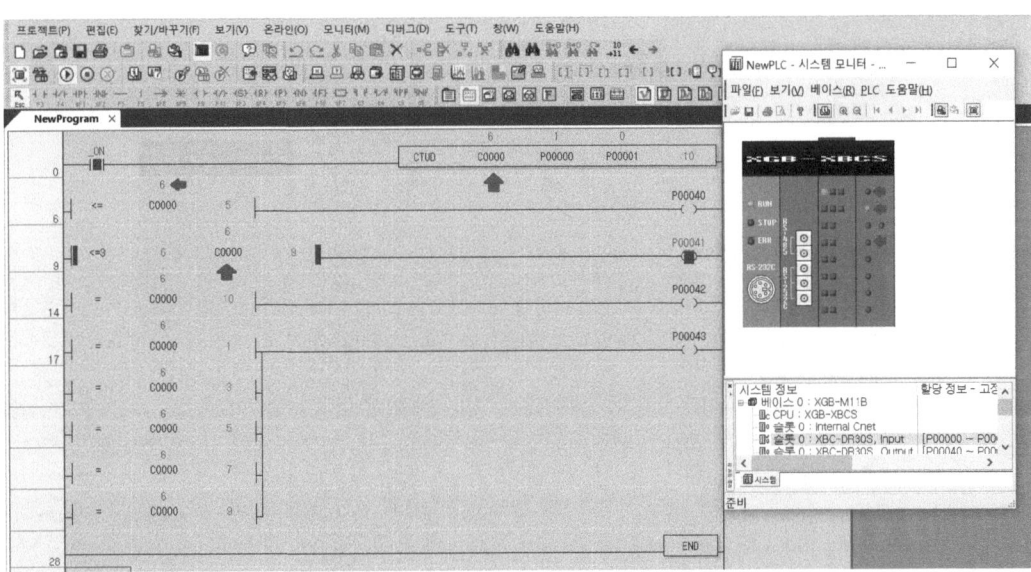

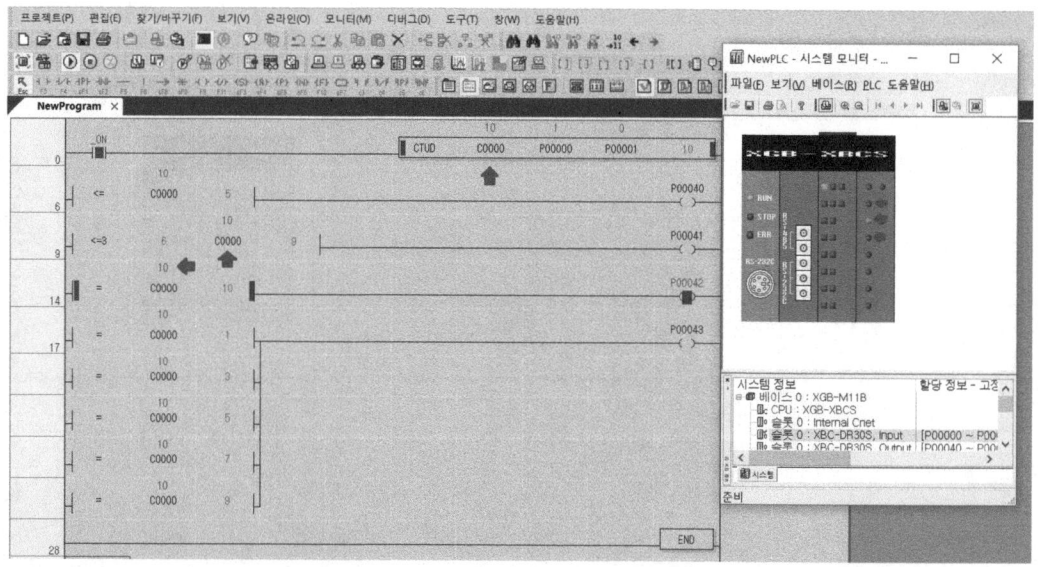

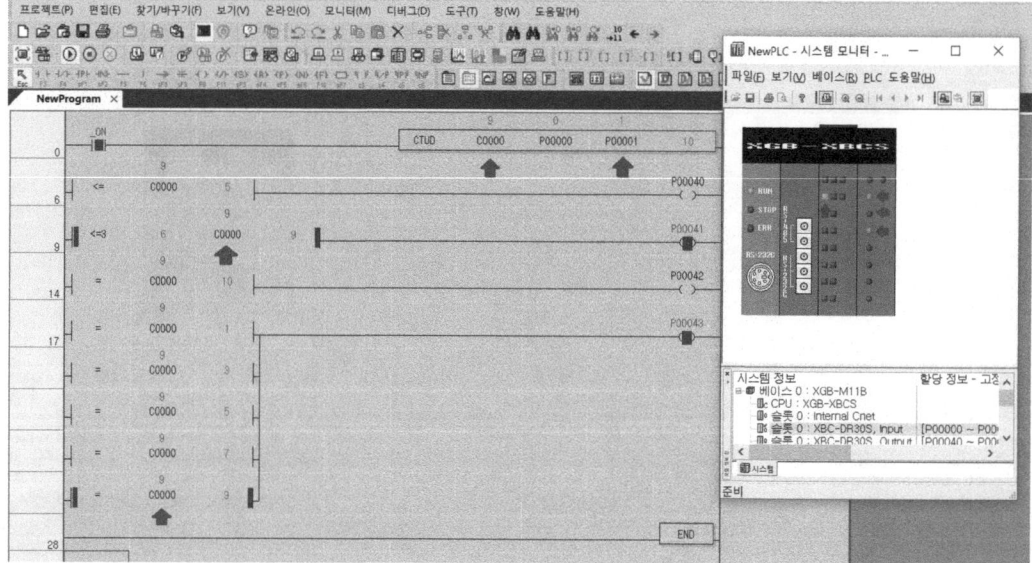

프로그램이 이상 없이 동작됨을 확인하면 시뮬레이션을 종료한다.

06 해설 및 해답

① PB1을 한 번 누르자 마자 RL 1초 간격 점멸(1초 점등 1초 소등), PB1을 다시 누르자 마자 RL 소등.

② PB1을 한 번 누르자 마자 GL 3초 주기 점멸(1.5초 점등 1.5초 소등), PB1을 다시 눌렀다가 떼면 GL 소등

③ PB1을 한 번 눌렀다 떼면 WL과 YL이 1초씩 교차 점멸(WL이 1초 켜지고 꺼지면서 YL이 1초 켜지고 꺼지면서 다시 WL이 1초 켜지고를 반복), PB1을 다시 눌렀다가 떼면 WL, YL모두 소등

④ 동작 중 PB2를 누르면 모두 소등

원버튼 동작에 의해서 발생하는 신호에 점멸신호를 주어 원하는 만큼만 출력하도록 한다.

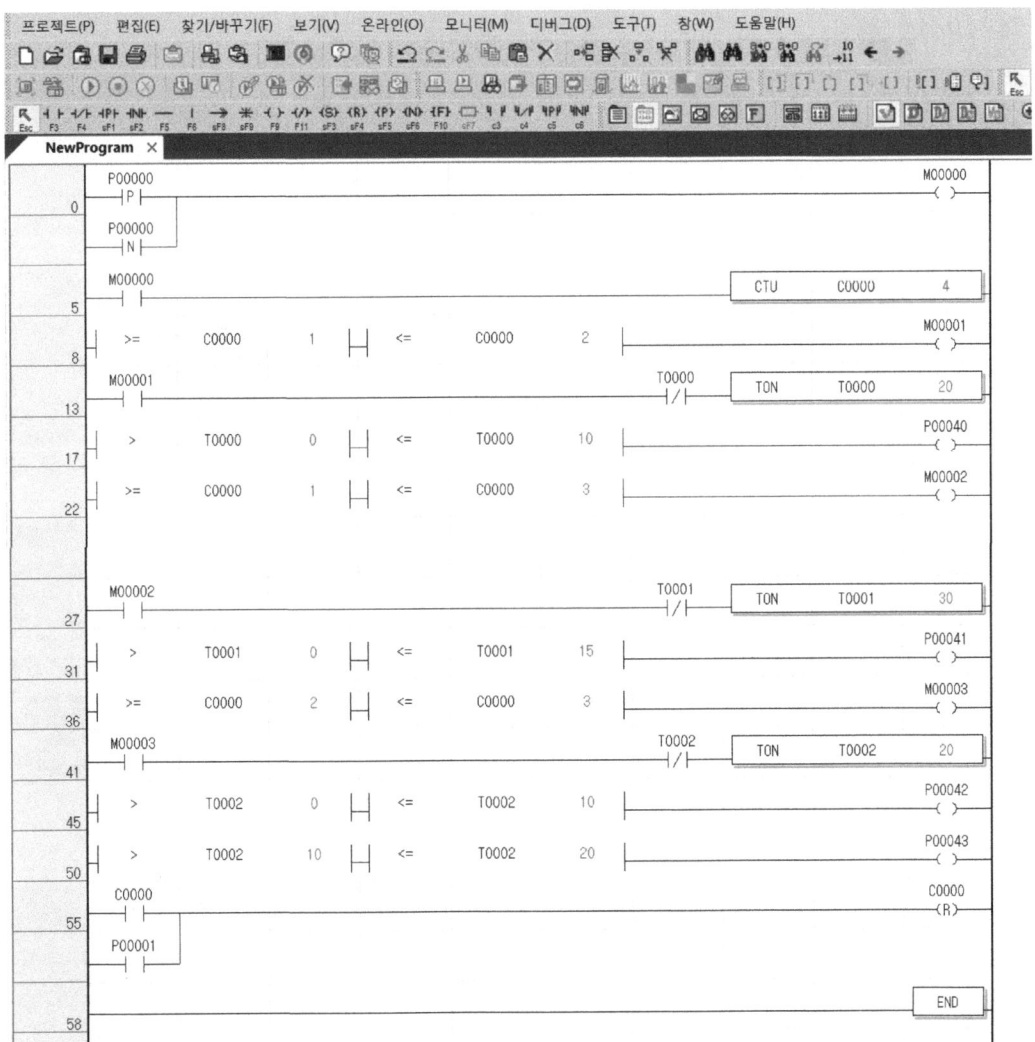

■ 시뮬레이션

시뮬레이터를 켜고 프로그램 쓰기를 완료한 후 시스템 모니터를 켠다.

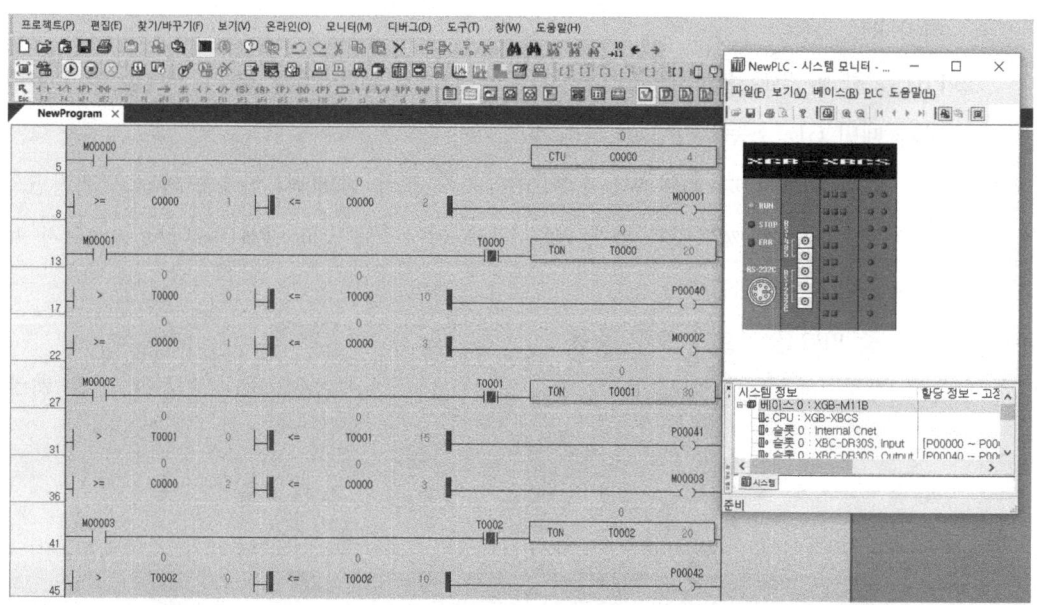

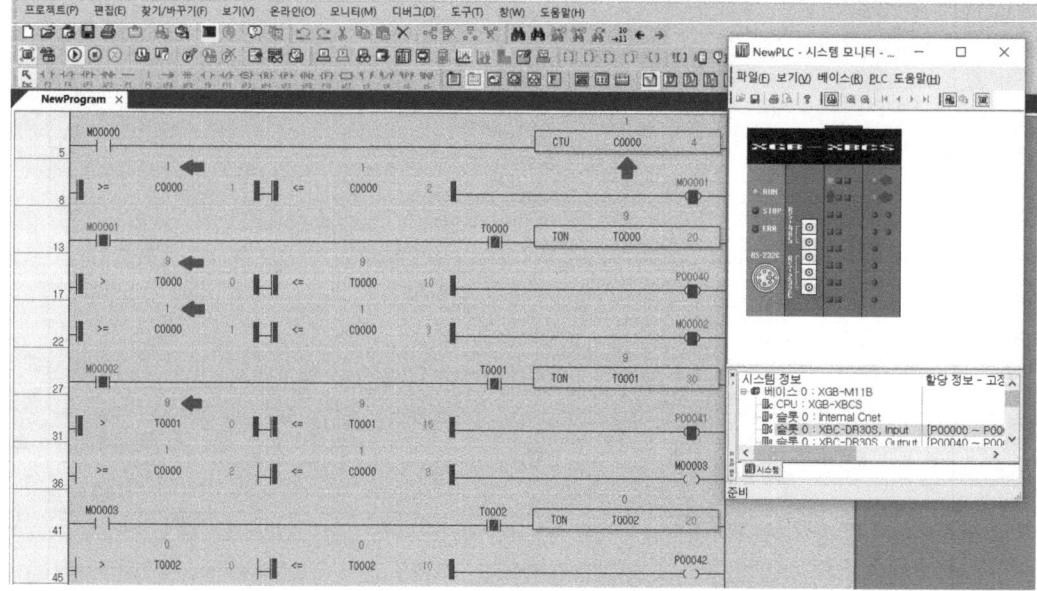

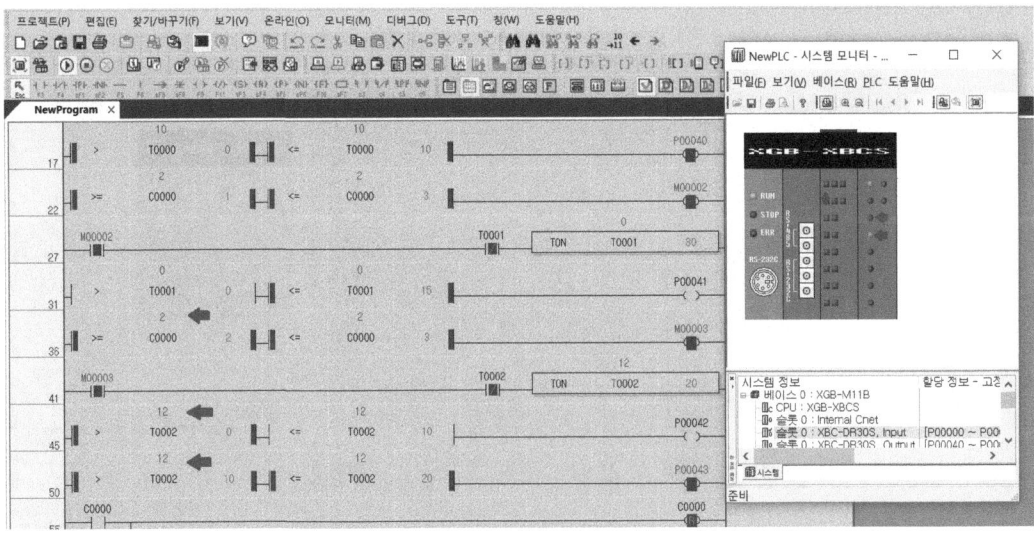

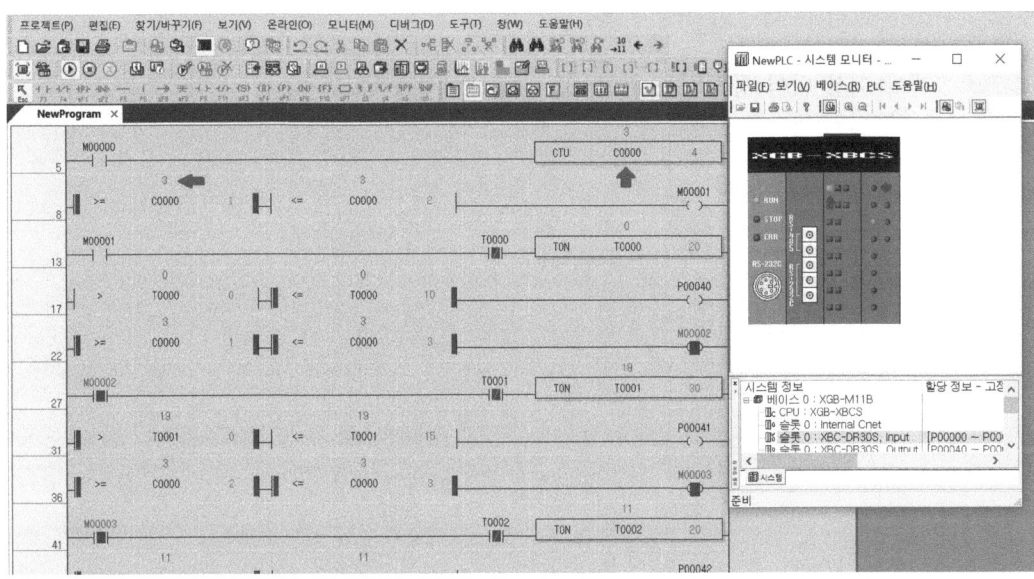

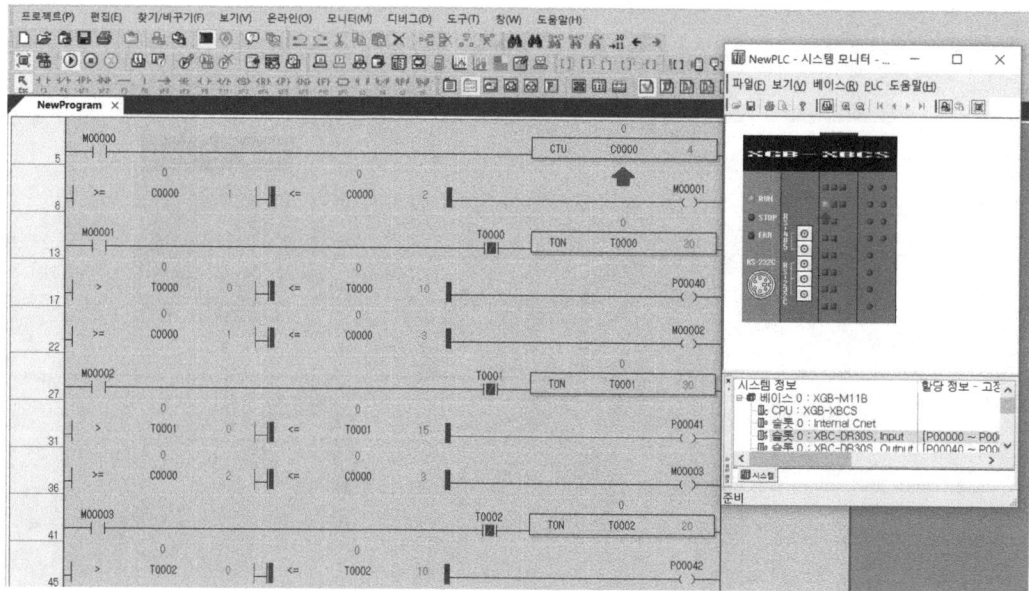

프로그램이 이상 없이 동작됨을 확인하면 시뮬레이션을 종료한다.

CHAPTER 02

실전편

图版

실전편

1. 시퀀스

시퀀스를 이용한 프로그램 작성은 단독으로 문제가 출제되기도 하고 다른 유형과 결합되어 출제되기도 한다. 가장 기본적이면서도 반드시 출제되는 유형이니 충분한 연습을 통해 빠르고 정확하게 프로그램을 작성하는 훈련을 하도록 한다.

1) 기초 시퀀스

기본적으로 시퀀스는 입력 접점과 출력으로 표현되고 하나의 출력을 표현하기 위한 여러 개의 입력 접점들이 직렬, 병렬로 연결되어 표현된다. 시퀀스 회로를 보고 프로그램을 작성할 때는 PLC 입출력도를 확인하여 각각의 변수명이 디바이스명으로 어떻게 정해지는 지를 확인한 후, 출력을 기준으로 해서 하나의 출력을 만들어 내는 입력들의 접점을 확인하며 한줄 한줄 완성해 나가면 쉽게 해결할 수 있다. 동일한 출력을 만들어 내는 입력이 여러 줄이 있는 경우에는 병렬로 연결하여 출력은 한번만 표시하도록 한다.

① 푸쉬버튼 입력회로

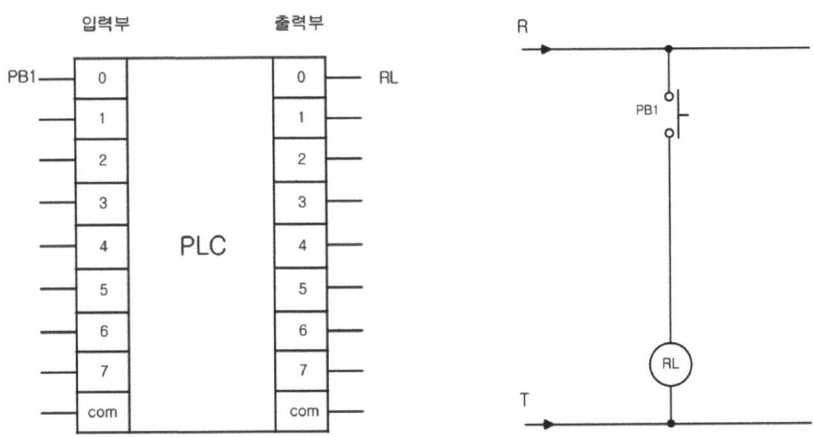

위 PLC 입출력도에 따르면 PB1은 P0가 되고, RL은 P40이 된다.

P40 출력을 만들어 내는 입력이 P0 a접점 한줄 뿐이므로 그대로 프로그램을 작성한다.

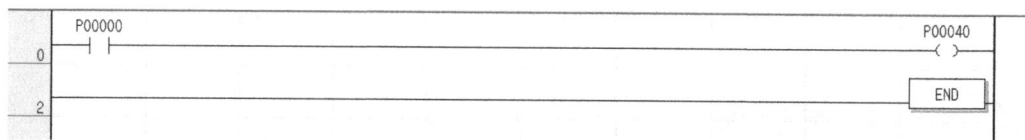

② AND회로

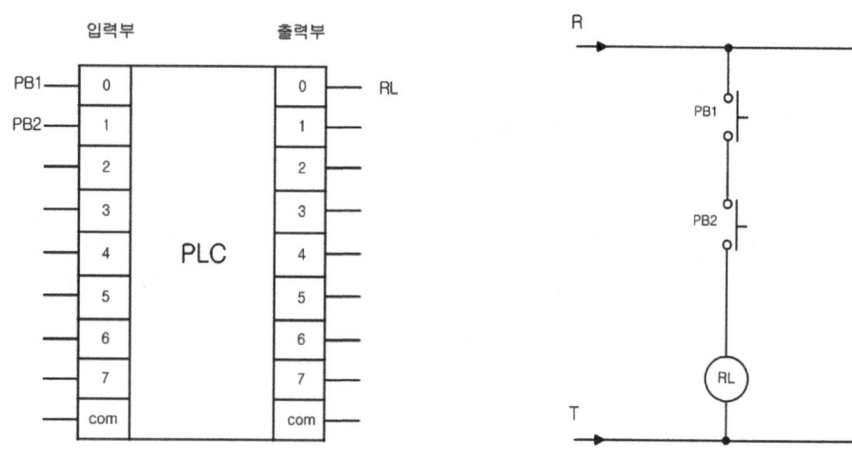

위 PLC 입출력도에 따르면 PB1과 PB2는 각각 P0, P1이 되고, RL은 P40이 된다.

P40 출력을 만들어 내는 입력이 P0와 P1 a접점이 직렬로 연결된 한줄 뿐이므로 그대로 프로그램을 작성한다.

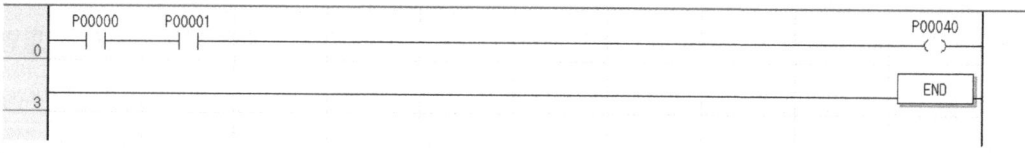

③ OR회로

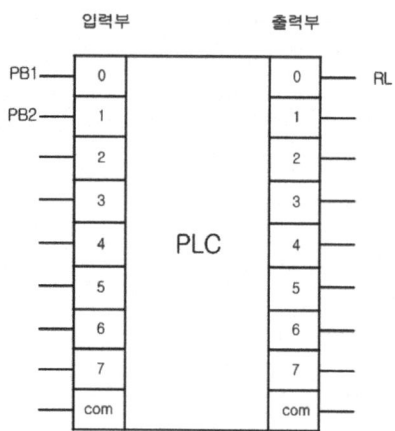
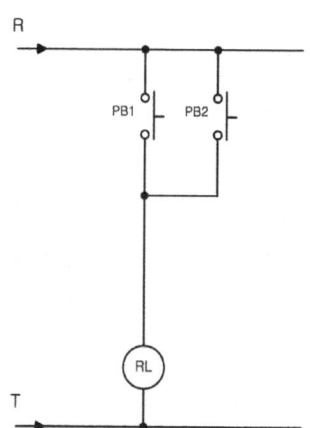

위 PLC 입출력도에 따르면 PB1과 PB2는 각각 P0, P1이 되고, RL은 P40이 된다.

P40 출력을 만들어 내는 입력이 P0 a접점 줄과 P1 a접점 줄로 모두 두 줄이므로 각각의 줄을 병렬로 연결하여 출력을 만들어 내도록 프로그램을 작성한다.

```
     P00000                                              P00040
0  ──┤ ├────────────────────────────────────────────────( )──
     P00001
   ──┤ ├──
                                                        [END]
3
```

④ XOR회로

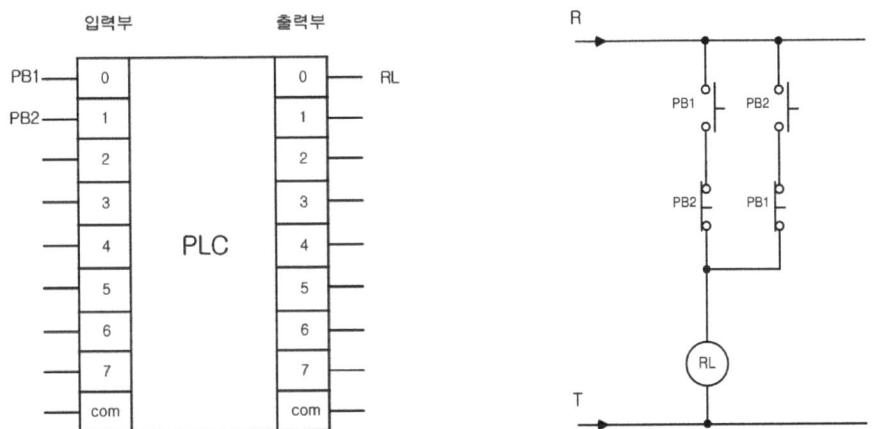

위 PLC 입출력도에 따르면 PB1과 PB2는 각각 P0, P1이 되고, RL은 P40이 된다.

P40 출력을 만들어 내는 입력이 P0 a접점, P1 b접점 줄과 P1 a접점, P0 b접점 줄로 모두 두 줄이므로 각각의 줄을 병렬로 연결하여 출력을 만들어 내도록 프로그램을 작성한다.

```
     P00000   P00001                                    P00040
0  ──┤ ├─────┤/├─────────────────────────────────────────( )──
     P00001   P00000
   ──┤ ├─────┤/├──
                                                        [END]
6
```

⑤ 자기유지회로

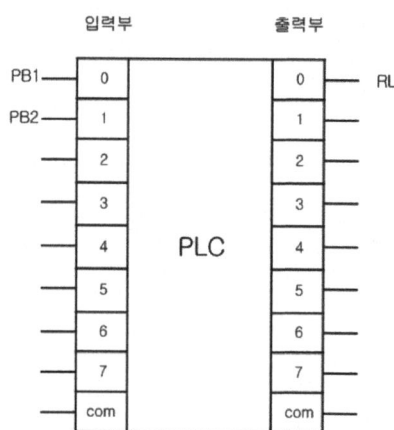 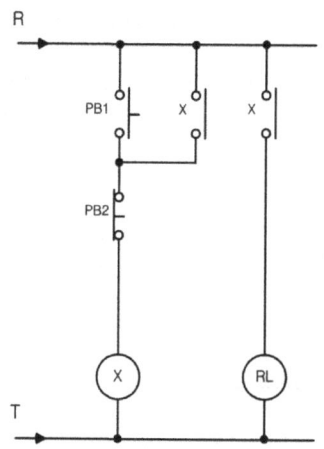

위 PLC 입출력도에 따르면 PB1과 PB2는 각각 P0, P1이 되고, RL은 P40이 된다.

X와 같이 PLC 입출력도에 나와 있지 않은 것은 내부메모리를 이용하여 설정해주어야 한다.

X를 M0라고 설정한다면 M0 출력을 만들어 내는 입력은 두 줄이고, P40 출력을 만들어 내는 입력은 한 줄이 된다.

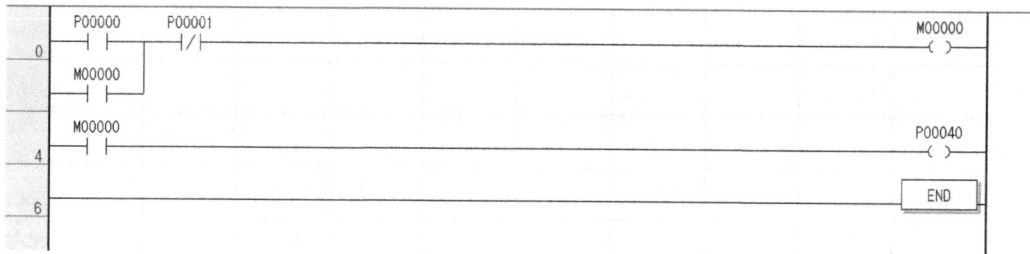

⑥ 타이머회로

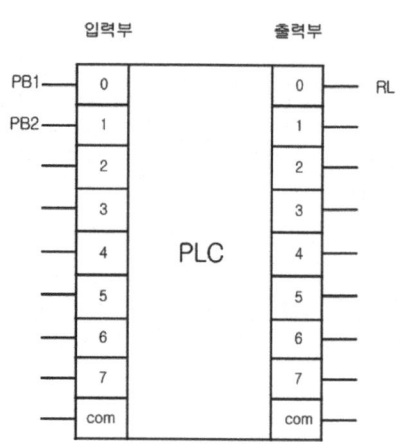 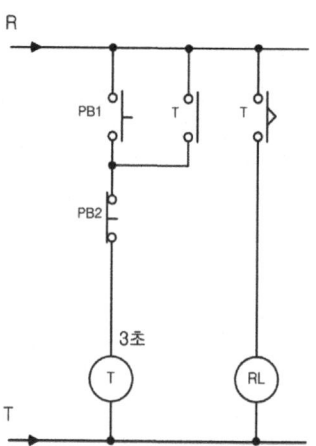

위 PLC 입출력도에 따르면 PB1과 PB2는 각각 P0, P1이 되고, RL은 P40이 된다.

타이머 신호의 경우에 TON을 이용하여 출력을 만들면 그 신호는 일정 시간이 지난 이후에 반응하는 한시접점으로 생성이 된다. 시퀀스 도면에서는 간혹 타이머의 순시접점을 사용하는 경우가 있는데 이를 PLC로 프로그램 하기 위해서는 도면에는 나와 있지 않지만 타이머에 입력이 들어갈 때 동시에 출력되는 내부메모리를 함께 만들어 주어야 그 신호를 순시접점으로 사용할 수 있다.

⑦ 플리커회로

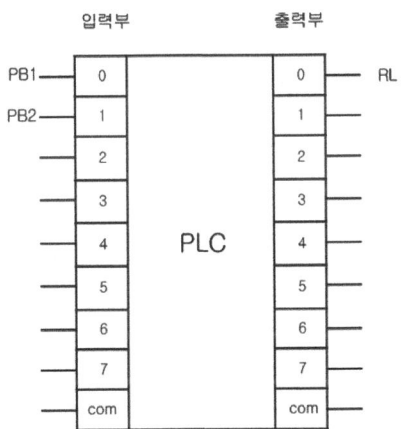
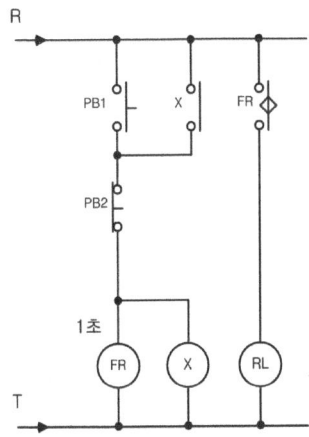

플리커 1초 : 1초간격(1초 ON, 1초 OFF)

위 PLC 입출력도에 따르면 PB1과 PB2는 각각 P0, P1이 되고, RL은 P40이 된다.

플리커 신호의 경우에는 실제 사용되는 플리커 부품을 이용하여 일정시간을 설정하면 OFF와 ON의 순서로 동작하게 되지만 문제에서 ON과 OFF의 순으로 주어진다면 따르도록 한다.

시퀀스에서 플리커를 만나게 되면 미리 작성법을 외우고 있다가 작업할 수 있도록 한다.

2) 실전 시퀀스

①

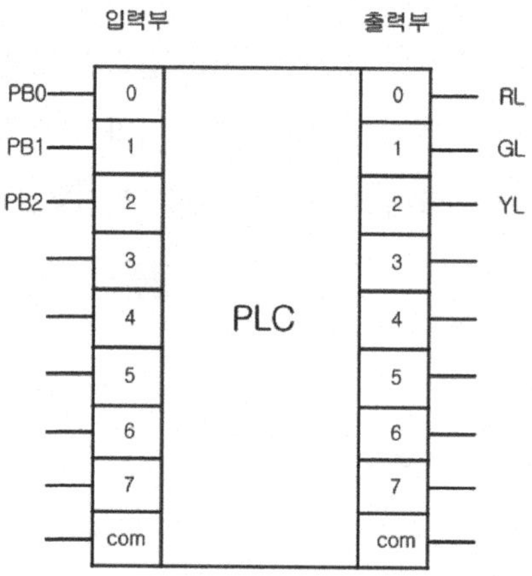

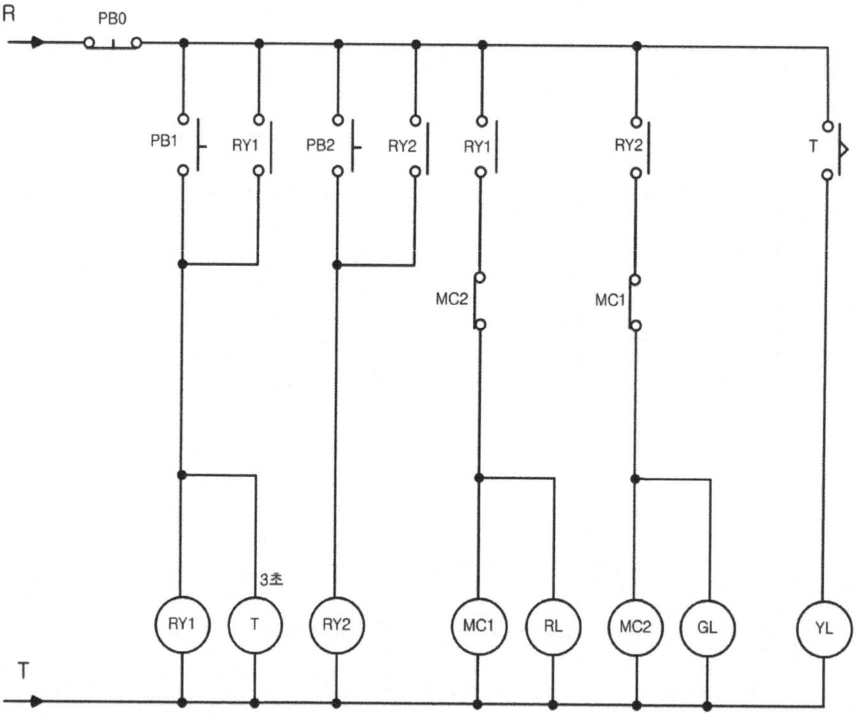

[회로도 생략]

위 PLC 입출력도에 따라 입력 변수명에 따른 디바이스명을 확인하고, 출력 변수명에 따른 디바이스명을 확인하여 잘못 작성하는 일이 없도록 한다.

PLC 입출력도에 나와있지 않은 접점의 경우에는 내부메모리를 이용한다.

RY1과 타이머, MC1과 RL, MC2와 GL의 경우에는 출력부분에서 병렬로 연결된, 같은 입력에 대해 동시에 출력되는 경우이므로 하나의 출력으로 보고, 각 출력을 만드는 입력이 몇 줄이 되는지를 살펴가면서 프로그램을 작성해보도록 하자.

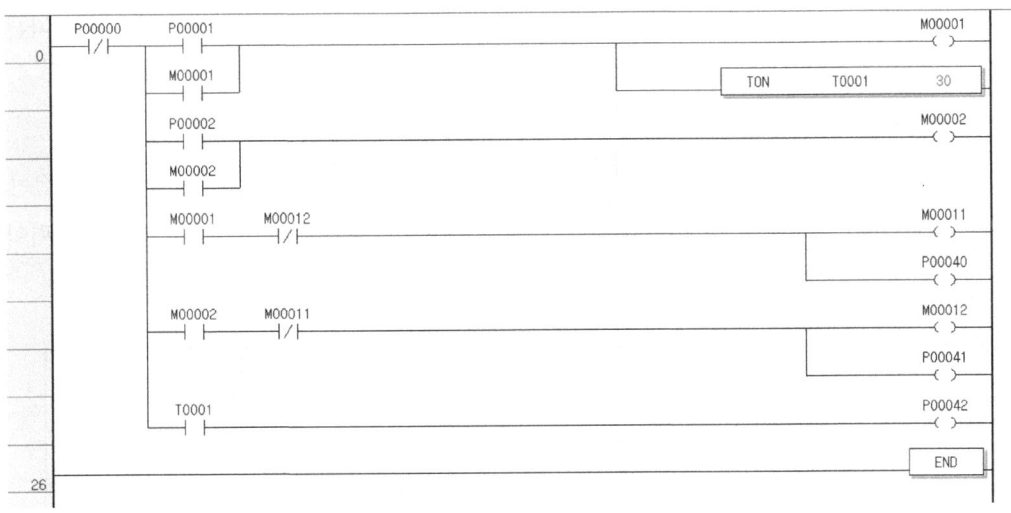

②

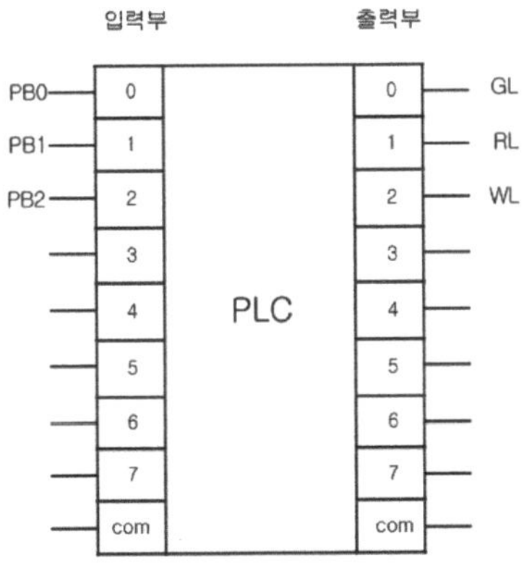

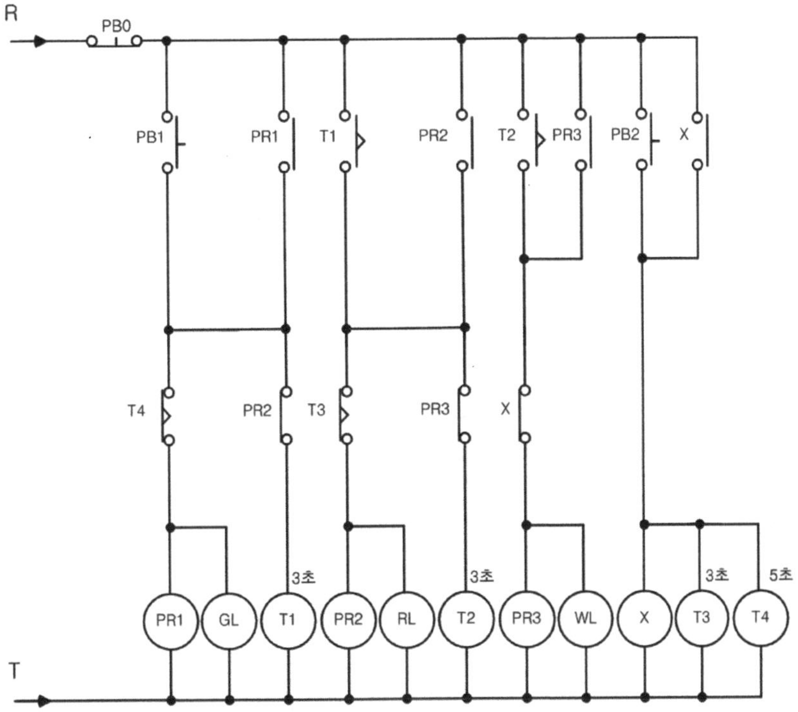

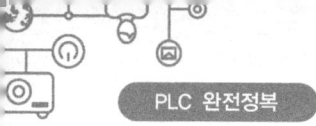

위 PLC 입출력도에 따라 입력 변수명에 따른 디바이스명을 확인하고, 출력 변수명에 따른 디바이스명을 확인하여 잘못 작성하는 일이 없도록 한다.

PLC 입출력도에 나와있지 않은 접점의 경우에는 내부메모리를 이용한다.

PR1과 GL, PR2와 RL, PR3와 WL, X와 T3, T4의 경우에는 출력부분에서 병렬로 연결된, 같은 입력에 대해 동시에 출력되는 경우이므로 하나의 출력으로 보고, 각 출력을 만드는 입력이 몇 줄이 되는지를 살펴가면서 프로그램을 작성해보도록 하자.

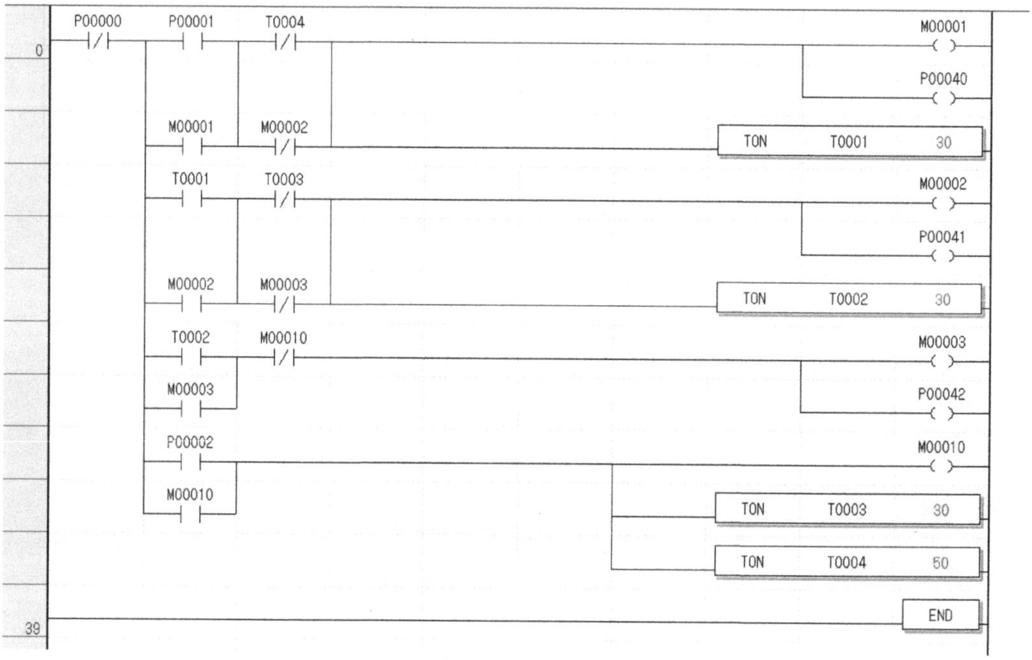

③

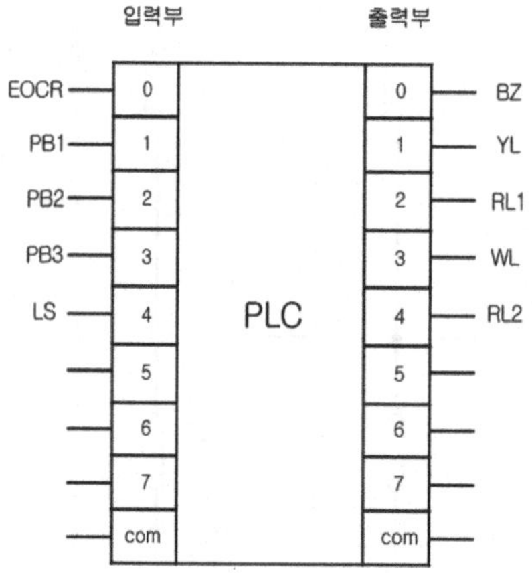

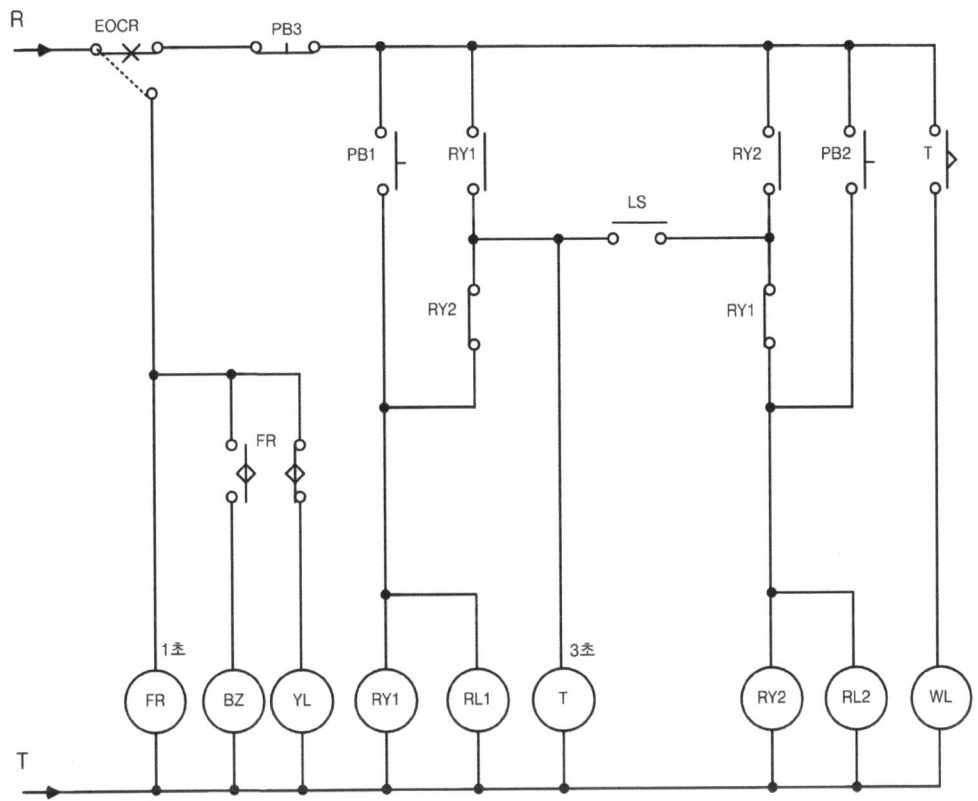

플리커 1초 : 1초간격(1초 ON, 1초 OFF)

위 PLC 입출력도에 따라 입력 변수명에 따른 디바이스명을 확인하고, 출력 변수명에 따른 디바이스명을 확인하여 잘못 작성하는 일이 없도록 한다.

PLC 입출력도에 나와있지 않은 접점의 경우에는 내부메모리를 이용한다.

각 출력을 만드는 입력이 몇 줄이 되는지를 살펴가면서 프로그램을 작성해보도록 하자.

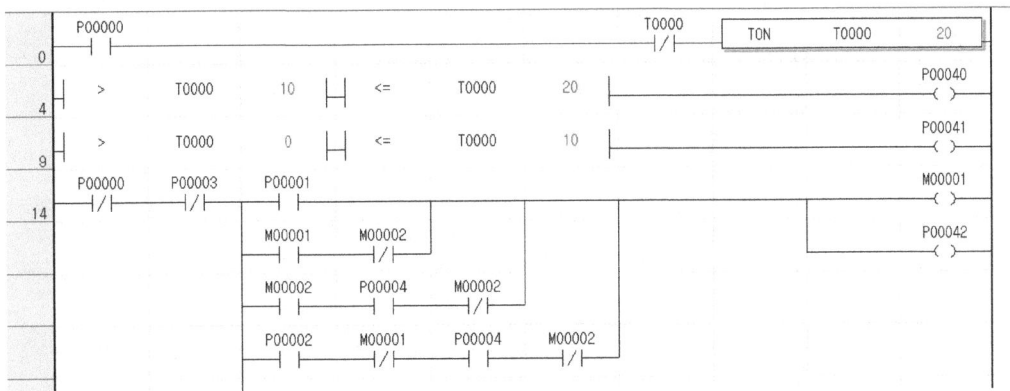

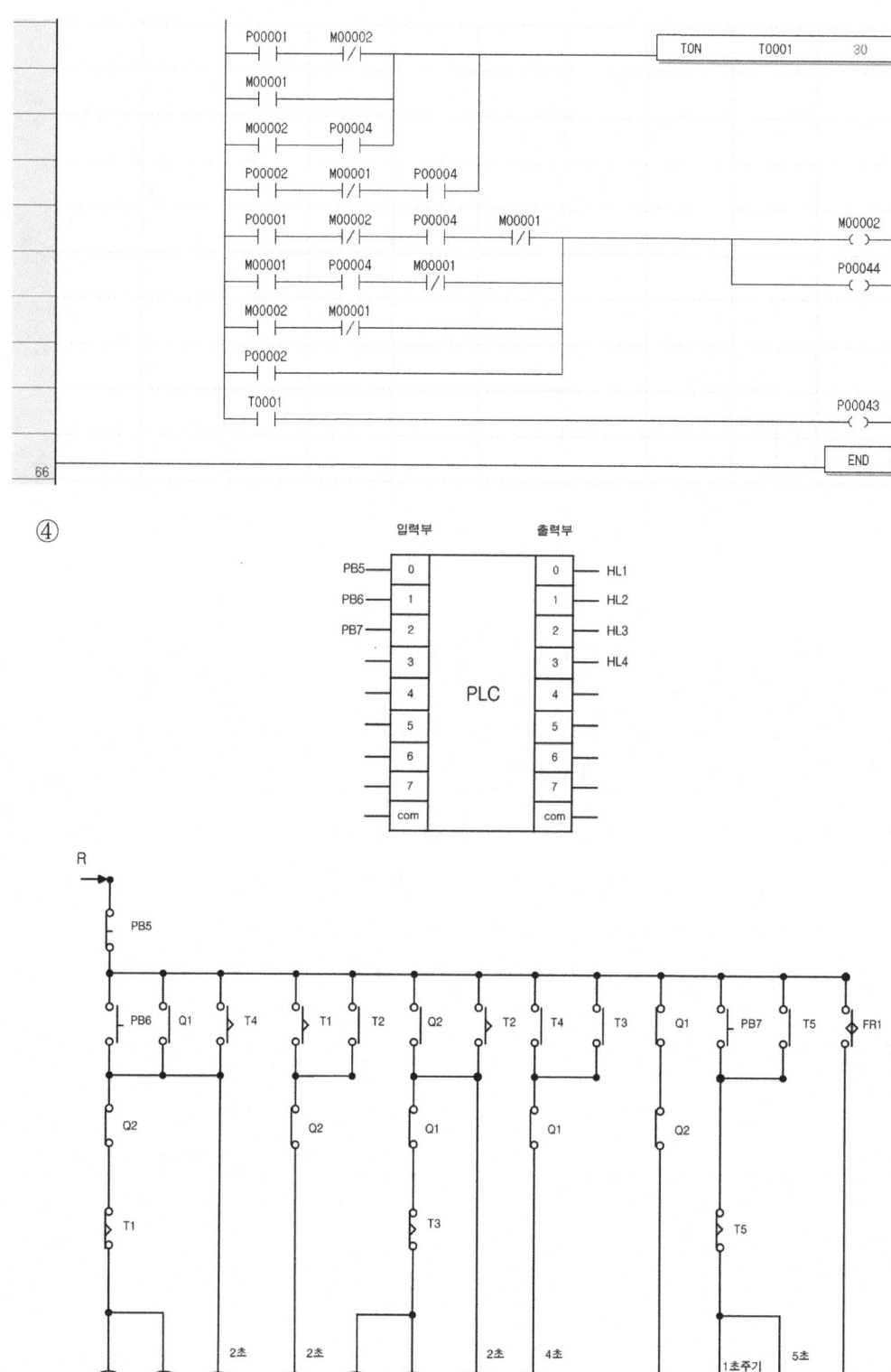

④

플리커 1초 주기 : 0.5초 OFF, 0.5초 ON

위 PLC 입출력도에 따라 입력 변수명에 따른 디바이스명을 확인하고, 출력 변수명에 따른 디바이스명을 확인하여 잘못 작성하는 일이 없도록 한다.

PLC 입출력도에 나와있지 않은 접점의 경우에는 내부메모리를 이용한다.

타이머의 순시접점을 따로 만들어야 하는 것에 주의한다.

각 출력을 만드는 입력이 몇 줄이 되는지를 살펴가면서 프로그램을 작성해보도록 하자.

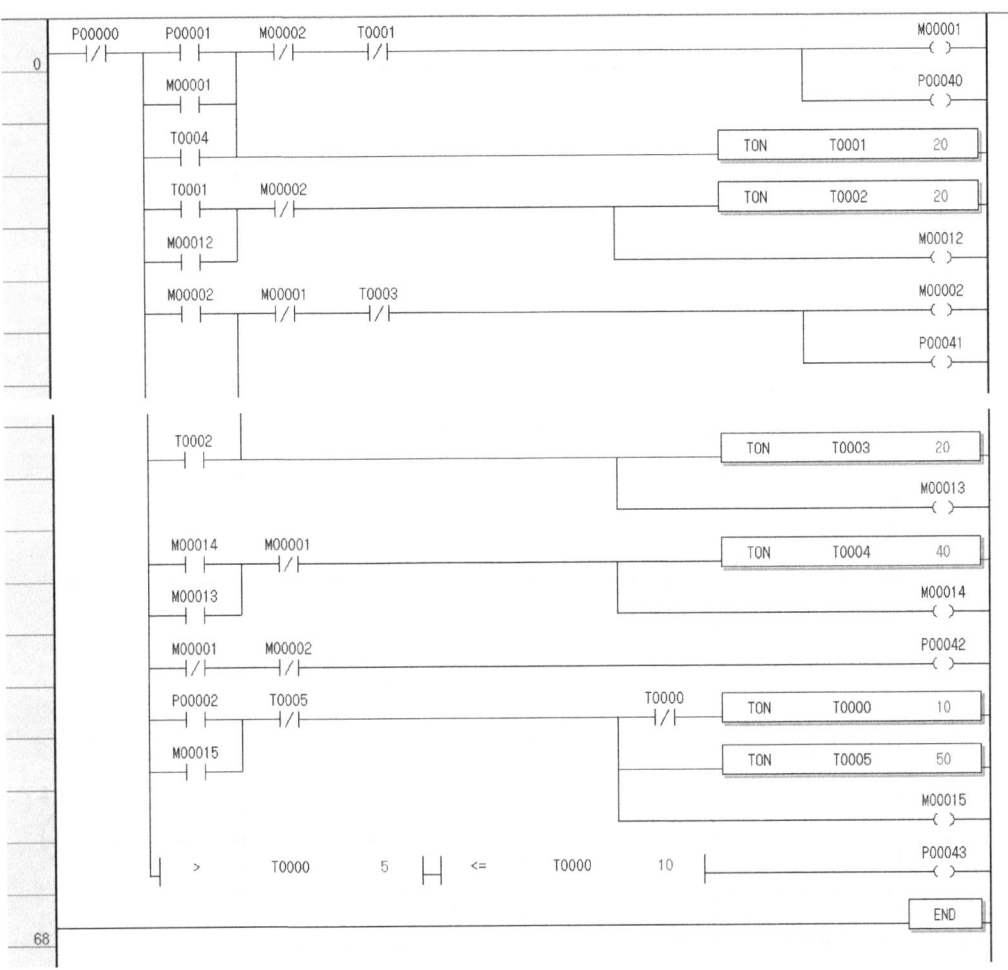

⑤

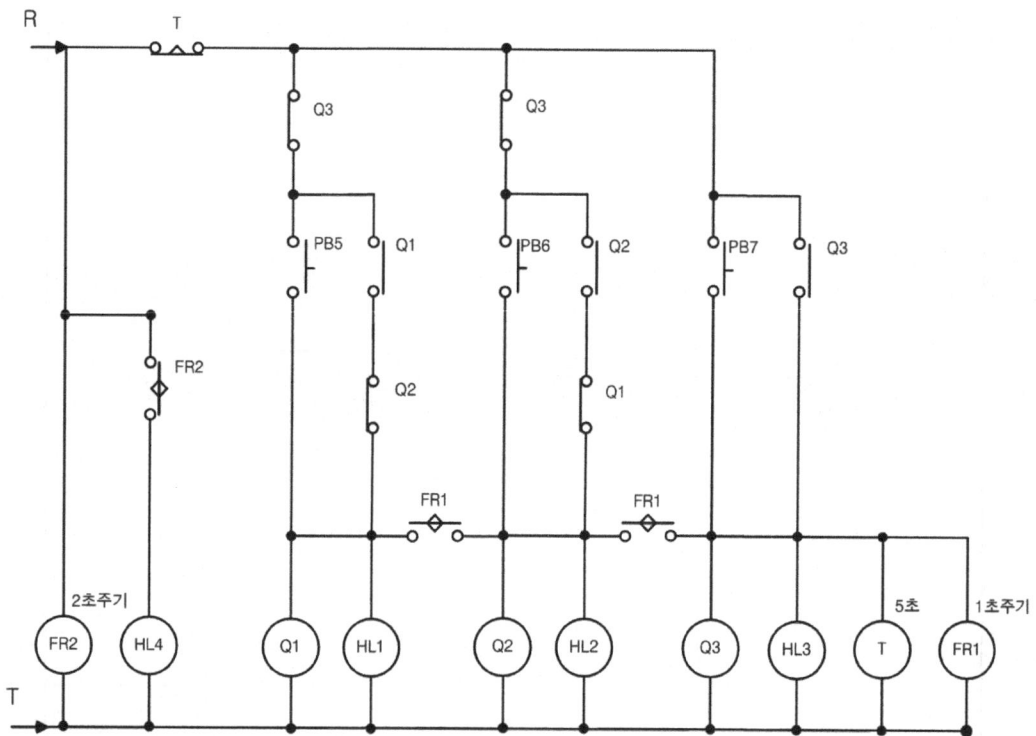

플리커 1초 주기 : 0.5초 OFF, 0.5초 ON

2초 주기 : 1초 OFF, 1초 ON

위 PLC 입출력도에 따라 입력 변수명에 따른 디바이스명을 확인하고, 출력 변수명에 따른 디바이스명을 확인하여 잘못 작성하는 일이 없도록 한다.

PLC 입출력도에 나와있지 않은 접점의 경우에는 내부메모리를 이용한다.

아무런 입력접점없이 출력이 나오는 경우에는 상시ON 접점인 F99를 이용한다.

각 출력을 만드는 입력이 몇 줄이 되는지를 살펴가면서 프로그램을 작성해보도록 하자.

제2장 실전편

⑥

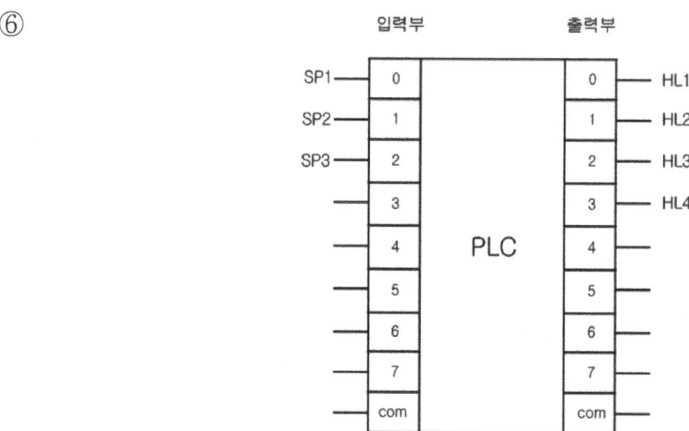

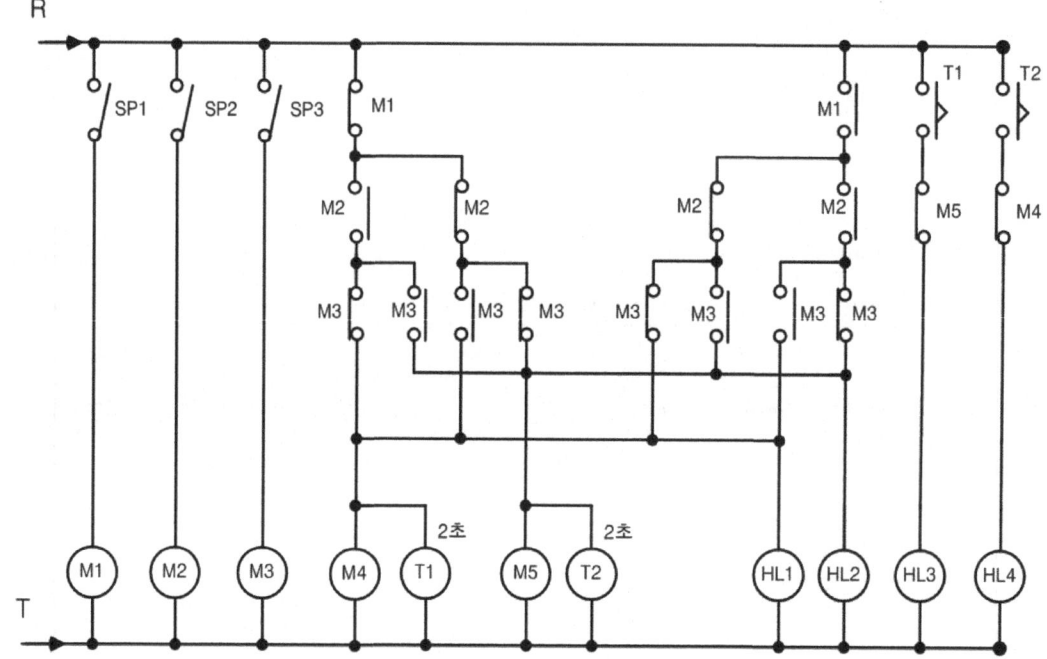

위 PLC 입출력도에 따라 입력 변수명에 따른 디바이스명을 확인하고, 출력 변수명에 따른 디바이스명을 확인하여 잘못 작성하는 일이 없도록 한다.

PLC 입출력도에 나와있지 않은 접점의 경우에는 내부메모리를 이용한다.

각 출력을 만드는 입력이 몇 줄이 되는지를 살펴가면서 프로그램을 작성해보도록 하자.

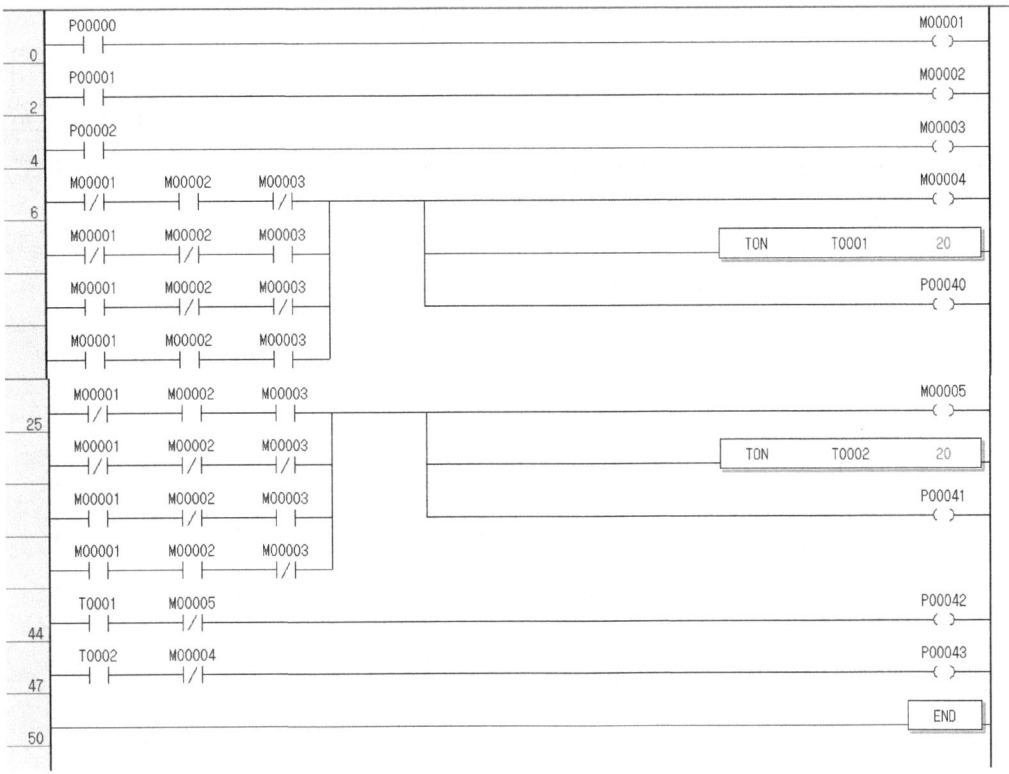

⑦

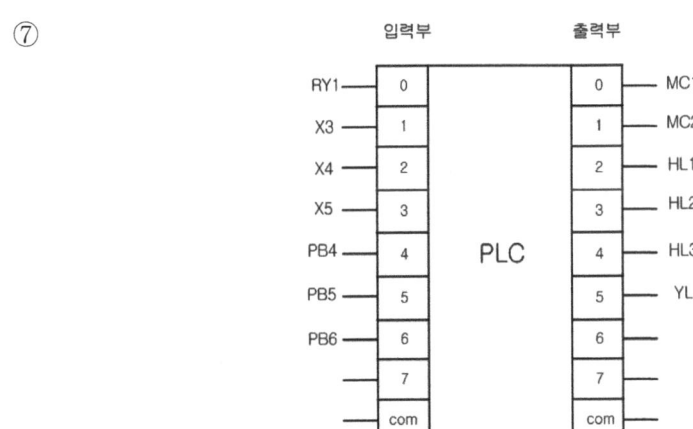

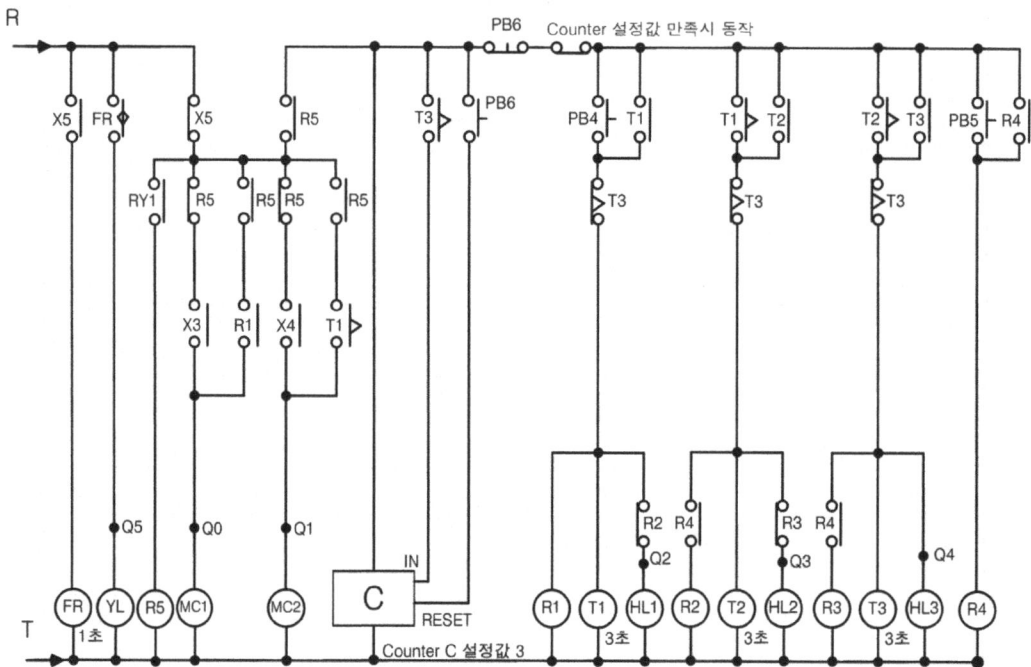

플리커 1초 : 1초간격(1초 ON, 1초 OFF)

위 PLC 입출력도에 따라 입력 변수명에 따른 디바이스명을 확인하고, 출력 변수명에 따른 디바이스명을 확인하여 잘못 작성하는 일이 없도록 한다.

PLC 입출력도에 나와있지 않은 접점의 경우에는 내부메모리를 이용한다.

카운터는 업카운터(CTU)이고 설정값은 3이다.

타이머의 순시접점을 따로 만들어야 하는 것에 주의한다.

각 출력을 만드는 입력이 몇 줄이 되는지를 살펴가면서 프로그램을 작성해보도록 하자.

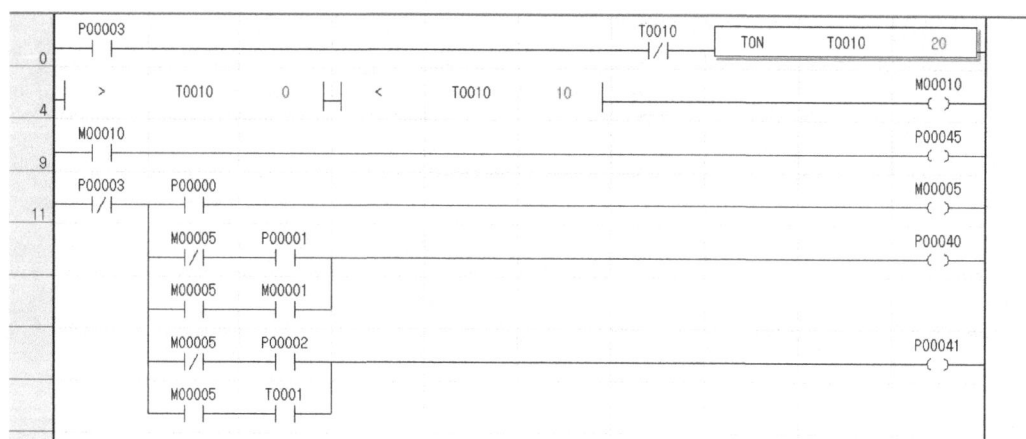

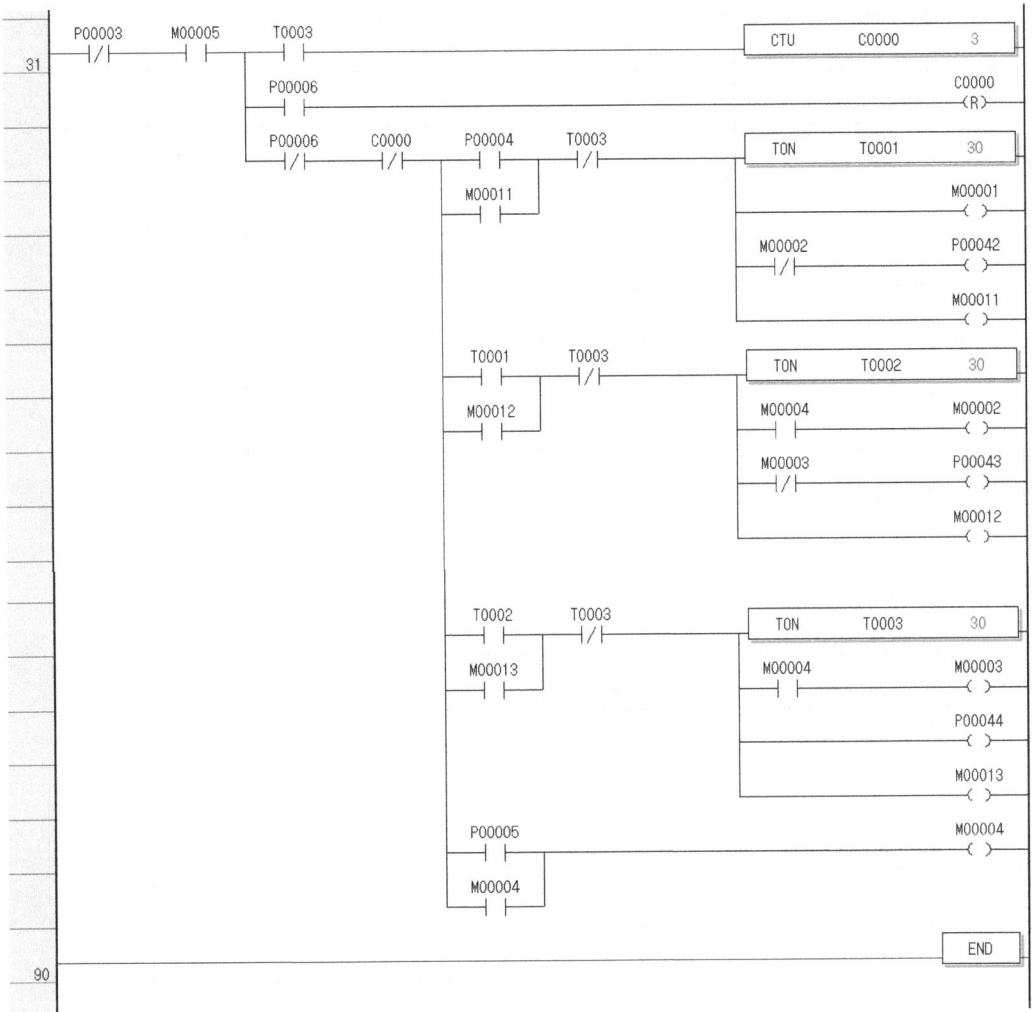

2. 논리회로

논리회로를 이용한 프로그램 작성은 단독으로 문제가 출제되기도 하고 다른 유형과 결합되어 출제되기도 한다. 실제로 동작이 어떻게 되는지를 알아내는 데는 어려움이 있지만 프로그램을 작성하는 방법은 굉장히 쉬운 편에 속하니 차분히 접근해보도록 한다.

1) 기초 논리회로

기본적으로 논리회로는 일정한 기호로 표현되고 하나의 출력을 표현하기 위한 여러 개의 기호들이 직렬, 병렬로 연결되어 표현된다. 논리회로를 보고 프로그램을 작성할 때는 각각의 기호의 출력을 내부메모리로 지정한 후 하나의 기호마다 한 줄씩으로 표현해 나가면서 한줄 한줄 완성해 나가면 쉽게 해결할 수 있다.

① AND 회로

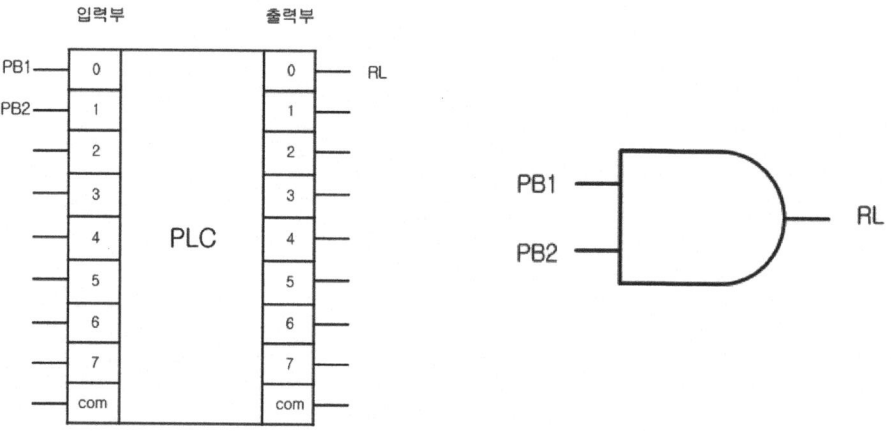

위 PLC 입출력도에 따르면 PB1, 2는 각각 P0, P1이 되고, RL은 P40이 된다.
그림의 논리기호는 AND이므로 두 입력 접점을 나란히 작성한다.

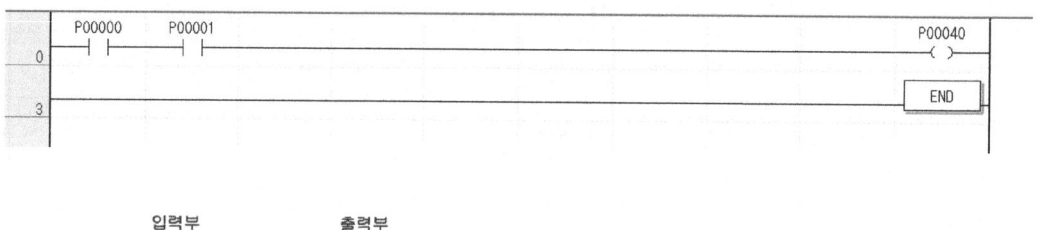

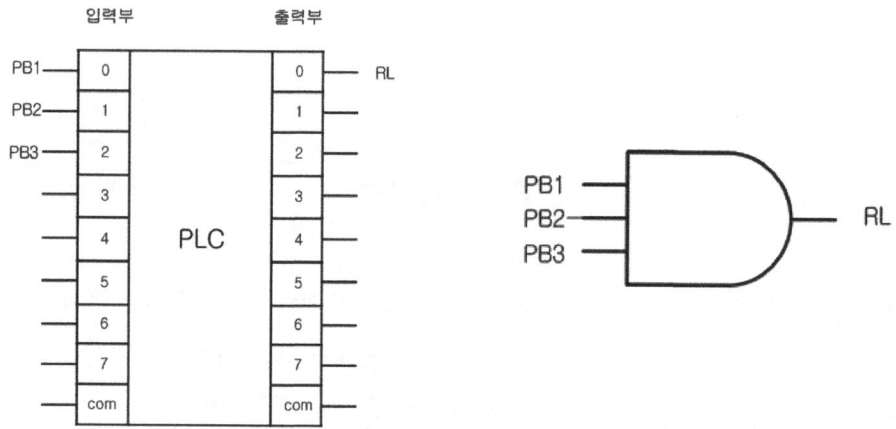

위 PLC 입출력도에 따르면 PB1, 2, 3는 각각 P0, P1, P2가 되고, RL은 P40이 된다.
그림의 논리기호는 3입력 AND이므로 세 입력 접점을 나란히 작성한다.

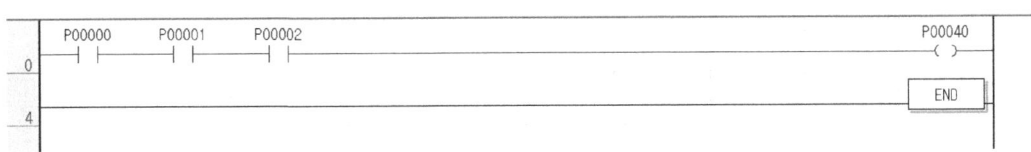

② OR 회로

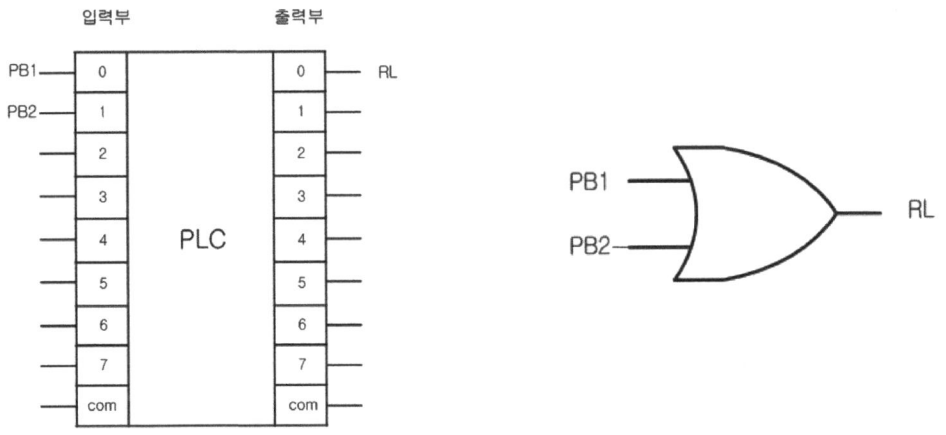

위 PLC 입출력도에 따르면 PB1, 2는 각각 P0, P1이 되고, RL은 P40이 된다.
그림의 논리기호는 OR이므로 두 입력 접점을 병렬로 작성한다.

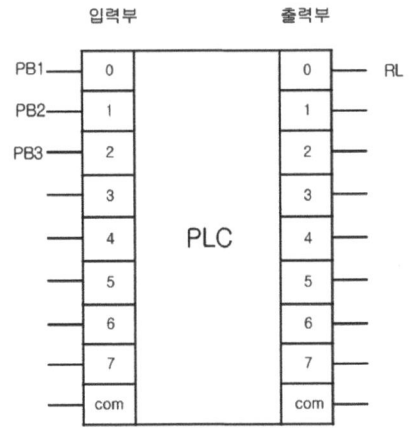
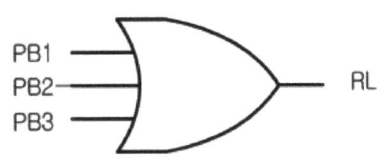

위 PLC 입출력도에 따르면 PB1, 2, 3는 각각 P0, P1, P2가 되고, RL은 P40이 된다.
그림의 논리기호는 3입력 OR이므로 세 입력 접점을 병렬로 작성한다.

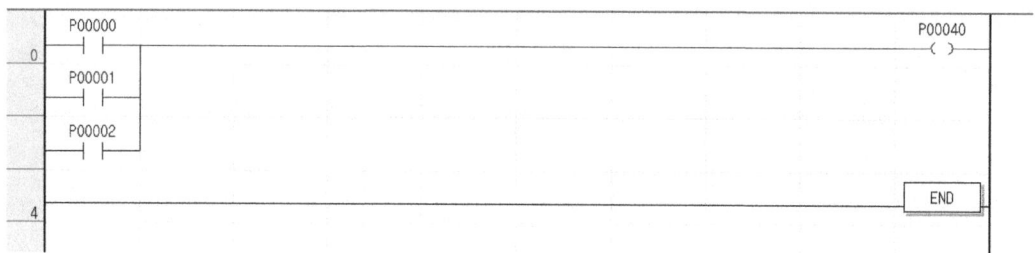

③ XOR 회로

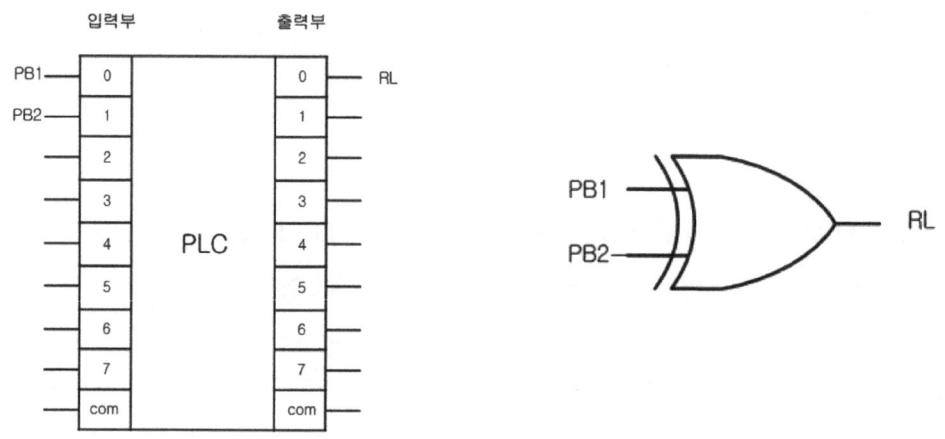

위 PLC 입출력도에 따르면 PB1, 2는 각각 P0, P1이 되고, RL은 P40이 된다.
그림의 논리기호는 XOR이므로 두 입력중 하나만 있을 때 출력이 나오도록 작성한다.

④ NOT 회로

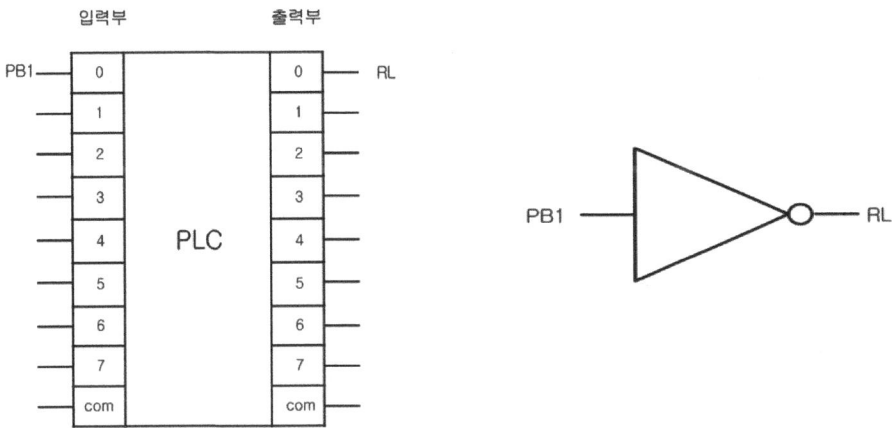

위 PLC 입출력도에 따르면 PB1은 P0가 되고, RL은 P40이 된다.

NOT은 입력이 하나뿐이라면 접점상태를 반대로 입력해주면 되고, 입력이 두 개 이상이라면 반전명령을 주어서 표현하는 것이 간단하다.

⑤ NAND 회로

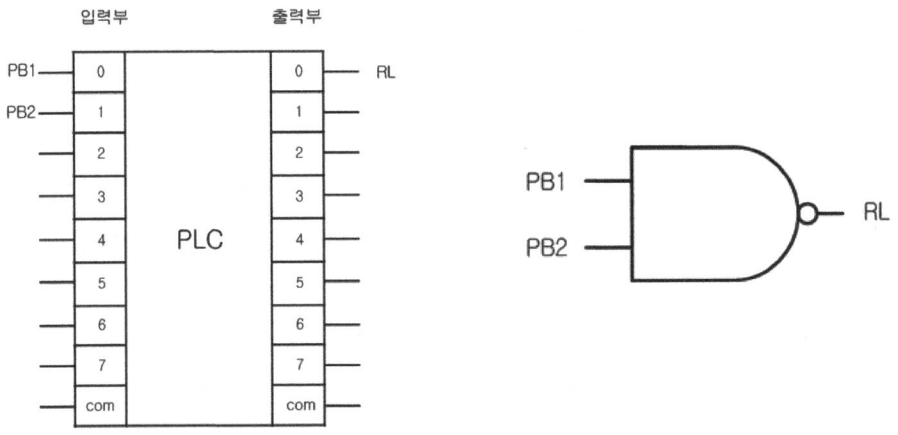

위 PLC 입출력도에 따르면 PB1, 2는 각각 P0, P1이 되고, RL은 P40이 된다.
그림의 논리기호는 NAND이므로 AND의 결과에 반전명령으로 작성한다.

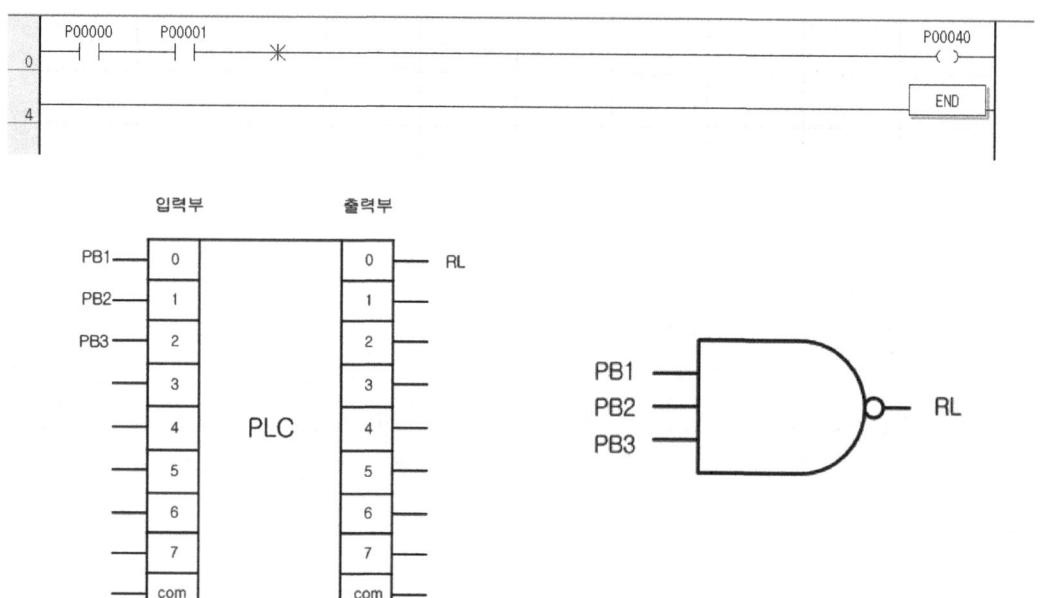

위 PLC 입출력도에 따르면 PB1, 2, 3는 각각 P0, P1, P2가 되고, RL은 P40이 된다.
그림의 논리기호는 3입력 NAND이므로 3입력 AND의 결과에 반전명령으로 작성한다.

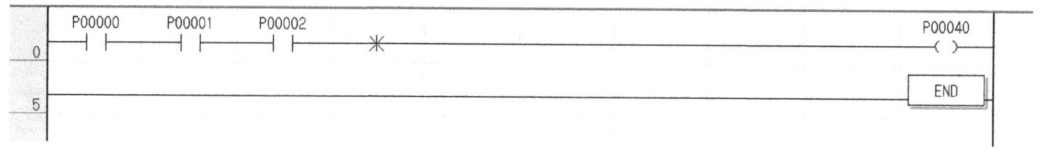

⑥ NOR 회로

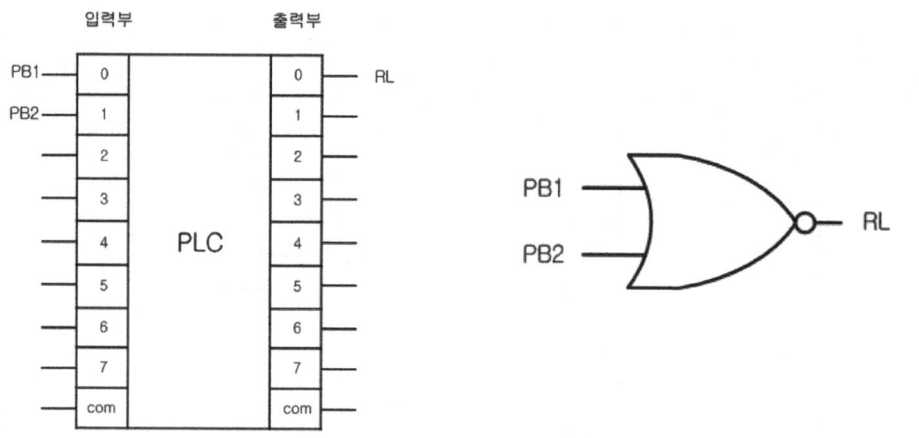

위 PLC 입출력도에 따르면 PB1, 2는 각각 P0, P1이 되고, RL은 P40이 된다.
그림의 논리기호는 NOR이므로 OR의 결과에 반전명령으로 작성한다.

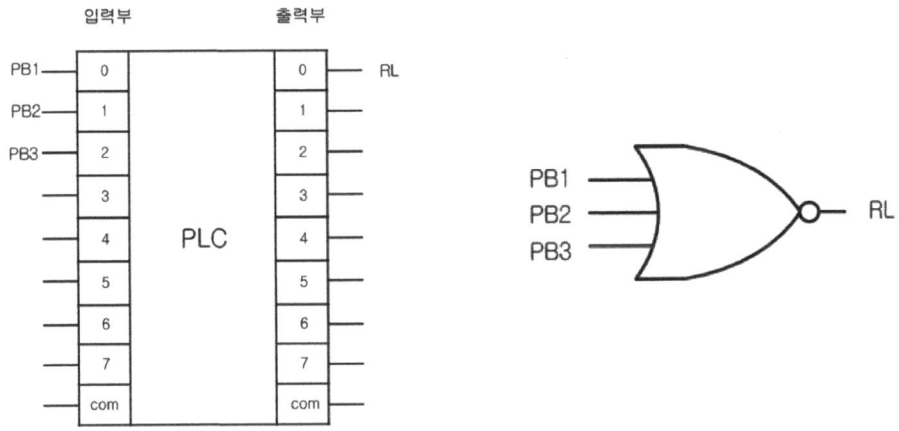

위 PLC 입출력도에 따르면 PB1, 2, 3는 각각 P0, P1, P2가 되고, RL은 P40이 된다.
그림의 논리기호는 3입력 NOR이므로 3입력 OR의 결과에 반전명령으로 작성한다.

⑦ XNOR 회로

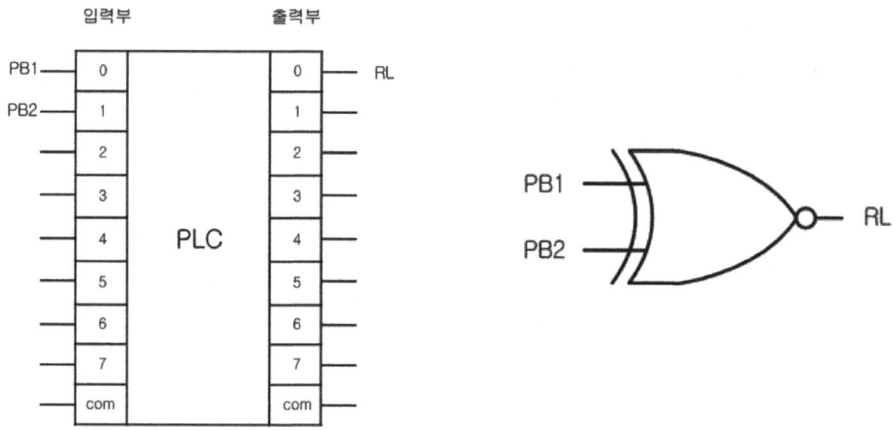

위 PLC 입출력도에 따르면 PB1, 2는 각각 P0, P1이 되고, RL은 P40이 된다.
그림의 논리기호는 XNOR이므로 XOR의 결과에 반전명령으로 작성한다.

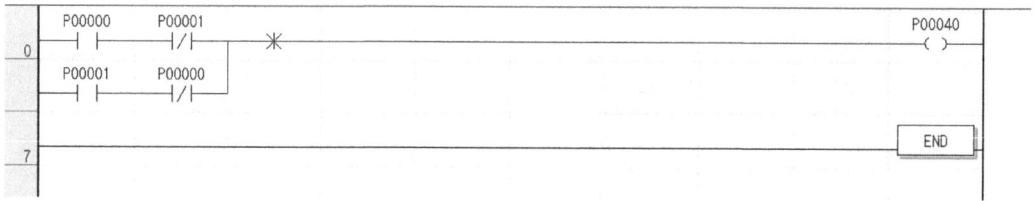

⑧ TON 회로

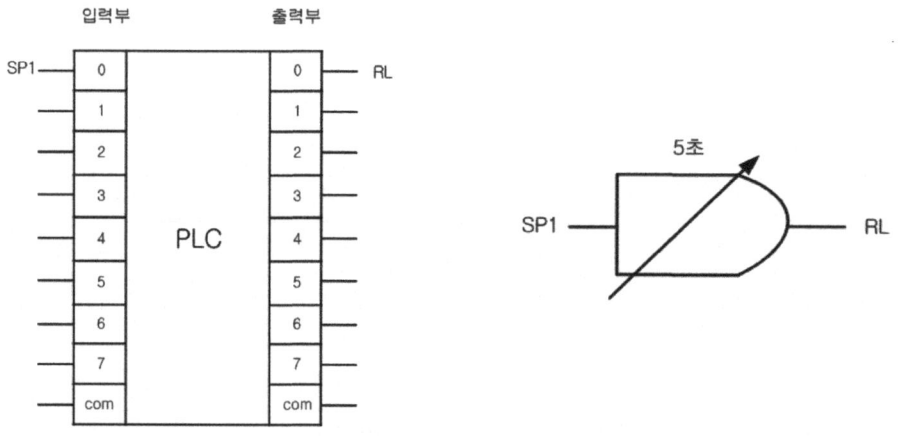

위 PLC 입출력도에 따르면 SP1은 P0가 되고, RL은 P40이 된다.

```
   P00000                                              TON    T0000    50
0  ──┤├──────────────────────────────────────────────[                    ]
   T0000                                                              P00040
3  ──┤├────────────────────────────────────────────────────────────────( )
                                                                        END
5  ──────────────────────────────────────────────────────────────────[    ]
```

2) 실전 논리회로

①

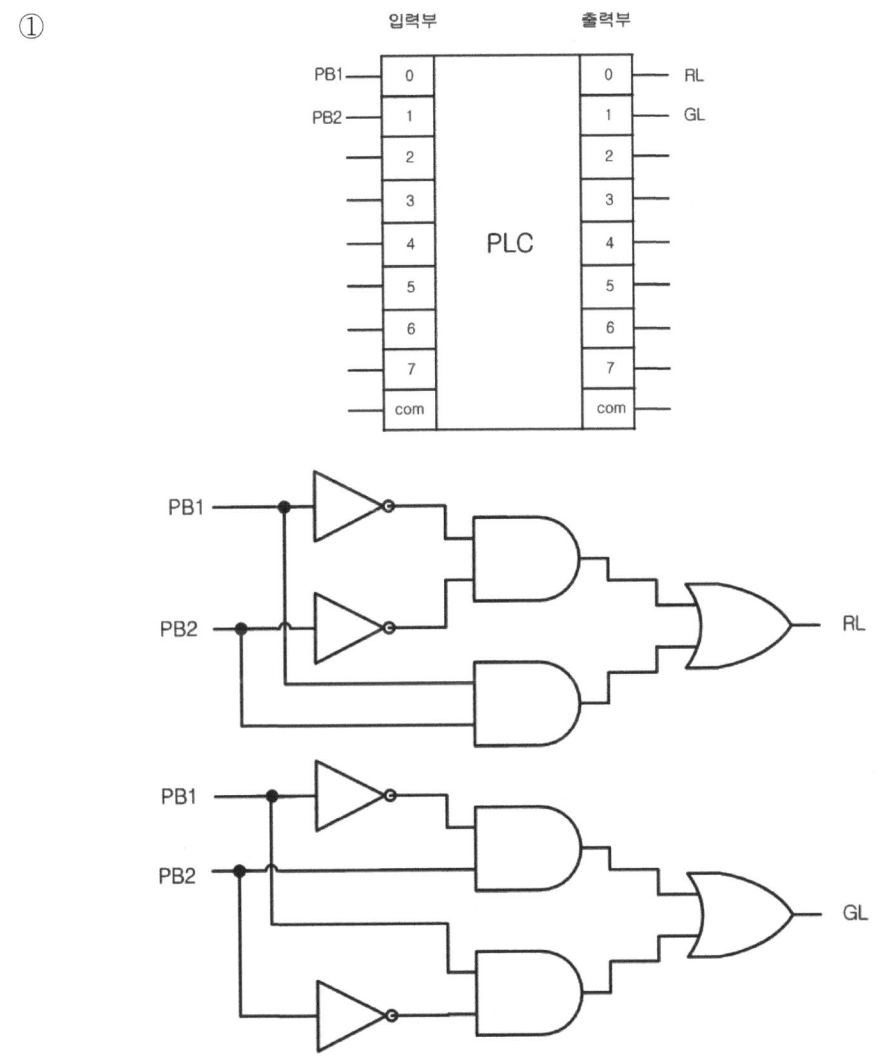

위 PLC 입출력도에 따라 입력 변수명에 따른 디바이스명을 확인하고, 출력 변수명에 따른 디바이스명을 확인하여 잘못 작성하는 일이 없도록 한다.

단입력 NOT의 경우는 입력시 접점을 B접점으로 처리해 주면 되므로 가장 위에 있는 AND회로의 결과값을 내부메모리 M0로 설정하고 아래로 내려오면서 각각 M1, 2, 3로 설정하도록 한다. 최종 OR 회로의 경우에는 바로 출력으로만 사용되고 다른 회로의 입력으로 사용되지 않으니 별도의 내부메모리는 사용하지 않아도 좋다.

②

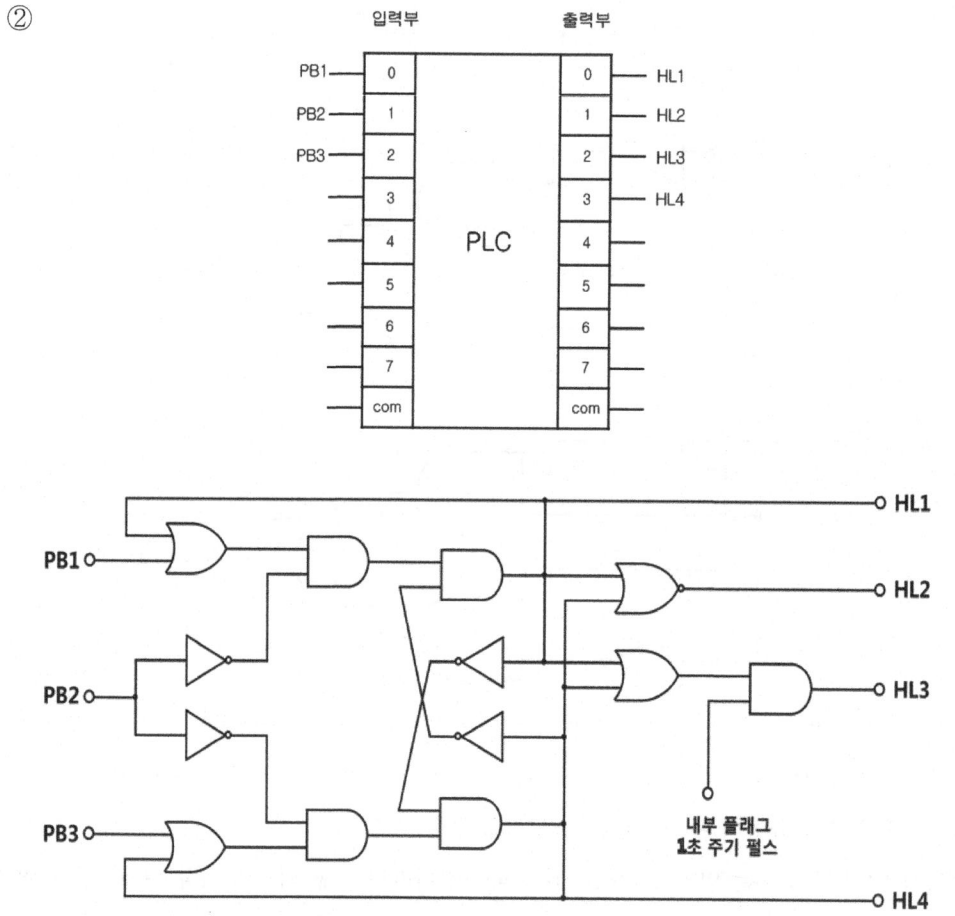

내부플래그 1초주기 펄스 : 0.5초 OFF, 0.5초 ON

위 PLC 입출력도에 따라 입력 변수명에 따른 디바이스명을 확인하고, 출력 변수명에 따른 디바이스명을 확인하여 잘못 작성하는 일이 없도록 한다.

단입력 NOT의 경우는 입력시 접점을 B접점으로 처리해 주면 되므로 가장 위, 왼쪽에 있는 OR회로의 결과값을 내부메모리 M0로 설정하고 오른쪽으로 가면서 각각 M1, 2로 설정하도록 한다. 상단 가장 오른쪽에 위치한 NOR회로의 경우에는 바로 출력으로만 사용되고 다른 회로의 입력으로 사용되지 않으니 별도의 내부메모리는 사용하지 않아도 좋다.

가운데 위치한 OR회로의 경우 M3로, 가장 아랫줄 왼쪽부터 M4, 5, 6로 설정하고 플리커 신호는 상시 온 접점을 이용하여 M7로 설정하도록 한다.

③

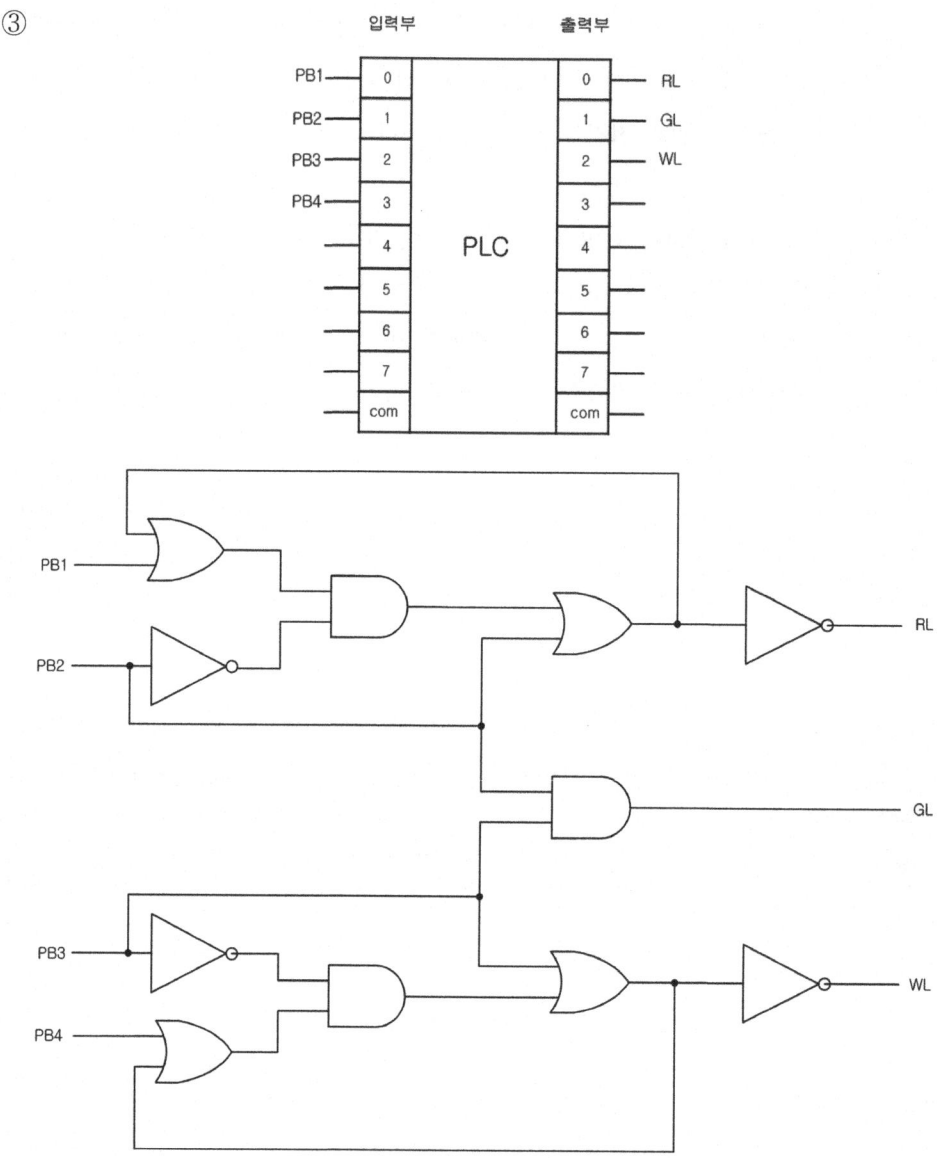

위 PLC 입출력도에 따라 입력 변수명에 따른 디바이스명을 확인하고, 출력 변수명에 따른 디바이스명을 확인하여 잘못 작성하는 일이 없도록 한다.

단입력 NOT의 경우는 입력시 접점을 B접점으로 처리해 주면 되므로 가장 위, 왼쪽에 있는 OR 회로의 결과값부터 내부메모리로 설정하고 오른쪽으로 가면서 각각 다른 값으로 설정하도록 한다.

제2장 실전편

```
     M00002                                          M00000
  0 ──┤ ├──┬──────────────────────────────────────────( )──
     P00000│
     ──┤ ├─┘

     M00000  P00001                                   M00001
  3 ──┤ ├────┤/├──────────────────────────────────────( )──

     M00001                                           M00002
  6 ──┤ ├──┬──────────────────────────────────────────( )──
     P00001│
     ──┤ ├─┘

     M00002                                           P00040
  9 ──┤/├─────────────────────────────────────────────( )──

     P00001  P00002                                   P00041
 11 ──┤ ├────┤ ├──────────────────────────────────────( )──

     M00005                                           M00003
 14 ──┤ ├──┬──────────────────────────────────────────( )──
     P00003│
     ──┤ ├─┘

     M00003  P00002                                   M00004
 17 ──┤ ├────┤/├──────────────────────────────────────( )──

     M00004                                           M00005
 20 ──┤ ├──┬──────────────────────────────────────────( )──
     P00002│
     ──┤ ├─┘

     M00005                                           P00042
 23 ──┤/├─────────────────────────────────────────────( )──

 25 ─────────────────────────────────────────────────[END]──
```

④

```
          입력부        출력부
  SP1 ──┤ 0 │        │ 0 ├── HL1
  SP2 ──┤ 1 │        │ 1 ├── HL2
  SP3 ──┤ 2 │        │ 2 ├── HL3
      ──┤ 3 │  PLC   │ 3 ├── HL4
      ──┤ 4 │        │ 4 ├──
      ──┤ 5 │        │ 5 ├──
      ──┤ 6 │        │ 6 ├──
      ──┤ 7 │        │ 7 ├──
      ──┤com│        │com├──
```

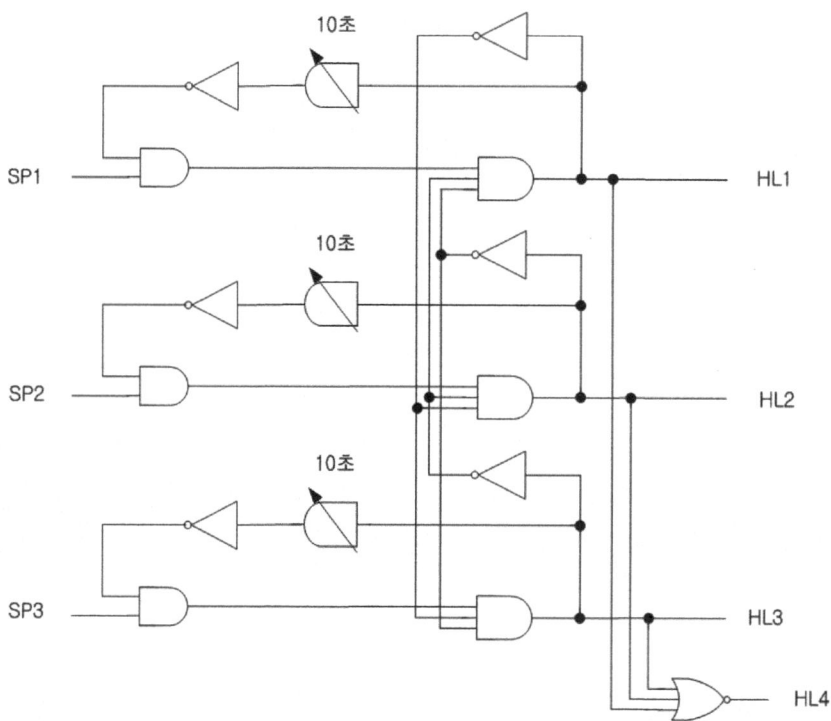

위 PLC 입출력도에 따라 입력 변수명에 따른 디바이스명을 확인하고, 출력 변수명에 따른 디바이스명을 확인하여 잘못 작성하는 일이 없도록 한다.

타이머 이후에 버퍼(NOT)가 등장하면 타이머의 결과를 B접점으로 입력하면 된다. 3개의 타이머가 등장하므로 각각 T1, 2, 3와 같이 구분해서 사용하도록 한다.

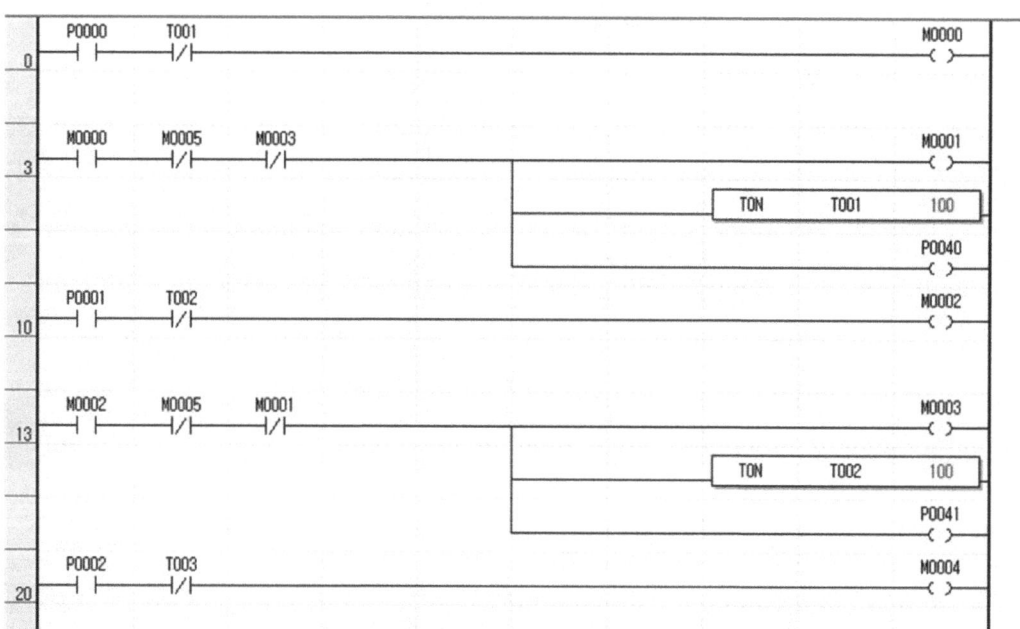

3. 진리표

진리표를 이용한 프로그램 작성은 단독으로 문제가 출제되기 보다는 주로 다른 유형과 결합되어 출제된다. 하나의 출력을 중심으로 해서 출력이 나오게 하는 입력이 몇 개인지를 먼저 확인한다. 하나의 출력을 만드는 각 입력은 AND로 작성하고, 그렇게 작성된 AND회로가 여러개라면 각각을 OR로 작성한다. 프로그램을 작성하는 방법은 굉장히 쉬운 편에 속하니 차분히 접근해보도록 한다.

①

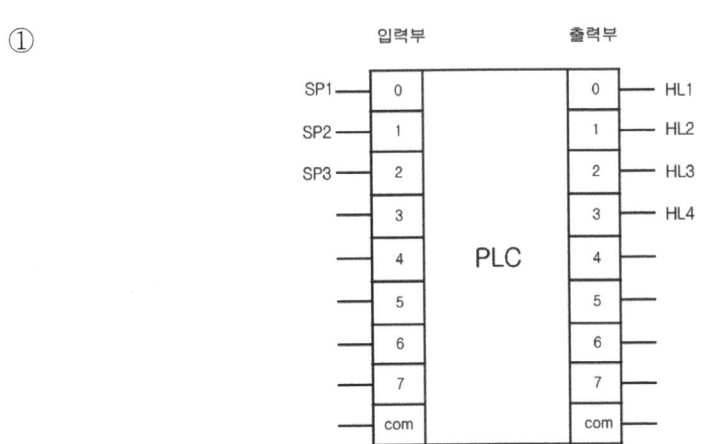

SP1	SP2	SP3	HL1	HL2	HL3	HL4
0	0	0	0	0	0	1
0	0	1	0	1	1	0
0	1	0	1	1	0	0
0	1	1	1	0	1	0
1	0	0	1	0	0	0
1	0	1	0	1	0	1
1	1	0	0	0	1	0
1	1	1	0	0	1	1

위 PLC 입출력도에 따라 입력 변수명에 따른 디바이스명을 확인하고, 출력 변수명에 따른 디바이스명을 확인하여 잘못 작성하는 일이 없도록 한다.

HL1의 경우 3번의 입력에 의해 출력이 만들어 지므로 3줄을 병렬로 연결해서 출력한다.

HL2의 경우에는 3줄, HL3는 4줄, HL4는 3줄이 된다.

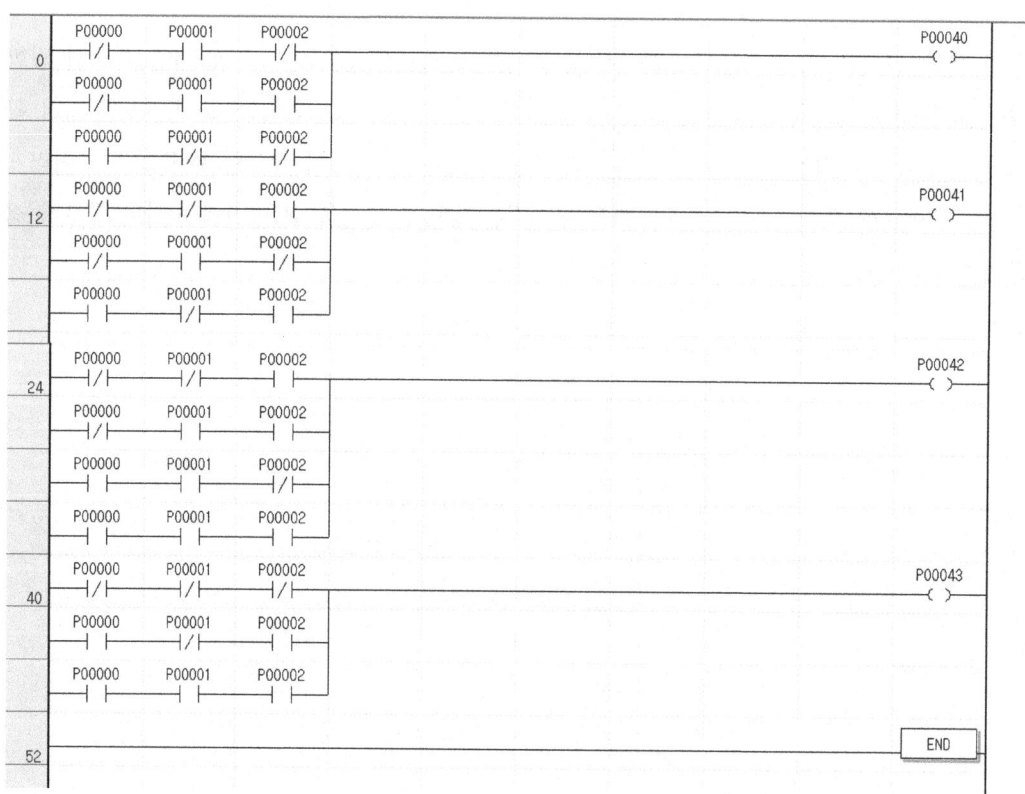

②

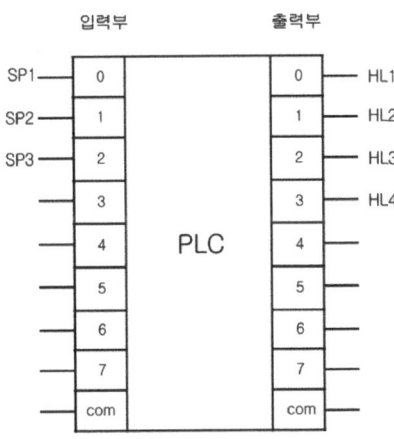

SP1	SP2	SP3	HL1	HL2	HL3	HL4
0	0	0	0	0	1	1
0	0	1	1	0	1	1
0	1	0	0	1	1	0
0	1	1	1	1	0	0
1	0	0	0	1	1	0
1	0	1	1	1	1	0
1	1	0	0	0	1	1
1	1	1	1	0	0	1

위 PLC 입출력도에 따라 입력 변수명에 따른 디바이스명을 확인하고, 출력 변수명에 따른 디바이스명을 확인하여 잘못 작성하는 일이 없도록 한다.

HL1의 경우 4번의 입력에 의해 출력이 만들어 지므로 4줄을 병렬로 연결해서 출력한다.

HL2의 경우에는 4줄, HL3는 6줄, HL4는 4줄이 된다.

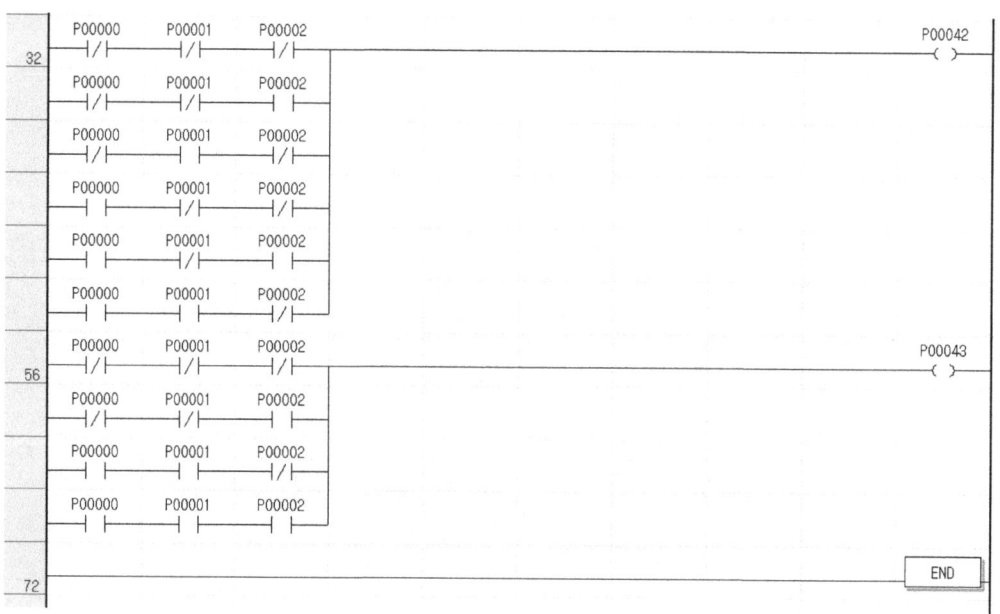

③

SP1	SP2	SP3	SP4	HL1	HL2	HL3	HL4
OFF	OFF	OFF	OFF	OFF	OFF	OFF	OFF
ON	OFF	OFF	OFF	동작1	OFF	OFF	OFF
ON	ON	OFF	OFF	ON	동작2	OFF	OFF
ON	ON	ON	OFF	ON	ON	동작2	OFF
ON	ON	ON	ON	동작3			

동작1 : 3초주기(1.5초 OFF, 1.5초 ON)

동작2 : 2초주기(1초 OFF, 1초 ON)

동작1 : 1초주기(0.5초 OFF, 0.5초 ON)

위 PLC 입출력도에 따라 입력 변수명에 따른 디바이스명을 확인하고, 출력 변수명에 따른 디바이스명을 확인하여 잘못 작성하는 일이 없도록 한다.

단순한 점등만이 아니라 특별한 동작을 요구하는 경우에도 마찬가지로 각각의 동작, 혹은 점등을 각각 병렬로 연결하여 작성한다.

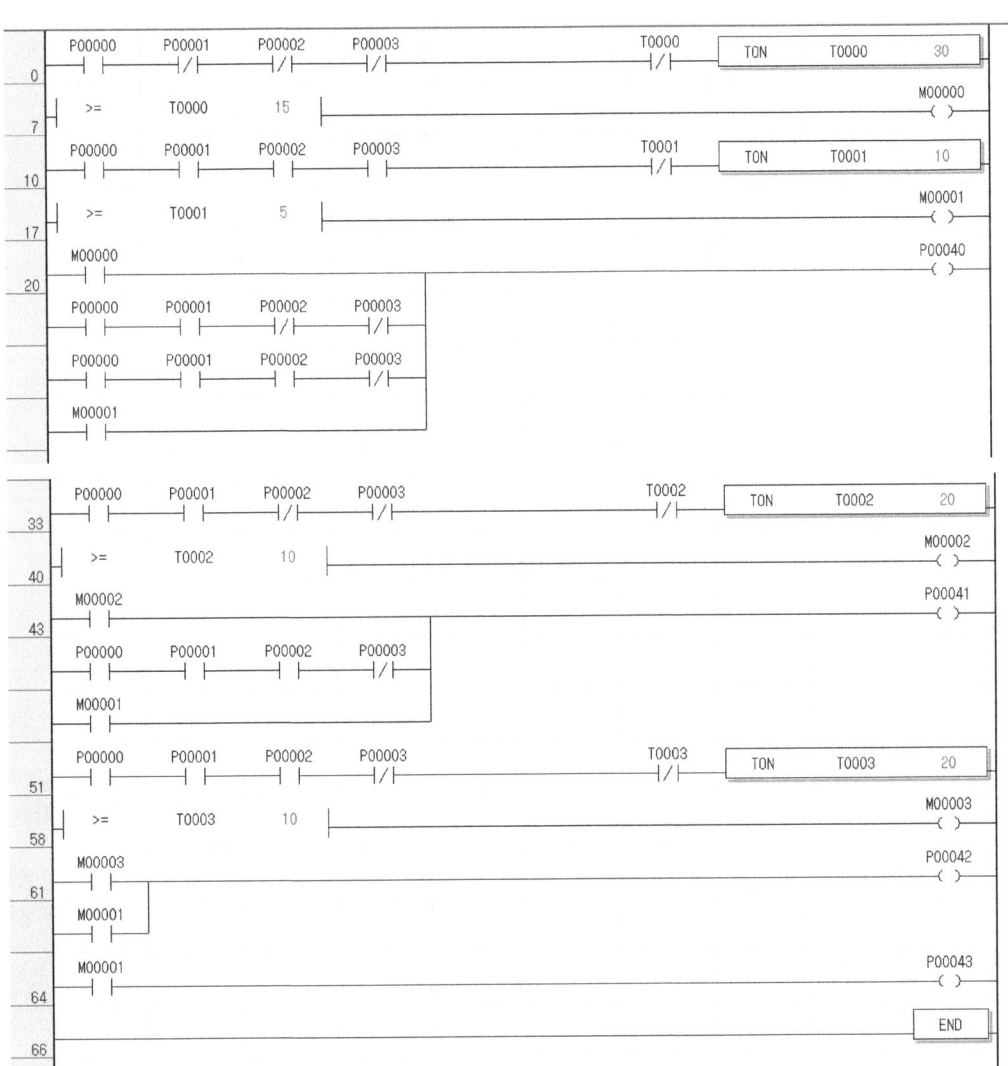

④

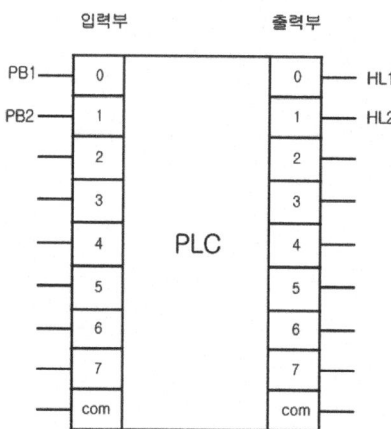

C1	T1	HL1	C2	T2	HL2
0	X	X	0	X	X
1	X	o	1	X	o
2	X	o	2	X	o
3	X	o	3	X	o
4	X	o	4	X	o
5	X	o	5	X	o
6	o	주기1	6	o	주기1

PB1으로 C1카운트, PB2로 C2카운트

T1과 T2는 10초 후 C1과 C2를 각각 리셋.

주기1 : 1초 ON, 1초 OFF를 반복.

위 PLC 입출력도에 따라 입력 변수명에 따른 디바이스명을 확인하고, 출력 변수명에 따른 디바이스명을 확인하여 잘못 작성하는 일이 없도록 한다.

단순한 점등만이 아니라 특별한 동작을 요구하는 경우에도 마찬가지로 각각의 동작, 혹은 점등을 각각 병렬로 연결하여 작성한다.

```
   ┌ P00000                                                    ┌─────────────────────┐
 0 ┤├──┤ ├──────────────────────────────────────────────────────┤ CTU   C0001     6 │
   │                                                            └─────────────────────┘
   │  C0001                                                    ┌─────────────────────┐
 3 ┤├──┤ ├──────────────────────────────────────────────────────┤ TON   T0001    100 │
   │                                                            └─────────────────────┘
   │  T0001                                                                   C0001
 6 ┤├──┤ ├──────────────────────────────────────────────────────────────────────(R)─
   │                                                                          P00040
 8 ┤├──┤ > T0001   0  ├──┤ <=  T0001   10 ├──────────────────────────────────( )─
   │  ├──┤ > T0001  20  ├──┤ <=  T0001   30 ├──────────────────────────────────┤
   │  ├──┤ > T0001  40  ├──┤ <=  T0001   50 ├──────────────────────────────────┤
   │  ├──┤ > T0001  60  ├──┤ <=  T0001   70 ├──────────────────────────────────┤
   │  ├──┤ > T0001  80  ├──┤ <=  T0001   90 ├──────────────────────────────────┤
   │  ├──┤ >= C0001   1  ├──┤ <=  C0001    5 ├──────────────────────────────────┤
   │
   │  P00001                                                    ┌─────────────────────┐
38 ┤├──┤ ├──────────────────────────────────────────────────────┤ CTU   C0002     6 │
   │                                                            └─────────────────────┘
   │  C0002                                                    ┌─────────────────────┐
41 ┤├──┤ ├──────────────────────────────────────────────────────┤ TON   T0002    100 │
   │                                                            └─────────────────────┘
   │  T0002                                                                   C0002
44 ┤├──┤ ├──────────────────────────────────────────────────────────────────────(R)─
   │                                                                          P00041
46 ┤├──┤ > T0002   0  ├──┤ <=  T0002   10 ├──────────────────────────────────( )─
   │  ├──┤ > T0002  20  ├──┤ <=  T0002   30 ├──────────────────────────────────┤
   │  ├──┤ > T0002  40  ├──┤ <=  T0002   50 ├──────────────────────────────────┤
   │  ├──┤ > T0002  60  ├──┤ <=  T0002   70 ├──────────────────────────────────┤
   │  ├──┤ > T0002  80  ├──┤ <=  T0002   90 ├──────────────────────────────────┤
   │  ├──┤ >= C0002   1  ├──┤ <=  C0002    5 ├──────────────────────────────────┤
   │                                                                         ┌─────┐
76 ┤                                                                         │ END │
                                                                             └─────┘
```

4. 순서도

　순서도를 이용한 프로그램 작성은 단독으로 문제가 출제되기 보다는 주로 다른 유형과 결합되어 출제된다. 보이는 대로 프로그램을 작성하는 것이 아니라 순서도를 해석해서 프로그램을 작성해야하기 때문에 다른 유형보다는 어려운 편에 속하는 유형이다.

　순서도를 해석할 때는 판단 기호가 가장 중요한 역할을 한다. 조건을 만족할 때와 만족하지 않을 때를 구분해 보면 총 몇 가지의 요구조건이 숨어있는 지를 알 수 있게 된다.

　순서도를 해석하는 연습을 충분히 하도록 한다.

1) 기본 순서도

⬢	준비	⬭	시작/종료	▱	수동입력
▭	데이터입력	◇	판단	→	흐름선

2) 실전 순서도

①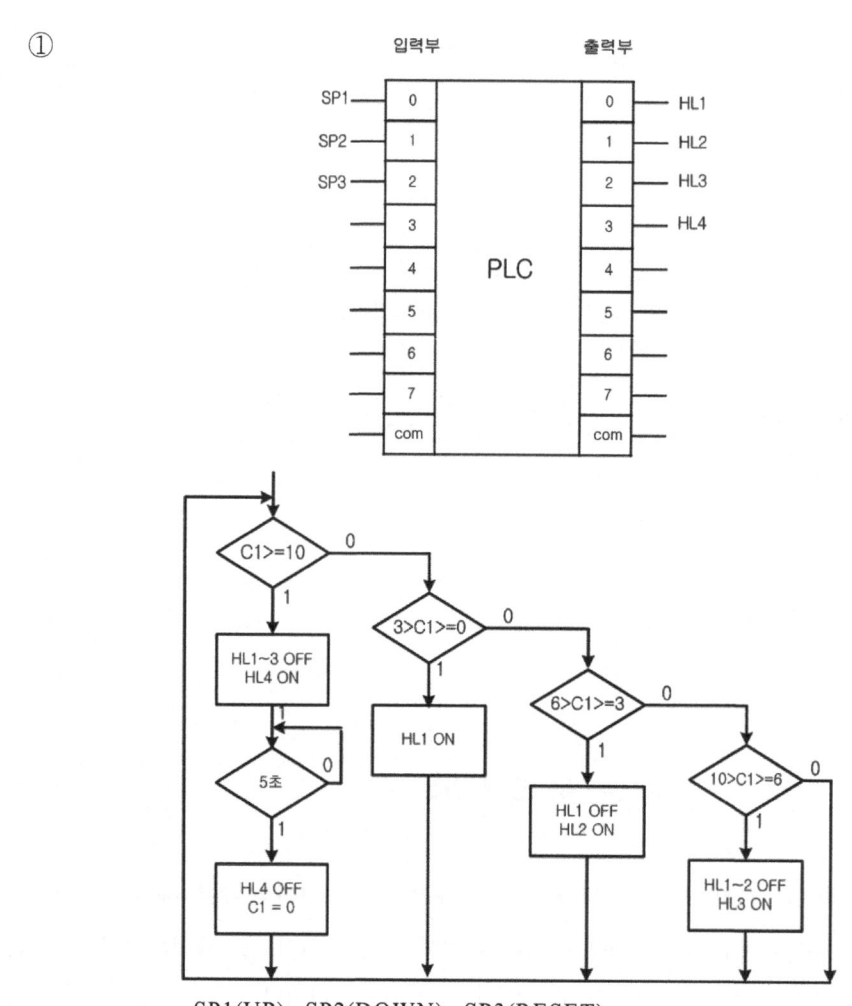

SP1(UP), SP2(DOWN), SP3(RESET)

위 PLC 입출력도에 따라 입력 변수명에 따른 디바이스명을 확인하고, 출력 변수명에 따른 디바이스명을 확인하여 잘못 작성하는 일이 없도록 한다.

판단기호를 살펴보면 총 4가지 경우에 따라 각각의 출력이 결정됨을 알 수 있다.

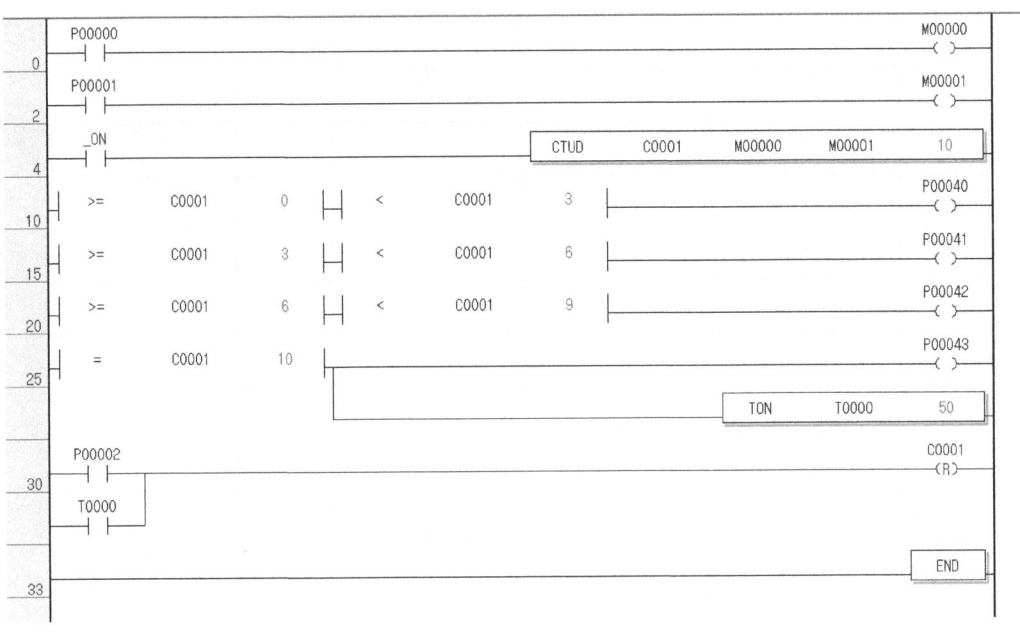

②

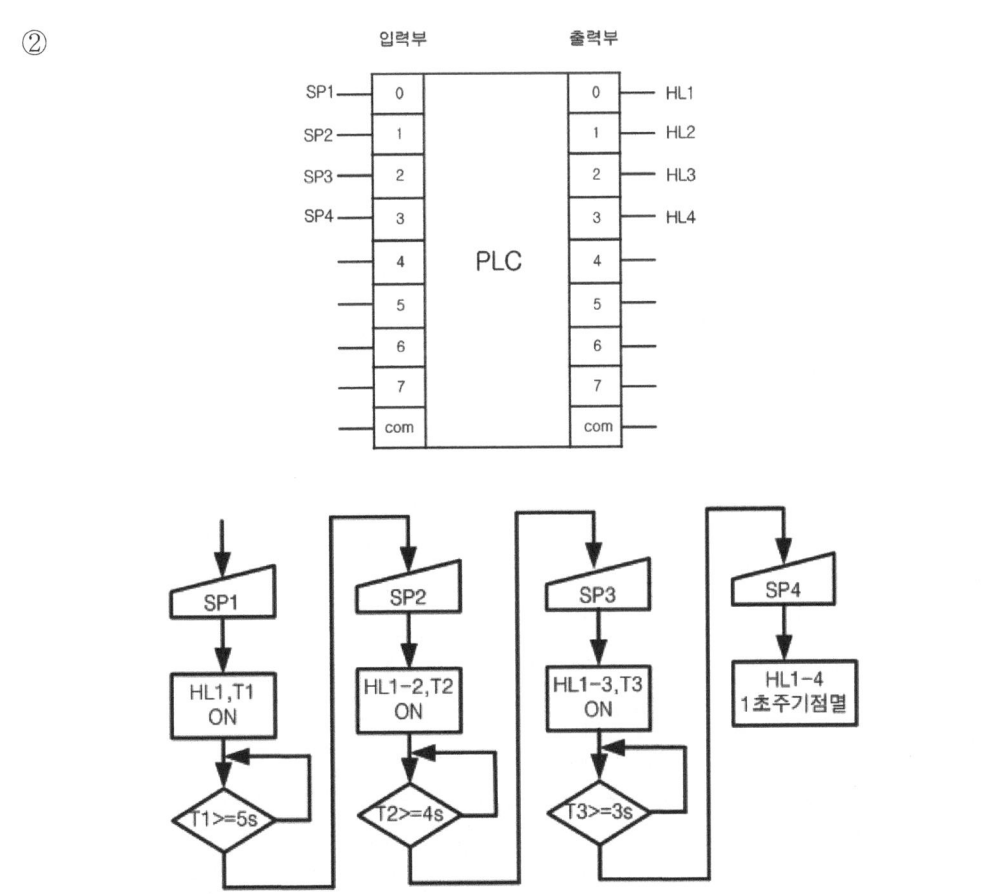

1초주기 점멸 : 0.5초 OFF, 0.5초 ON

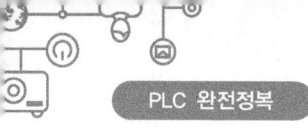

위 PLC 입출력도에 따라 입력 변수명에 따른 디바이스명을 확인하고, 출력 변수명에 따른 디바이스명을 확인하여 잘못 작성하는 일이 없도록 한다.

순서도를 흐름대로 따라가다 보면 하나의 조건을 만족해야만 다음단계로 진행됨을 알 수 있다. 따라서 앞단계와 뒷단계는 AND로 연결되어야 한다.

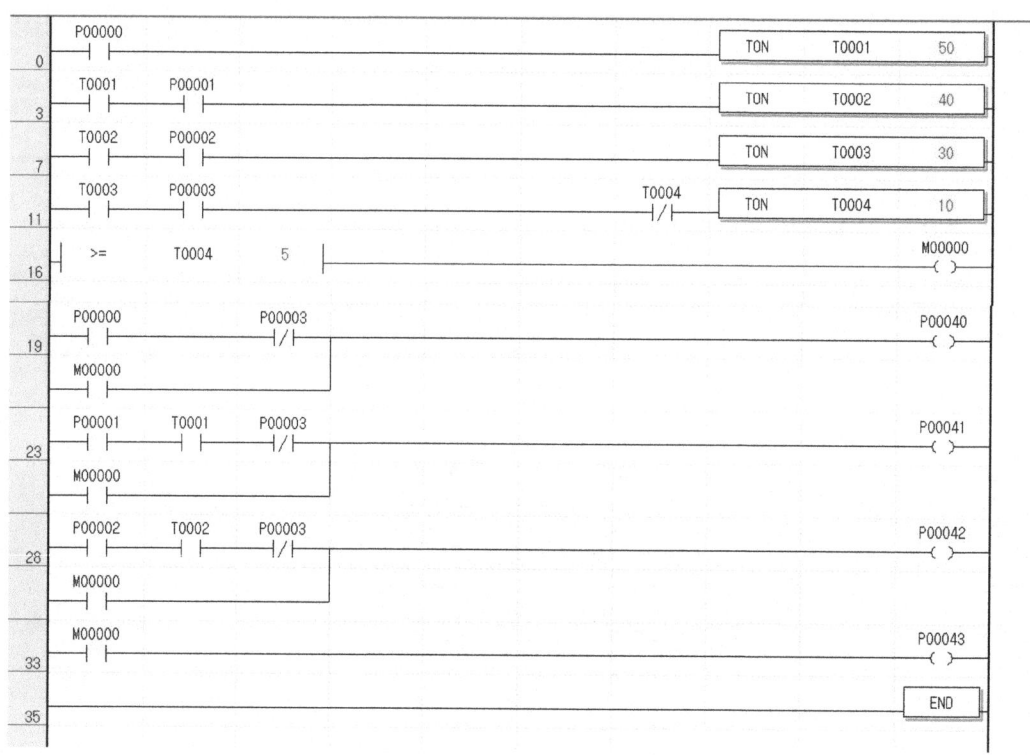

③

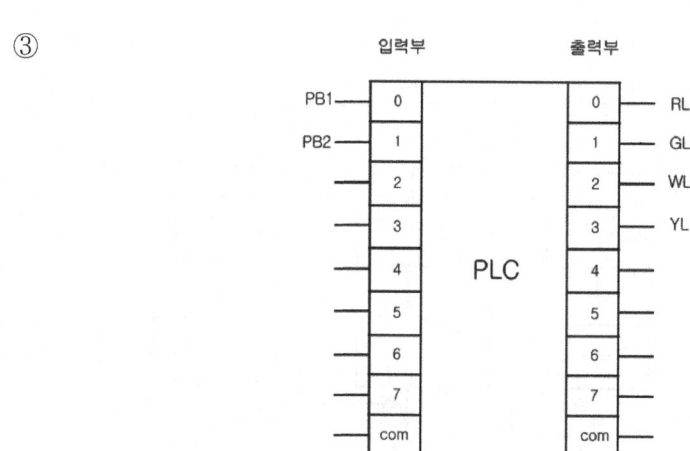

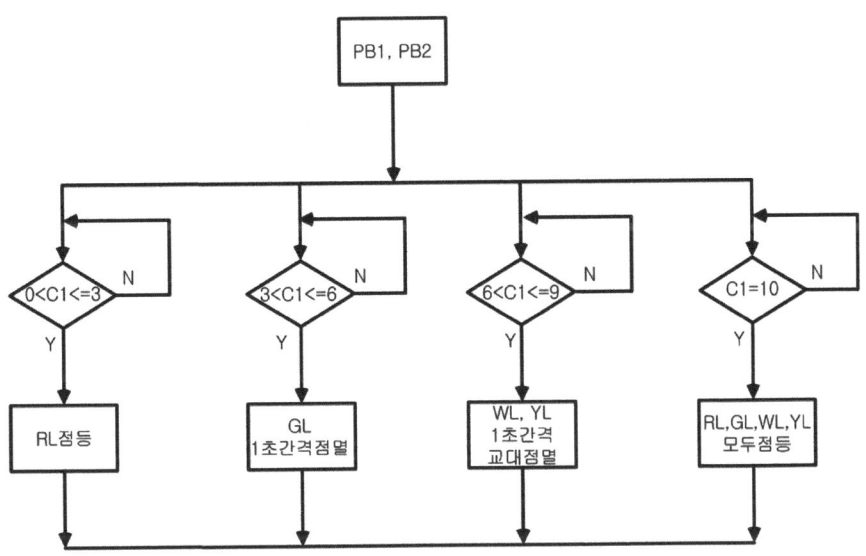

PB1(UP), PB2(DOWN) C1의 설정값은 10

1초간격 점멸 : 1초 OFF, 1초 ON

위 PLC 입출력도에 따라 입력 변수명에 따른 디바이스명을 확인하고, 출력 변수명에 따른 디바이스명을 확인하여 잘못 작성하는 일이 없도록 한다.

판단기호를 살펴보면 총 4가지 경우에 따라 각각의 출력이 결정됨을 알 수 있다.

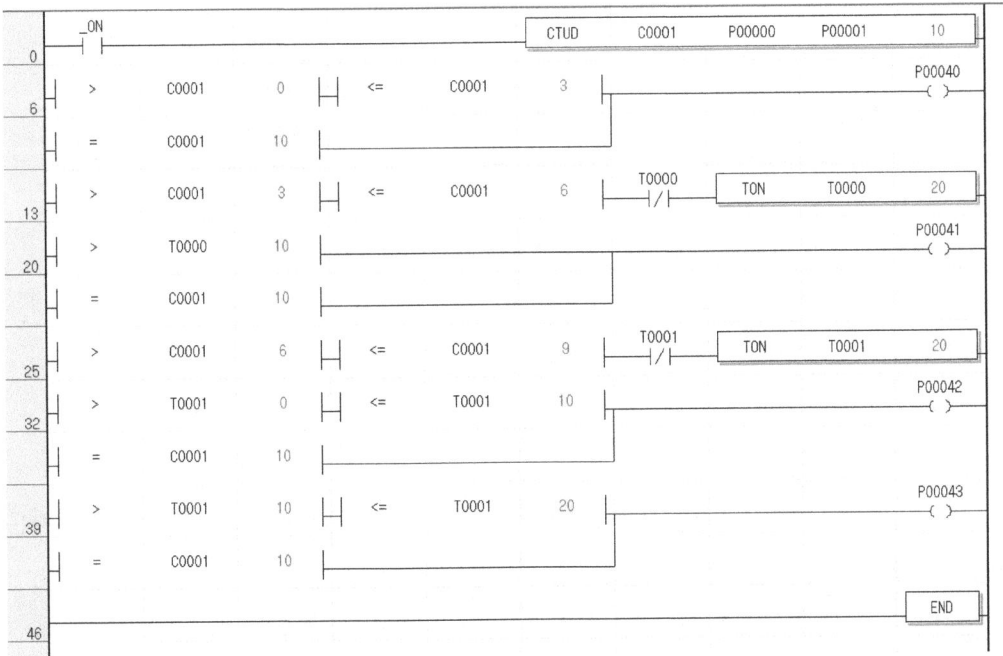

④

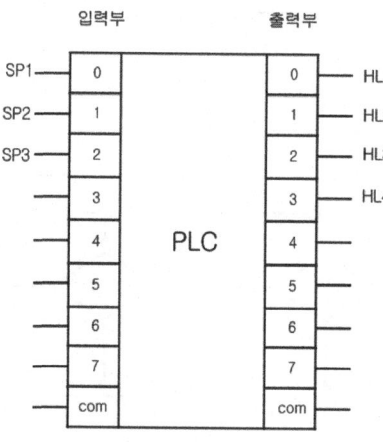

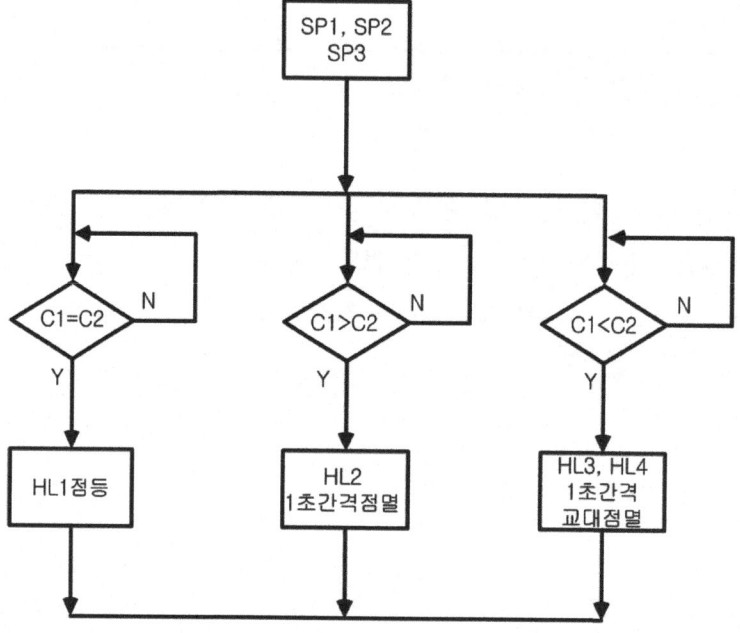

SP1 : C1, SP2 : C2

C1, C2의 설정값은 10

SP3 : 리셋

1초간격 점멸 : 1초 OFF, 1초 ON

위 PLC 입출력도에 따라 입력 변수명에 따른 디바이스명을 확인하고, 출력 변수명에 따른 디바이스명을 확인하여 잘못 작성하는 일이 없도록 한다.

판단기호를 살펴보면 총 3가지 경우에 따라 각각의 출력이 결정됨을 알 수 있다.

P00000
CTU C0001 10
P00001
CTU C0002 10
P00002
C0001
R
C0002
R
= C0001 C0002
P00040
> C0001 C0002
T0000
TON T0000 20
> T0000 10
P00041
> C0002 C0001
T0001
TON T0001 20
> T0001 0 <= T0001 10
P00042
> T0001 10 <= T0001 20
P00043
END
0
3
6
9
12
17
20
25
30
35

⑤

입력부
출력부
PBA
PBB
PBC
SSA
SSB
SSC
PLC
PLA
PLB
PLC
PLD
PLE
com
com

SSA
ON
OFF
PBC
ON
OFF
PBA
ON
PLA ON
PBA
ON
PLA OFF
PBB
ON
PLB ON
PBB
ON
PLB OFF
SSB
OFF
ON
PLD 1초주기점멸
PLE 2초주기점멸
5초후
PLD OFF
SSC
OFF
ON
PLA~C ON
3초후
PLC OFF
3초후
PLB OFF

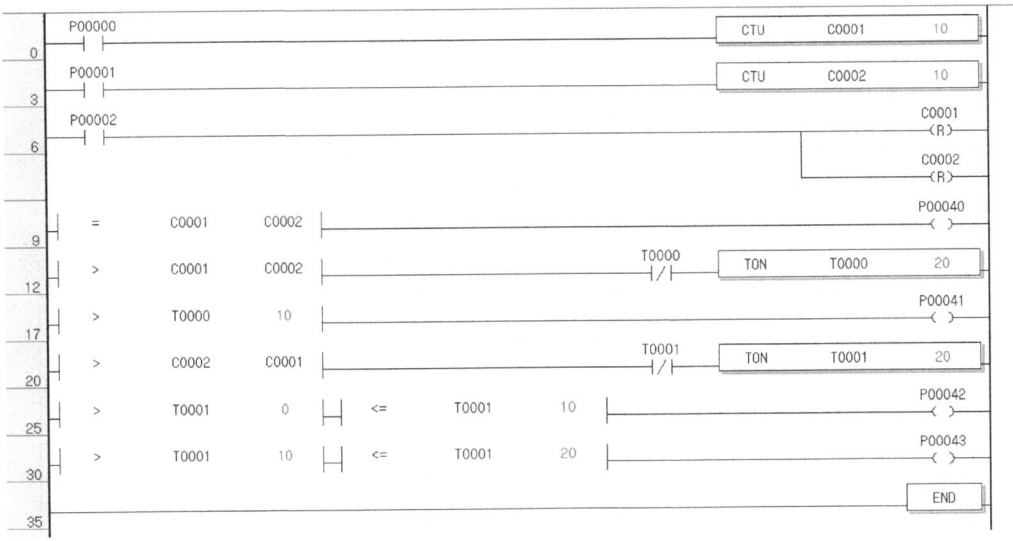

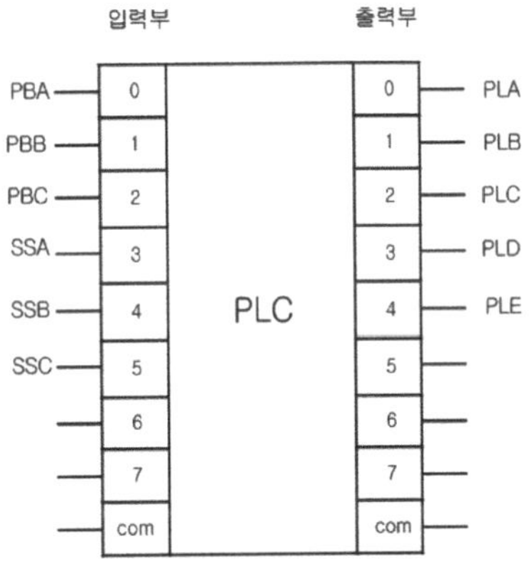

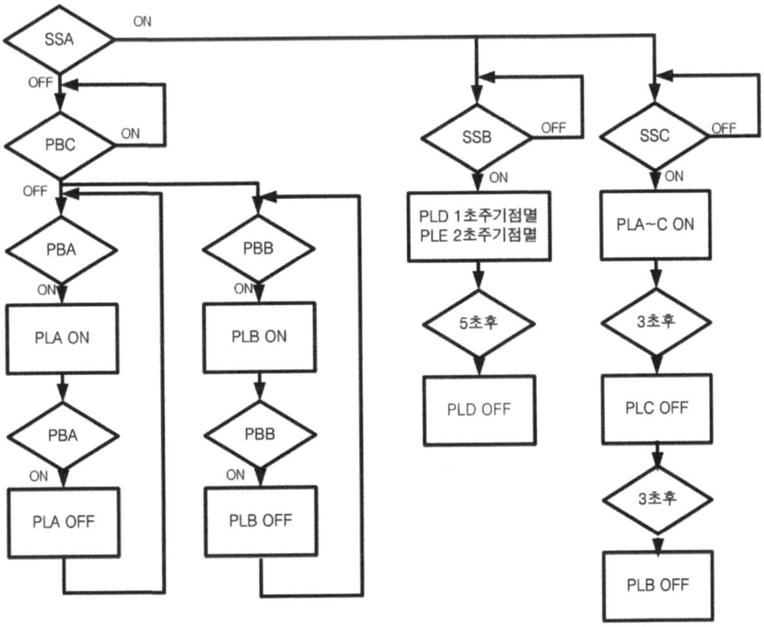

1초주기 점멸 : 0.5초 ON, 0.5초 Off
2초주기 점멸 : 1초 ON, 1초 Off

위 PLC 입출력도에 따라 입력 변수명에 따른 디바이스명을 확인하고, 출력 변수명에 따른 디바이스명을 확인하여 잘못 작성하는 일이 없도록 한다.

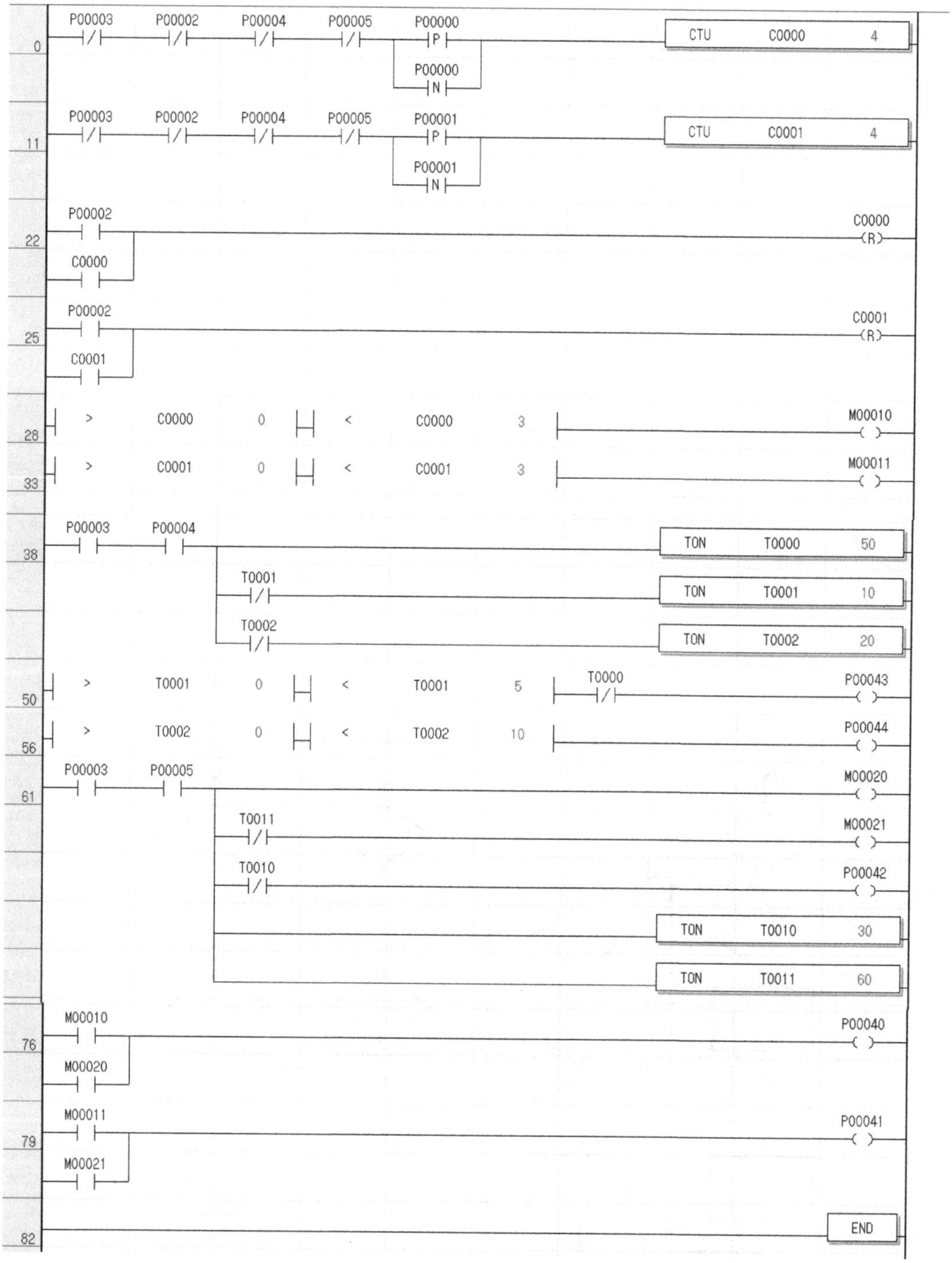

⑥

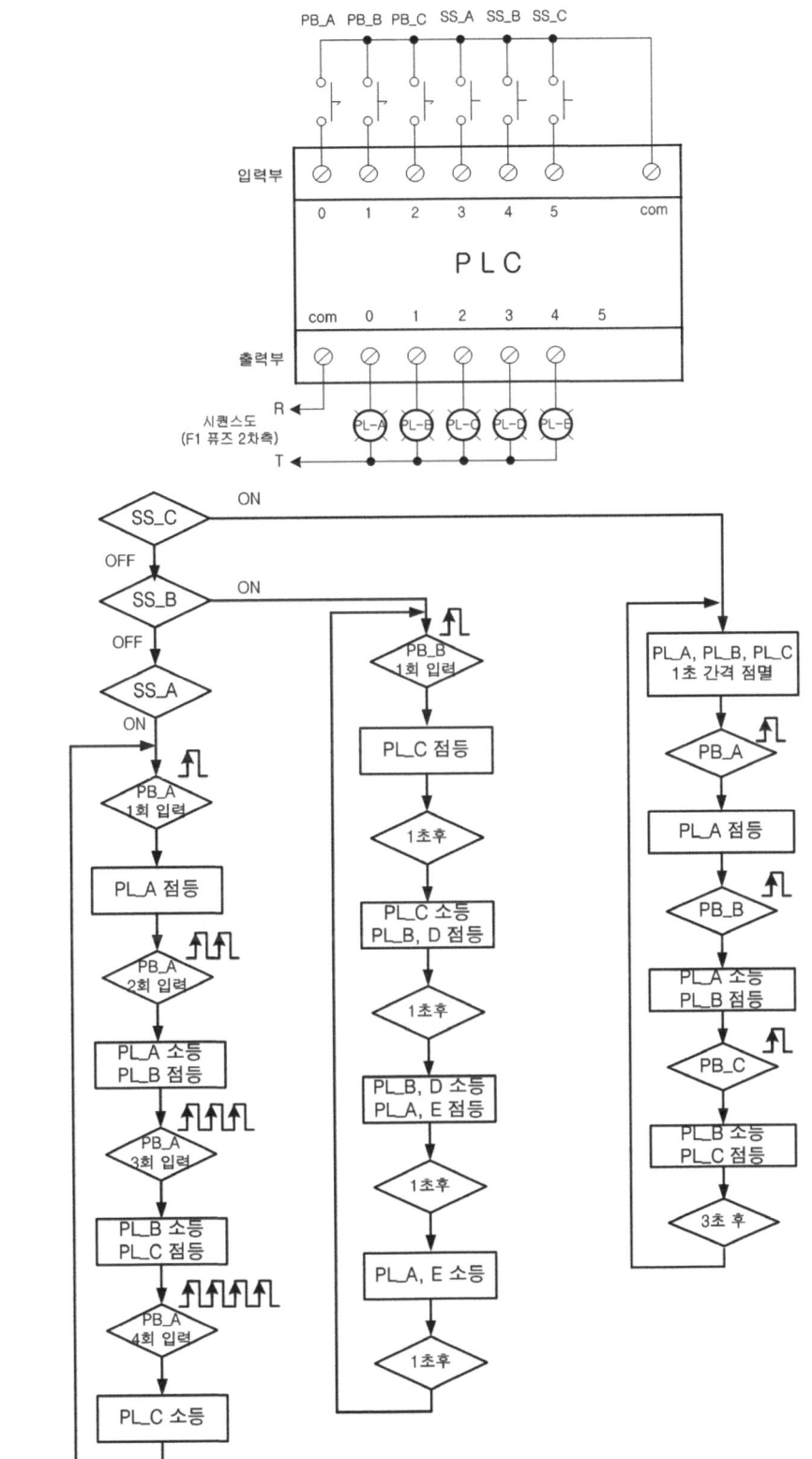

1초간격 점멸 : 1초 ON, 1초 Off

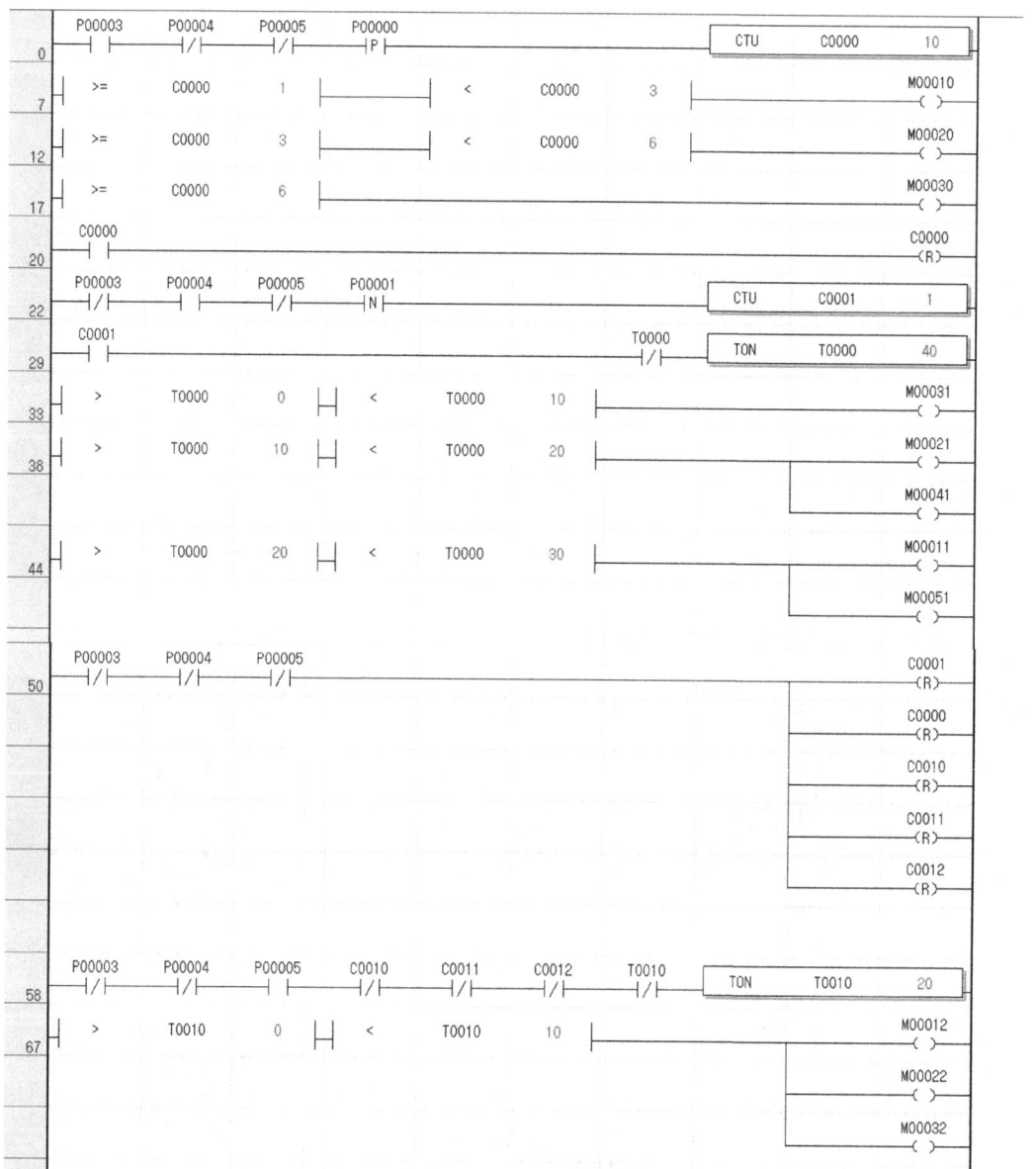

```
74 ──┤/├──┤/├──┤ ├──┬──┤P├─────────────────────[CTU  C0010   1]
     P00003 P00004 P00005 │  P00000
                          ├──┤P├─────────────────[CTU  C0011   1]
                          │  P00001
                          └──┤P├─────────────────[CTU  C0012   1]
                             P00002

92 ──┤ ├──────────────────────────────────────────────────(M00013)
     C0010

94 ──┤ ├──────────────────────────────────────────┬───────(M00023)
     C0011                                        │
                                                  └───────(C0010)(R)

97 ──┤ ├──────────────────────────────────────────┬───────(M00033)
     C0012                                        │
                                                  ├───────(C0011)(R)
                                                  │
                                                  └─────[TON  T0030  30]

102 ─┤ ├──────────────────────────────────────────┬───────(C0012)(R)
     T0030                                        │
                                                  ├───────(C0011)(R)
                                                  │
                                                  └───────(C0010)(R)

106 ─┬┤ ├─────────────────────────────────────────────────(P00040)
     │ M00010
     ├┤ ├
     │ M00011
     ├┤ ├
     │ M00012
     └┤ ├
       M00013

111 ─┬┤ ├─────────────────────────────────────────────────(P00041)
     │ M00020
     ├┤ ├
     │ M00021
     ├┤ ├
     │ M00022
     └┤ ├
       M00023

116 ─┬┤ ├─────────────────────────────────────────────────(P00042)
     │ M00030
     ├┤ ├
     │ M00031
     ├┤ ├
     │ M00032
     └┤ ├
       M00033

121 ─┤ ├─────────────────────────────────────────────────(P00043)
     M00041

123 ─┤ ├─────────────────────────────────────────────────(P00044)
     M00051

125                                                       [END]
```

5. 타임차트

타임차트를 이용한 프로그램 작성은 단독으로 문제가 출제되기도 하고 다른 유형과 결합되어 출제되기도 한다. 63회시험에서는 모든 PLC문제가 타임차트로 출제될 정도로 출제빈도가 높은 유형이니 충분한 연습을 통해 빠르고 정확하게 프로그램을 작성하는 훈련을 하도록 한다.

1) 기초 타임차트

기본적으로 타임차트는 입력 부분과 출력부분으로 표현되는데 먼저 어느 부분이 입력인지 어느 부분이 출력인지를 구분하는 눈을 기르는 훈련이 필요하다. 타임차트를 보고 프로그램을 작성할 때는 출력을 먼저 확인한 후 그 출력을 만들어 내거나 끝나게 하는 입력이 누구인지를 역으로 생각해서 타임차트를 해석해 나가면 보다 쉽게 프로그램을 작성할 수 있다.

① 푸쉬버튼 입력회로

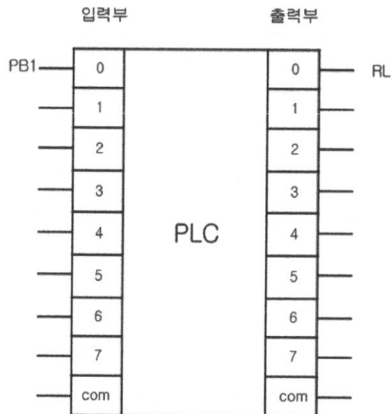

위 PLC 입출력도에 따라 입력 변수명에 따른 디바이스명을 확인하고, 출력 변수명에 따른 디바이스명을 확인하여 잘못 작성하는 일이 없도록 한다.

출력의 시작과 끝을 따라 올라가 보면 입력과 같으므로 입력만큼 출력이 존재하도록 입력을 A접점으로 하여 그대로 출력한다.

```
          P00000                                              P00040
    ┤ ├                                                       ─( )─
  0                                                           ┌─────┐
                                                              │ END │
  2                                                           └─────┘
```

② AND회로

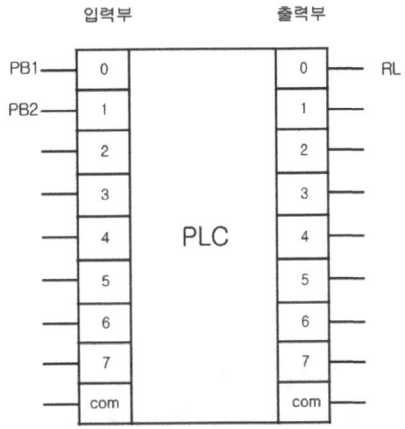

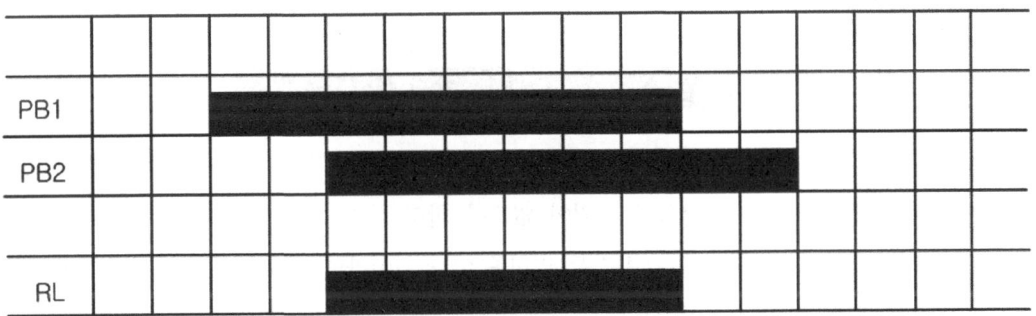

위 PLC 입출력도에 따라 입력 변수명에 따른 디바이스명을 확인하고, 출력 변수명에 따른 디바이스명을 확인하여 잘못 작성하는 일이 없도록 한다.

출력의 시작과 끝을 따라 올라가 보면 두 입력이 겹치는 구간에서만 출력이 발생함을 알 수 있으므로 AND로 표현해야 한다.

```
          P00000  P00001                                      P00040
    ┤ ├    ┤ ├                                                ─( )─
  0                                                           ┌─────┐
                                                              │ END │
  3                                                           └─────┘
```

③ OR회로

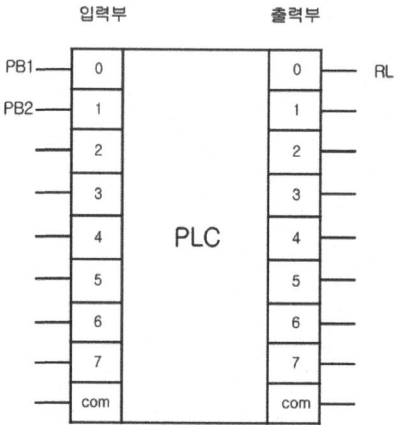

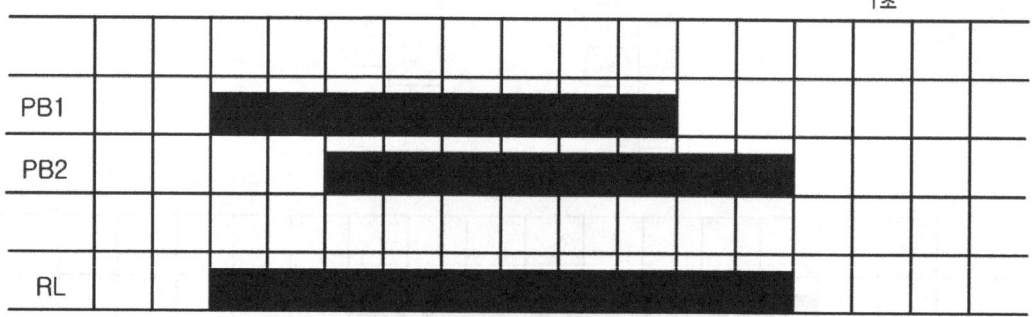

위 PLC 입출력도에 따라 입력 변수명에 따른 디바이스명을 확인하고, 출력 변수명에 따른 디바이스명을 확인하여 잘못 작성하는 일이 없도록 한다.

출력의 시작과 끝을 따라 올라가 보면 두 입력중 어느 것이라도 있기만 하면 출력이 발생함을 알 수 있으므로 OR로 표현해야 한다.

④ XOR회로

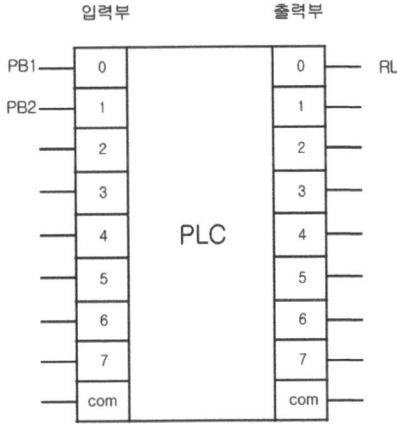

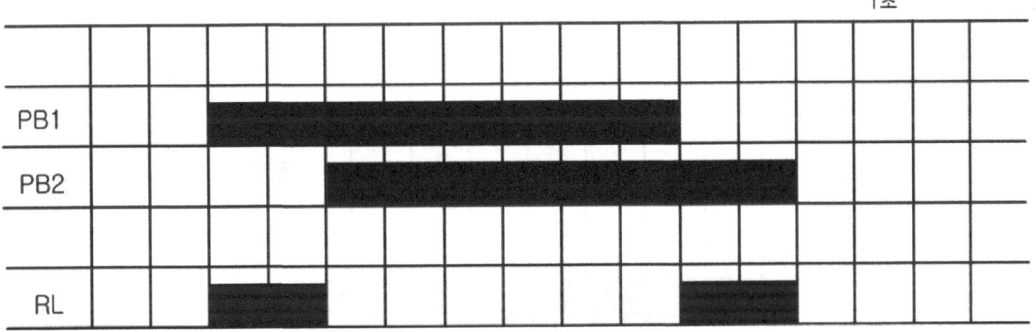

위 PLC 입출력도에 따라 입력 변수명에 따른 디바이스명을 확인하고, 출력 변수명에 따른 디바이스명을 확인하여 잘못 작성하는 일이 없도록 한다.

출력의 시작과 끝을 따라 올라가 보면 두 입력 중 하나만 존재할 때 출력이 발생함을 알 수 있으므로 XOR로 표현해야 한다.

⑤ 자기유지회로

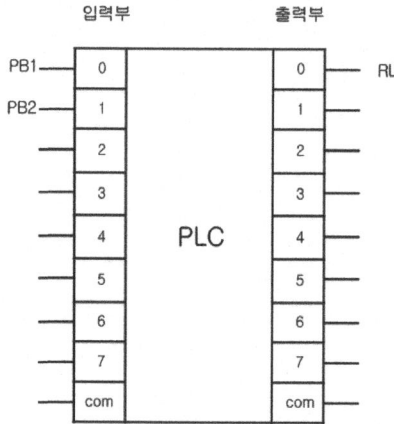

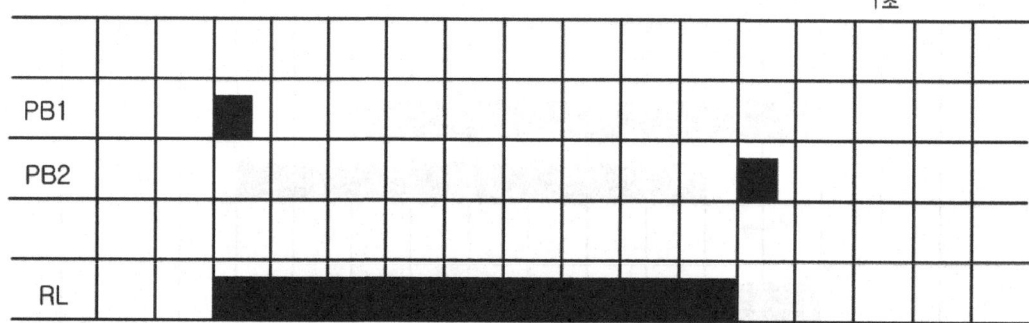

위 PLC 입출력도에 따라 입력 변수명에 따른 디바이스명을 확인하고, 출력 변수명에 따른 디바이스명을 확인하여 잘못 작성하는 일이 없도록 한다.

출력의 시작과 끝을 따라 올라가 보면 시작하게 하는 입력이 짧은 펄스 신호임에도 출력은 계속 유지되는 자기 유지회로임을 알 수 있다.

⑥ 선입력 우선회로

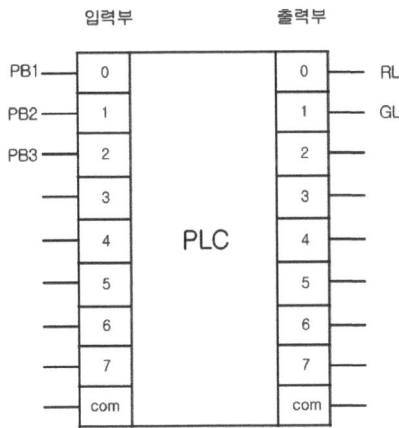

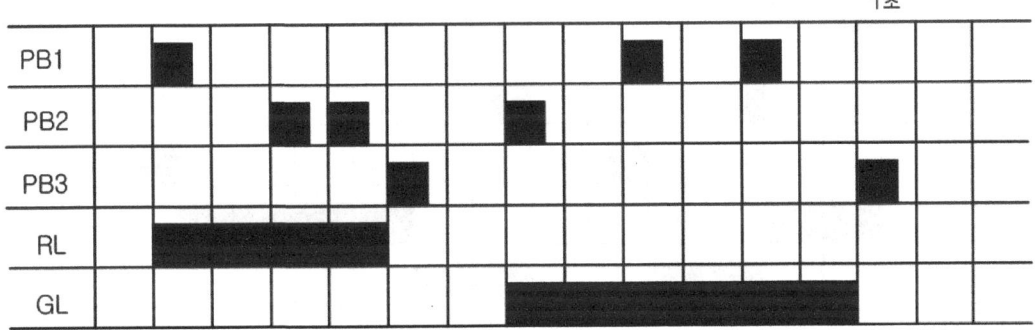

위 PLC 입출력도에 따라 입력 변수명에 따른 디바이스명을 확인하고, 출력 변수명에 따른 디바이스명을 확인하여 잘못 작성하는 일이 없도록 한다.

출력의 시작과 끝을 따라 올라가 보면 먼저 RL은 PB1에 의해 시작되고 PB3에 의해 끝나게 되고, GL은 PB2에 의해 시작되고 PB3에 의해 끝나게 되는 것을 알 수 있다. 또한 RL이 켜져 있는 동안에는 PB2를 눌러도 GL이 켜지지 않고, 반대로 GL이 켜져 있는 동안에는 PB1을 눌러도 RL이 켜지지 않음을 알 수 있다. 이를 보고 선입력 우선회로라는 것을 인식하여야 한다.

⑦ 후입력 우선회로

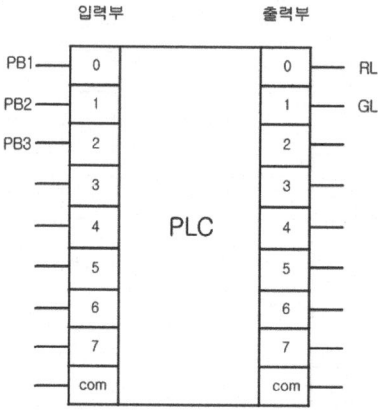

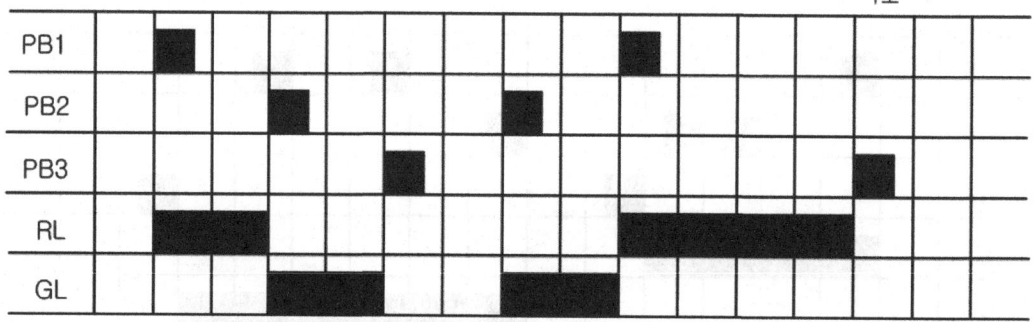

위 PLC 입출력도에 따라 입력 변수명에 따른 디바이스명을 확인하고, 출력 변수명에 따른 디바이스명을 확인하여 잘못 작성하는 일이 없도록 한다.

출력의 시작과 끝을 따라 올라가 보면 먼저 RL은 PB1에 의해 시작되고 PB2, PB3에 의해 끝나게 되고, GL은 PB2에 의해 시작되고 PB1, PB3에 의해 끝나게 되는 것을 알 수 있다. 또한 RL이 켜져 있는 동안에는 PB2를 누르면 RL이 꺼지면서 GL이 켜지고, 반대로 GL이 켜져 있는 동안에 PB1을 누르면 GL이 꺼지면서 RL이 켜지게 됨을 알 수 있다. 이를 보고 후입력 우선 회로라는 것을 인식하여야 한다.

⑧ 타이머회로(TON)

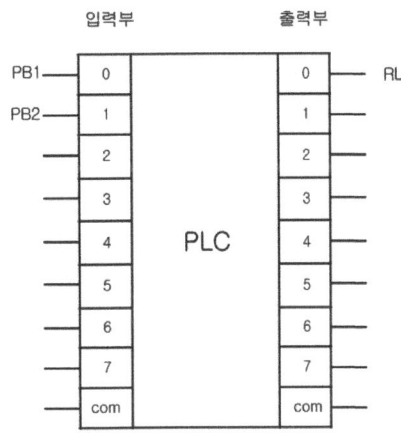

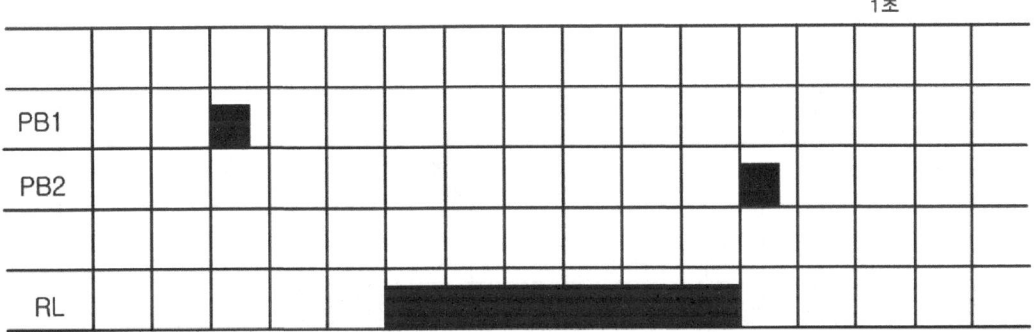

위 PLC 입출력도에 따라 입력 변수명에 따른 디바이스명을 확인하고, 출력 변수명에 따른 디바이스명을 확인하여 잘못 작성하는 일이 없도록 한다.

출력의 시작과 끝을 따라 올라가 보면 PB2에 의해 꺼진다는 것은 알아도 시작을 따라 가보면 아무 입력도 없음을 보게 된다. 이럴 때는 출력이 나온 시점보다 앞선 입력을 살펴보고 그 입력이 있은 후 일정시간 이후에 출력이 나오게 되는 TON을 떠올려야 한다.

⑨ 타이머회로(TOFF)

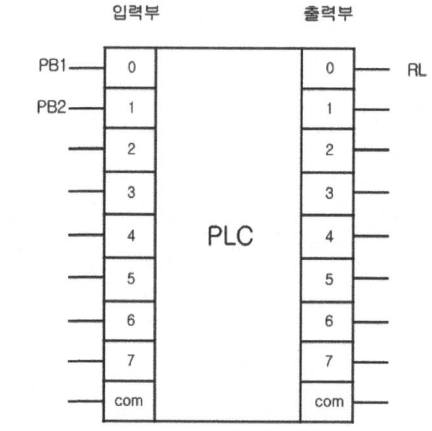

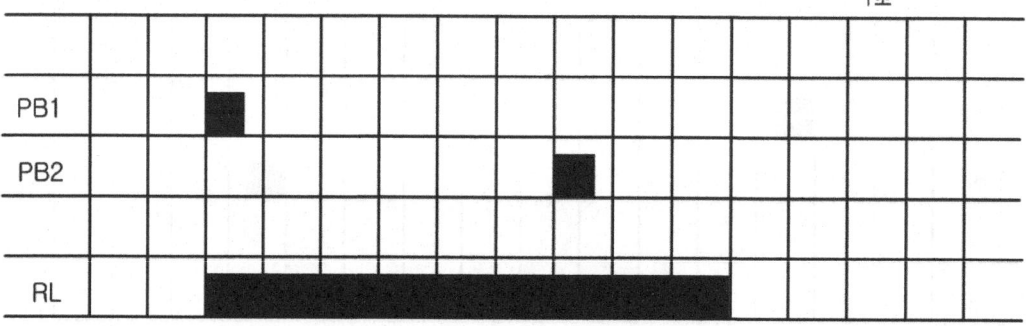

위 PLC 입출력도에 따라 입력 변수명에 따른 디바이스명을 확인하고, 출력 변수명에 따른 디바이스명을 확인하여 잘못 작성하는 일이 없도록 한다.

출력의 시작과 끝을 따라 올라가 보면 PB1에 의해 켜진다는 것은 알아도 끝을 따라 가보면 아무 입력도 없음을 보게 된다. 이럴 때는 출력이 끝난 시점보다 앞선 입력을 살펴보고 그 입력이 있은 후 일정시간 이후에 출력이 끝나게 되는 TOFF를 떠올려야 한다.

⑩ 플리커회로

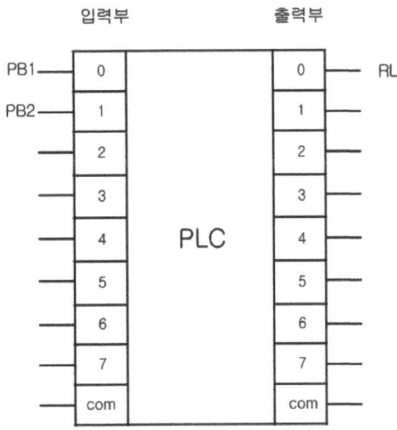

위 PLC 입출력도에 따라 입력 변수명에 따른 디바이스명을 확인하고, 출력 변수명에 따른 디바이스명을 확인하여 잘못 작성하는 일이 없도록 한다.

출력의 시작과 끝을 따라 올라가 보면 PB1에 의해 켜지고 PB2에 의해 꺼지는데, 그 사이에 아무 입력 없이도 출력이 켜짐과 꺼짐을 반복함을 볼 수 있다. 이런 동작을 보면 플리커를 떠올려야 한다.

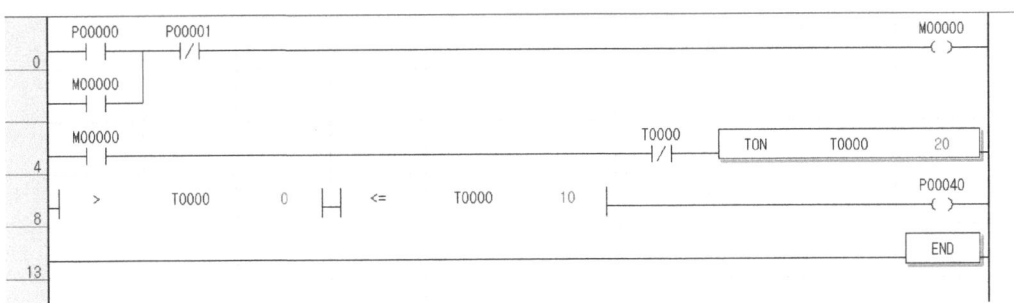

⑪ 카운터회로(CTU)

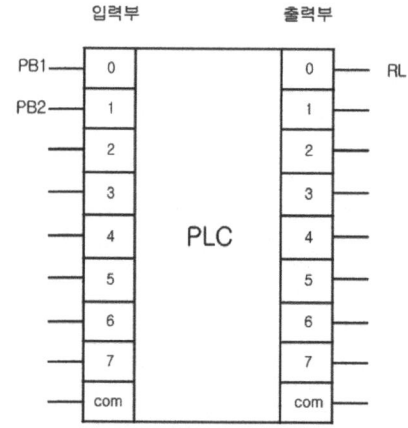

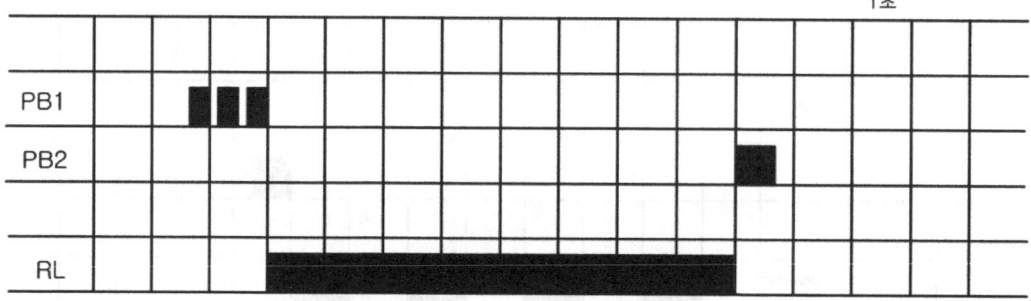

위 PLC 입출력도에 따라 입력 변수명에 따른 디바이스명을 확인하고, 출력 변수명에 따른 디바이스명을 확인하여 잘못 작성하는 일이 없도록 한다.

출력의 시작과 끝을 따라 올라가 보면 하나의 입력이 여러 번 발생한 이후에 출력이 발생함을 알 수 있다. 이런 동작을 보면 CTU를 떠올려야 한다.

⑫ 카운터회로(CTUD)

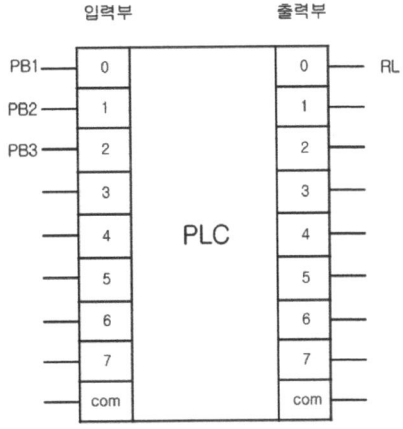

위 PLC 입출력도에 따라 입력 변수명에 따른 디바이스명을 확인하고, 출력 변수명에 따른 디바이스명을 확인하여 잘못 작성하는 일이 없도록 한다.

출력의 시작과 끝을 따라 올라가 보면 두 개의 입력에 의한 합과 차가 일정 숫자가 되면 출력이 생성되고 숫자가 달라지면 사라지기도 함을 알 수 있다. 이런 동작을 보면 CTUD를 떠올려야 한다.

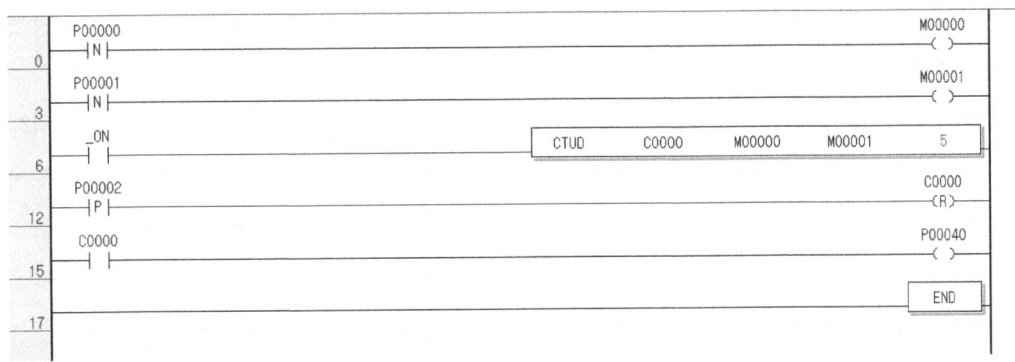

2) 실전 타임차트

타임차트로 출제되는 문제는 사실 해석하기에 따라서 전혀 다른 식으로 프로그램이 구성되기도 하는데 그렇다고 해서 틀렸다는 것은 아니다. 타임차트대로 입력을 주었을 때 출력이 나온다면 모두 정답이다. 본인이 구현할 수 있는 가장 간단한 방법으로 타임차트를 해석하고 오류 없이 동작되도록 구성하도록 한다.

①

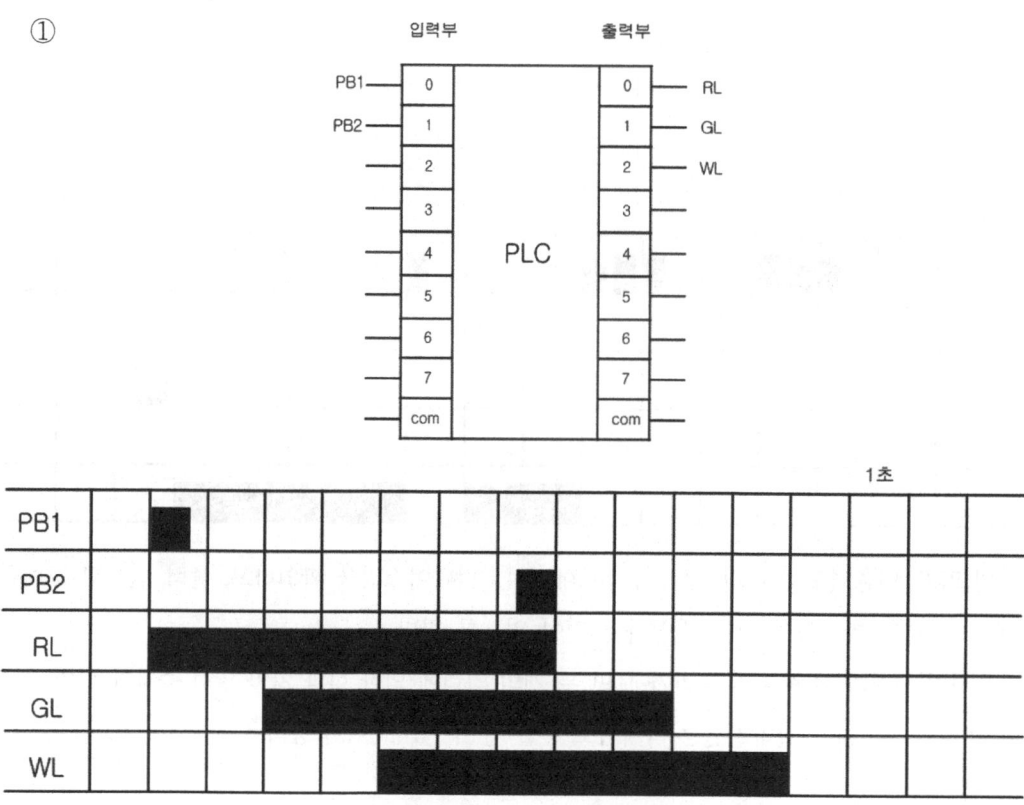

위 PLC 입출력도에 따라 입력 변수명에 따른 디바이스명을 확인하고, 출력 변수명에 따른 디바이스명을 확인하여 잘못 작성하는 일이 없도록 한다.

출력의 시작과 끝을 따라 올라가 보면 세 개의 출력 모두 PB1에 의해 생성되고 PB2에 의해 사라짐을 알 수 있다. 단 RL은 바로 생성되고 바로 사라지지만, GL과 WL은 일정시간 이후에 생성되고 일정시간 이후에 사라지므로 TON과 TOFF를 적절히 사용하여야 한다.

②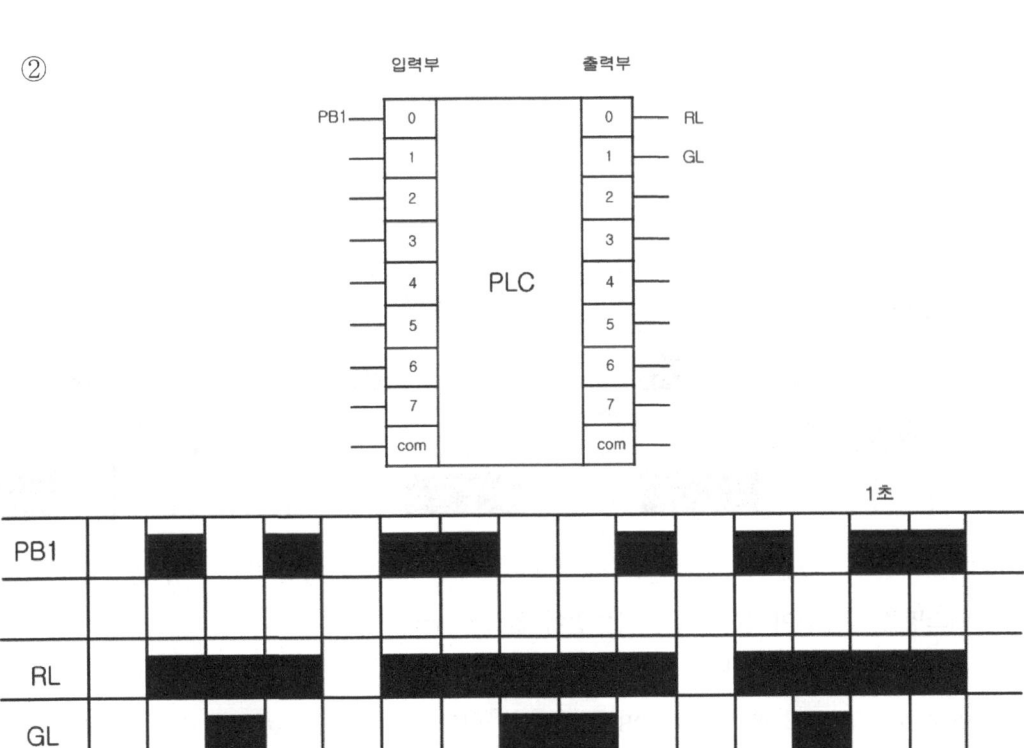

위 PLC 입출력도에 따라 입력 변수명에 따른 디바이스명을 확인하고, 출력 변수명에 따른 디바이스명을 확인하여 잘못 작성하는 일이 없도록 한다.

출력의 시작과 끝을 따라 올라가 보면 하나의 입력에 의해서 두 개의 출력이 나타났다 사라졌다가 제어되는 원버튼 동작임을 알 수 있다. 원버튼으로 설정하여 카운터의 숫자에 따라 출력의 발생을 제어하도록 한다.

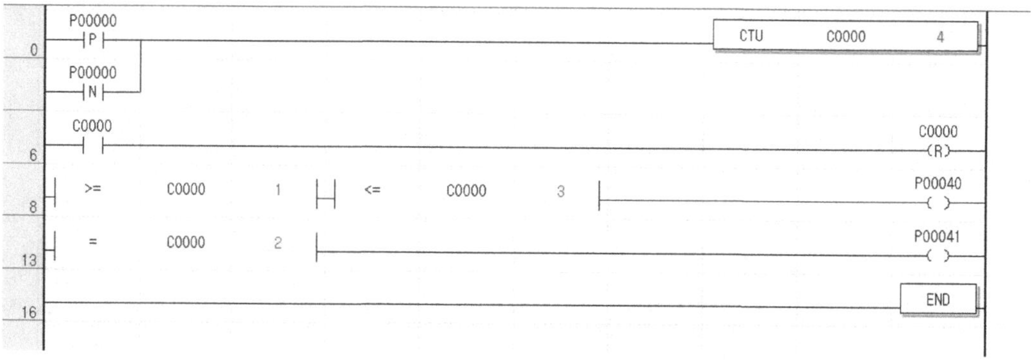

③

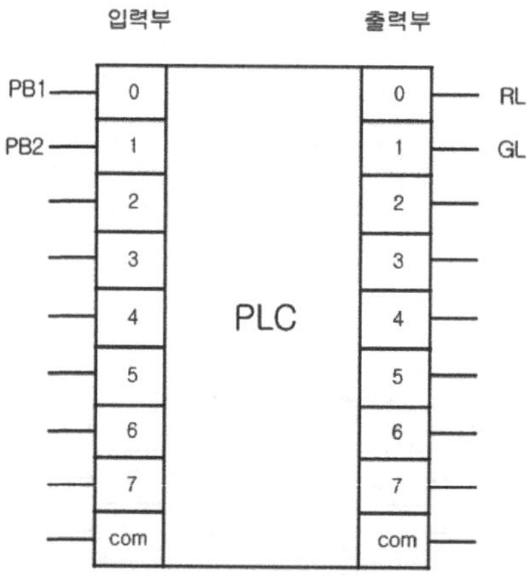

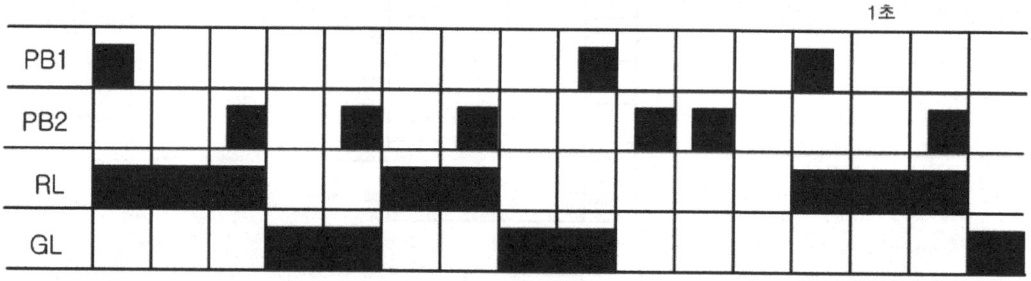

위 PLC 입출력도에 따라 입력 변수명에 따른 디바이스명을 확인하고, 출력 변수명에 따른 디바이스명을 확인하여 잘못 작성하는 일이 없도록 한다.

출력의 시작과 끝을 따라 올라가 보면 PB1의 원버튼 신호와 PB2의 원버튼 신호에 의해서 PB1의 신호만 존재할 때는 RL이 PB1과 PB2에 의한 신호가 모두 존재할 때는 GL이 켜지게 됨을 알 수 있다.

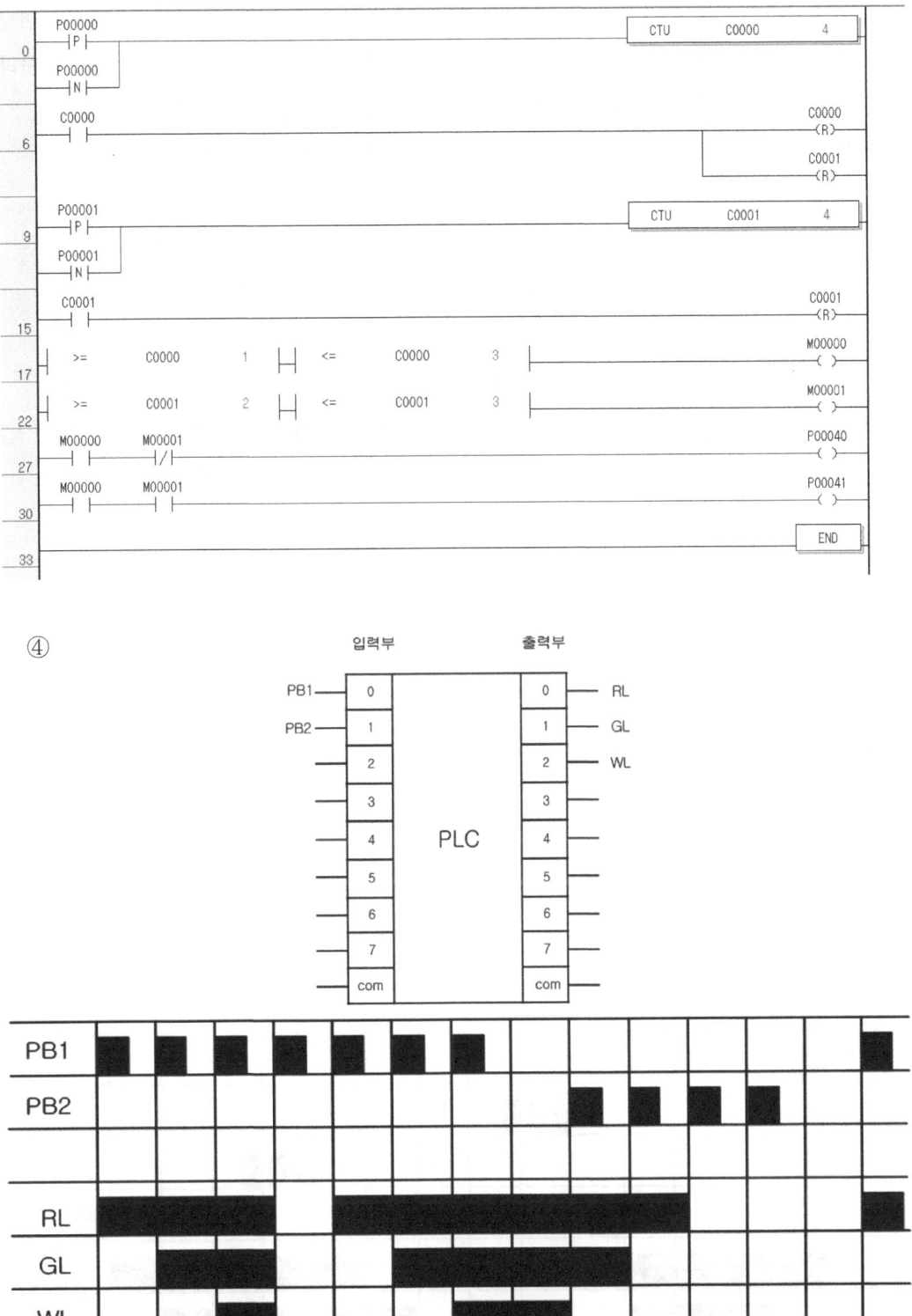

위 PLC 입출력도에 따라 입력 변수명에 따른 디바이스명을 확인하고, 출력 변수명에 따른 디바이스명을 확인하여 잘못 작성하는 일이 없도록 한다.

출력의 시작과 끝을 따라 올라가 보면 PB1의 입력이 UP이 되면서 출력 3개를 만들고 4번째 입력이 들어가면 리셋됨을 알 수 있다. 후반부에 가면 PB2에 입력에 의해 출력이 하나씩 사라지는 것을 볼 수 있으므로 전체적으로는 PB1과 PB2입력에 의한 CTUD임을 알 수 있다.

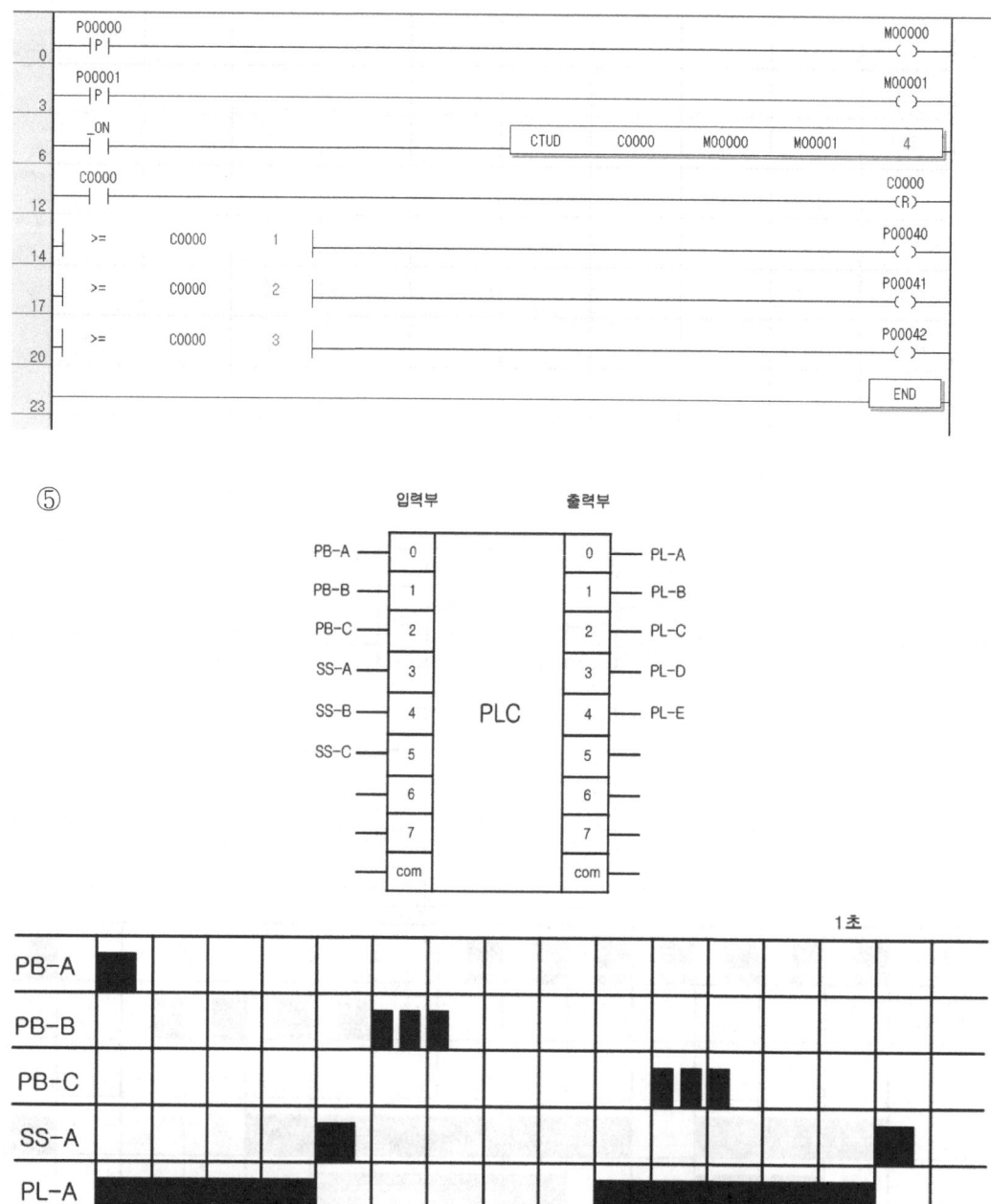

⑤

위 PLC 입출력도에 따라 입력 변수명에 따른 디바이스명을 확인하고, 출력 변수명에 따른 디바이스명을 확인하여 잘못 작성하는 일이 없도록 한다.

출력의 시작과 끝을 따라 올라가 보면 PB-A의 입력에 의해 4개의 출력이 순차적으로 나타났다가(TON) SS-A에 의해 사라지기도 하고 PB-B의 여러 번의 입력에 의해(CTU) 4개의 출력이 순차적으로 나타났다가(TON) PB-C의 여러 번의 입력에 의해(CTU) 4개의 출력이 순차적으로 사라지기도(TOFF) 한다. 하나의 램프를 서로 다른 입력으로 제어해야 하는 경우에는 각각의 경우를 만들어서 병렬로 연결하여야 한다.

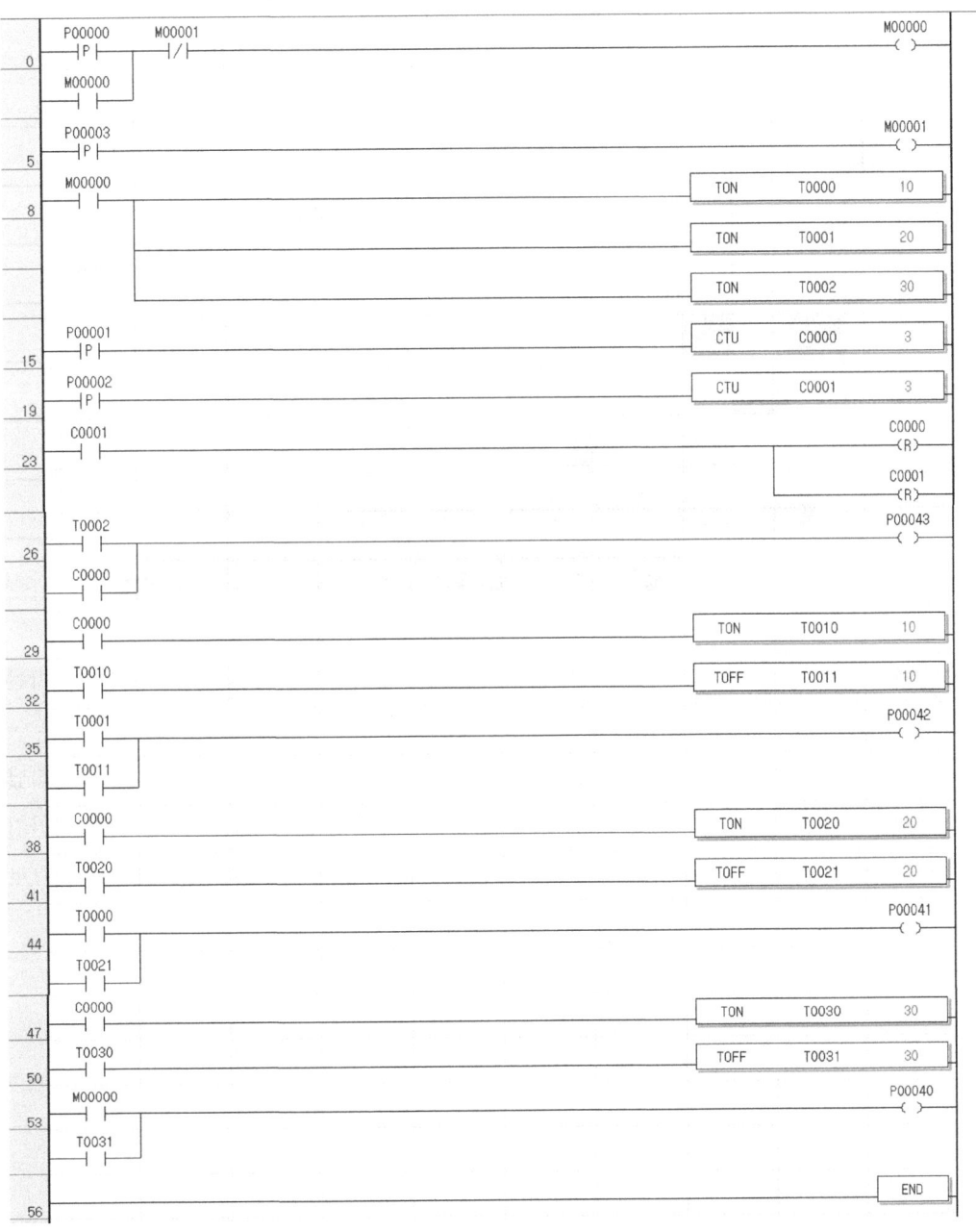

⑥

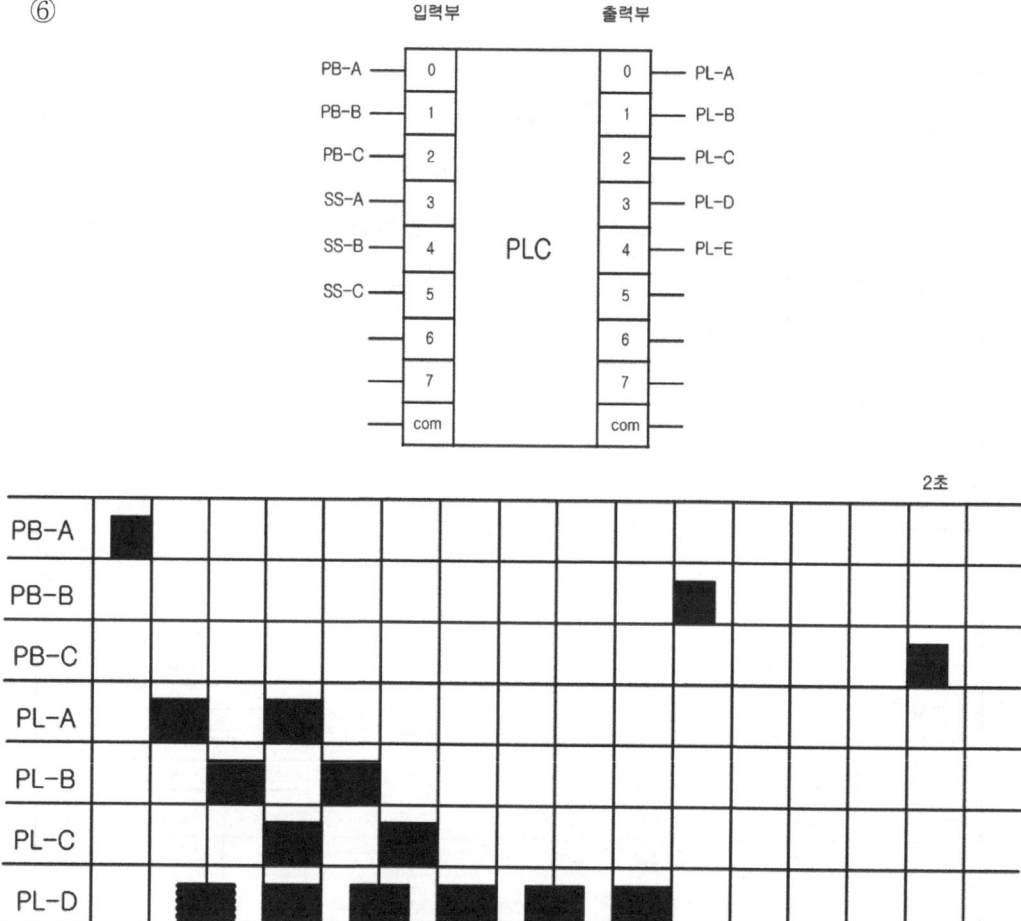

위 PLC 입출력도에 따라 입력 변수명에 따른 디바이스명을 확인하고, 출력 변수명에 따른 디바이스명을 확인하여 잘못 작성하는 일이 없도록 한다.

출력의 시작과 끝을 따라 올라가 보면 PB-A의 입력에 의해 3개의 출력이 순차적으로 나타났다가(TON) 사라지기도 하고 PL-D의 경우에는 플리커동작을 반복하다가 PB-B에 의해 사라진다. PL-E의 경우에는 PB-A이후에 일정시간 이후 나타났다가(TON) PB-C에 의해 사라지므로 따로 설정하도록 한다.

P00000
P00001
M00000
M00000
P00000
P00002
M00001
M00001
M00000
TON T0000 60
TON T0001 80
TON T0002 100
T0003
TON T0003 30
> T0000 0 <= T0000 20
P00040
> T0000 40 <= T0000 60
> T0001 20 <= T0001 40
P00041
> T0001 60 <= T0001 80
> T0002 40 <= T0002 60
P00042
> T0002 80 <= T0002 100
> T0003 10
P00043
M00001
TON T0010 60
T0010
P00044
END

⑦

입력부
출력부
SP1
SP2
SP3
PLC
HL1
HL2
HL3
HL4
com
com

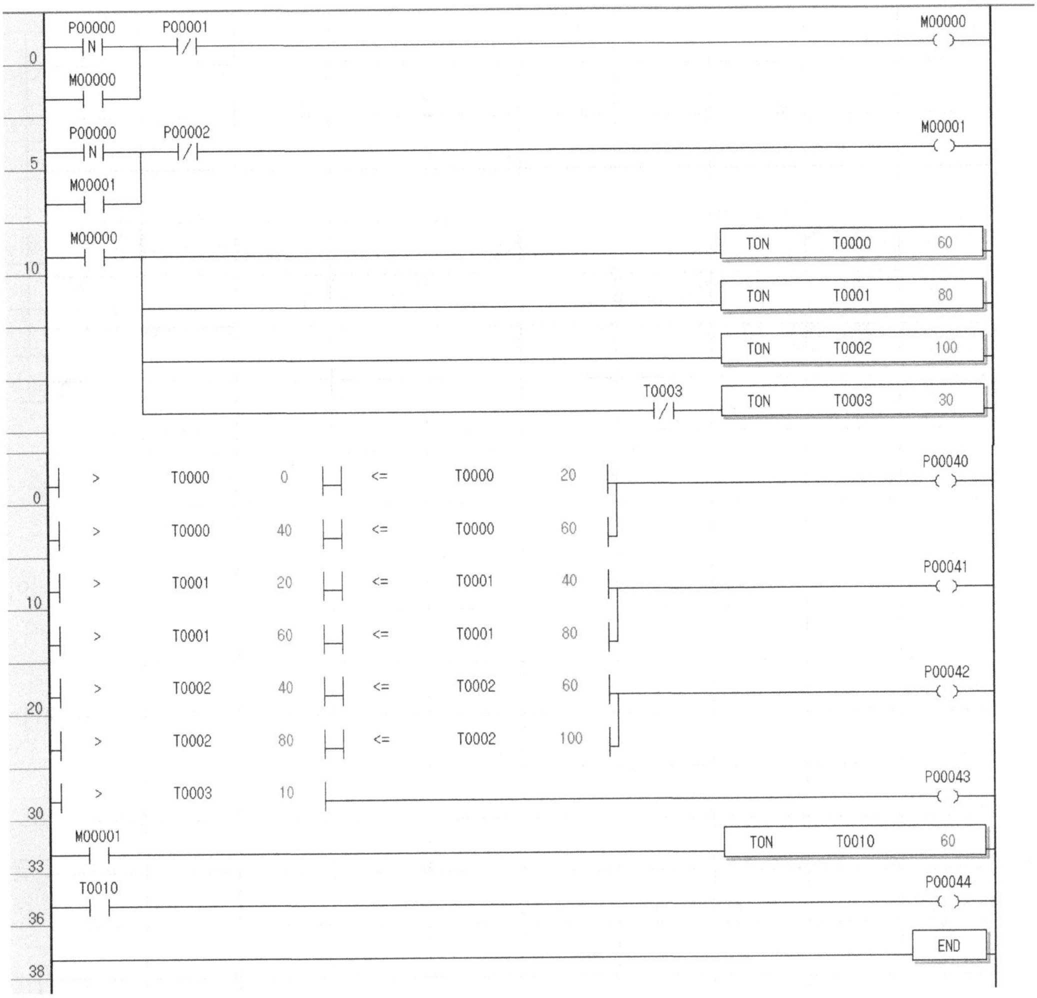

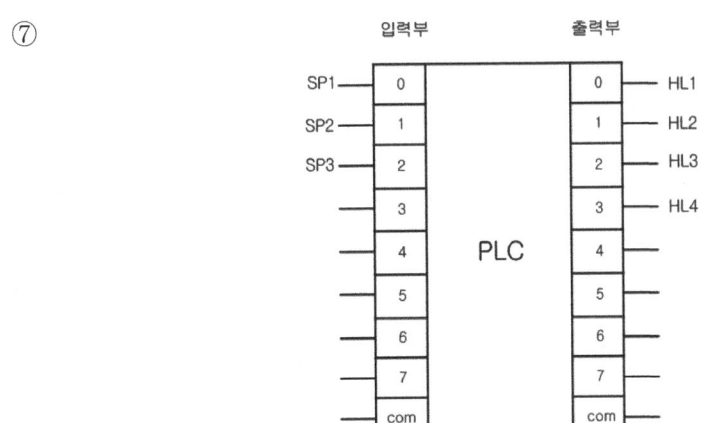

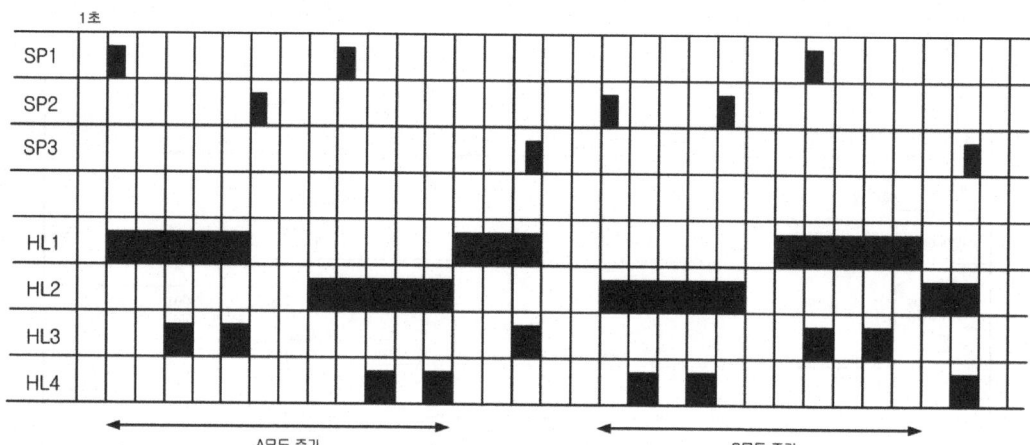

입력 : SP1(A모드), SP2(B모드), SP3(정지) 단시간 입력

출력 : HL1, HL2, HL3, HL4

기능 : 각 모드 전환 시 SP1, 과 SP2의 첫번째 신호만 유효하며 선입력 우선회로가 구성되어 모드별 주기를 반복 동작

위 PLC 입출력도에 따라 입력 변수명에 따른 디바이스명을 확인하고, 출력 변수명에 따른 디바이스명을 확인하여 잘못 작성하는 일이 없도록 한다.

SP1에 의해 시작되는 A주기와 SP2에 의해 시작되는 B주기는 서로 선입력 우선회로이므로 주의하도록 하고 각 주기의 총 시간을 설정하여(TON) 램프가 점등되는 시간만 조건문으로 골라내서 출력하도록 하면 어렵지 않게 해결할 수 있다.

```
     M0001                          T000                    ┌─────────────────────────┐
 19  ─┤ ├──────────────────────────┤/├───────────────────── │ TON    T000    120     │
                                                            └─────────────────────────┘
                                                                              M0021
 23  ─┤  >   T000    0  ├┤ <   T000   50 ├─────────────────────────────────────( )──
                                                                              M0022
 28  ─┤  >   T000   70  ├┤ <   T000  120 ├─────────────────────────────────────( )──
                                                                              M0023
 33  ─┤  >   T000   20  ├┤ <   T000   30 ├──────────────────┐                 ( )──
     ─┤  >   T000   40  ├┤ <   T000   50 ├──────────────────┘
                                                                              M0024
 43  ─┤  >   T000   90  ├┤ <   T000  100 ├──────────────────┐                 ( )──
     ─┤  >   T000  110  ├┤ <   T000  120 ├──────────────────┘

     M0011                          T001                    ┌─────────────────────────┐
 53  ─┤ ├──────────────────────────┤/├───────────────────── │ TON    T001    110     │
                                                            └─────────────────────────┘
                                                                              M0032
 57  ─┤  >   T001    0  ├┤ <   T001   50 ├─────────────────────────────────────( )──
                                                                              M0031
 62  ─┤  >   T001   60  ├┤ <   T001  110 ├─────────────────────────────────────( )──
                                                                              M0034
 67  ─┤  >   T001   10  ├┤ <   T001   20 ├──────────────────┐                 ( )──
     ─┤  >   T001   30  ├┤ <   T001   40 ├──────────────────┘
                                                                              M0033
 77  ─┤  >   T001   70  ├┤ <   T001   80 ├──────────────────┐                 ( )──
     ─┤  >   T001   90  ├┤ <   T001  100 ├──────────────────┘

     M0021                                                                    P0040
 87  ─┤ ├──────────────────────────────────────────────────────────────────────( )──
     │M0031│
     ─┤ ├─

     M0022                                                                    P0041
 90  ─┤ ├──────────────────────────────────────────────────────────────────────( )──
     │M0032│
     ─┤ ├─

     M0023                                                                    P0042
 93  ─┤ ├──────────────────────────────────────────────────────────────────────( )──
     │M0033│
     ─┤ ├─

     M0024                                                                    P0043
 96  ─┤ ├──────────────────────────────────────────────────────────────────────( )──
     │M0034│
     ─┤ ├─

                                                                            ┌─────┐
 99                                                                         │ END │
                                                                            └─────┘
```

6. 복합형

지금까지 살펴본 유형들은 단독으로 출제되기도 하지만 두 가지 이상의 유형이 합쳐져서 출제되는 경우도 빈번했다. 주로 시퀀스 회로 방식에 다른 것들이 간단하게 첨가되는 형태로 출제되니 각각의 유형을 해결하는 방법을 상기하여 하나씩 풀어가도록 한다.

①

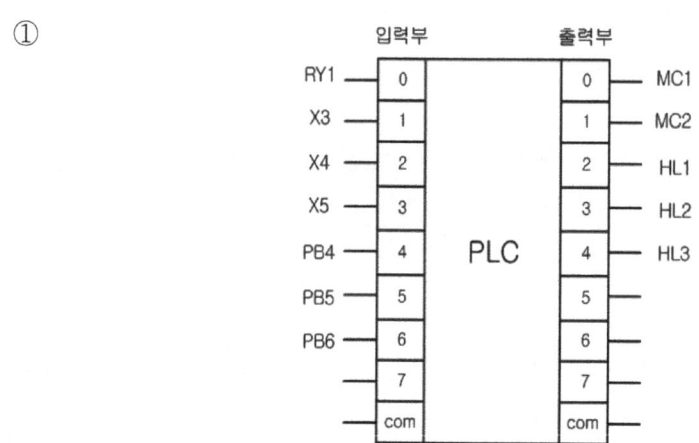

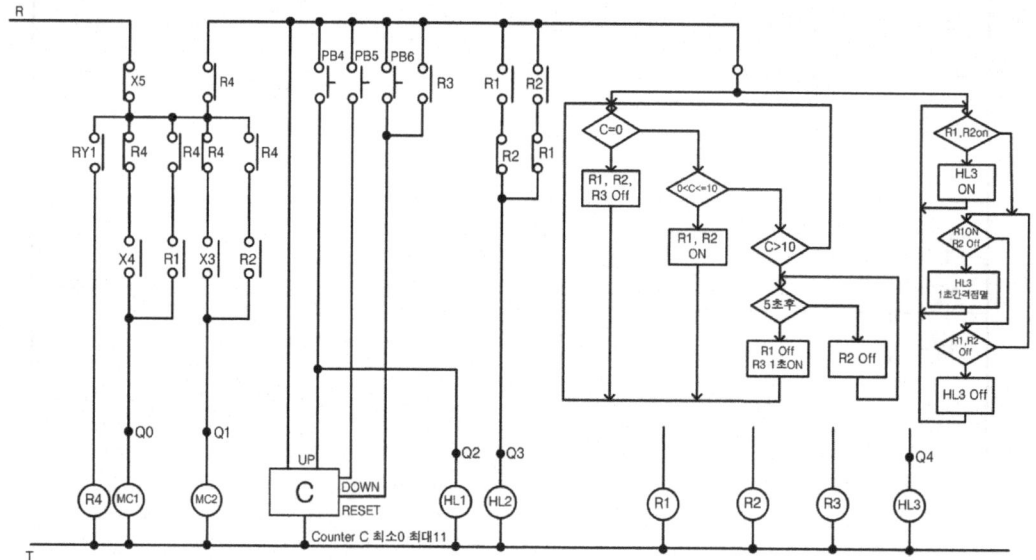

제2장 실전편

```
     P0003  P0000                                                    M0004
  0───┤/├────┤ ├─────────────────────────────────────────────────────( )───
         M0004  P0002                                                P0040
         ─┤/├───┤ ├──────────────────────────────────────────────────( )───
         M0004  M0001
         ─┤ ├───┤ ├──┘
         M0004  P0001                                                P0041
         ─┤/├───┤ ├──────────────────────────────────────────────────( )───
         M0004  M0002
         ─┤ ├───┤ ├──┘
         M0004                          ┌─────────────────────────────────┐
         ─┤ ├────────────────────────── │ CTUD   C000   P0004   P0005  11 │
                                        └─────────────────────────────────┘
               P0004                                                 P0042
               ─┤ ├──────────────────────────────────────────────────( )───
               P0006                                                 C000
               ─┤ ├──────────────────────────────────────────────────(R)───
               M0003
               ─┤ ├──┘
                 M0001  M0002                                        P0043
                 ─┤ ├────┤/├────────────────────────────────────────( )───
                 M0002  M0001
                 ─┤ ├────┤/├──┘

        │                                                   T000    M0001
 43 ────┤ >  C000   0  ├───────────────────────────────────┤/├──────( )───
        │                                                           M0002
 47 ────┤ >  C000   0  ├──┤ <  C000   11 ├─────────────────────────( )───
        │                                    ┌─────────────────────────┐
 52 ────┤ >  C000   10 ├────────────────────│ TON   T000         50    │
                                             └─────────────────────────┘
        T000                                          T001    M0003
 56 ────┤ ├───────────────────────────────────────────┤/├──────( )───
                                             ┌─────────────────────────┐
                                             │ TON   T001         10   │
                                             └─────────────────────────┘

        M0001  M0002                                                 P0044
 63 ────┤ ├────┤ ├──────────────────────────────────────────────────( )───
        M0100
        ─┤ ├───┘

        M0001  M0002                              T010  ┌─────────────────┐
 67 ────┤ ├────┤/├─────────────────────────────────┤/├──│ TON  T010    20 │
                                                        └─────────────────┘
        │                                                           M0100
 72 ────┤ >  T010   0 ├──┤ <  T010   10 ├──────────────────────────( )───

                                                        ┌──────┐
 77 ────────────────────────────────────────────────────│ END  │
                                                        └──────┘
```

265

②

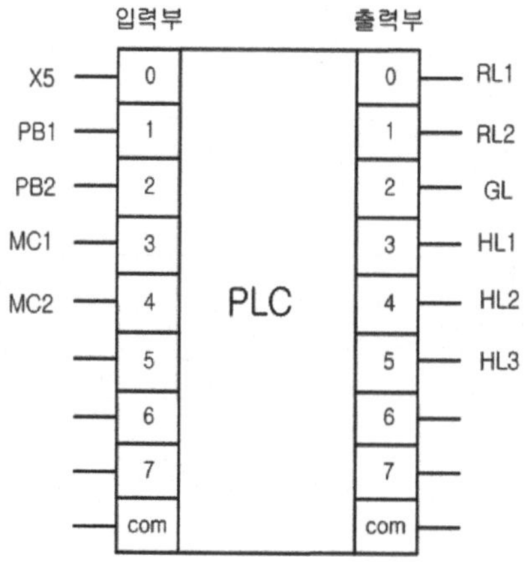

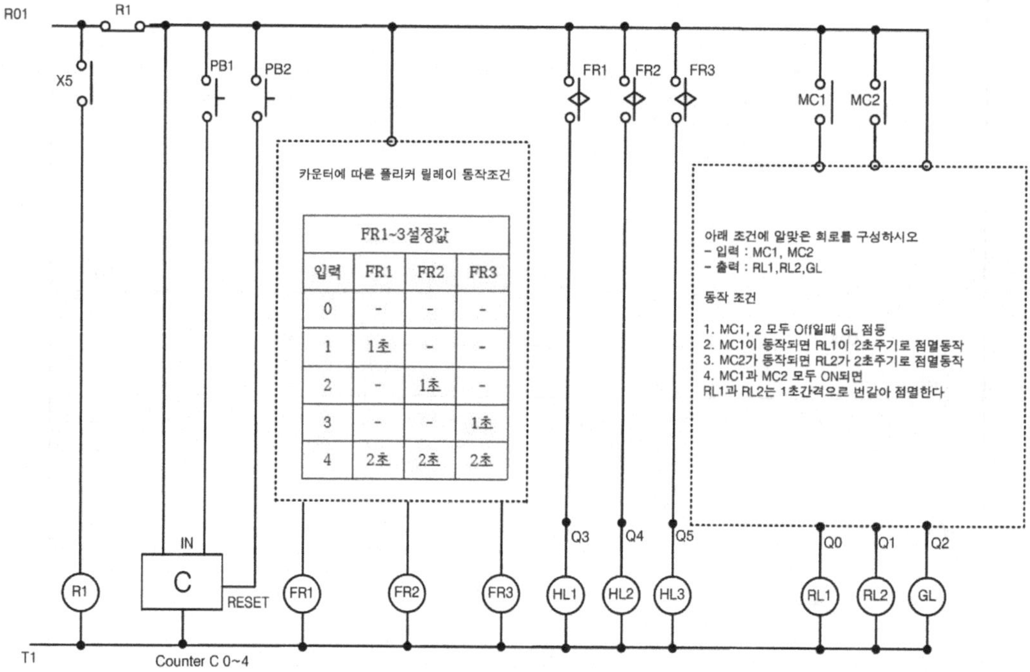

카운터에 따른 플리커 릴레이 동작조건

FR1~3 설정값

입력	FR1	FR2	FR3
0	-	-	-
1	1초	-	-
2	-	1초	-
3	-	-	1초
4	2초	2초	2초

아래 조건에 알맞은 회로를 구성하시오
- 입력 : MC1, MC2
- 출력 : RL1, RL2, GL

동작 조건
1. MC1, 2 모두 Off일때 GL 점등
2. MC1이 동작되면 RL1이 2초주기로 점멸동작
3. MC2가 동작되면 RL2가 2초주기로 점멸동작
4. MC1과 MC2 모두 ON되면 RL1과 RL2는 1초간격으로 번갈아 점멸한다

플리커 릴레이의 설정값 1초 : 1초간격(1초on 1초off)

```
   P0000                                                              M0001
 0 ─┤ ├──────────────────────────────────────────────────────────────( )──
   M0001  P0001                                          ┌─────┬──────┐
 2 ─┤/├───┤ ├────────────────────────────────────────────│ CTU │ C000 │  4
          P0002                                          └─────┴──────┘
          ┤ ├                                                       C000
                                                                    (R)
                                                       T001 ┌─────┬──────┐
10 ─┤ = ── C000 ── 1 ├──────────────────────────────────┤/├──│ TON │ T001 │ 20
                                                            └─────┴──────┘
                                                                    M0011
15 ─┤ > ── T001 ── 0 ├─┤ < ── T001 ── 10 ├─────────────────────────( )──
                                                       T002 ┌─────┬──────┐
20 ─┤ = ── C000 ── 2 ├──────────────────────────────────┤/├──│ TON │ T002 │ 20
                                                            └─────┴──────┘
                                                                    M0012
25 ─┤ > ── T002 ── 0 ├─┤ < ── T002 ── 10 ├─────────────────────────( )──
                                                       T003 ┌─────┬──────┐
30 ─┤ = ── C000 ── 3 ├──────────────────────────────────┤/├──│ TON │ T003 │ 20
                                                            └─────┴──────┘
                                                                    M0013
35 ─┤ > ── T003 ── 0 ├─┤ < ── T003 ── 10 ├─────────────────────────( )──
                                                       T004 ┌─────┬──────┐
40 ─┤ = ── C000 ── 4 ├──────────────────────────────────┤/├──│ TON │ T004 │ 40
                                                            └─────┴──────┘
                                                                    M0014
45 ─┤ > ── T004 ── 0 ├─┤ < ── T004 ── 20 ├─────────────────────────( )──

   M0001  M0011                                                     P0043
50 ─┤/├───┤ ├──────────────────────────────────────────────────────( )──
          M0014
          ┤ ├
          M0012                                                     P0044
          ┤ ├──────────────────────────────────────────────────────( )──
          M0014
          ┤ ├
          M0013                                                     P0045
          ┤ ├──────────────────────────────────────────────────────( )──
          M0014
          ┤ ├
          P0003  P0004                                              P0042
          ┤/├───┤/├─────────────────────────────────────────────────( )──
          P0003                                        T011 ┌─────┬──────┐
          ┤ ├──────────────────────────────────────────┤/├──│ TON │ T011 │ 20
                                                            └─────┴──────┘
                                                          M0050      P0040
          ┤ > ── T011 ── 0 ├─┤ < ── T011 ── 10 ├──────────┤/├───────( )──
          M0100
          ┤ ├
          P0004                                        T012 ┌─────┬──────┐
          ┤ ├──────────────────────────────────────────┤/├──│ TON │ T012 │ 20
                                                            └─────┴──────┘
                                                          M0050      P0041
          ┤ > ── T012 ── 0 ├─┤ < ── T012 ── 10 ├──────────┤/├───────( )──
          M0200
          ┤ ├
          P0003  P0004                                              M0050
          ┤ ├───┤ ├─────────────────────────────────────────────────( )──
          M0050                                        T013 ┌─────┬──────┐
          ┤ ├──────────────────────────────────────────┤/├──│ TON │ T013 │ 20
                                                            └─────┴──────┘
                                                                    M0100
          ┤ > ── T013 ── 0 ├─┤ < ── T013 ── 10 ├────────────────────( )──
                                                                    M0200
          ┤ > ── T013 ── 10 ├─┤ < ── T013 ── 20 ├───────────────────( )──

                                                                  ┌─────┐
                                                                  │ END │
119                                                               └─────┘
```

③

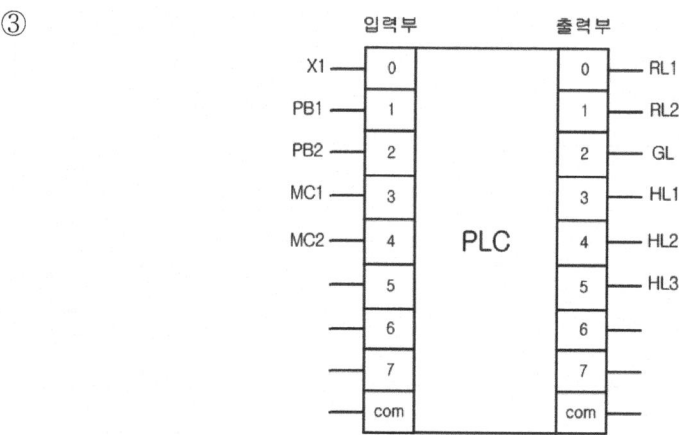

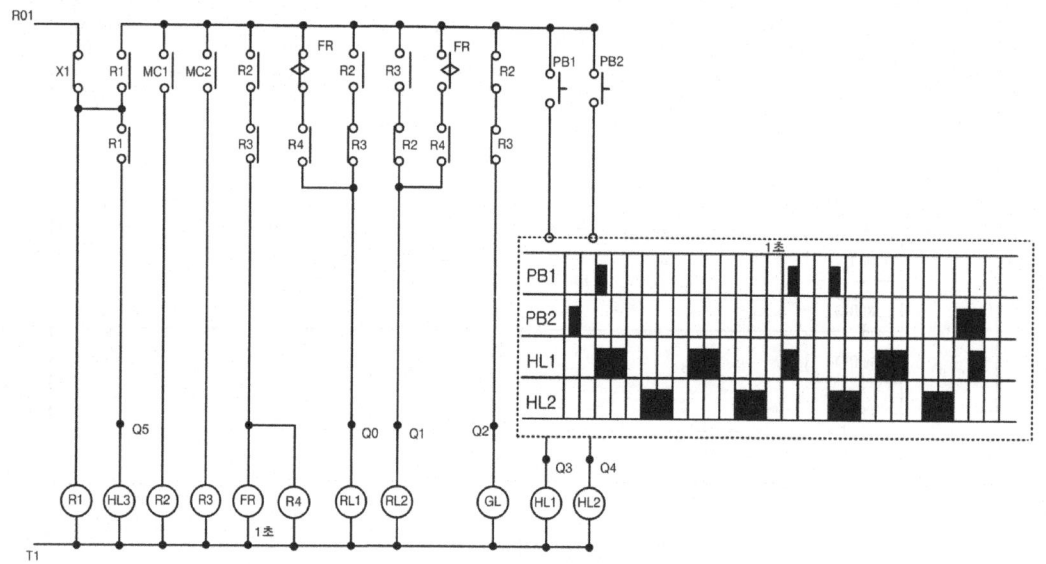

플리커 릴레이의 설정값 1초 : 1초간격(1초OFF 1초ON)

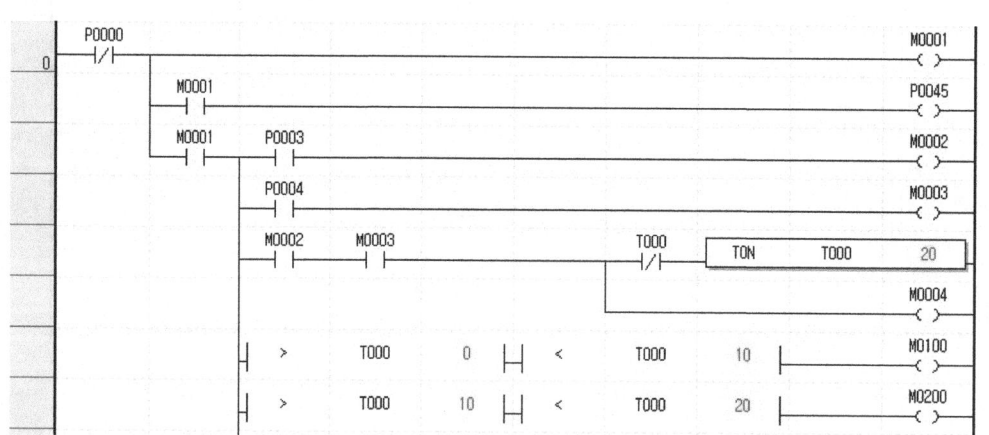

제2장 실전편

```
                 M0100   M0004                                          P0040
                  ─┤├──── ─┤├────────────────────────────────────────────( )─
                 M0002   M0003
                  ─┤├──── ─┤/├───┤
                 M0003   M0002                                          P0041
                  ─┤├──── ─┤/├───────────────────────────────────────────( )─
                 M0200   M0004
                  ─┤├──── ─┤├────┤
                 M0002   M0003                                          P0042
                  ─┤/├─── ─┤/├────────────────────────────────────────────( )─

     P0000  M0001  P0001                                                M0010
54   ─┤/├── ─┤├── ─┤P├──────────────────────────────────────────────────( )─
                  P0001
                  ─┤N├──┤
                  P0002                                                 M0020
                  ─┤├──────────────────────────────────────────────────(N)─
                  M0010                                    ┌─────────────────┐
                  ─┤├──────────────────────────────────────┤ CTU   C000    8 │
                                                           └─────────────────┘
                  C000                                                  C000
                  ─┤├──────────────────────────────────────────────────(R)─
                  M0020
                  ─┤├──┤
                     ┌──────────────────┐  ┌──────────────────┐         M0300
                     │  >  C000    0    ├──┤  <  C000    4    ├──────────( )─
                     └──────────────────┘  └──────────────────┘
                  M0300                         T010         ┌─────────────────┐
                  ─┤├─────────────────────────── ─┤/├────────┤ TON   T010   60 │
                                                             └─────────────────┘
                     ┌──────────────────┐  ┌──────────────────┐         M0030
                     │  >  T010    0    ├──┤  <  T010    20   ├──────────( )─
                     └──────────────────┘  └──────────────────┘
                     ┌──────────────────┐  ┌──────────────────┐         M0040
                     │  >  T010    30   ├──┤  <  T010    50   ├──────────( )─
                     └──────────────────┘  └──────────────────┘
                     ┌──────────────────┐  ┌──────────────────┐         M0400
                     │  >  C000    4    ├──┤  <  C000    8    ├──────────( )─
                     └──────────────────┘  └──────────────────┘
                  M0400                         T020         ┌─────────────────┐
                  ─┤├─────────────────────────── ─┤/├────────┤ TON   T020   60 │
                                                             └─────────────────┘
                     ┌──────────────────┐  ┌──────────────────┐         M0050
                     │  >  T020    0    ├──┤  <  T020    20   ├──────────( )─
                     └──────────────────┘  └──────────────────┘
                     ┌──────────────────┐  ┌──────────────────┐         M0060
                     │  >  T020    30   ├──┤  <  T020    50   ├──────────( )─
                     └──────────────────┘  └──────────────────┘
                  M0030                                                 P0043
                  ─┤├──────────────────────────────────────────────────( )─
                  M0060
                  ─┤├──┤
                  M0040                                                 P0044
                  ─┤├──────────────────────────────────────────────────( )─
                  M0050
                  ─┤├──┤
                                                                     ┌─────┐
                                                                     │ END │
132                                                                  └─────┘
```

CHAPTER 03

기출 복원문제

CHAPTER 03 기출 복원문제

연습문제 – 1(61회 유형)

◆ 공 사 방 법 ◆
① PE전선관
② 플렉시블 전선관
③ 40*40 PVC덕트

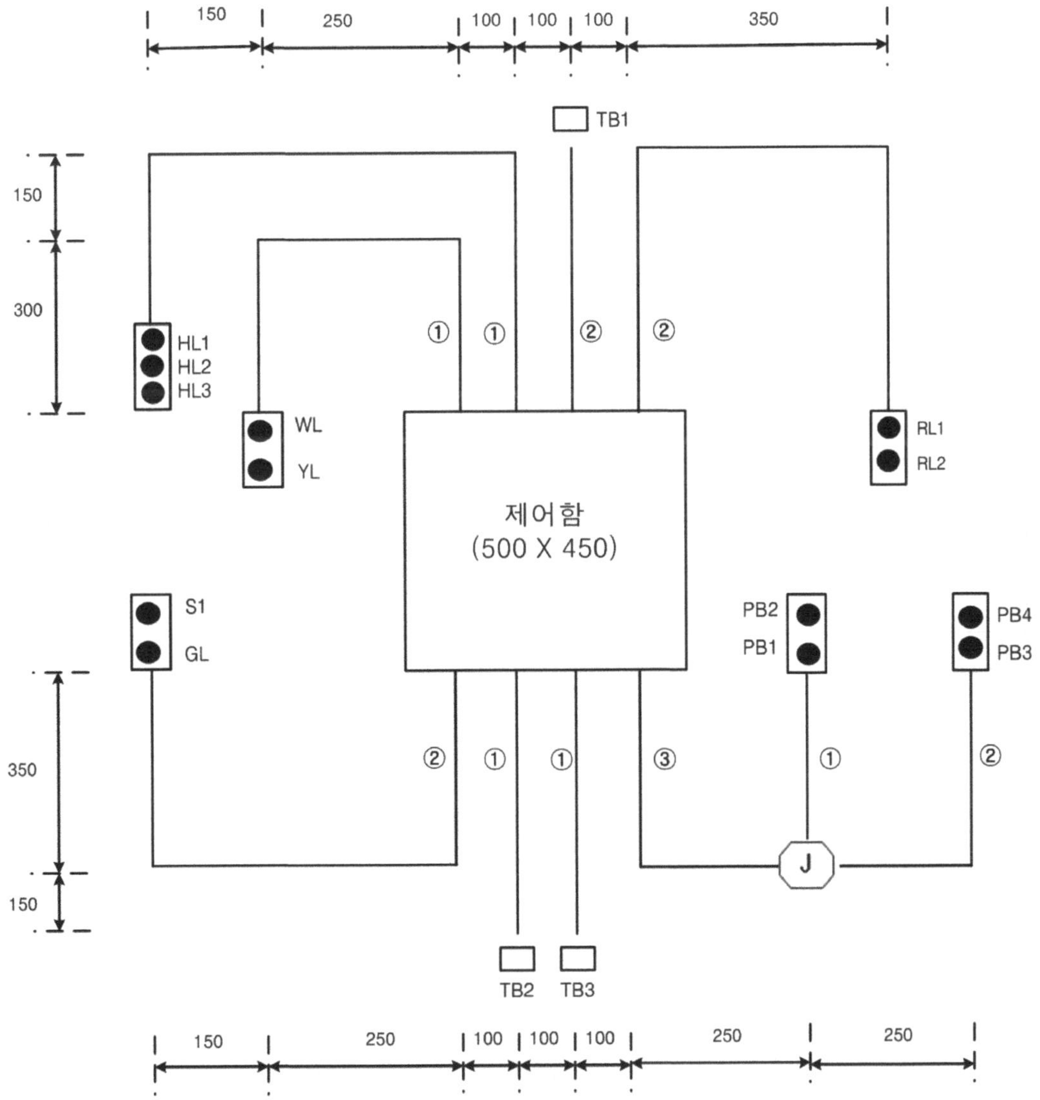

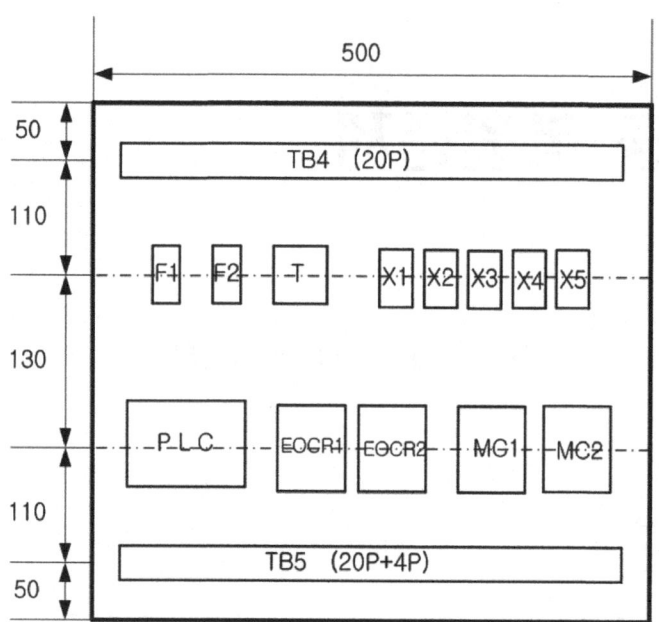

[범 례]

기 호	명 칭	기 호	명 칭	기 호	명 칭
MC1~2	전자접촉기(12P)	GL	파이롯램프(녹)	HL1~HL3	파이롯램프(적)
EOCR1~2	과부하계전기(12P)	RL1~RL2	파이롯램프(적)	S1	2단셀렉터 스위치
TB1~TB3	단자대(4P)	YL	파이롯램프(황)		
F1, F2	퓨즈홀더 (2구)	PB1,4	푸시버튼SW(적)		
X1~5	릴레이(AC220V,14P)	PB2,3	푸시버튼SW(녹)		
T	타이머	WL	파이롯램프(백)		

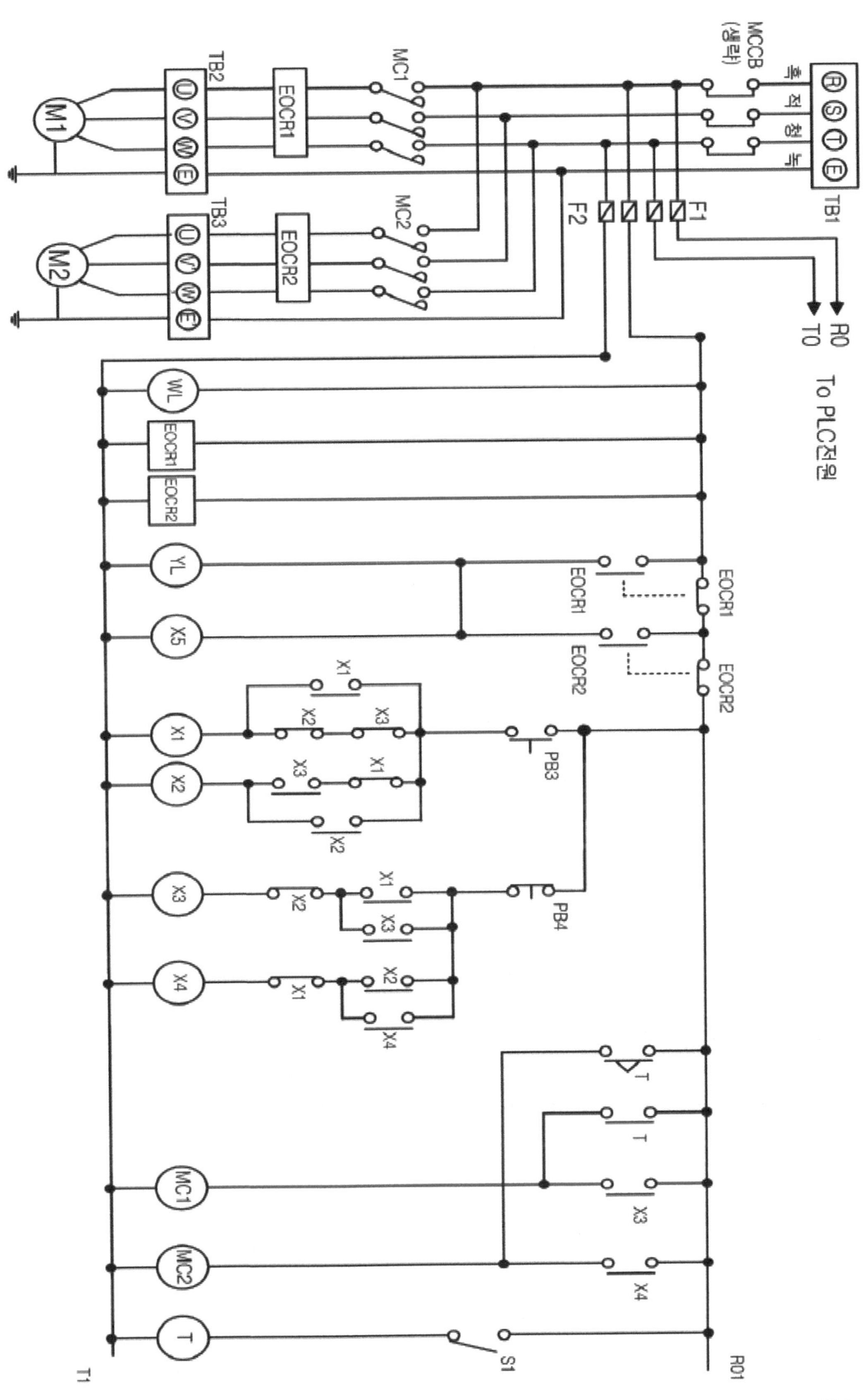
R S T E
TB1
흑 적 청 녹
MCCB
(생략)
F1
F2
R0
T0
To PLC전원
MC1
MC2
EOCR1
EOCR2
TB2
TB3
U V W E
M1
M2
WL
YL
X5
X1
X2
X3
X4
PB3
PB4
T
S1
R01
T1

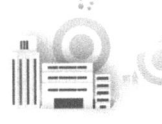

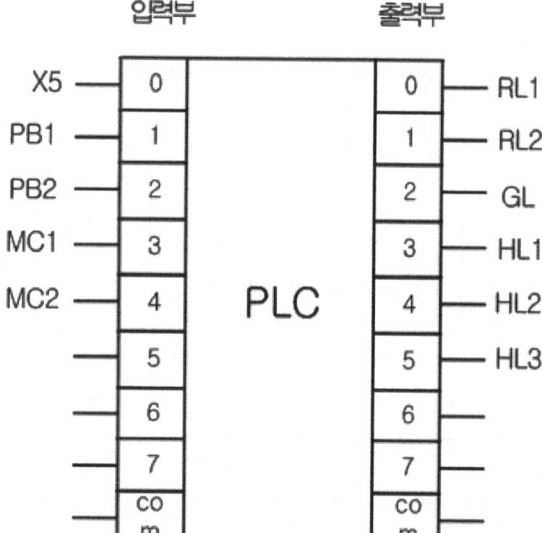

아래의 시퀀스 회로와 동작조건이 알맞은 PLC 프로그램을 하시오
1. PLC 입출력 단자 배치도를 참조하여 입력과 출력을 구분하여 프로그램 하시오
2. PB1의 입력횟수에 따라 HL1, HL2의 동작은 타임차트에 따른다.
3. PB2의 입력에 의해 타임차트는 초기화 되고, Q0~Q5는 PLC출력단자이다.

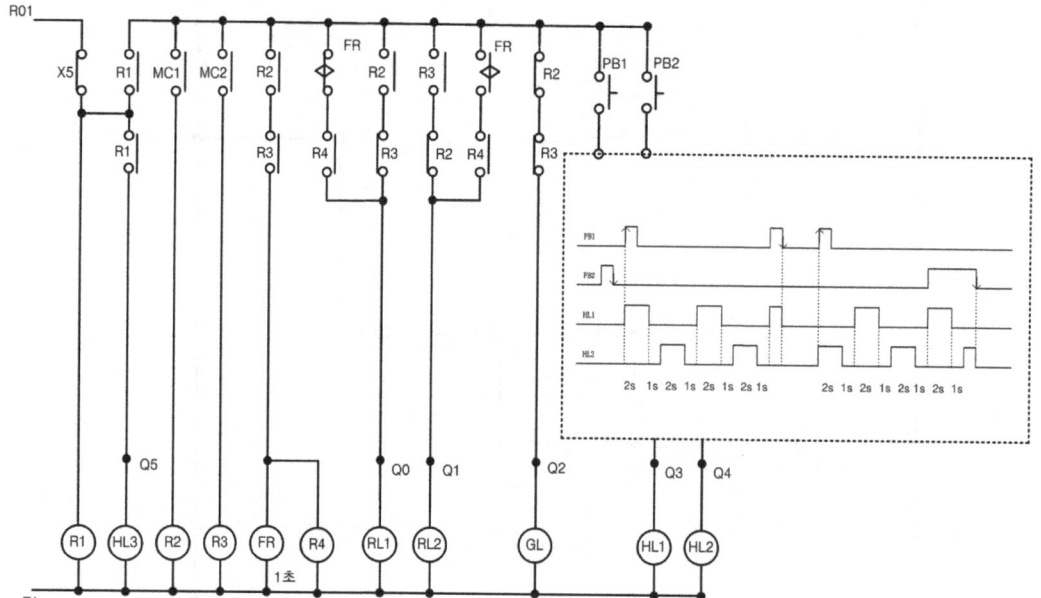

Power Relay 내부 결선도(MC)

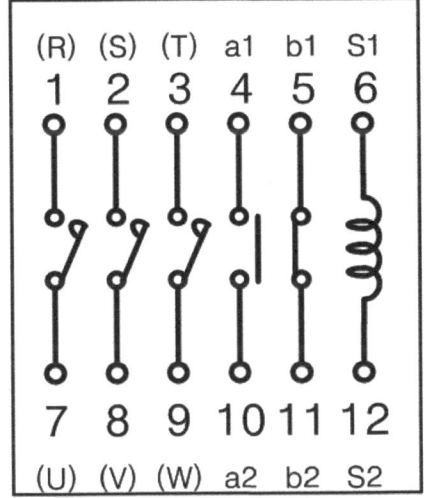

EOCR 내부 결선도

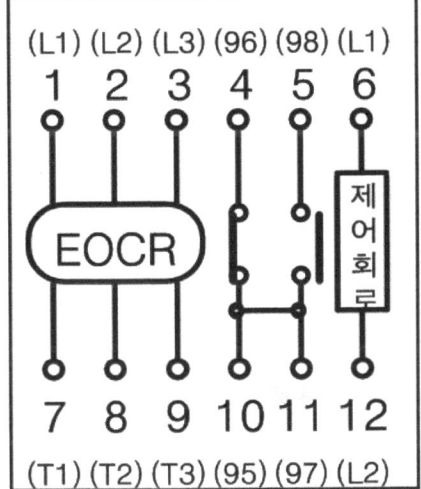

타이머 결선도

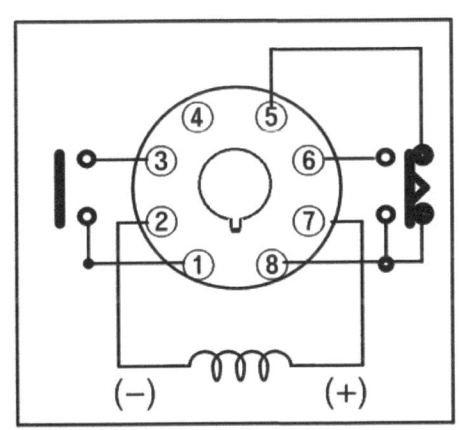

셀렉터 스위치(SS)

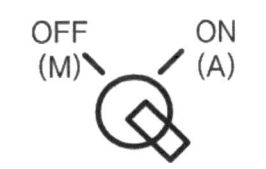

14핀 릴레이 내부결선도

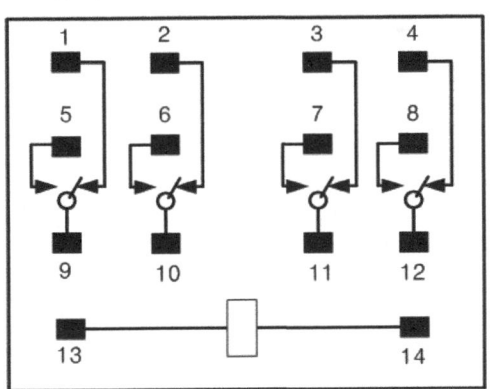

연습문제 - 2(62회 유형)

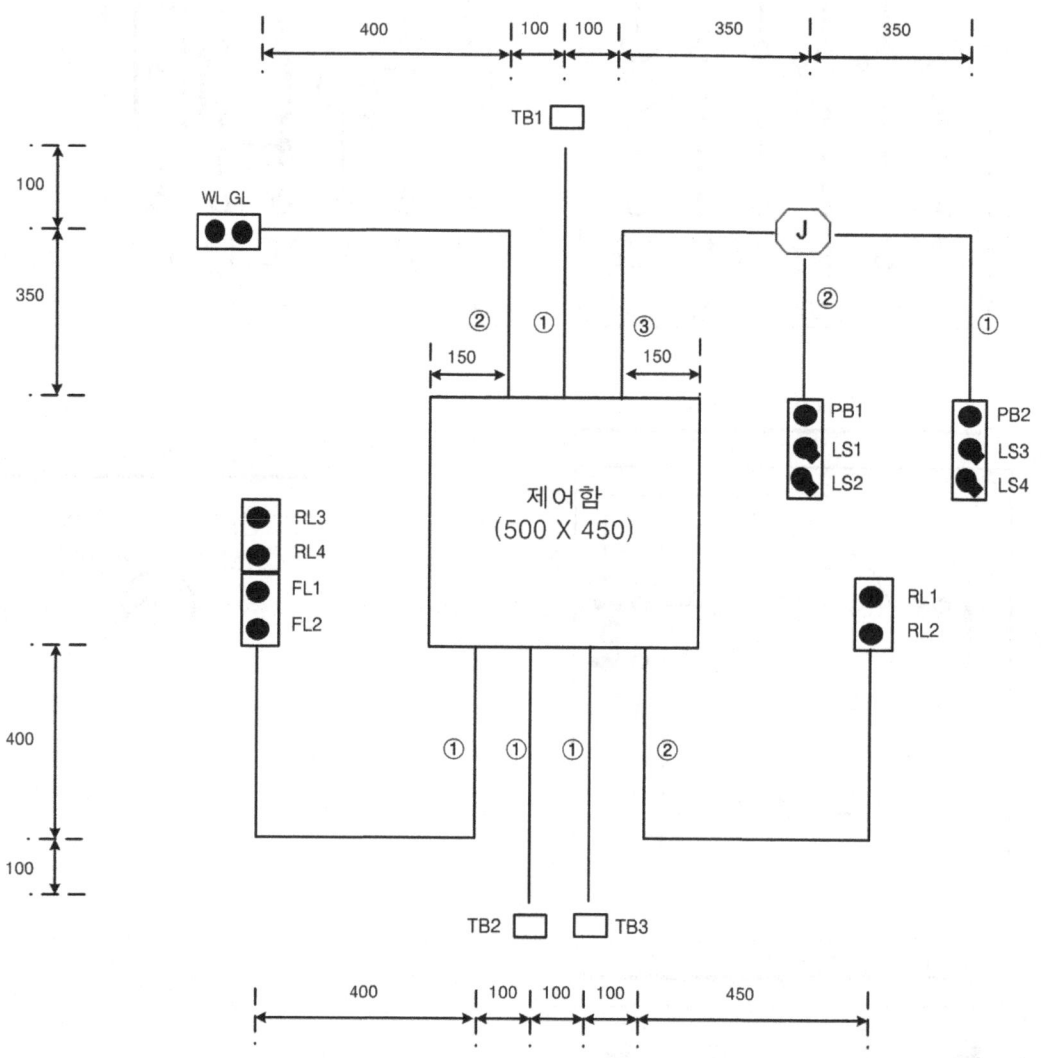

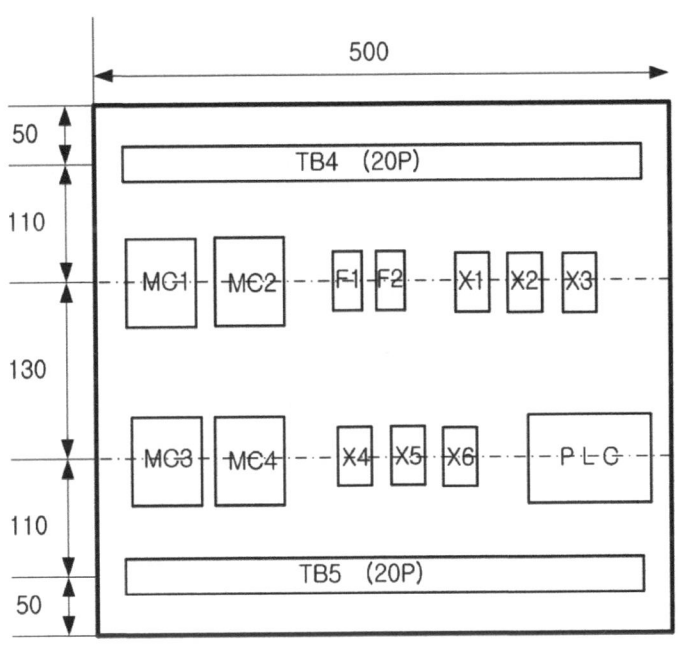

[범 례]

기호	명칭	기호	명칭	기호	명칭
MC1~4	전자접촉기(12P)	GL	파이롯램프(녹)	TB1~TB3	단자대(4P)
F1, F2	퓨즈홀더 (2구)	RL1~4	파이롯램프(적)	LS1~4	2단셀렉터 스위치
X1~6	릴레이(AC220V,14P)	WL FL1~2	파이롯램프(백)	PB1	푸시버튼SW(적)
S1, S2, S3	3로 스위치(매입형)	PL1~3	파이롯램프(백)	PB2	푸시버튼SW(녹)

PLC 완전정복

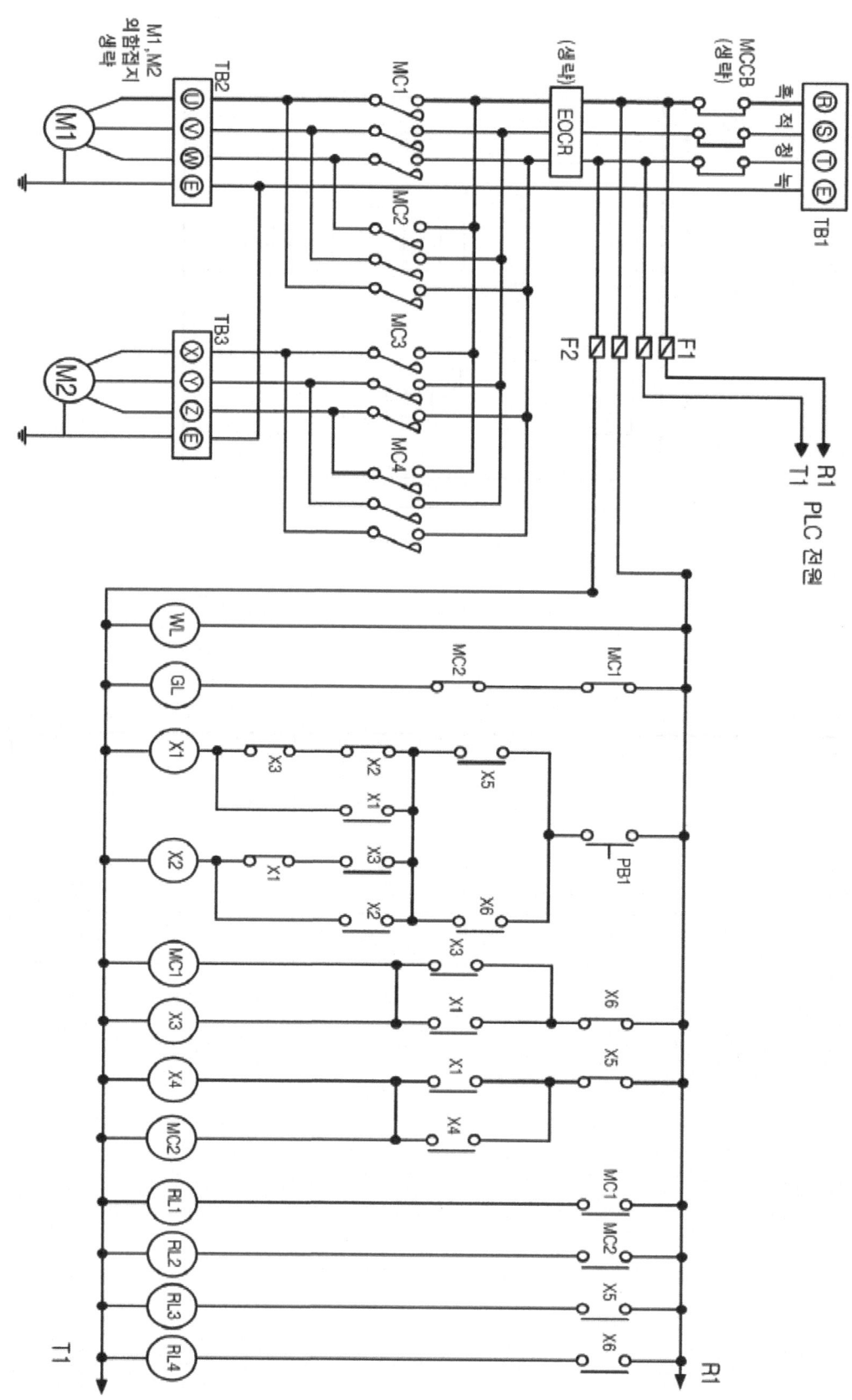

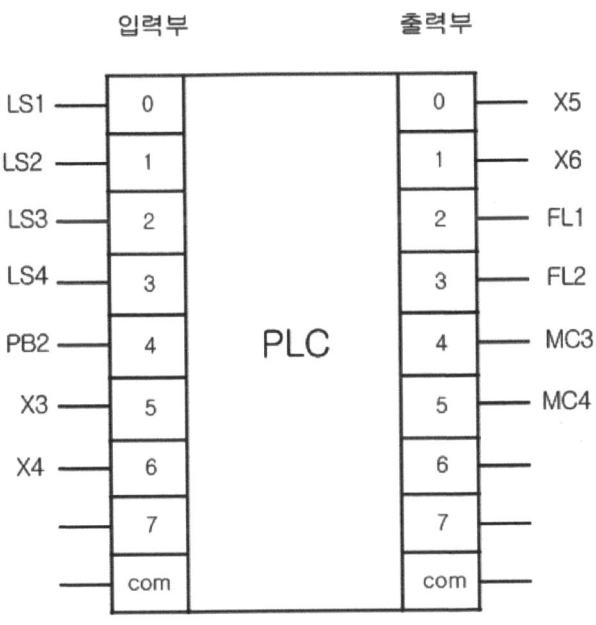

FR의 1초는 1초 OFF, 1초 ON동작을 의미한다.

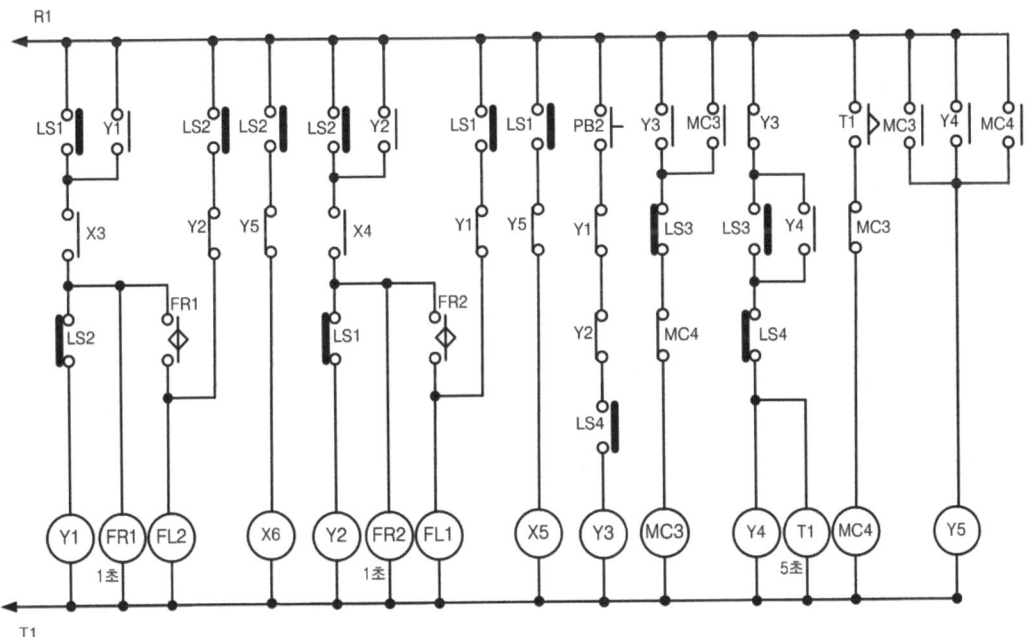

Power Relay 내부 결선도(MC)

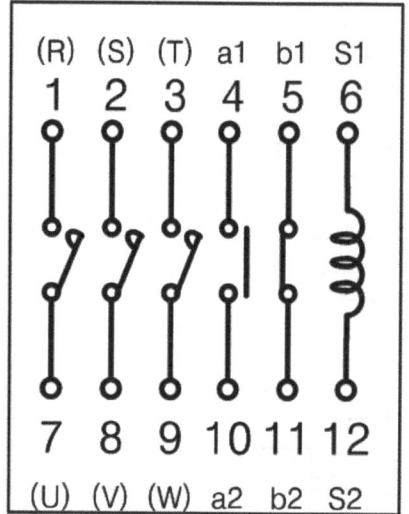

셀렉터 스위치(LS)

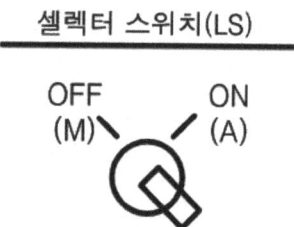

14핀 릴레이 내부결선도

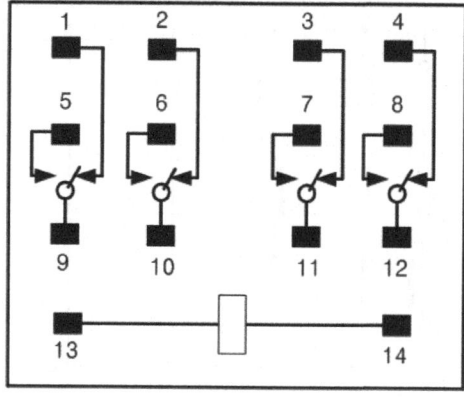

연습문제 – 3(63회 유형)

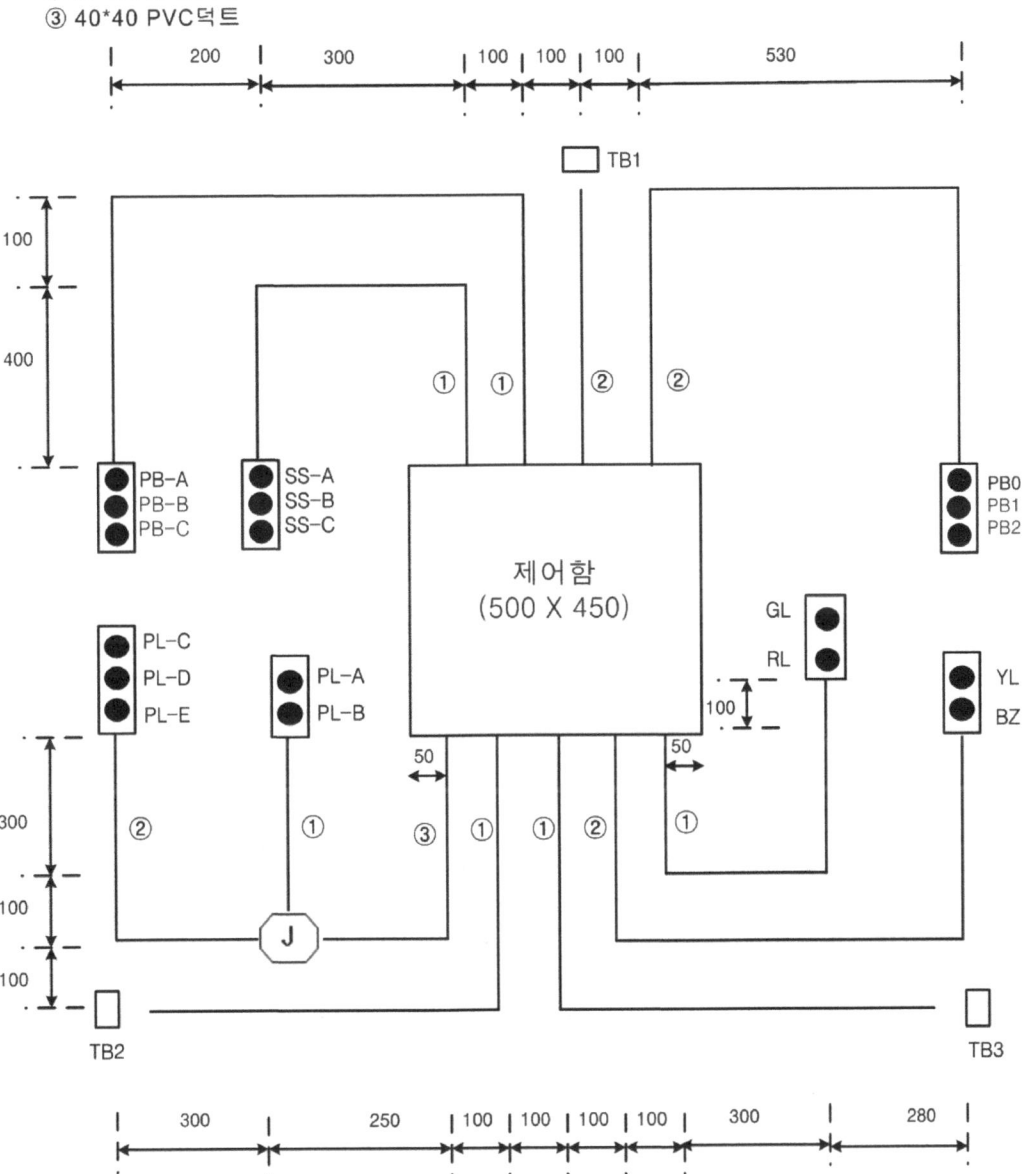

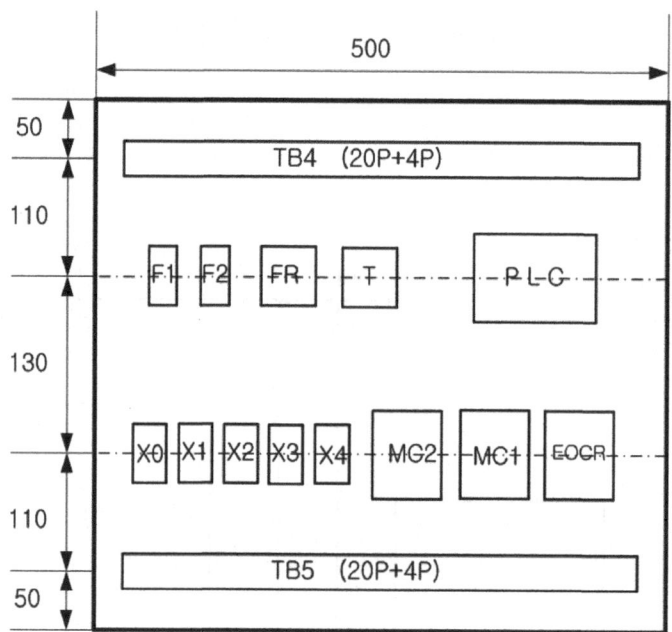

[범 례]

기호	명칭	기호	명칭	기호	명칭
MC1~2	전자접촉기(12P)	GL	파이롯램프(녹)	PB0	푸시버튼SW(적)
EOCR	과부하계전기(12P)	RL	파이롯램프(적)	PB1,2	푸시버튼SW(녹)
FR	플리커릴레이(8P)	YL	파이롯램프(황)	SS-A~C	2단셀렉터 스위치
F1, F2	퓨즈홀더 (2구)	BZ	부저	PB-A~C	푸시버튼SW(청)
X0~4	릴레이(AC220V,14P)	TB1~TB3	단자대(4P)		
T	타이머 (8P)	PL-A~E	파이롯램프(백)		

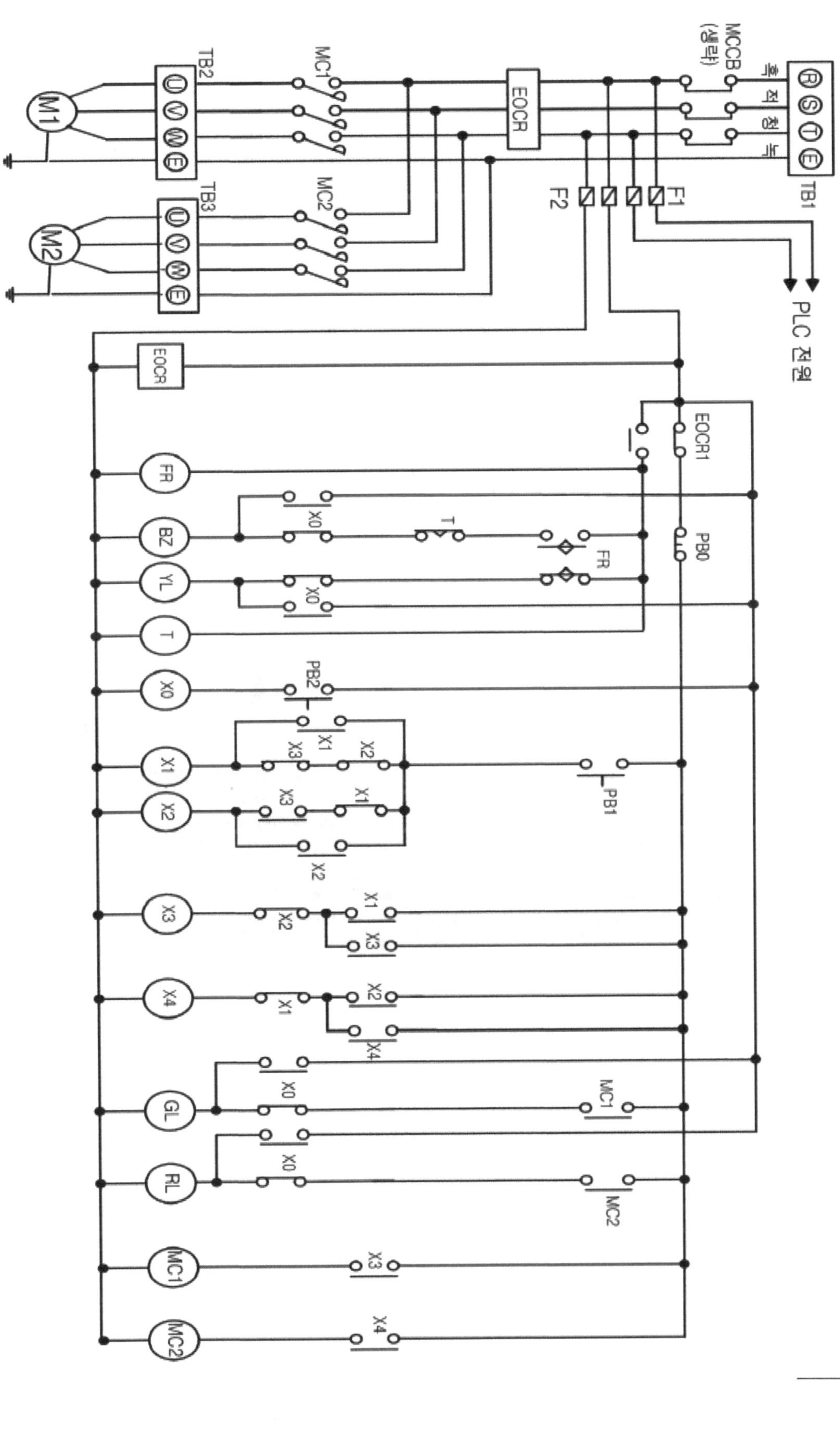

제3장 기출 복원문제

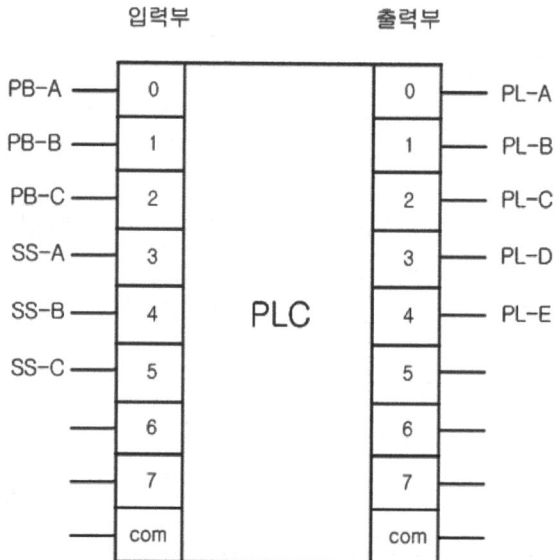

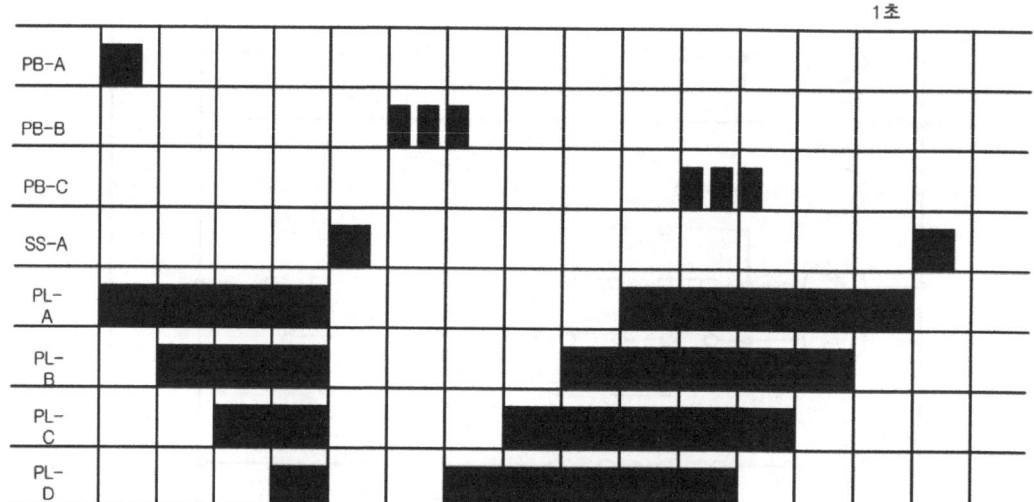

Power Relay 내부 결선도(MC)

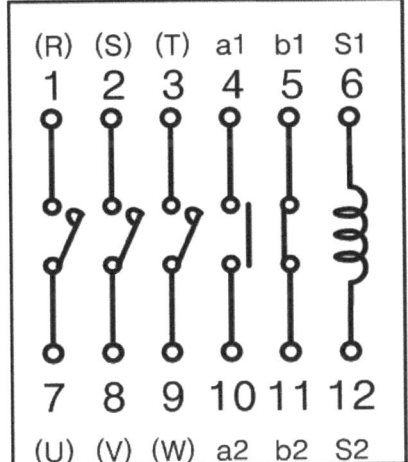

EOCR 내부 결선도

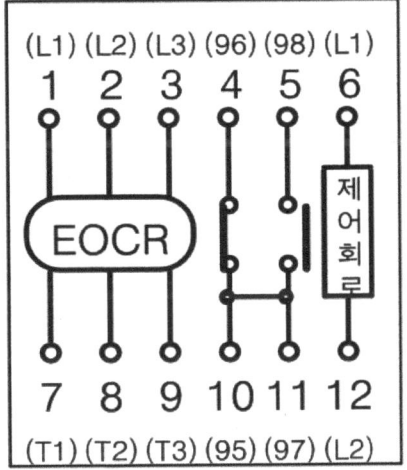

타이머 결선도

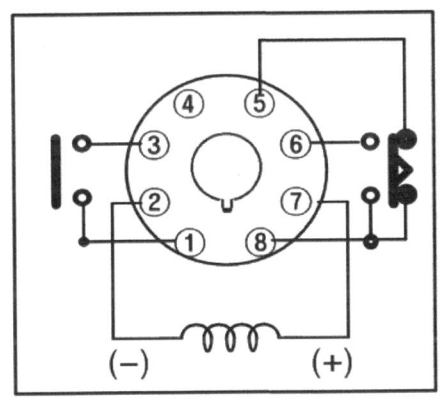

셀렉터 스위치(SS)

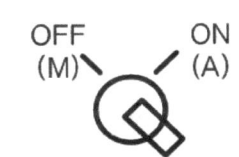

14핀 릴레이 내부결선도

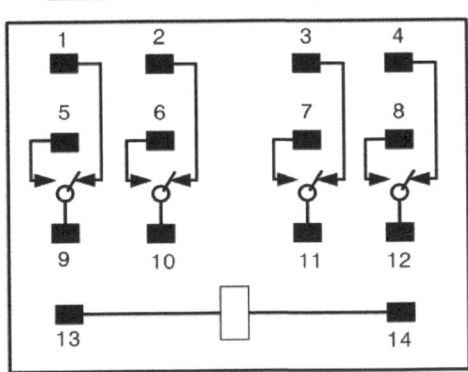

플리커 결선도

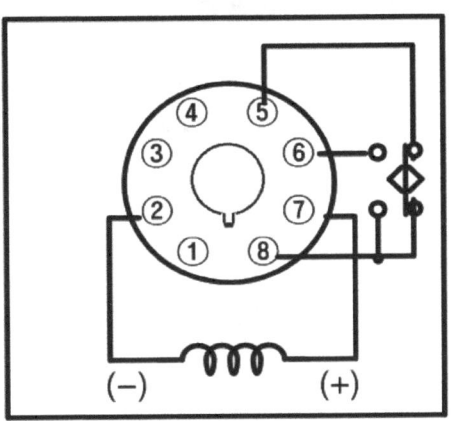

연습문제 – 4(64회 유형)

◆ 공 사 방 법 ◆
① PE전선관
② 플렉시블 전선관
③ 40*40 PVC덕트

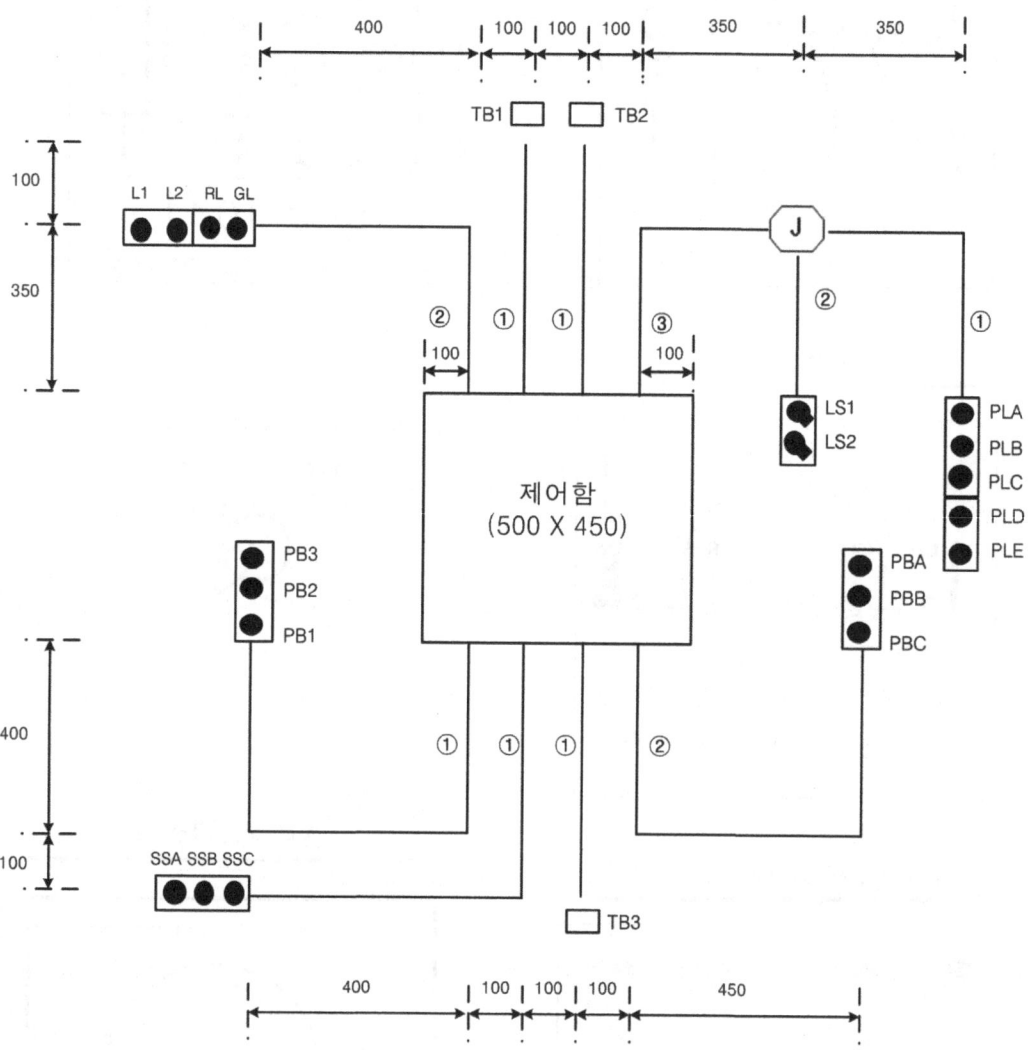

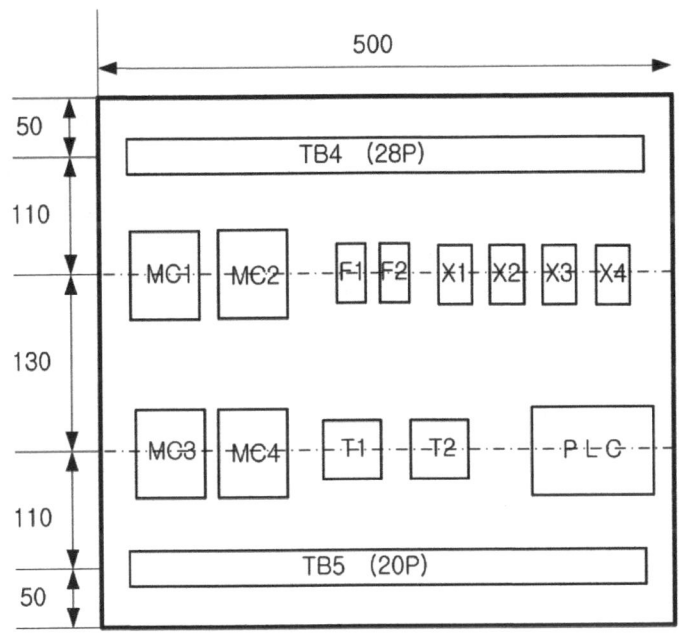

[범 례]

기 호	명 칭	기 호	명 칭	기 호	명 칭
MC1~4	전자접촉기(12P)	GL	파이롯램프(녹)	TB1~TB3	단자대(4P)
F1, F2	퓨즈홀더 (2구)	RL	파이롯램프(적)	LS1~2, SSA~C	2단셀렉터 스위치
X1~4	릴레이(AC220V,14P)	PLA~E L1~2	파이롯램프(백)	PB1	푸시버튼SW(적)
T1~2	타이머 8P	PBA~C	푸시버튼SW(청)	PB2,3	푸시버튼SW(녹)

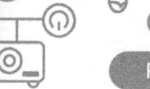

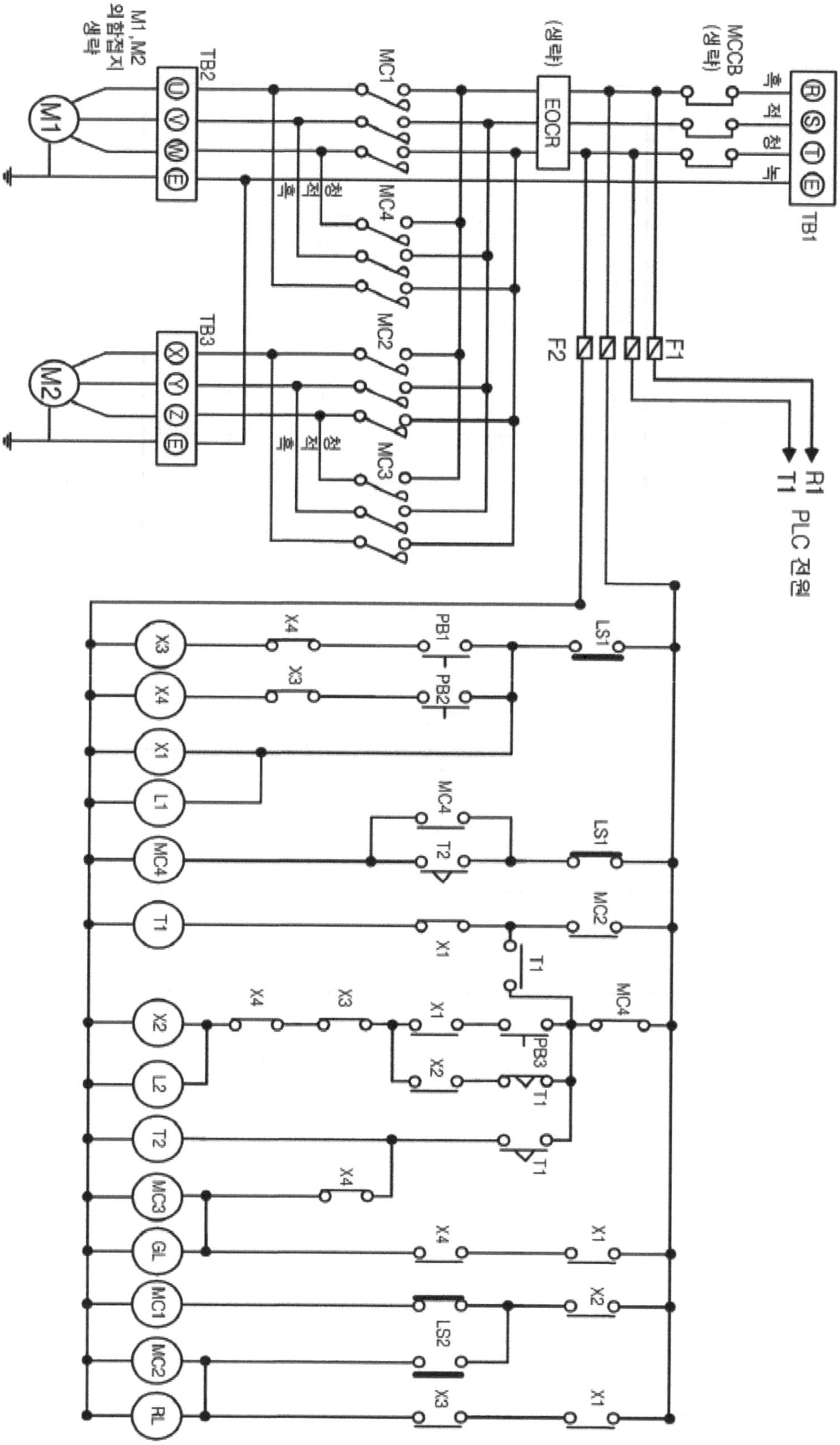
TB1
R S T E
흑 적 청 녹
MCCB
(생략)
EOCR
(생략)
F1
F2
R1
T1
PLC 전원
MC1
MC4
MC2
MC3
TB2
U V W E
TB3
X Y Z E
M1
M2
M1, M2
외함접지
생략
흑 적 청
LS1
PB1
PB2
PB3
X1
X2
X3
X4
T1
T2
L1
L2
GL
RL
LS2

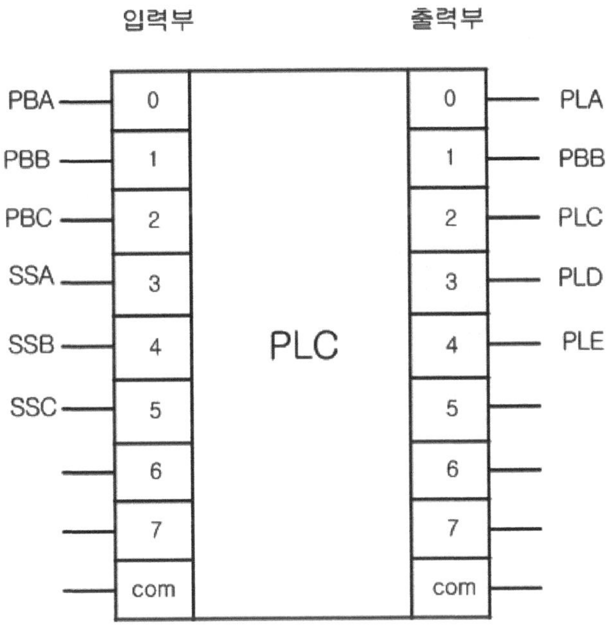
입력부
출력부
PBA
PBB
PBC
SSA
SSB
SSC
0
1
2
3
4
5
6
7
com
PLC
PLA
PBB
PLC
PLD
PLE

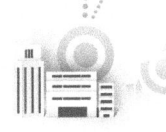

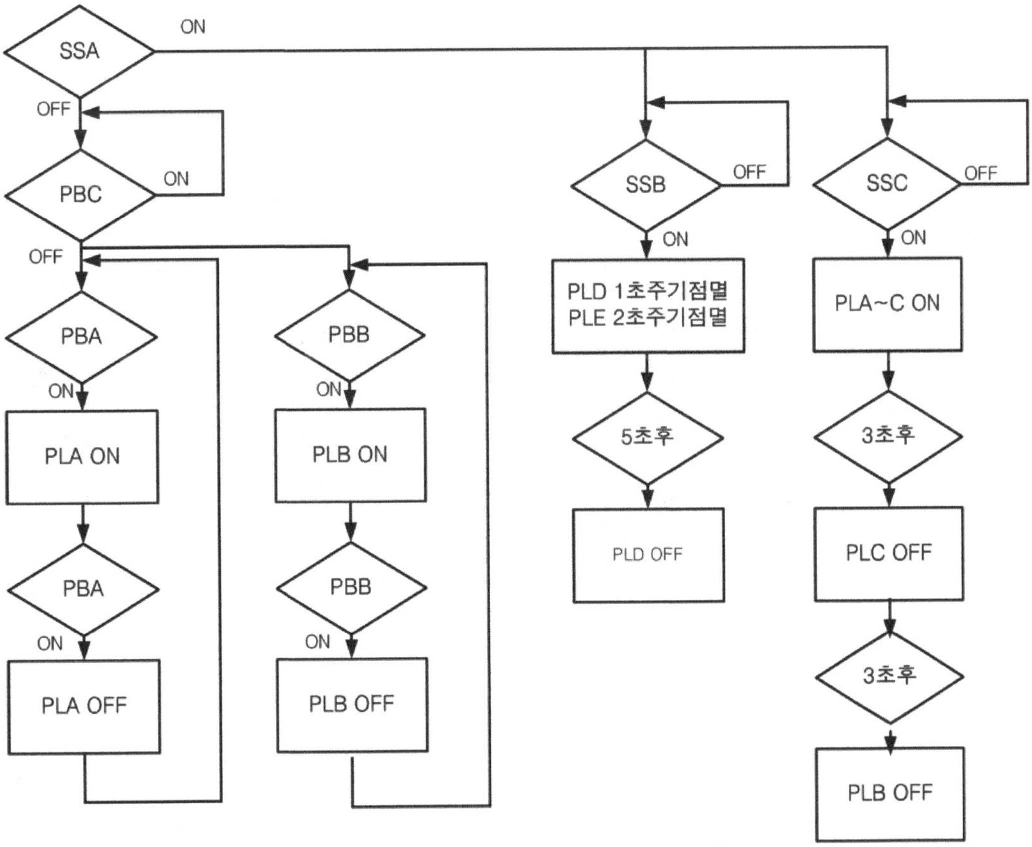
SSA
ON
OFF
PBC
ON
OFF
PBA
ON
PLA ON
PBA
ON
PLA OFF
PBB
ON
PLB ON
PBB
ON
PLB OFF
SSB
OFF
ON
PLD 1초주기점멸
PLE 2초주기점멸
5초후
PLD OFF
SSC
OFF
ON
PLA~C ON
3초후
PLC OFF
3초후
PLB OFF

Power Relay 내부 결선도(MC)

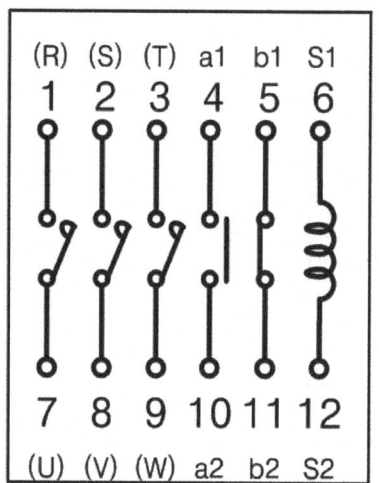

셀렉터 스위치(LS)

14핀 릴레이 내부결선도

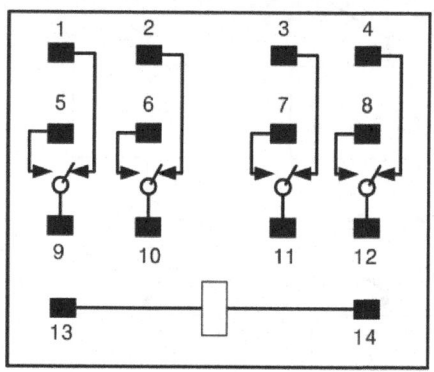

타이머 결선도

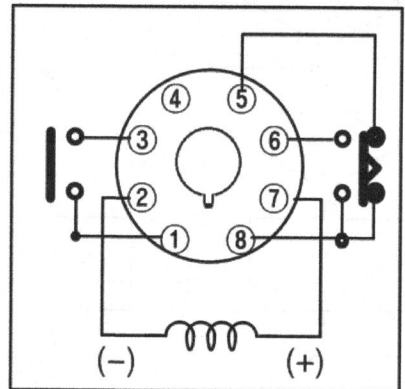

연습문제 – 5(65회 유형)

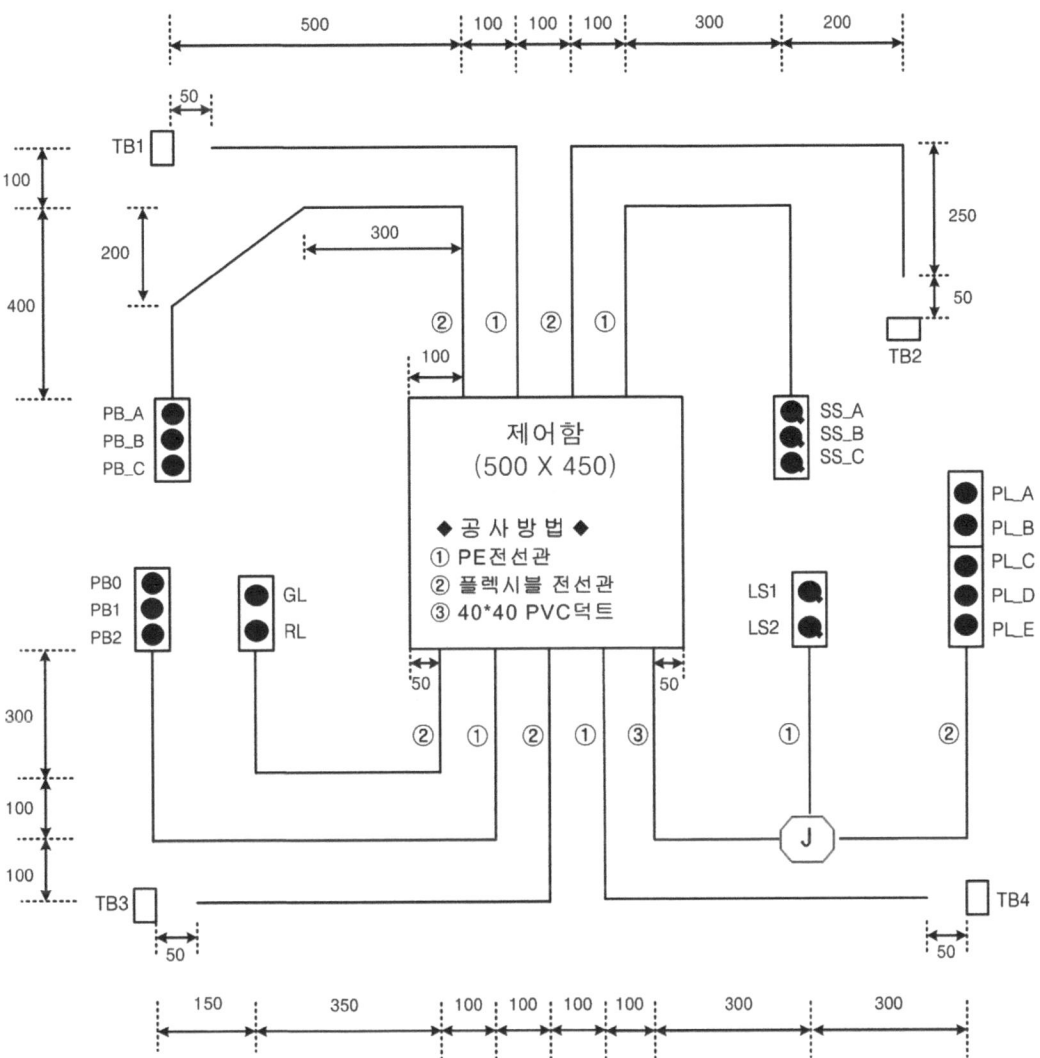

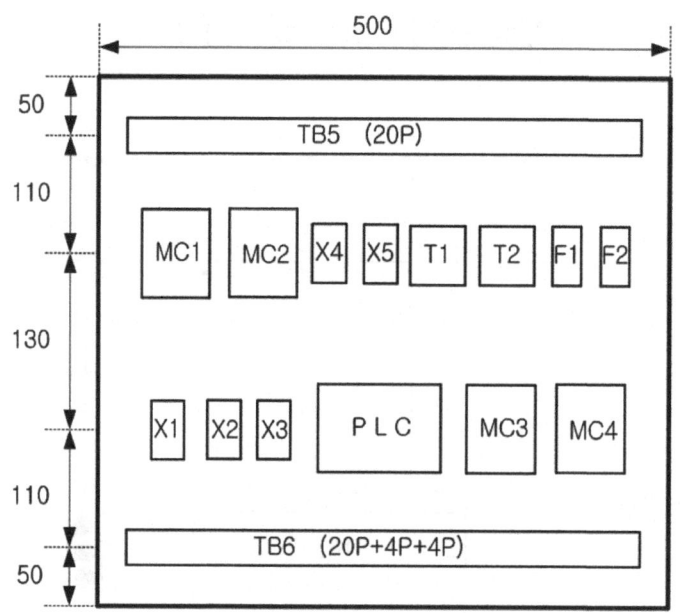

[범 례]

기 호	명 칭	기 호	명 칭	기 호	명 칭
MC1~4	전자접촉기(12P)	GL	파이롯램프(녹)	PB0	푸시버튼SW(녹)
F1, F2	퓨즈홀더(2P)	RL	파이롯램프(적)	PB1~2	푸시버튼SW(적)
X1~5	릴레이(AC220V, 14P)	PL_A~E	파이롯램프(백)	PB_A~C	푸시버튼SW(청)
T1, T2	타이머(8P)	TB1~TB4	단자대(4P)	SS_1~2	2단셀렉터 스위치
Ⓙ	8각 박스	PLC	PLC	SS_A~C	2단셀렉터 스위치

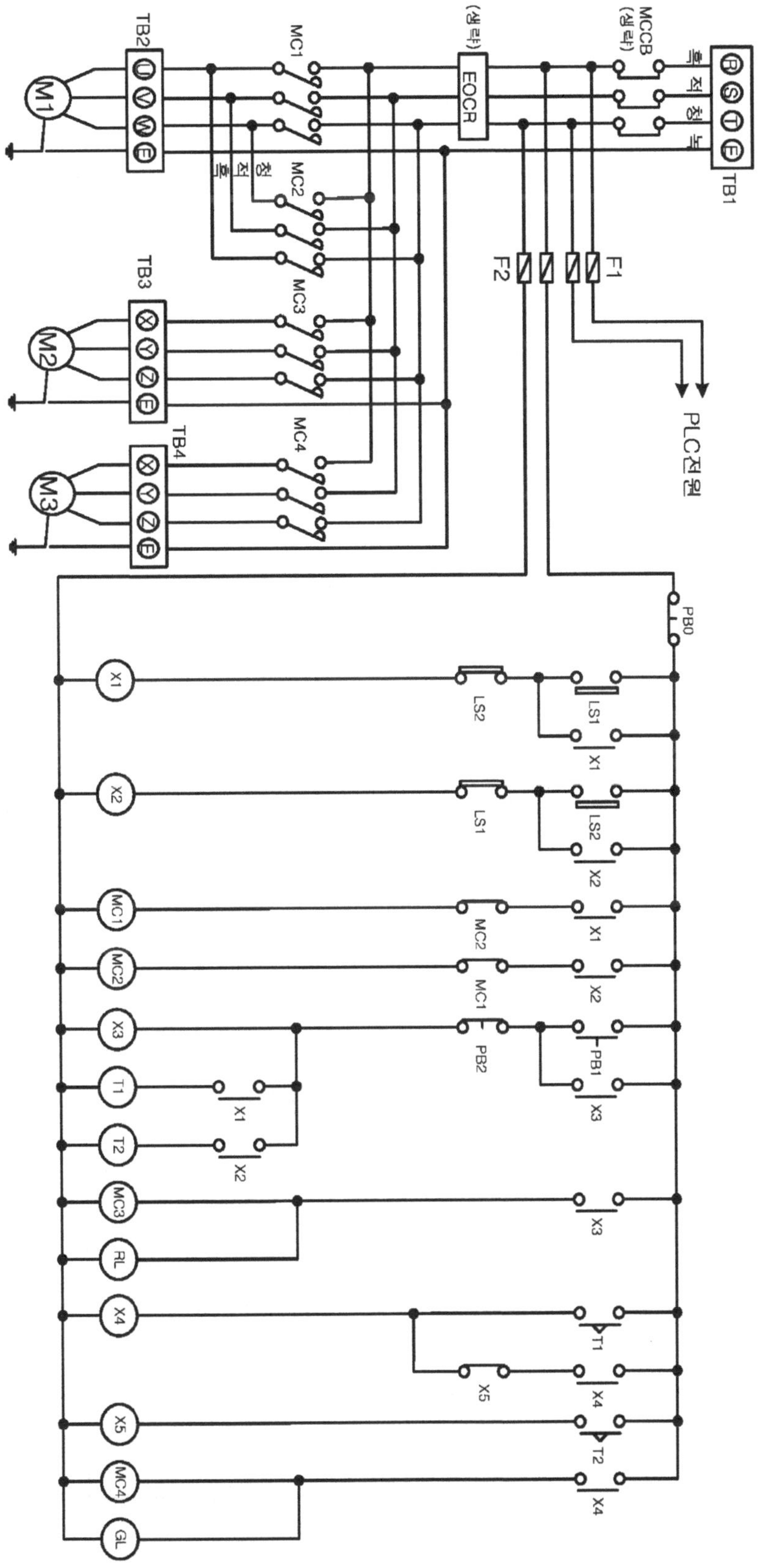

SS_A SS_B SS_C PB_A PB_B PB_C
입력부
0 1 2 3 4 5 com
P L C
com 0 1 2 3 4 5
출력부
R
시퀀스도
(F1 퓨즈 2차측)
T
PL-A PL-B PL-C PL-D PL-E

Start
SS_A
OFF
ON
SS_B
OFF
ON
SS_C
OFF
ON
PB_A
1회 입력
PB_B
2회 입력
PB_C
3회 입력
PB_B
2회 입력
PB_C
1회 입력
PL_A 1초 간격
1회 점등
PL_B 1초 간격
2회 점등
PL_C 1초 간격
3회 점등
PL_A 점등
PL_E 점등
1초 후
PL_A, PL_E 소등
PL_B, PL_D 점등
1초 후
PL_B, PL_D 소등
PL_C 점등
1초 후
PL_A ~ PL_E
1초 간격 순차점등
3초 후
PL_E ~ PL_A
1초 간격 순차소등
3초 후

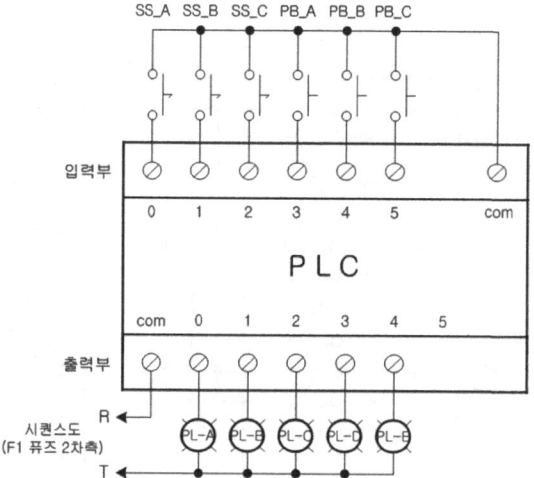

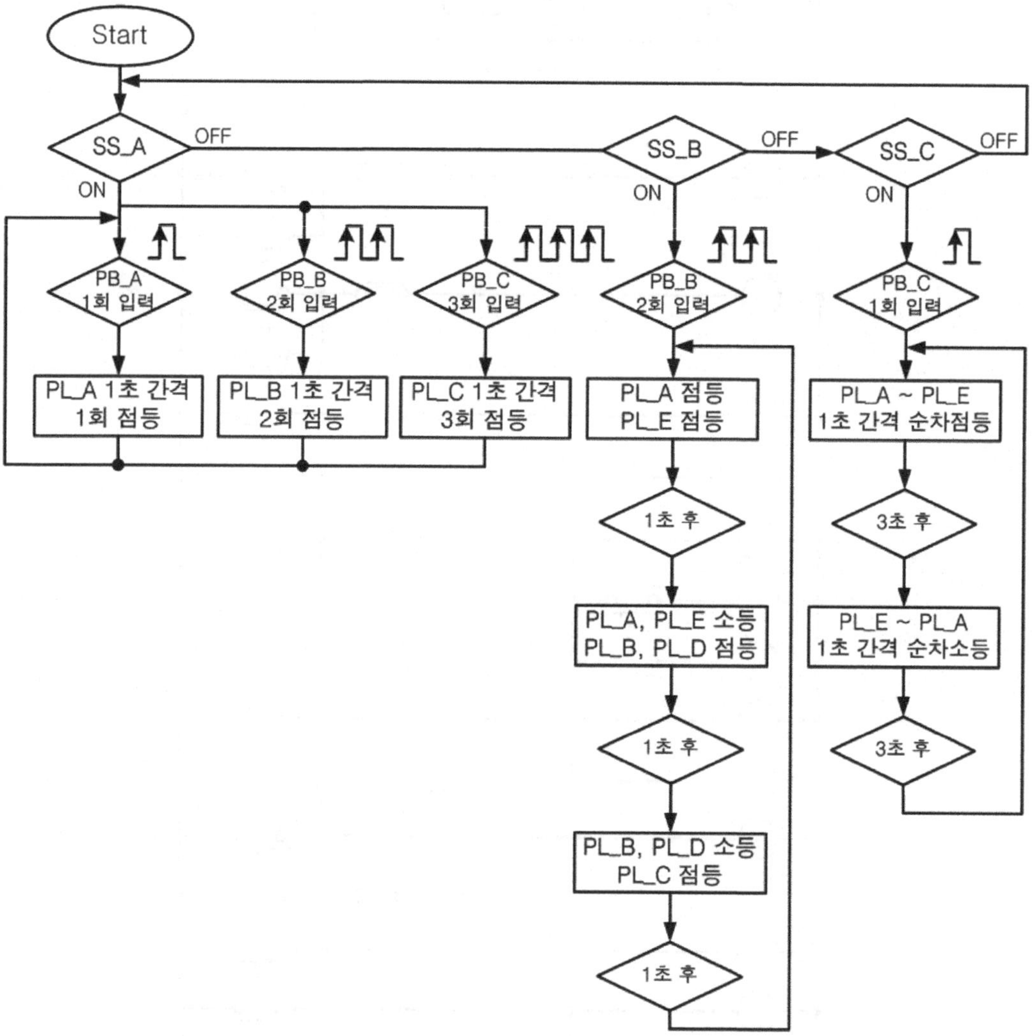

Power Relay 내부 결선도(MC)

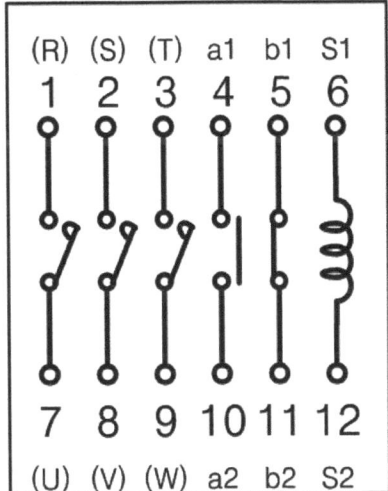

EOCR 내부 결선도

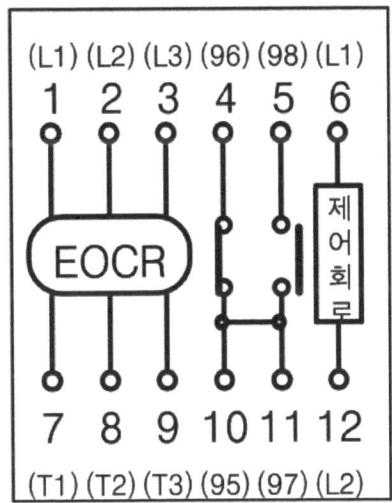

타이머 결선도

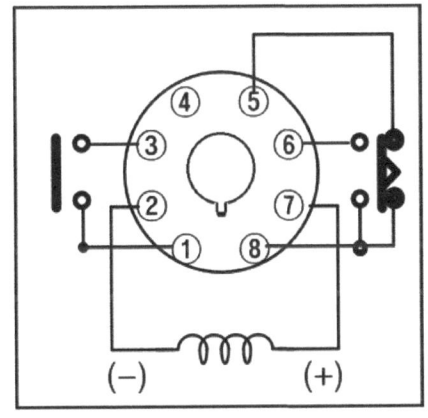

14핀 릴레이 내부결선도

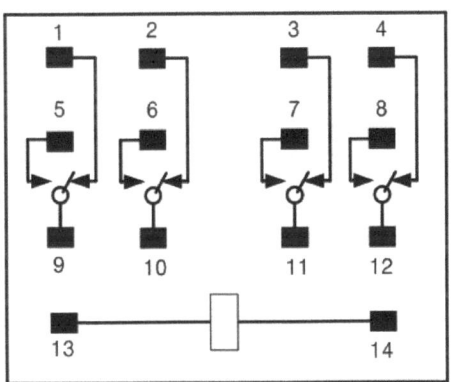

셀렉터 스위치(SS)

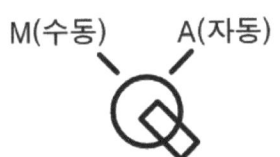

연습문제 – 6(66회 유형)

시험시간 : 5시간 (연장시간 없음)

1. 배관 및 기구 배치도

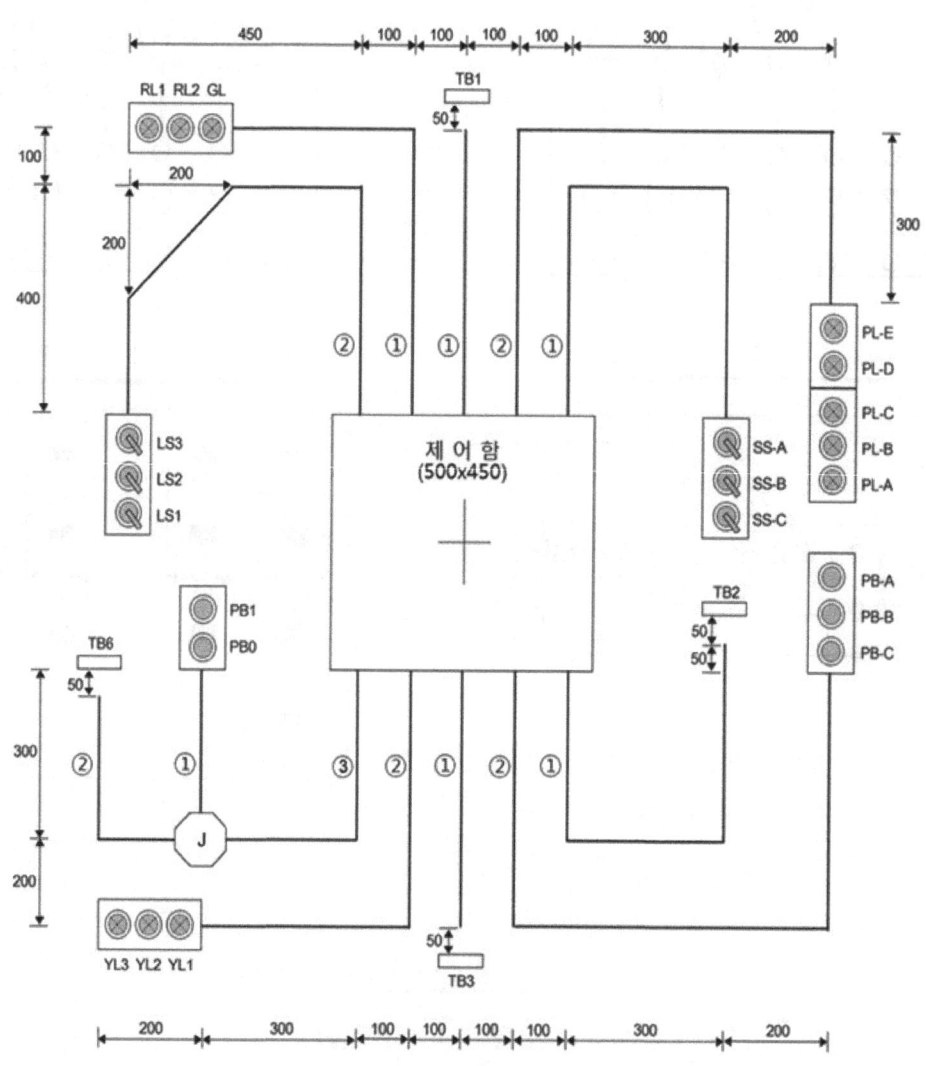

① PE 전선관 배관   ② 플렉시블 전선관 배관   ③ 40 × 40 PVC 덕트

2. 제어판 내부 기구배치도 및 범례

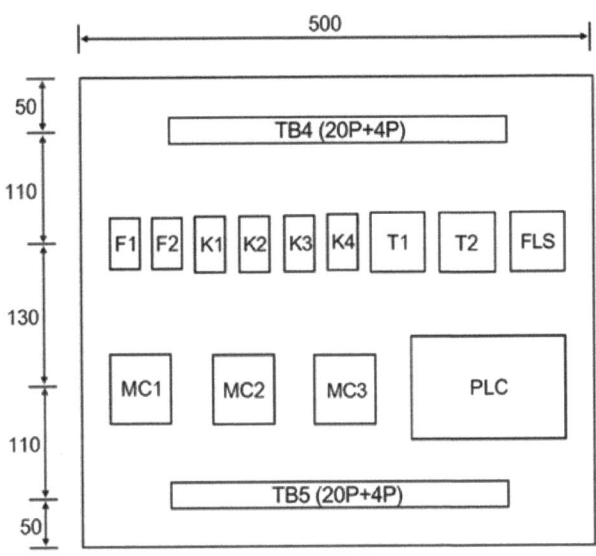

[범 례]

기 호	명 칭	기 호	명 칭	기 호	명 칭
MC1 ~ MC3	파워릴레이 12P	PB-A ~ PB-C	푸시버튼(청)	PL-A ~ PL-E	파일롯램프(백)
F1, F2	퓨즈홀더 2P	SS-A ~ SS-C	셀렉타 S/W 2단	TB1 ~ TB3	단자대 4P
K1 ~ K4	220V 릴레이 4a4b 14P	LS1 ~ LS3	셀렉타 S/W 2단	TB4	단자대 20P+4P
T1, T2	On Delay Time 1a1b	GL	파일롯램프(녹)	TB5	단자대 20P+4P
FLS	플로트레스 8P	RL1, RL2	파일롯램프(적)	TB6	단자대 3P
PB0, PB1	푸시버튼(적/녹)	SOL-1 ~ SOL-3	파일롯램프(황)		

3. PLC 제어

- PLC 입출력 배치도와 같은 순으로 입출력 단자를 결선하여 타임차트의 동작사항과 일치하는 PLC 회로를 프로그램 하시오

※ 주의사항

　시퀀스 회로도에 따라 PLC 전원 및 아래 PLC 입출력 단자 배치도의 입력부 및 출력부를 연결 해야 한다.

◆ PLC 입출력 단자 배치도

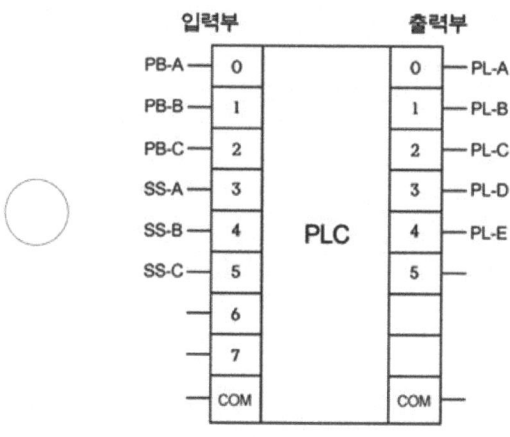

◆ PLC 프로그램

다음 타임차트를 해석하고 프로그램 한다.
출력의 점멸회로는 아래 타임차트 1칸 당 1초에 해당한다.

1) 타임차트 1

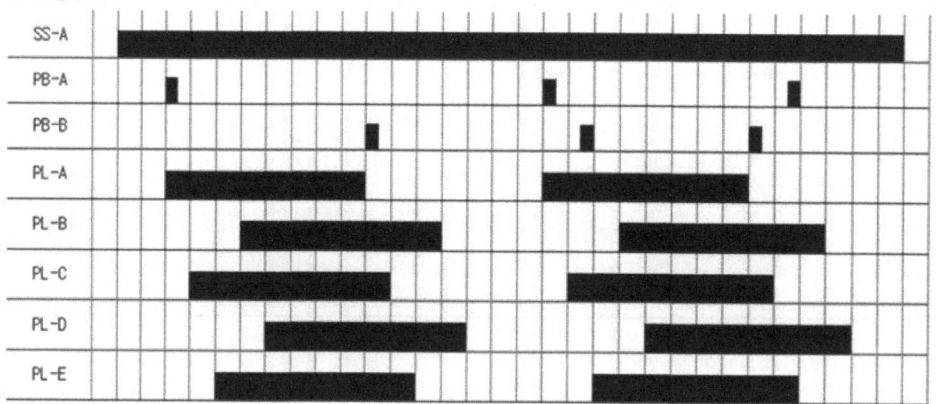

※ 주의사항
- 타임차트 1과 타임차트 2의 동작은 상호락(Mutual locks)을 한다.
- PB-B 정지 동작은 PB-A를 누른 후 5초 이내 동작을 금지하며, 마찬가지로 PB-A 시작 동작은 PB-B를 누른 후 5초 이내 동작을 금해야 한다.

2) 타임차트 2

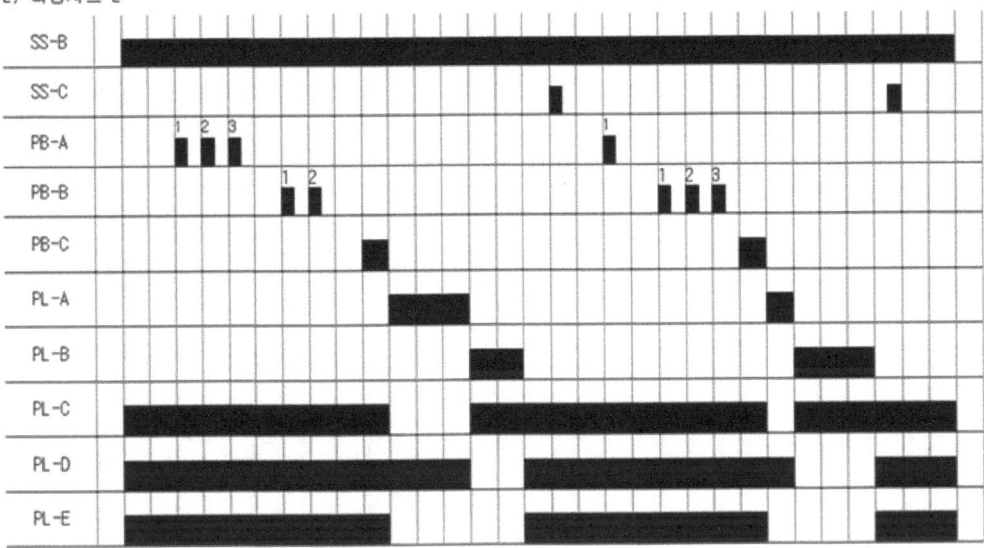

※ 주의사항
- 타임차트 1과 타임차트 2의 동작은 상호락(Mutual locks)을 한다.
- PB-A, PB-B를 누를 때 카운터 입력이 되면 최대값은 각각 3이다.
- PB-C를 눌렀다놓을 때 PL-A (PB-A 카운터 값 × 1초) 점등을 하고 소등한 후 PL-B (PB-B 카운터 값 × 1초) 점등을 하고 소등한다. SS-C에 의해 초기화 되기전까지 PB-C를 눌렀다 놓으면 동작을 반복한다.
- PB-C에 의하여 PL-A, PL-B가 점등 동작 중 또는 동작을 완료하고 나서 SS-C를 입력하지않았는데 PB-A, PB-B 를 눌렀을 때 중간에 PB-A, PB-B 카운터 값이 변경이 돼서는 안된다.
- PL-C는 PL-A 점등시 소등 되며, PL-D는 PL-B 점등시 소등된다.
- PL-E는 PL-C와 PL-D가 동시에 점등시 점등된다.
- SS-C는 PB-A, PB-B의 카운터와 회로전체를 초기화(Reset) 한다.
  (SS-C 상승에지 시 초기화 Rising edge when clear)
- PLC 입력부 배선은 NPN방식으로 연결을 해야한다.
- PLC 출력부 배선은 시퀀스 회로도대로 F1 퓨즈에서 PLC의 전원과 출력부 배선을 모두 해야하며, 그래서 출력부 COM에는 F1퓨즈의 R1상을 연결한다.

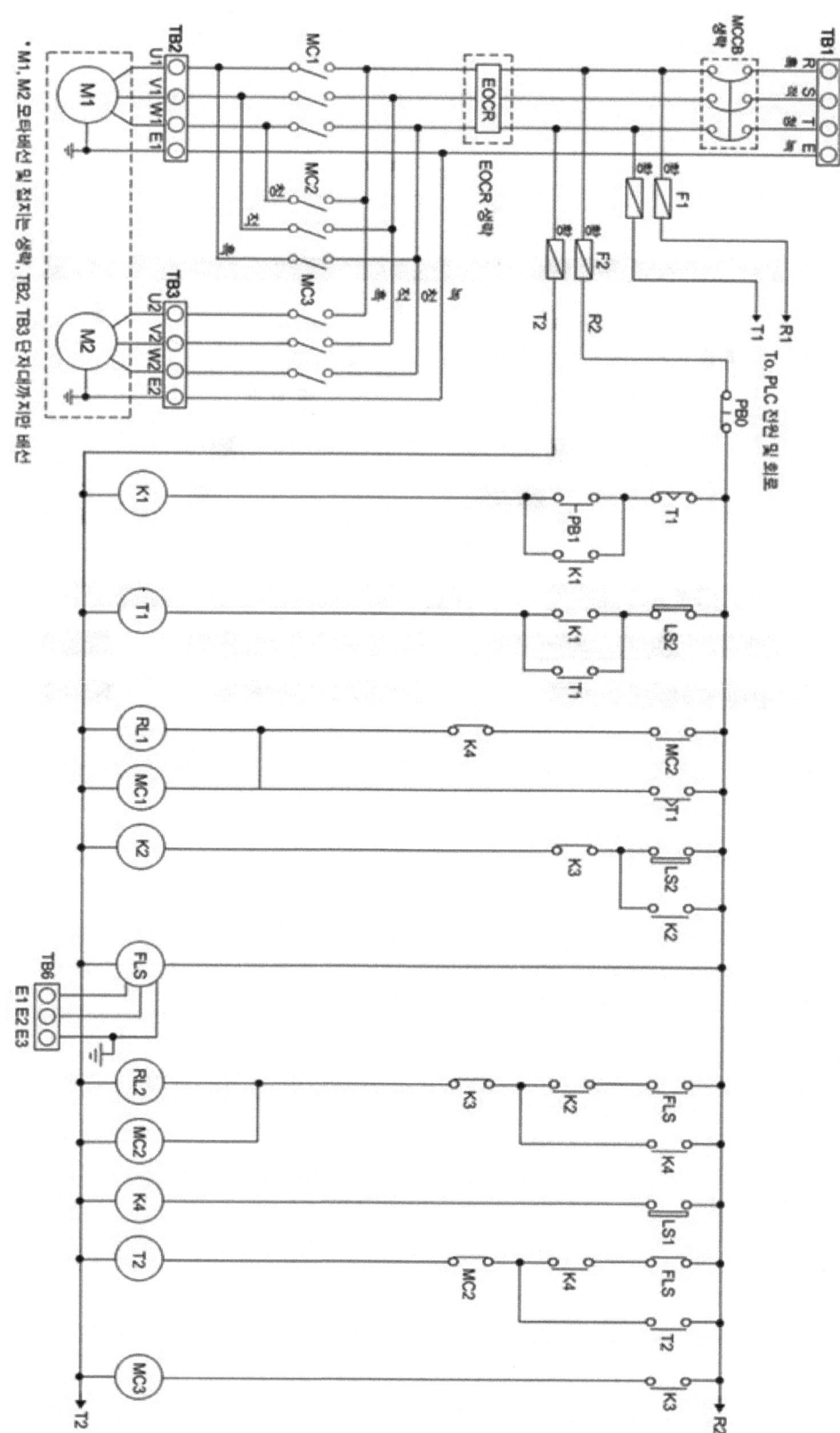

제3장 기출 복원문제

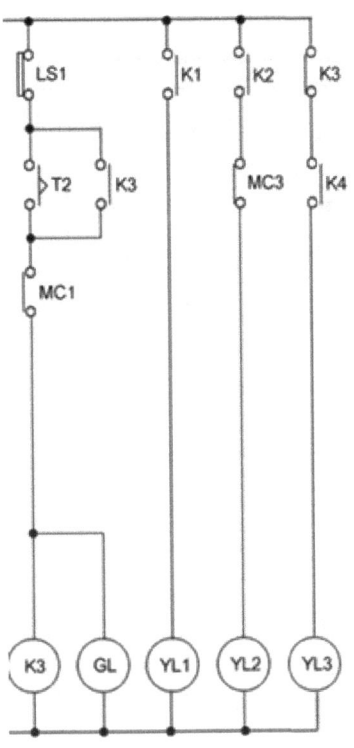

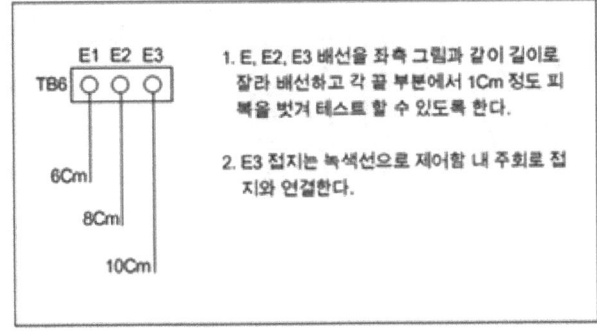

[TB6 단자 E1, E2, E3 배선]

1. E, E2, E3 배선을 좌측 그림과 같이 길이로 잘라 배선하고 각 끝 부분에서 1Cm 정도 피복을 벗겨 테스트 할 수 있도록 한다.

2. E3 접지는 녹색선으로 제어함 내 주회로 접지와 연결한다.

Power Relay 내부 결선도(MC)

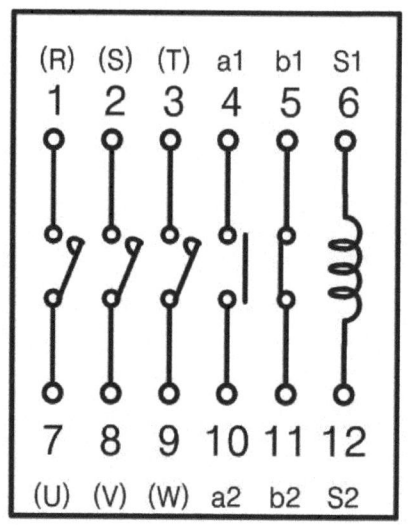

14핀 릴레이 내부결선도

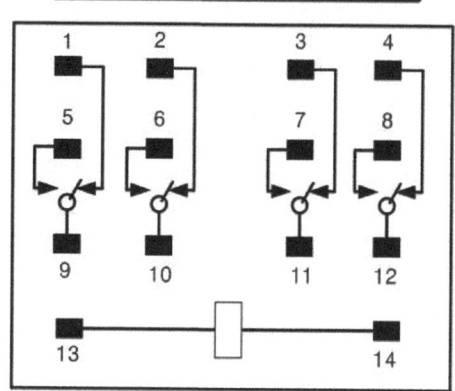

타이머(On Delay) 결선도

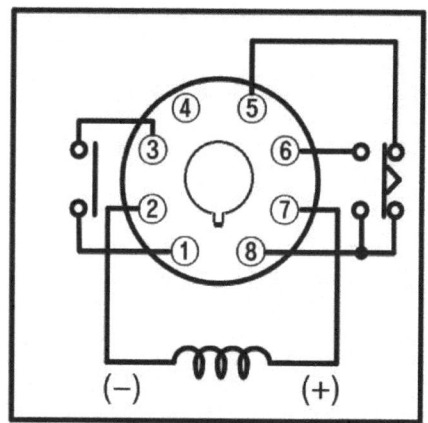

Floatless Switch 결선도(FLS)

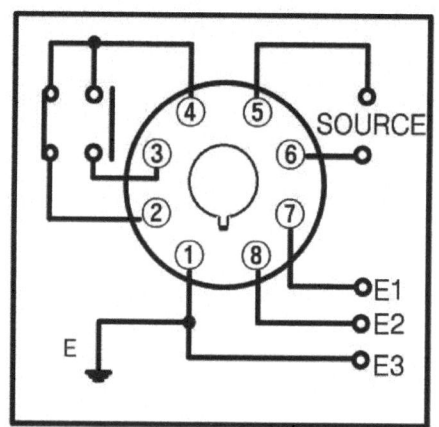

셀렉터 스위치

연습문제 – 7(67회 유형)

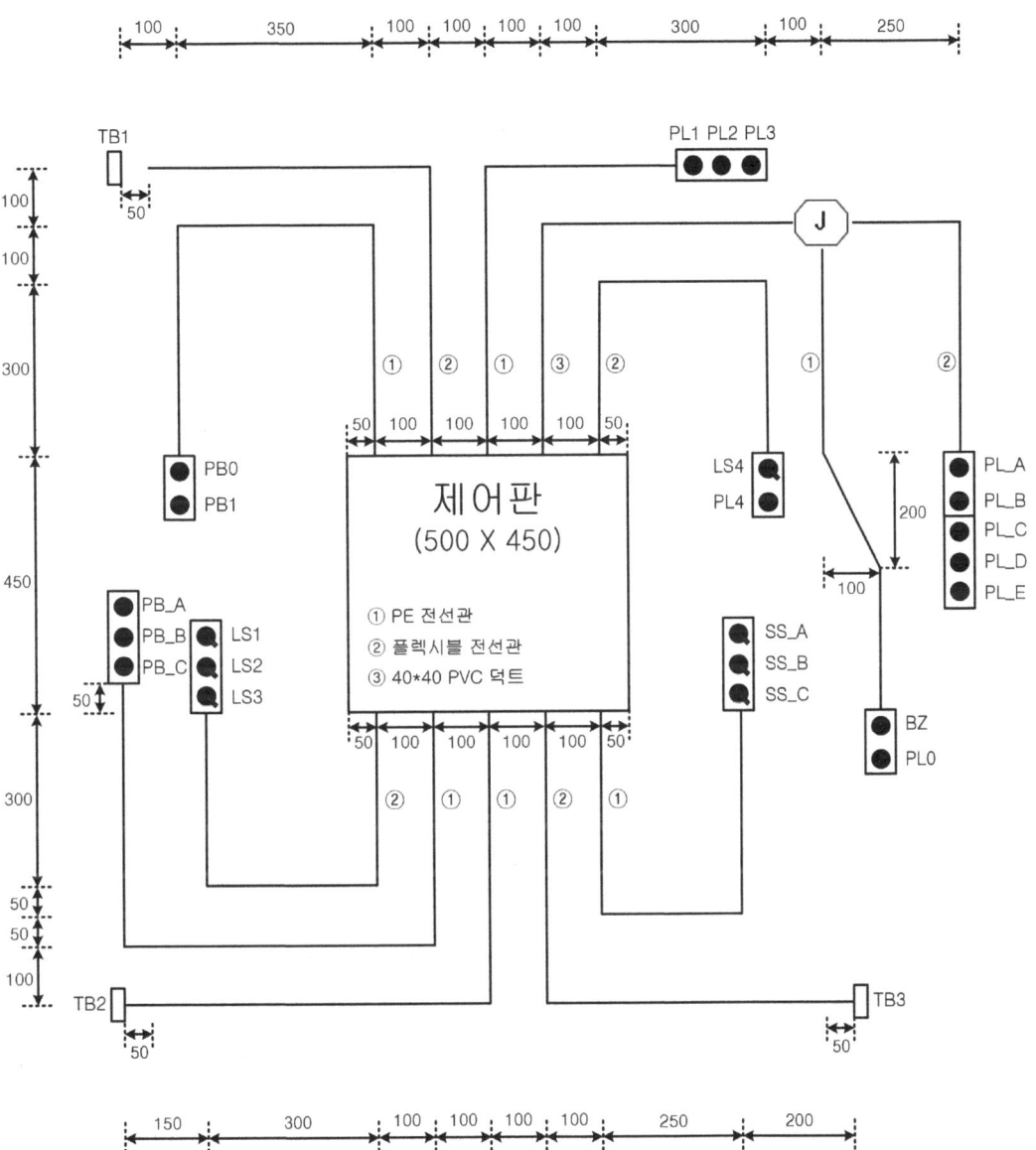

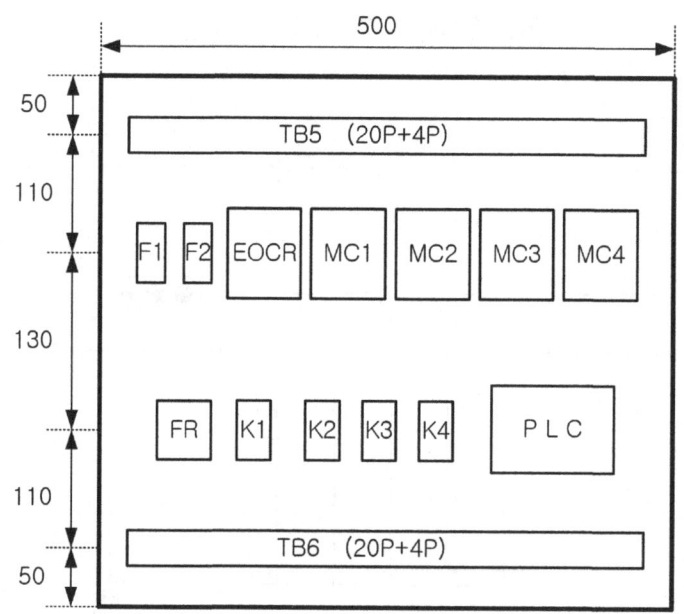

[범 례]

기 호	명 칭	기 호	명 칭	기 호	명 칭
TB1~3	단자대(4P)	PB0	푸시버튼SW(적)	PB_A~C	푸시버튼SW(청)
TB4~5	단자대(20P+4P)	PB1	푸시버튼SW(녹)	SS_A~C	2단 셀렉터 SW
EOCR	과전류차단기(12P)	LS1~4	2단 셀렉터 SW	PL_A~E	파일럿램프(백)
MC1~4	전자접촉기(12P)	PL0~4	파일럿램프(적)	J	팔각박스
FR	플리커 릴레이(8P)				
K1~4	릴레이(14P)				

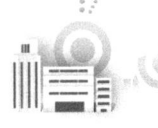

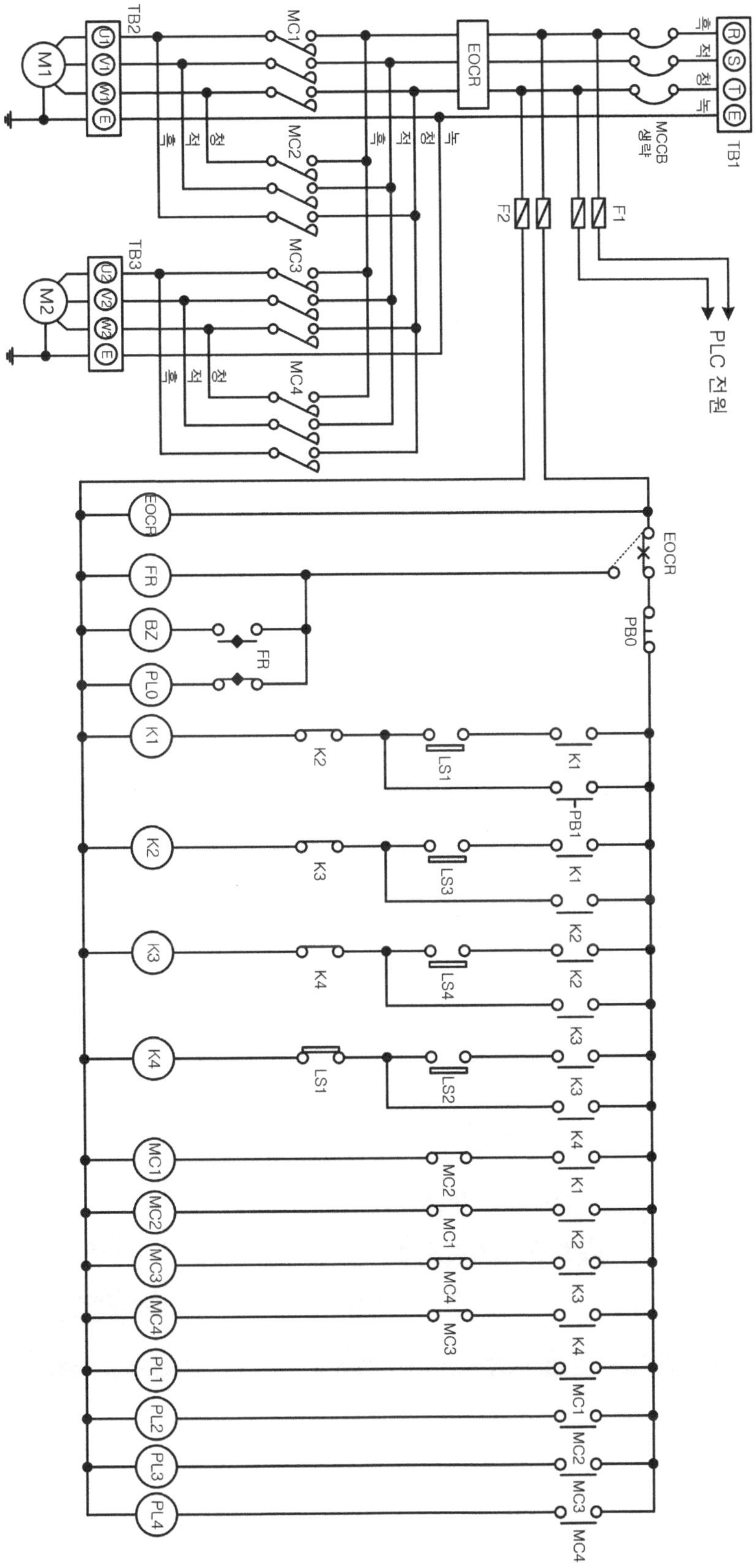
TB1
MCCB 생략
EOCR
F1
F2
PLC 전원
MC1
MC2
MC3
MC4
TB2
TB3
M1
M2
흑
적
청
녹
PB0
PB1
FR
BZ
PL0
K1
K2
K3
K4
LS1
LS2
LS3
LS4
PL1
PL2
PL3
PL4

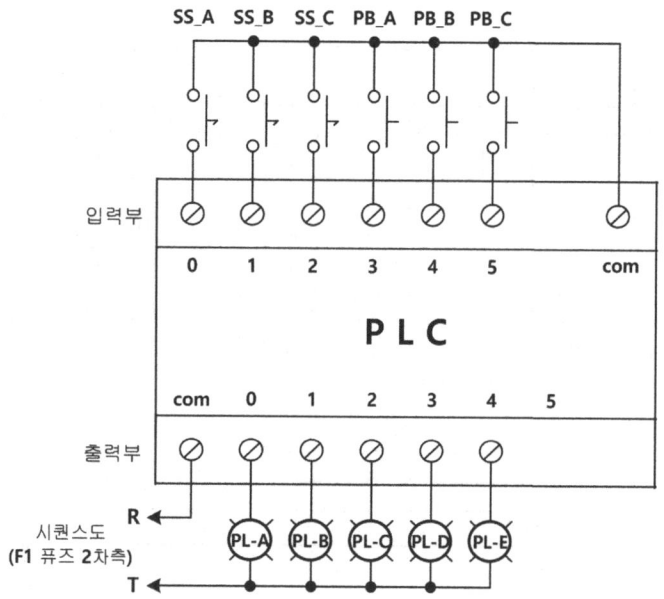

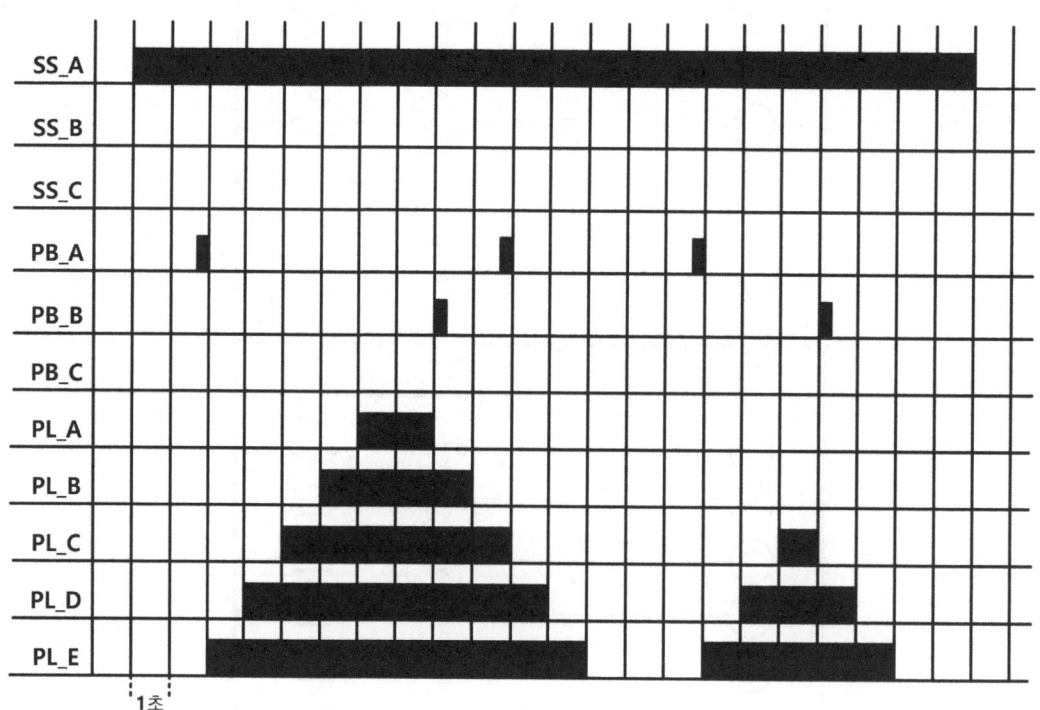

1. PB_A 와 PB_B의 카운터를 더한 횟수만큼 ON
2. PB_A 와 PB_B의 카운터를 뺀 횟수만큼 ON
3. PL_C OFF : PL_A ON 시
5. PL_D OFF : PL_B ON 시
6. PL_E 조건 : PL_A만 동작 시 ON
7. SS_C 동작 시 : 카운터 리셋

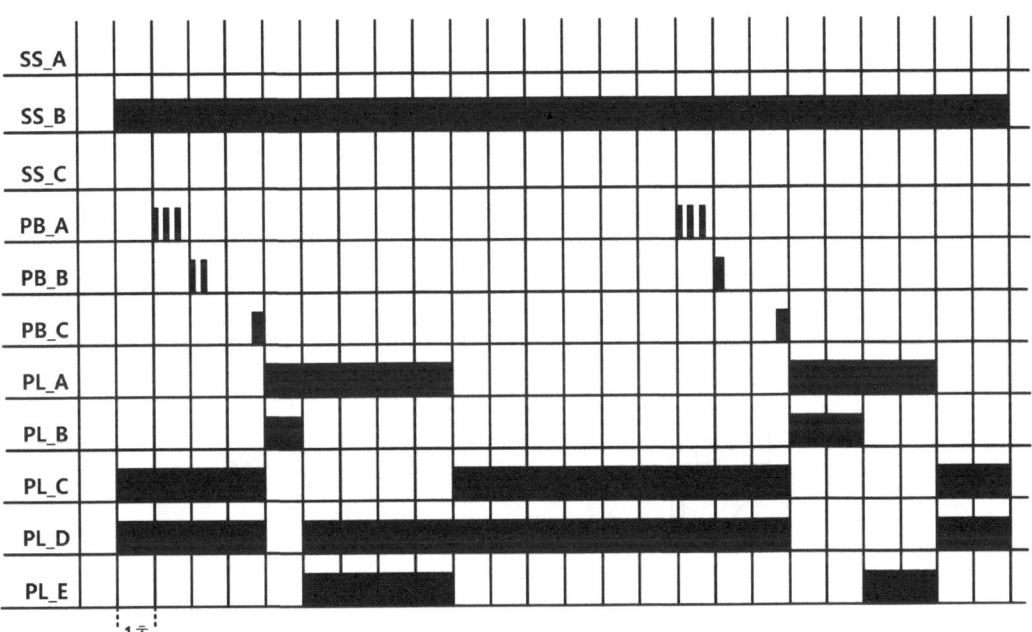

Power Relay 내부 결선도(MC)

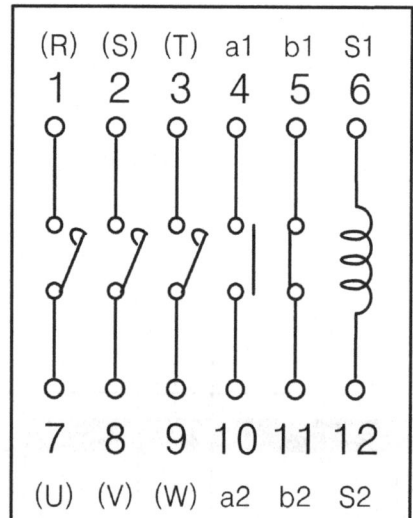

14핀 릴레이 내부결선도

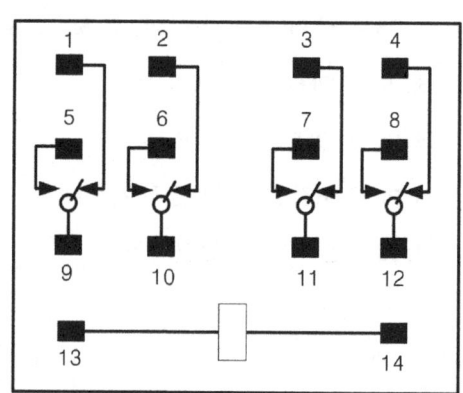

플리커릴레이 내부 결선도

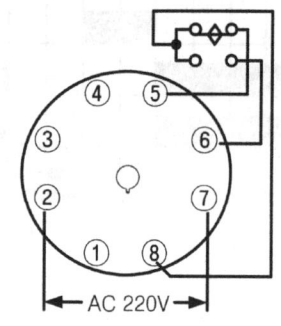

셀렉터 스위치(LS)

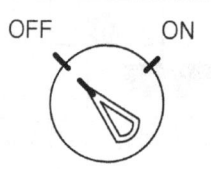

연습문제 – 8(68회 유형)

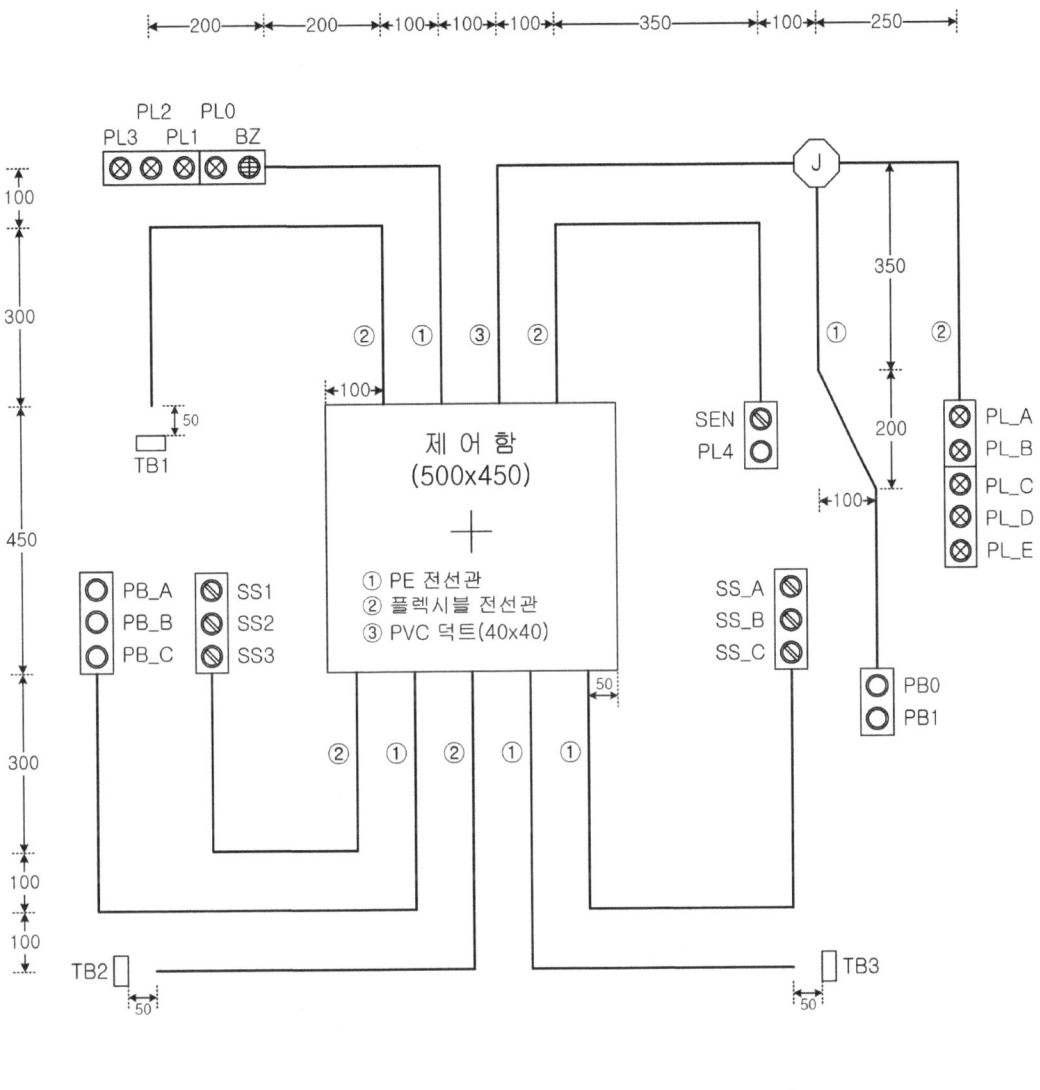

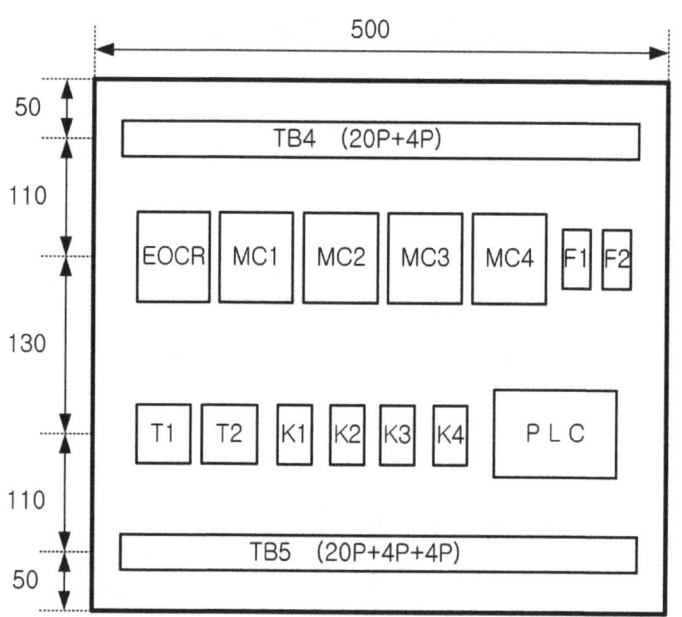

[범 례]

기 호	명 칭	기 호	명 칭	기 호	명 칭
TB1~3	단자대(4P)	K1~4	릴레이(14P)	SEN	2단 셀렉터 SW
TB4	단자대(20P+4P)	PB0	푸시버튼SW(적)	PL0	파일롯램프(황)
TB5	단자대(20P+4P+4P)	PB1	푸시버튼SW(녹)	PL1~4	파일롯램프(적)
EOCR	과전류차단기(12P)	PB_A~C	푸시버튼SW(청)	PL_A~E	파일롯램프(백)
MC1~4	전자접촉기(12P)	SS_A~C	2단 셀렉터 SW	F1, F2	퓨즈홀더(2P)
T1, T2	타이머 릴레이(8P)	SS1~3	2단 셀렉터 SW	(J)	팔각박스

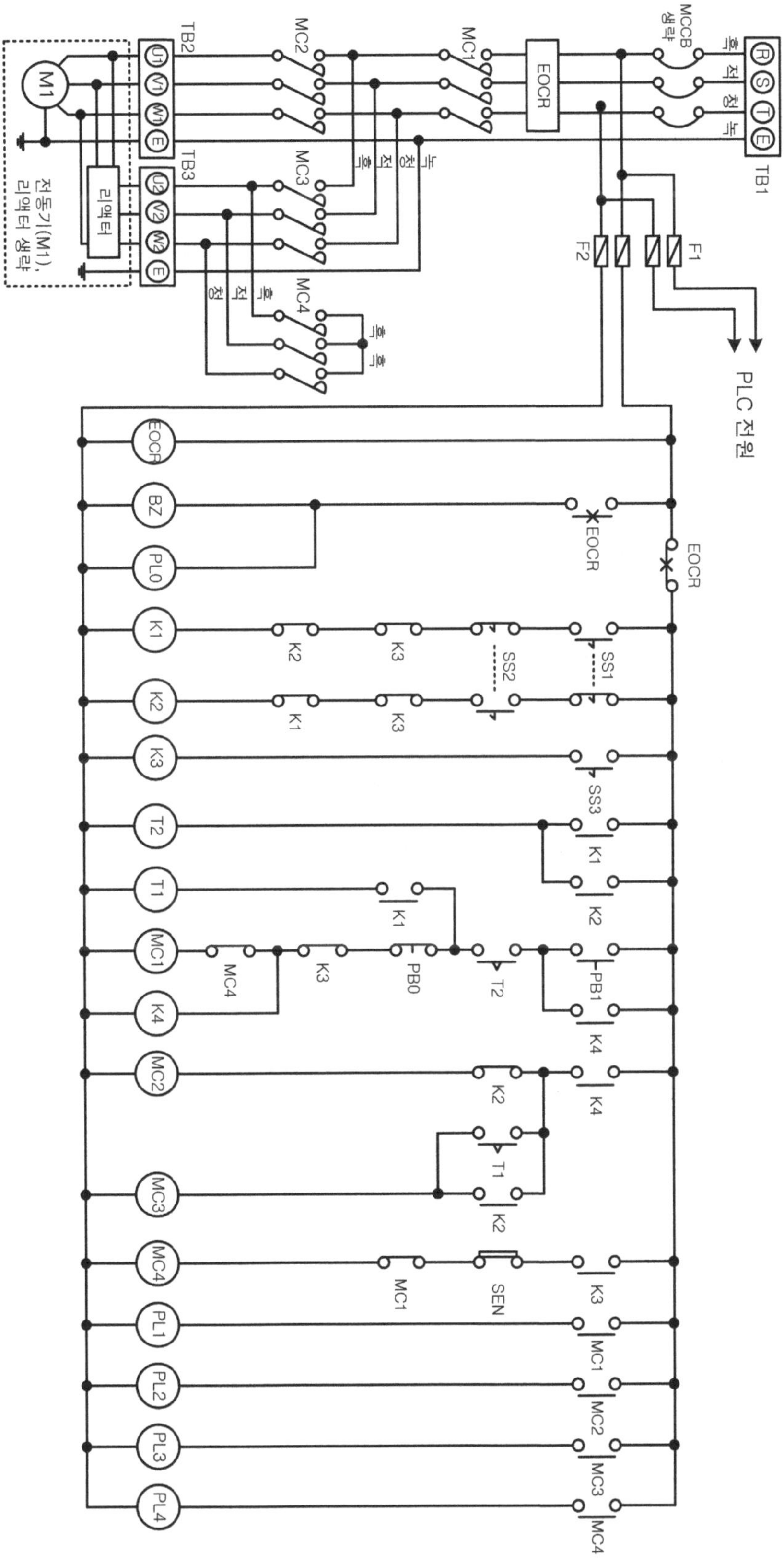
TB1
MCCB 생략
흑 적 청 녹
EOCR
MC1
MC2
MC3
MC4
TB2
TB3
M1
리액터
전동기(M1), 리액터 생략
F1
F2
PLC 전원
EOCR
BZ
PL0
K1
K2
K3
T1
T2
K4
SS1
SS2
SS3
PB0
PB1
SEN
PL1
PL2
PL3
PL4

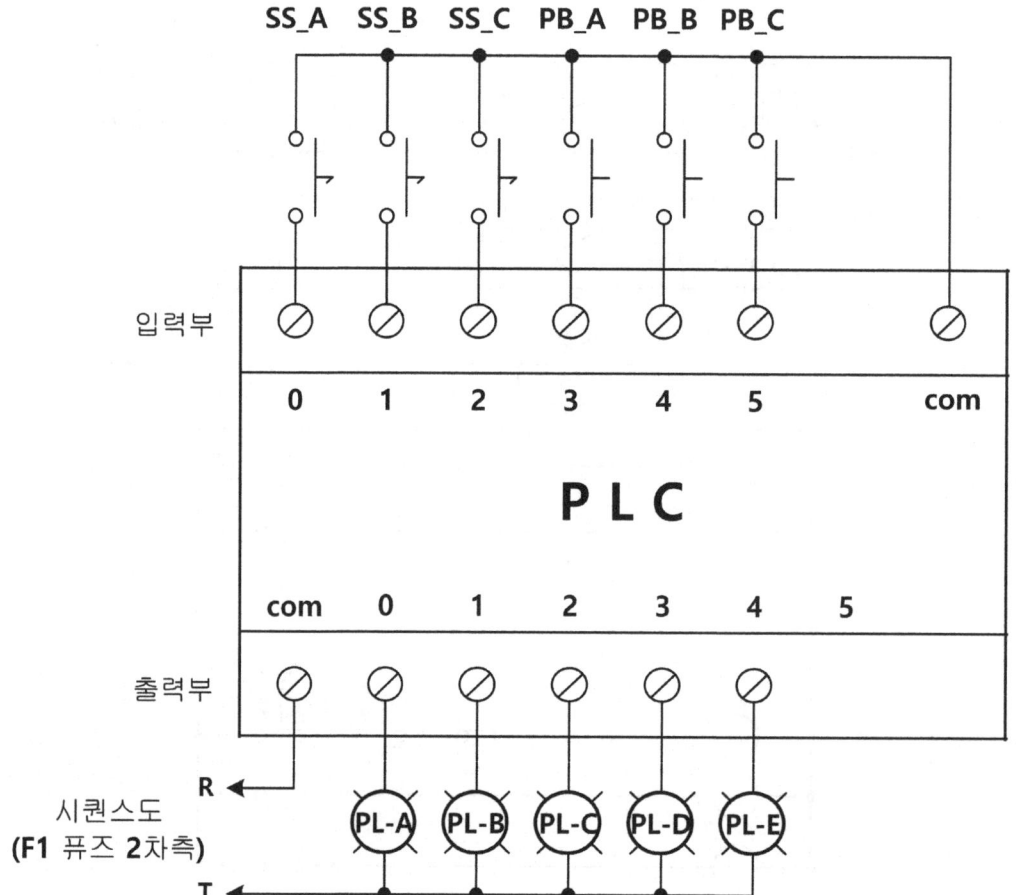

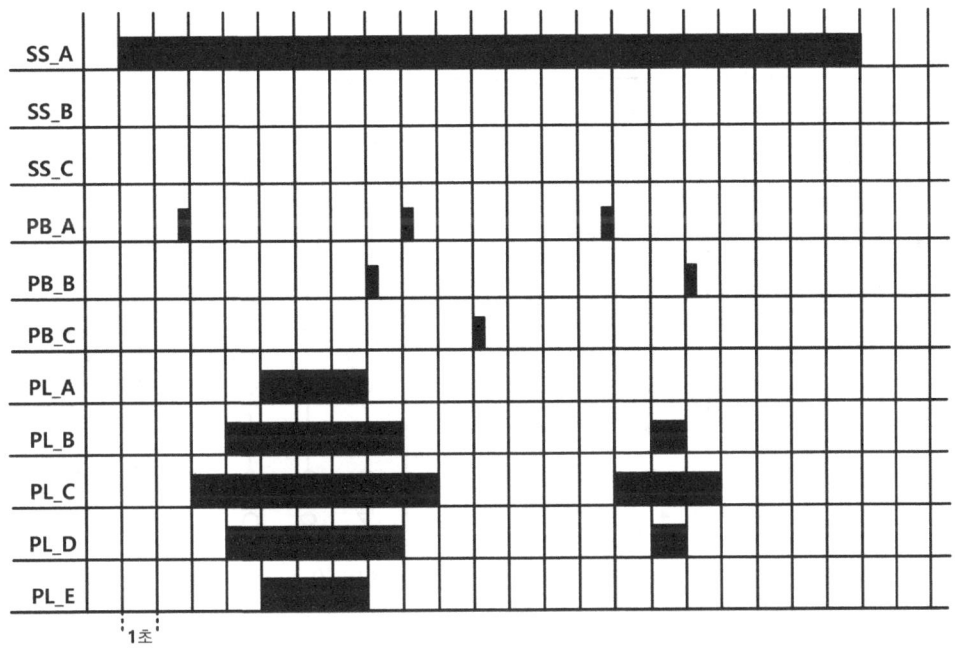

◆ 조건 : M > N > 0

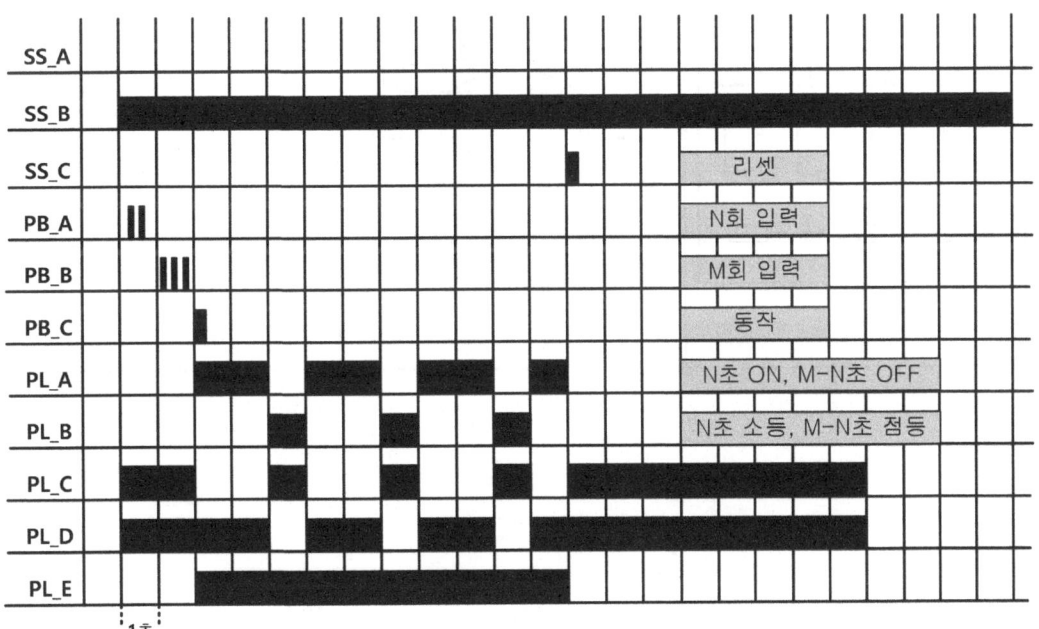

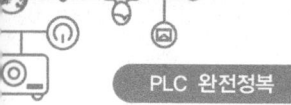

EOCR 내부 결선도	Power Relay 내부 결선도(MC)
14핀 릴레이 내부 결선도	타이머 내부 결선도	셀렉터 스위치(SS)

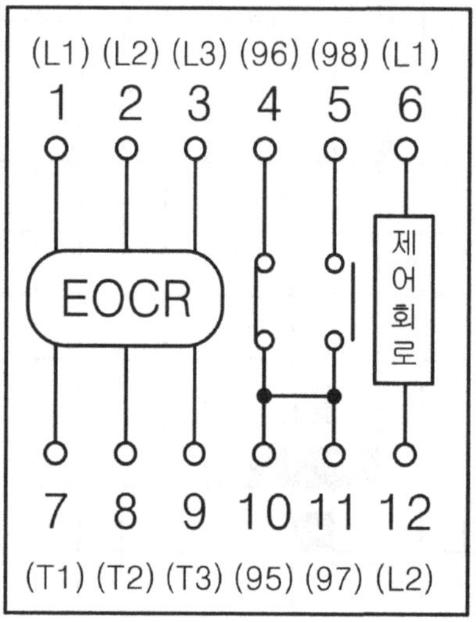

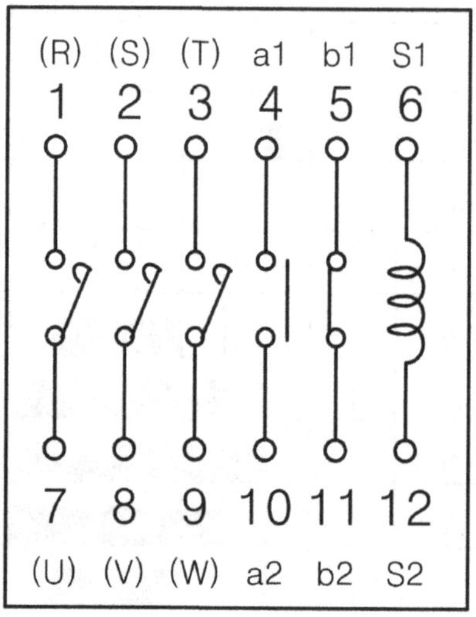

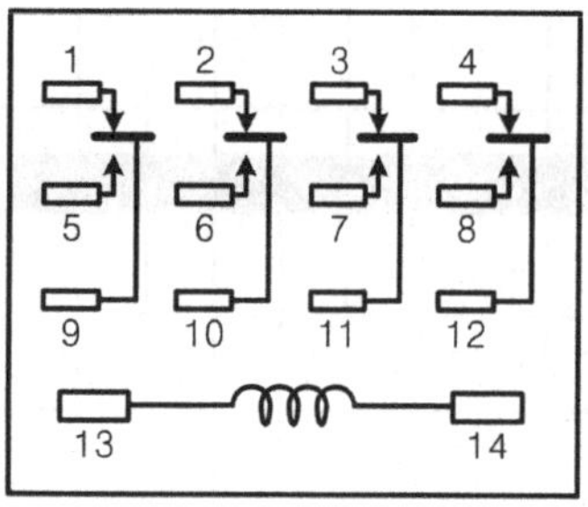

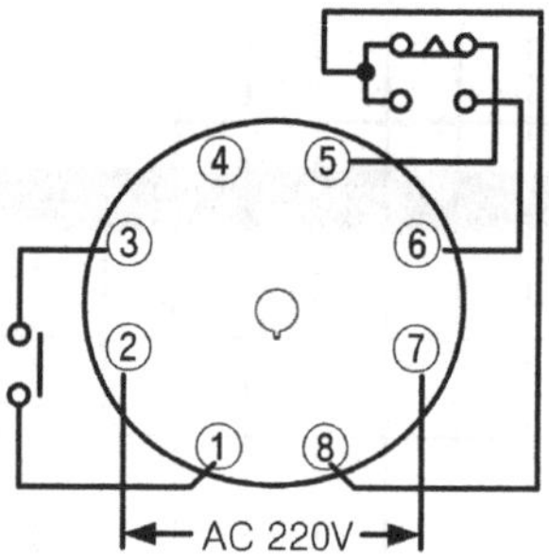

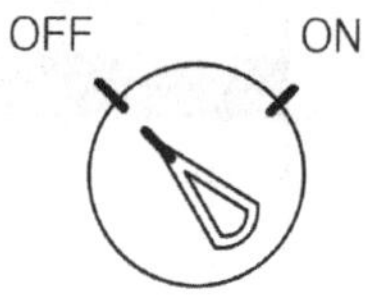

부록

공개문제10, 문제

| 자격종목 | 전기기능장 | 과제명 | 전동기 및 전등제어 | 척도 | NS |

나. 전기공사(제2과제)
　1) 배관 및 기구 배치도

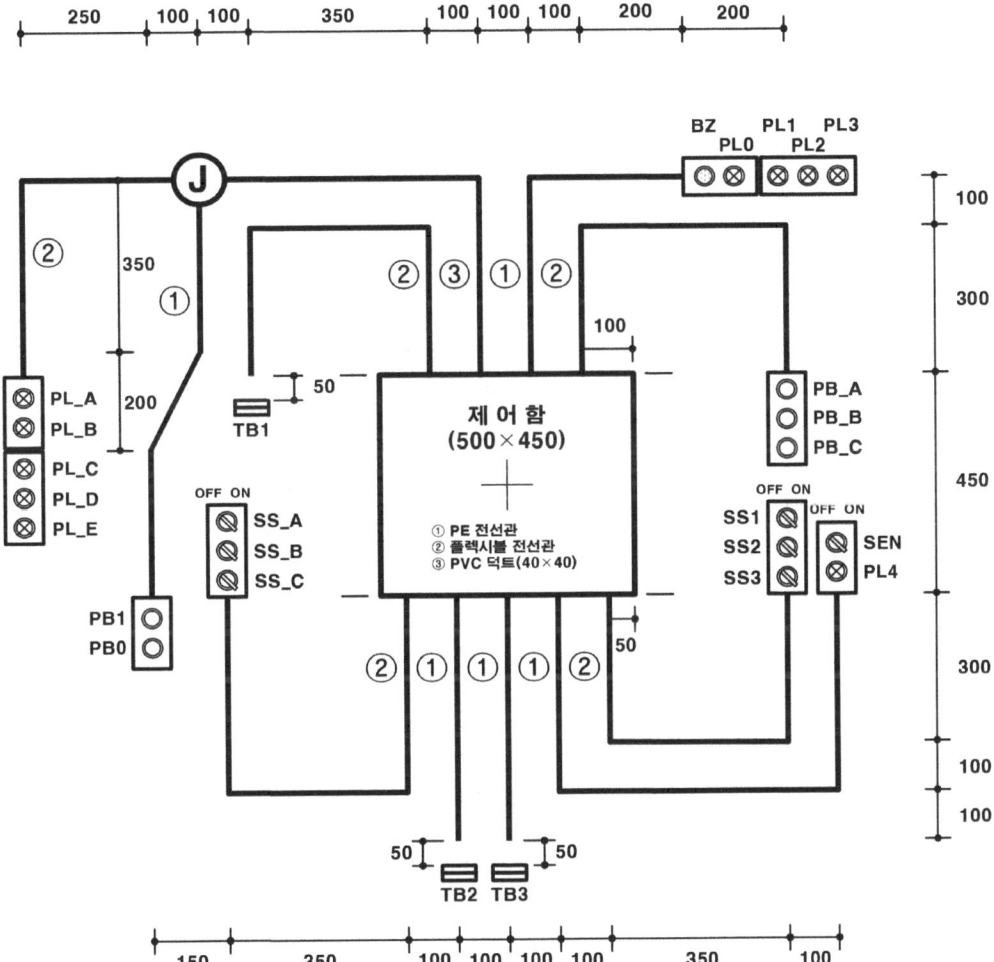

※ NOTE: 치수 기준점은 제어판의 중심으로 한다.

| 자격종목 | 전기기능장 | 과제명 | 전동기 및 전등제어 | 척도 | NS |

2) 제어판 내부 기구 배치도

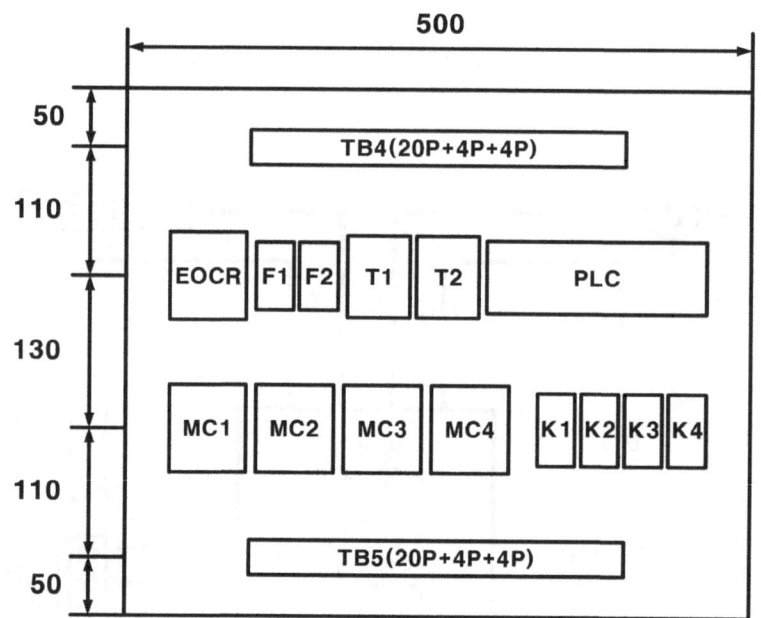

[범 례]

기 호	명 칭	기 호	명 칭	기 호	명 칭
MC1~MC4	전자접촉기(12P)	T1, T2	타이머(8P)	SS_A~SS_C	셀렉터 스위치(2단)
EOCR	전자식 과전류계전기 (220V, 12P)	F1, F2	퓨즈홀더(2구)	SS1~SS3	셀렉터 스위치(2단)
K1~K4	릴레이(AC220V, 14P)	PB0	푸시버튼 스위치(적색)	SEN	셀렉터 스위치(2단)
PL0~PL4	램프(적색)	PB1	푸시버튼 스위치(녹색)	TB1~TB3	단자대(4P)
PL_A~PL_E	램프(백색)	PB_A~PB_C	푸시버튼 스위치(청색)	TB4	단자대(20P+4P+4P)
BZ	부저	PLC	PLC	TB5	단자대(20P+4P+4P)
Ⓙ	8각 박스				

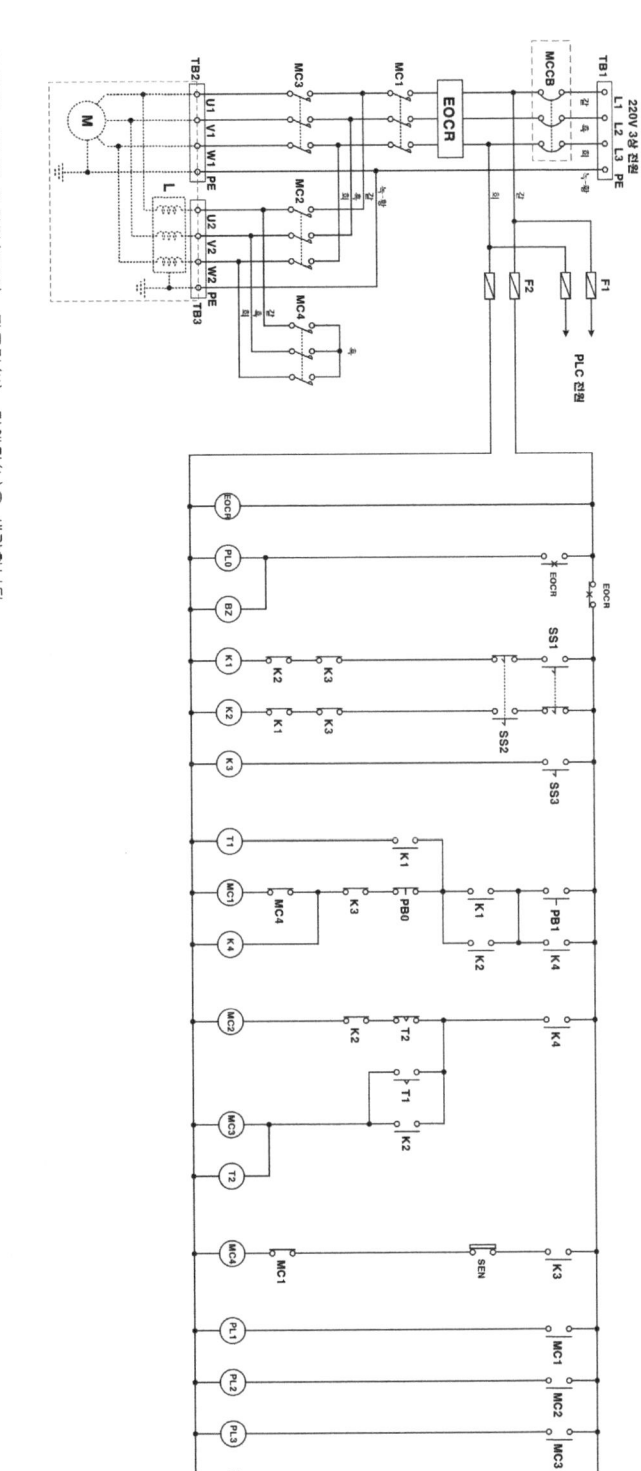

자격종목	전기기능장	과제명	전동기 및 전등제어	척도	NS

4) 제어회로의 동작 사항

  가) 전원 공급 후 동작 조건: EOCR ON, SEN OFF, SS1~SS3 OFF

  나) 리액터(저전압) 기동 운전 동작 사항

   (1) 리액터(저전압) 기동 운전 모드(SS1)를 선택한다.
     (SS1 ON, SS2 OFF, SS3 OFF ⇨ K1 ON)

   (2) PB1을 누르면, 전동기는 리액터에 의해 저전압으로 기동된다.
     (PB1 ON ⇨ MC1 ON, MC2 ON, K4 ON, T1 ON, PL1 ON, PL2 ON)

   (3) T1의 설정시간 t1초 후, 전동기는 전전압으로 기동이 완료된다.
     (T1의 t1초 후 ⇨ MC3 ON, T2 ON, PL3 ON)

   (4) T2의 설정시간 t2초 후, 리액터의 회로가 분리된다.
     (T2의 t2초 후 ⇨ MC2 OFF, PL2 OFF)

  다) 전전압 기동 운전 동작 사항

   (1) 전전압 기동 운전 모드(SS2)를 선택한다.
     (SS1 OFF, SS2 ON, SS3 OFF ⇨ K2 ON)

   (2) PB1을 누르면 전동기는 전전압으로 기동된다.
     (PB1 ON ⇨ MC1 ON, MC3 ON, K4 ON, T2 ON, PL1 ON, PL3 ON)

  라) 정지, 감속 운전 모드(SS3), EOCR 동작 사항

   (1) 기동이 완료되어 전동기가 운전하는 중 PB0을 누르면, 전동기는 정지한다.
     (PB0 ON ⇨ MC1 OFF, MC3 OFF, PL1 OFF, PL3 OFF)

   (2) 기동이 완료되어 전동기가 운전하는 중, 감속 운전 모드(SS3)를 선택하면, 전동기는 감속 운전된다.
     (SS3 ON ⇨ K3 ON, MC1 OFF, MC3 OFF, PL1 OFF, PL3 OFF, MC4 ON, PL4 ON)

   (3) 전동기가 감속 운전하는 중, 리액터의 과열 감지(SEN ON)되면, 감속 운전이 일시 정지되고, 리액터의 과열 감지가 해제(SEN OFF)되면, 전동기는 다시 감속 운전된다.
     (SEN ON ⇨ MC4 OFF, PL4 OFF)
     (SEN OFF ⇨ MC4 ON, PL4 ON)

   (4) 전동기 동작 중 과부하로 EOCR이 동작되면, 모든 동작이 정지된다.
     (EOCR TRIP ⇨ ALL(MC1~MC4, K1~K4, T1, T2, PL1~PL4) OFF, BZ ON, PL0 ON)

   (5) EOCR을 RESET하면 전동기 제어회로는 다시 운전 가능 상태로 된다.
     (EOCR RESET ⇨ BZ OFF, PL0 OFF)

※ 동작 내용은 단순 참고 사항이며, 모든 동작은 시퀀스 회로를 기준으로 합니다.

자격종목	전기기능장	과제명	전동기 및 전등제어	척도	NS

5) 기구의 표준 내부 결선도 및 구성도

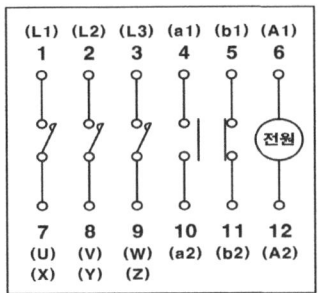

[전자접촉기]

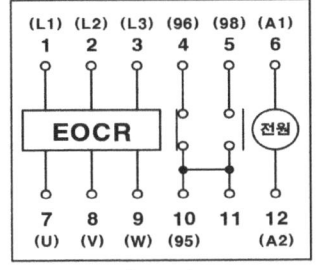

[EOCR]

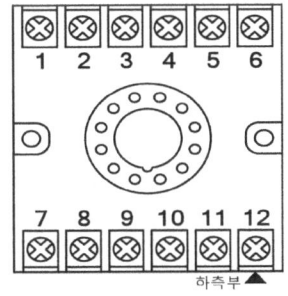

[12P 소켓(베이스) 구성도]

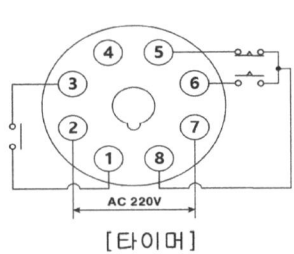

[타이머]

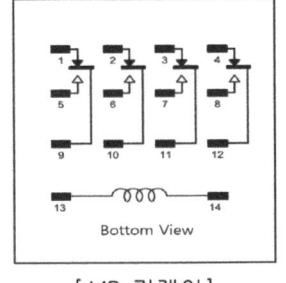

[14P 릴레이]

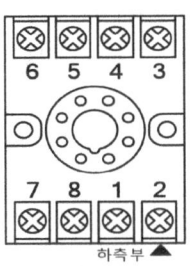

[8P 소켓(베이스) 구성도]

[셀렉터 스위치 선택 위치]

[14P 소켓(베이스) 구성도]

| 자격종목 | 전기기능장 | 과제명 | 전동기 및 전등제어 | 척도 | NS |

나. 전기공사(제2과제)
　1) 배관 및 기구 배치도

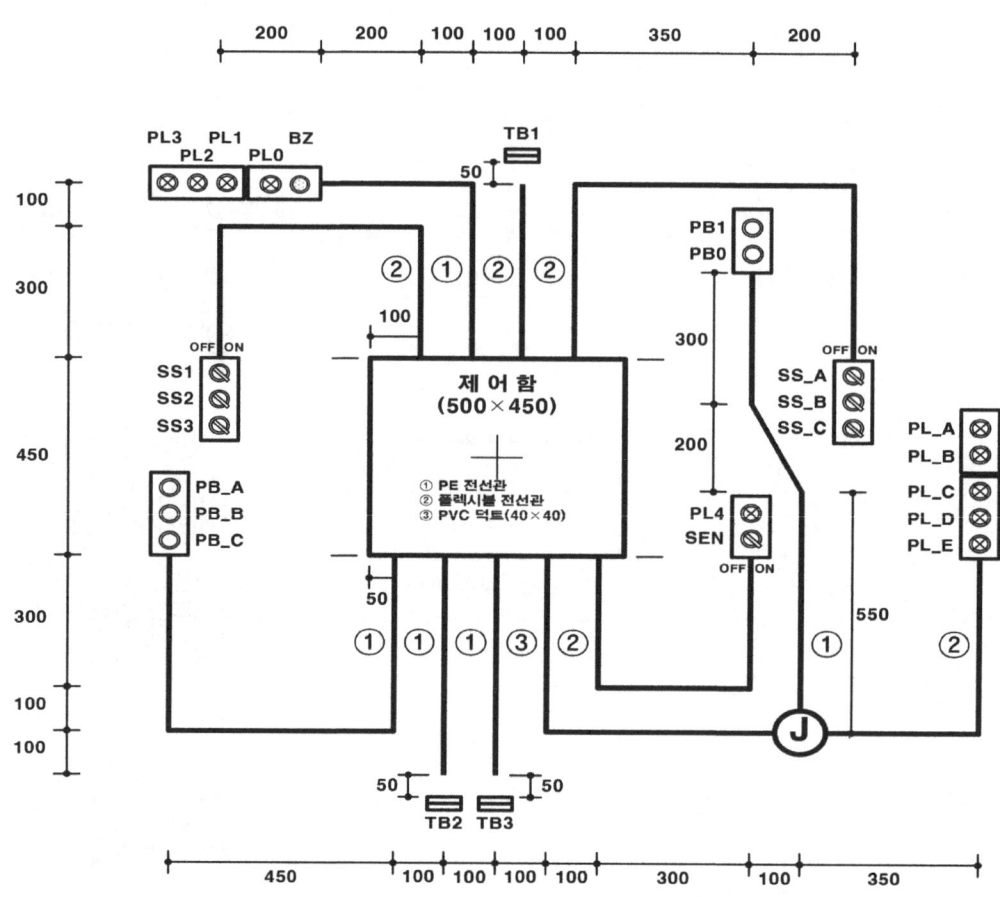

※ NOTE: 치수 기준점은 제어판의 중심으로 한다.

부록

자격종목	전기기능장	과제명	전동기 및 전등제어	척도	NS

2) 제어판 내부 기구 배치도

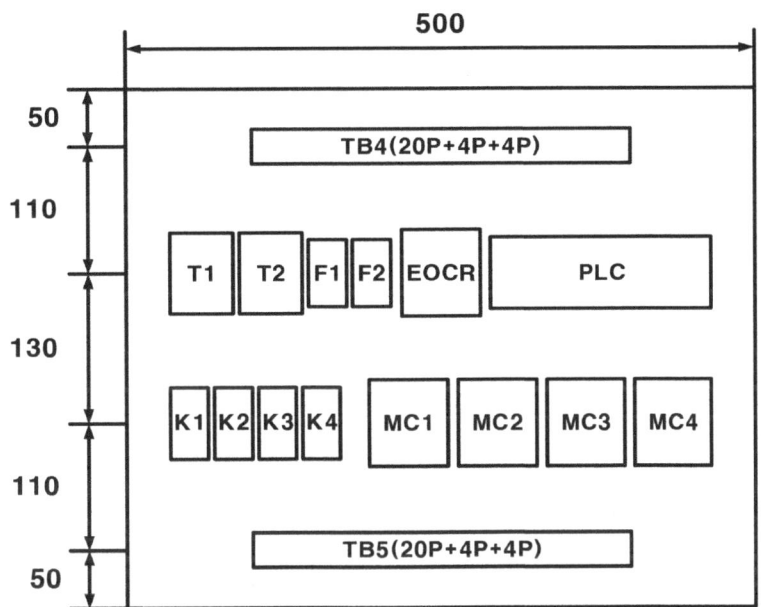

[범례]

기 호	명 칭	기 호	명 칭	기 호	명 칭
MC1~MC4	전자접촉기(12P)	T1, T2	타이머(8P)	SS_A~SS_C	셀렉터 스위치(2단)
EOCR	전자식 과전류계전기 (220V, 12P)	F1, F2	퓨즈홀더(2구)	SS1~SS3	셀렉터 스위치(2단)
K1~K4	릴레이(AC220V, 14P)	PB0	푸시버튼 스위치(적색)	SEN	셀렉터 스위치(2단)
PL0~PL4	램프(적색)	PB1	푸시버튼 스위치(녹색)	TB1~TB3	단자대(4P)
PL_A~PL_E	램프(백색)	PB_A~PB_C	푸시버튼 스위치(청색)	TB4	단자대(20P+4P+4P)
BZ	부저	PLC	PLC	TB5	단자대(20P+4P+4P)
Ⓙ	8각 박스				

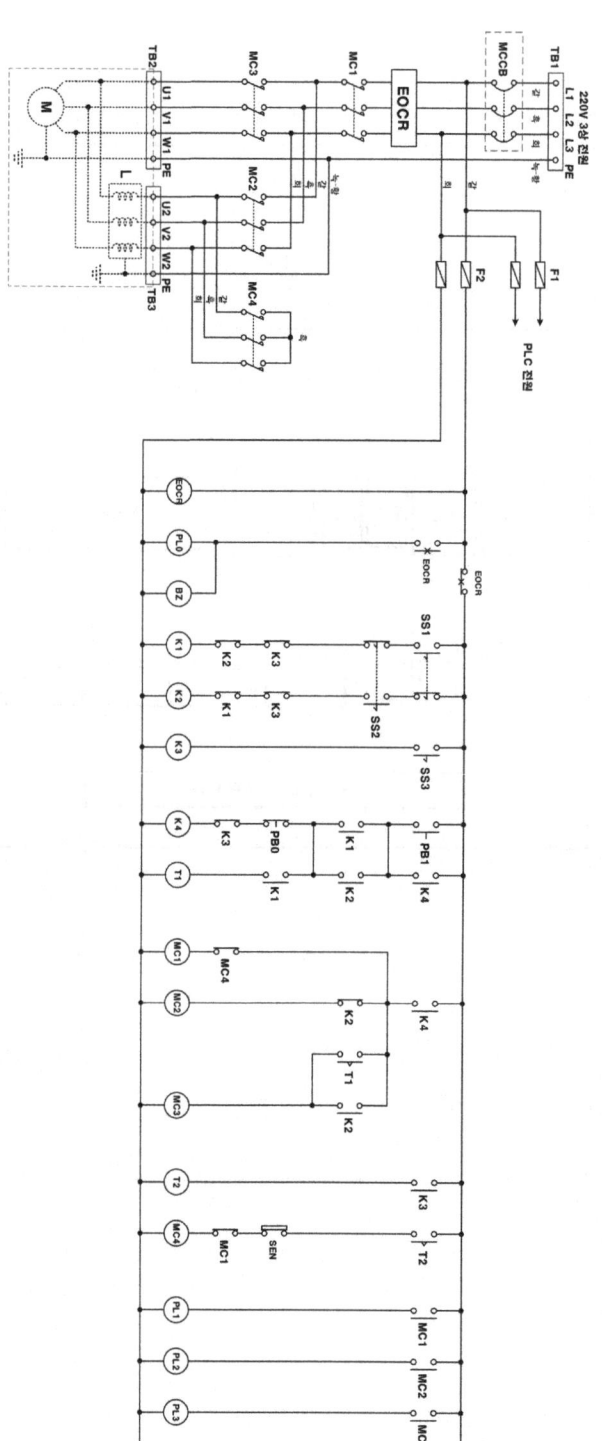

자격종목	전기기능장	과제명	전동기 및 전등제어	척도	NS

4) 제어회로의 동작 사항

　가) 전원 공급 후 동작 조건: EOCR ON, SEN OFF, SS1~SS3 OFF

　나) 리액터(저전압) 기동 운전 동작 사항

　　(1) 리액터(저전압) 기동 운전 모드(SS1)를 선택한다.
　　　　(SS1 ON, SS2 OFF, SS3 OFF ⇨ K1 ON)

　　(2) PB1을 누르면, 전동기는 리액터에 의해 저전압으로 기동된다.
　　　　(PB1 ON ⇨ MC1 ON, MC2 ON, K4 ON, T1 ON, PL1 ON, PL2 ON)

　　(3) T1의 설정시간 t1초 후, 전동기는 전전압으로 기동이 완료된다.
　　　　(T1의 t1초 후 ⇨ MC3 ON, PL3 ON)

　다) 전전압 기동 운전 동작 사항

　　(1) 전전압 기동 운전 모드(SS2)를 선택한다.
　　　　(SS1 OFF, SS2 ON, SS3 OFF ⇨ K2 ON)

　　(2) PB1을 누르면 전동기는 전전압으로 기동된다.
　　　　(PB1 ON ⇨ MC1 ON, MC3 ON, K4 ON, PL1 ON, PL3 ON)

　라) 정지, 감속 운전 모드(SS3), EOCR 동작 사항

　　(1) 기동이 완료되어 전동기가 운전하는 중 PB0을 누르면, 전동기는 정지한다.
　　　　(리액터 기동: PB0 ON ⇨ MC1~MC3 OFF, PL1~PL3 OFF)
　　　　(전전압 기동: PB0 ON ⇨ MC1 OFF, MC3 OFF, PL1 OFF, PL3 OFF)

　　(2) 기동이 완료되어 전동기가 운전하는 중, 감속 운전 모드(SS3)를 선택하면, 전동기는 일정 시간 후 감속 운전된다.
　　　　(리액터 기동: SS3 ON ⇨ K3 ON, MC1~MC3 OFF, PL1~PL3 OFF, T2 ON
　　　　　　　　　　　　⇨ T2의 t2초 후 ⇨ MC4 ON, PL4 ON)
　　　　(전전압 기동: SS3 ON ⇨ K3 ON, MC1 OFF, MC3 OFF, PL1 OFF, PL3 OFF, T2 ON
　　　　　　　　　　　　⇨ T2의 t2초 후 ⇨ MC4 ON, PL4 ON)

　　(3) 전동기가 감속 운전하는 중, 리액터의 과열이 감지(SEN ON)되면, 감속 운전이 일시 정지되고, 리액터의 과열 감지가 해제(SEN OFF)되면, 전동기는 다시 감속 운전된다.
　　　　(SEN ON ⇨ MC4 OFF, PL4 OFF)
　　　　(SEN OFF ⇨ MC4 ON, PL4 ON)

　　(4) 전동기 동작 중 과부하로 EOCR이 동작되면, 모든 동작이 정지된다.
　　　　(EOCR TRIP ⇨ ALL(MC1~MC4, K1~K4, T1, T2, PL1~PL4) OFF, BZ ON, PL0 ON)

　　(5) EOCR을 RESET하면 전동기 제어회로는 다시 운전 가능 상태로 된다.
　　　　(EOCR RESET ⇨ BZ OFF, PL0 OFF)

※ 동작 내용은 단순 참고 사항이며, 모든 동작은 시퀀스 회로를 기준으로 합니다.

| 자격종목 | 전기기능장 | 과제명 | 전동기 및 전등제어 | 척도 | NS |

5) 기구의 표준 내부 결선도 및 구성도

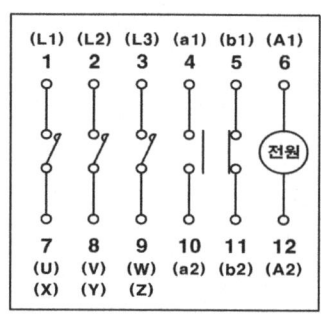
[전자접촉기]

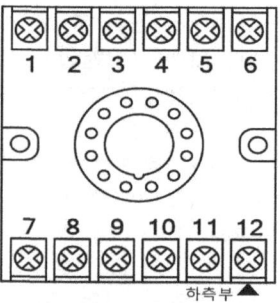
[EOCR]

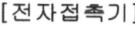
[12P 소켓(베이스) 구성도]

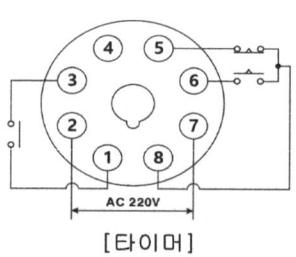
[타이머]

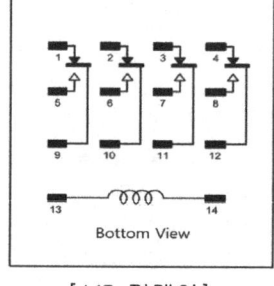
[14P 릴레이]

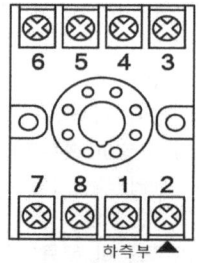
[8P 소켓(베이스) 구성도]

[셀렉터 스위치 선택 위치]

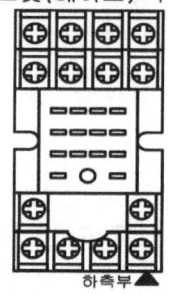
[14P 소켓(베이스) 구성도]

| 자격종목 | 전기기능장 | 과제명 | 전동기 및 전등제어 | 척도 | NS |

나. 전기공사(제2과제)
  1) 배관 및 기구 배치도

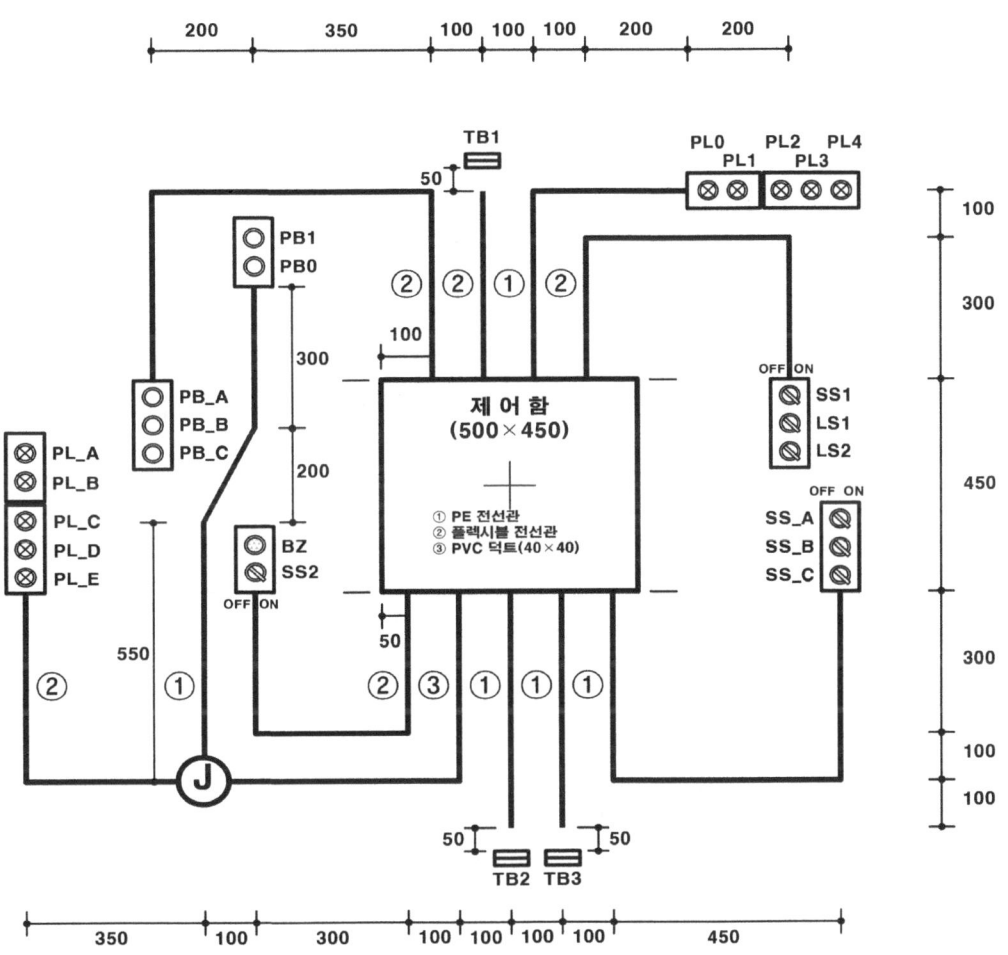

※ NOTE: 치수 기준점은 제어판의 중심으로 한다.

자격종목	전기기능장	과제명	전동기 및 전등제어	척도	NS

2) 제어판 내부 기구 배치도

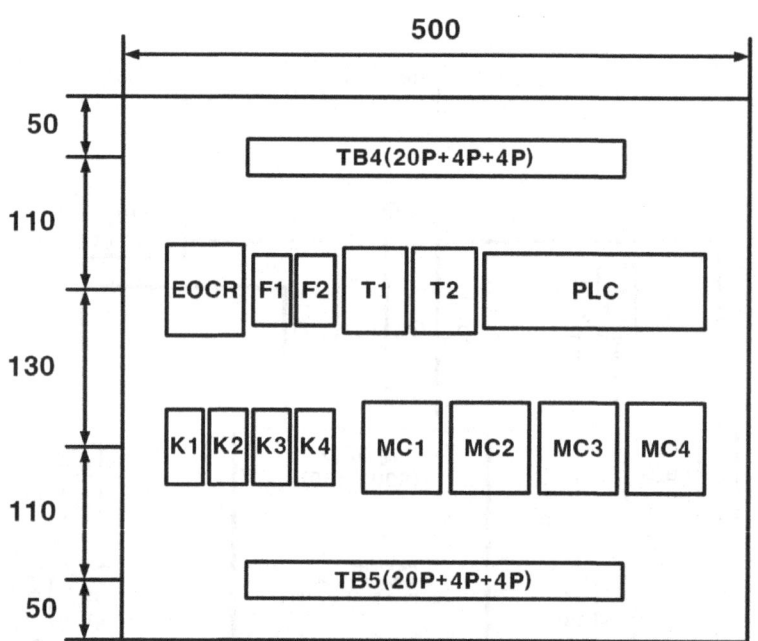

[범 례]

기 호	명 칭	기 호	명 칭	기 호	명 칭
MC1 ~ MC4	전자접촉기(12P)	T1, T2	타이머(8P)	SS_A ~ SS_C	셀렉터 스위치(2단)
EOCR	전자식 과전류계전기 (220V, 12P)	F1, F2	퓨즈홀더(2구)	SS1, SS2	셀렉터 스위치(2단)
K1 ~ K4	릴레이(AC220V, 14P)	PB0	푸시버턴 스위치(적색)	LS1, LS2	셀렉터 스위치(2단)
PL0 ~ PL4	램프(적색)	PB1	푸시버턴 스위치(녹색)	TB1 ~ TB3	단자대(4P)
PL_A ~ PL_E	램프(백색)	PB_A ~ PB_C	푸시버턴 스위치(청색)	TB4	단자대(20P+4P+4P)
BZ	부저	PLC	PLC	TB5	단자대(20P+4P+4P)
Ⓙ	8각 박스				

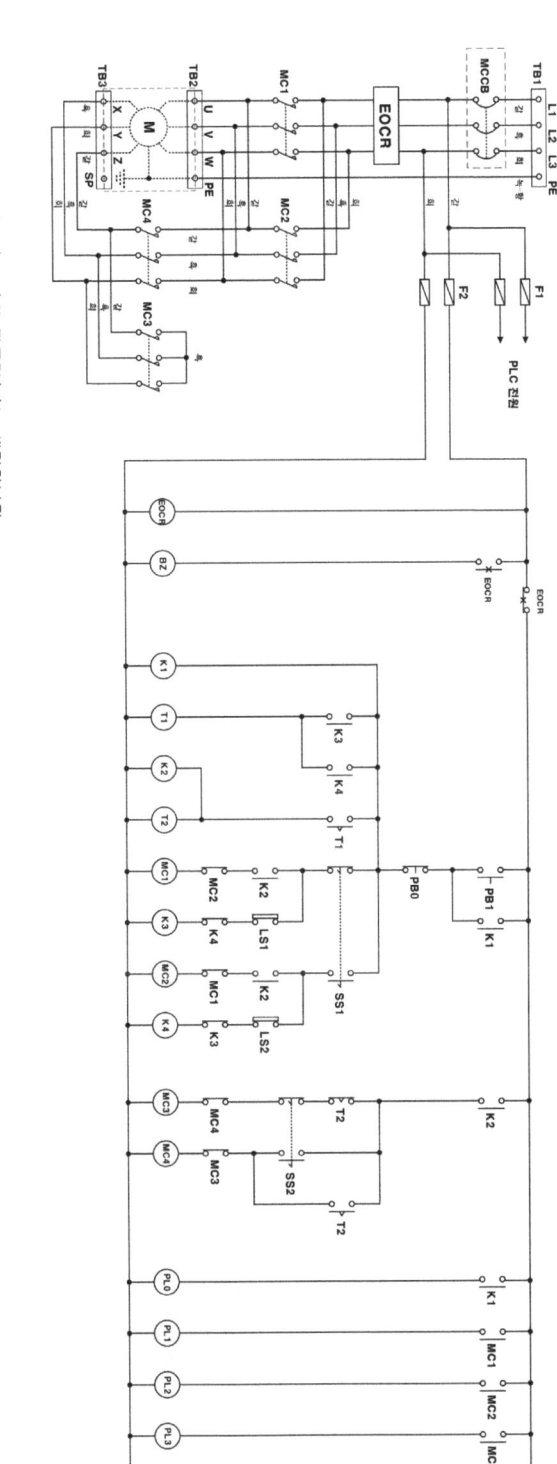

자격종목	전기기능장	과제명	전동기 및 전등제어	척도	NS

4) 제어회로의 동작 사항
  가) 전원 공급 후 동작 조건: EOCR ON, LS1 OFF, LS2 OFF
  나) Y-Δ 기동 정방향 운전 동작 사항
    (1) Y-Δ 기동 운전 모드(SS2)와 정방향 운전 모드(SS1)를 선택한다.
      (SS2 OFF, SS1 OFF)
    (2) PB1을 누르면, T1의 설정시간 동안 대기한다.
      (PB1 ON ⇨ K1 ON, K3 ON, T1 ON, PL0 ON)
    (3) T1의 설정시간 t1초 후, 전동기는 Y결선으로 기동된다.
      (T1의 t1초 후 ⇨ K2 ON, T2 ON, MC1 ON, MC3 ON, PL1 ON, PL3 ON)
    (4) T2의 설정시간 t2초 후, 전동기는 Δ결선으로 기동이 완료된다.
      (T2의 t2초 후 ⇨ MC3 OFF, MC4 ON, PL3 OFF, PL4 ON)
    (5) 기동이 완료되어 전동기가 운전하는 중 LS1 위치에 도달하면, 전동기는 정지한다.
      (LS1 ON ⇨ (K3, T1, K2, T2, MC1, MC4, PL1, PL4) OFF)
    (6) 기동이 완료되어 전동기가 운전하는 중 PB0를 누르면, 전동기는 정지한다.
      (PB0 ON ⇨ (K1~K3, T1, T2, MC1, MC4, PL0, PL1, PL4) OFF)
  다) Δ 기동 정방향 운전 동작 사항
    (1) Δ 기동 운전 모드(SS2)와 정방향 운전모드(SS1)를 선택한다.
      (SS2 ON, SS1 OFF)
    (2) 나)의 (2)와 같다.
    (3) T1의 설정시간 t1초 후, 전동기는 Δ결선으로 기동된다.
      (T1의 t1초 후 ⇨ K2 ON, T2 ON, MC1 ON, MC4 ON, PL1 ON, PL4 ON)
    (4) 나)의 (5)와 같다.
    (5) 나)의 (6)과 같다.
  라) 역방향 운전 동작 사항
    (1) Y-Δ 기동 역방향 운전 동작 사항
      - 나)의 동작사항에서 아래의 기구가 변경되어 동작된다.
      (SS2 OFF, SS1 ON ⇨ LS1→LS2, MC1→MC2, K3→K4, PL1→PL2)
    (2) Δ 기동 역방향 운전 동작 사항
      - 다)의 동작사항에서 아래의 기구가 변경되어 동작된다.
      (SS2 ON, SS1 ON ⇨ LS1→LS2, MC1→MC2, K3→K4, PL1→PL2)
  라) EOCR 동작 사항
    (1) 전동기 동작 중 과부하로 EOCR이 동작되면, 모든 동작이 정지된다.
      (EOCR TRIP ⇨ ALL(MC1~MC4, K1~K4, T1, T2, PL0~PL4) OFF, BZ ON)
    (2) EOCR을 RESET하면 전동기 제어회로는 다시 운전 가능 상태로 된다.
      (EOCR RESET ⇨ BZ OFF)

※ 동작 내용은 단순 참고 사항이며, 모든 동작은 시퀀스 회로를 기준으로 합니다.

자격종목	전기기능장	과제명	전동기 및 전등제어	척도	NS

5) 기구의 표준 내부 결선도 및 구성도

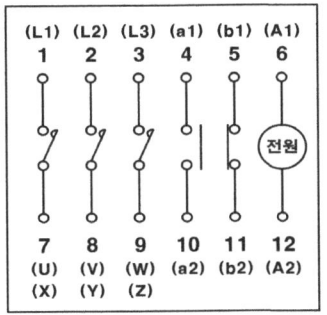

[전자접촉기]

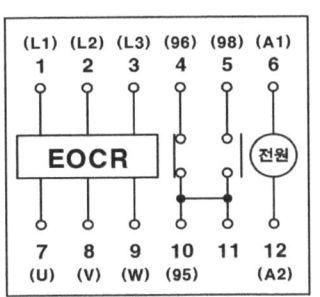

[EOCR]

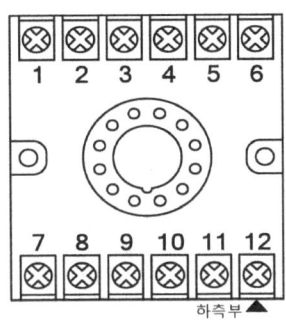

[12P 소켓(베이스) 구성도]

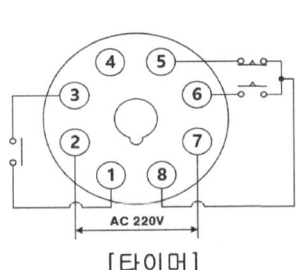

[타이머]

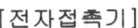

[14P 릴레이]

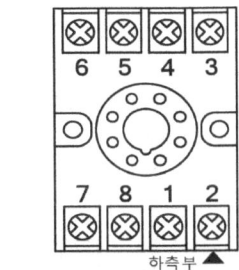

[8P 소켓(베이스) 구성도]

[셀렉터 스위치 선택 위치]

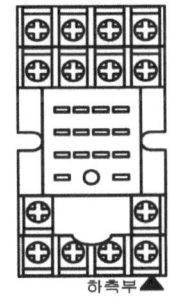

[14P 소켓(베이스) 구성도]

자격종목	전기기능장	과제명	전동기 및 전등제어	척도	NS

나. 전기공사(제2과제)
　1) 배관 및 기구 배치도

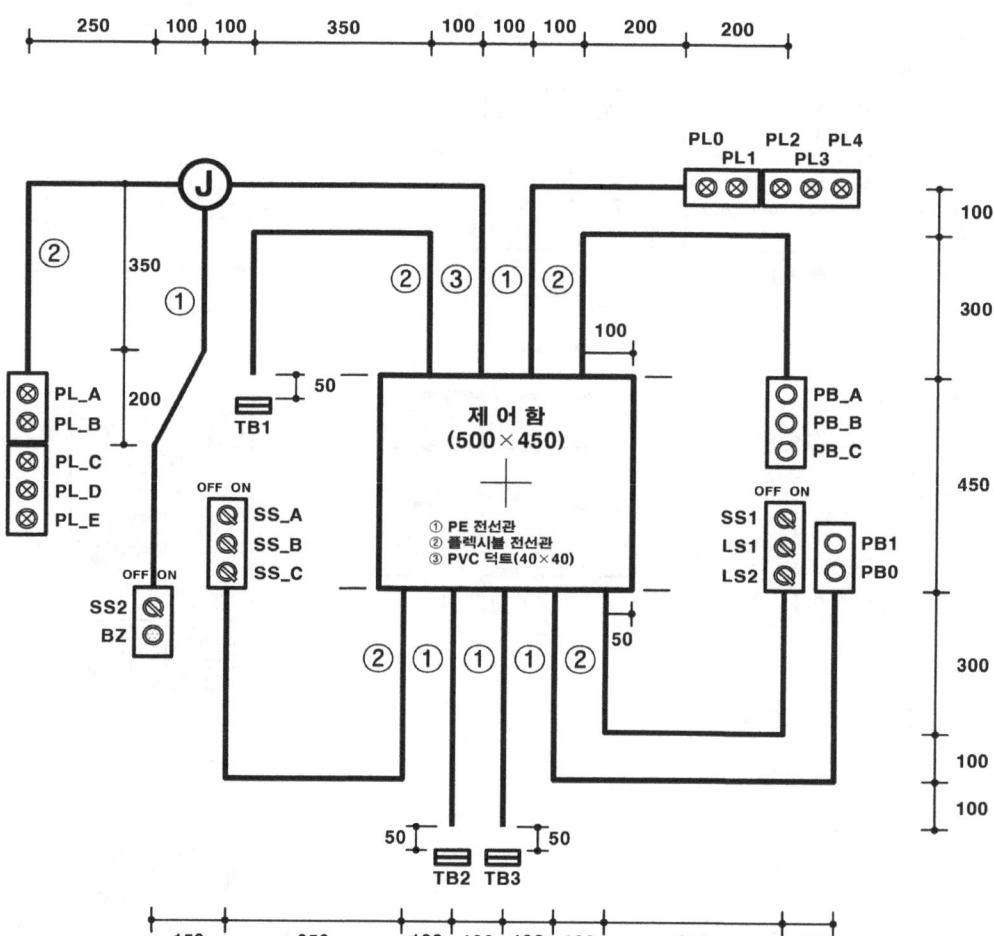

※ NOTE: 치수 기준점은 제어판의 중심으로 한다.

자격종목	전기기능장	과제명	전동기 및 전등제어	척도	NS

2) 제어판 내부 기구 배치도

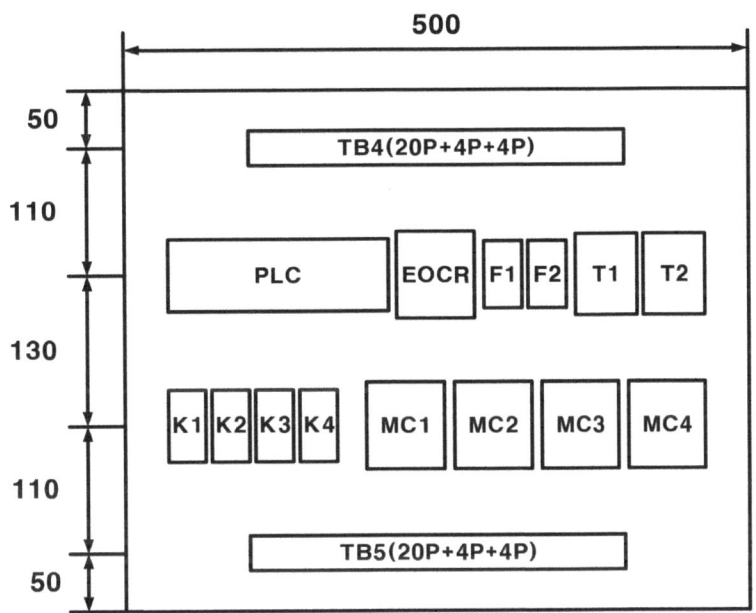

[범 례]

기 호	명 칭	기 호	명 칭	기 호	명 칭
MC1 ~ MC4	전자접촉기(12P)	T1, T2	타이머(8P)	SS_A ~ SS_C	셀렉터 스위치(2단)
EOCR	전자식 과전류계전기 (220V, 12P)	F1, F2	퓨즈홀더(2구)	SS1, SS2	셀렉터 스위치(2단)
K1 ~ K4	릴레이(AC220V, 14P)	PB0	푸시버턴 스위치(적색)	LS1, LS2	셀렉터 스위치(2단)
PL0 ~ PL4	램프(적색)	PB1	푸시버턴 스위치(녹색)	TB1 ~ TB3	단자대(4P)
PL_A ~ PL_E	램프(백색)	PB_A ~ PB_C	푸시버턴 스위치(청색)	TB4	단자대(20P+4P+4P)
BZ	부저	PLC	PLC	TB5	단자대(20P+4P+4P)
Ⓙ	8각 박스				

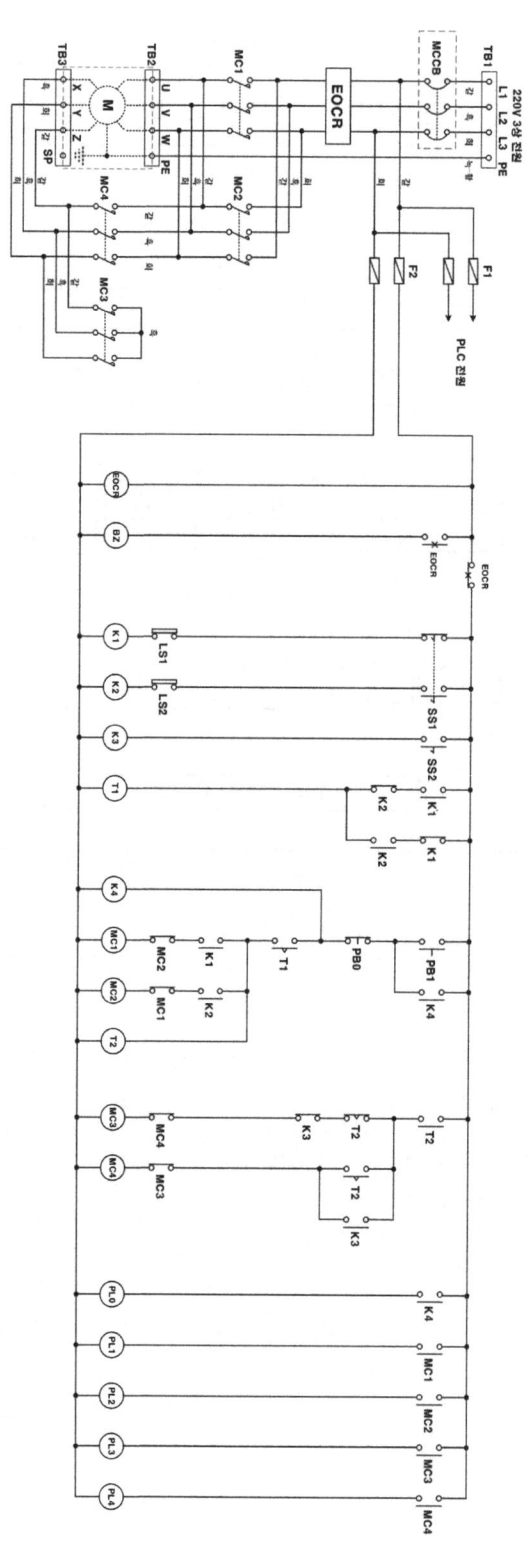

| 자격종목 | 전기기능장 | 과제명 | 전동기 및 전등제어 | 척도 | NS |

4) 제어회로의 동작 사항
  가) 전원 공급 후 동작 조건: EOCR ON, LS1 OFF, LS2 OFF
  나) Y-△ 기동 정방향 운전 동작 사항
   (1) Y-△ 기동 운전 모드(SS2)와 정방향 운전 모드(SS1)를 선택하면, T1 설정시간 동안 대기한다.
       (SS2 OFF, SS1 OFF ⇨ K1 ON, K2 OFF, K3 OFF, T1 ON)
   (2) T1의 설정시간 t1초 후 PB1을 누르면, 전동기는 Y결선으로 기동된다.
       (T1의 t1초 후 PB1 ON ⇨ K4 ON, T2 ON, MC1 ON, MC3 ON, PL0 ON, PL1 ON, PL3 ON)
   (3) T2의 설정시간 t2초 후, 전동기는 △결선으로 기동이 완료된다.
       (T2의 t2초 후 ⇨ MC3 OFF, MC4 ON, PL3 OFF, PL4 ON)
   (4) 기동이 완료되어 전동기가 운전하는 중 LS1 위치에 도달하면, 전동기는 정지한다.
       (LS1 ON ⇨ (K1, T1, T2, MC1, MC4, PL1, PL4) OFF)
   (5) 기동이 완료되어 전동기가 운전하는 중 PB0를 누르면, 전동기는 정지한다.
       (PB0 ON ⇨ (K1, T1, K4, T2, MC1, MC4, PL0, PL1, PL4) OFF)
  다) △ 기동 정방향 운전 동작 사항
   (1) △ 기동 운전 모드(SS2)와 정방향 운전모드(SS1)를 선택하면, T1 설정시간 동안 대기한다.
       (SS2 ON, SS1 OFF ⇨ K1 ON, K2 OFF, K3 ON, T1 ON)
   (2) T1의 설정시간 t1초 후 PB1을 누르면, 전동기는 △결선으로 기동된다.
       (T1의 t1초 후 PB1 ON ⇨ K4 ON, T2 ON, MC1 ON, MC4 ON, PL0 ON, PL1 ON, PL4 ON)
   (3) 나)의 (4)와 같다.
   (4) 나)의 (5)와 같다.
  라) 역방향 운전 동작 사항
   (1) Y-△ 기동 역방향 운전 동작 사항
     - 나)의 동작사항에서 아래의 기구가 변경되어 동작된다.
       (SS2 OFF, SS1 ON ⇨ K1→K2, LS1→LS2, MC1→MC2, PL1→PL2)
   (2) △ 기동 역방향 운전 동작 사항
     - 다)의 동작사항에서 아래의 기구가 변경되어 동작된다.
       (SS2 ON, SS1 ON ⇨ K1→K2, LS1→LS2, MC1→MC2, PL1→PL2)
  라) EOCR 동작 사항
   (1) 전동기 동작 중 과부하로 EOCR이 동작되면, 모든 동작이 정지된다.
       (EOCR TRIP ⇨ ALL(MC1~MC4, K1~K4, T1, T2, PL0~PL4) OFF, BZ ON)
   (2) EOCR을 RESET하면 전동기 제어회로는 다시 운전 가능 상태로 된다.
       (EOCR RESET ⇨ BZ OFF)

※ 동작 내용은 단순 참고 사항이며, 모든 동작은 시퀀스 회로를 기준으로 합니다.

| 자격종목 | 전기기능장 | 과제명 | 전동기 및 전등제어 | 척도 | NS |

5) 기구의 표준 내부 결선도 및 구성도

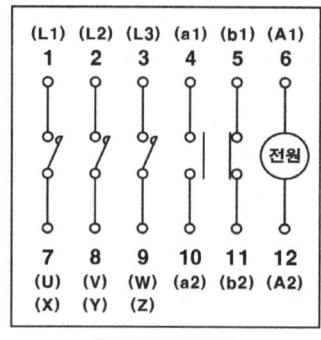
[전자접촉기]

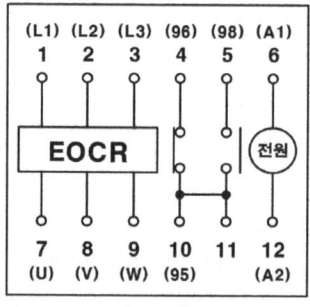
[EOCR]

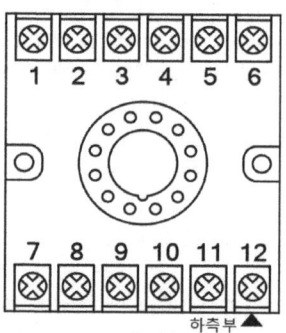
[12P 소켓(베이스) 구성도]

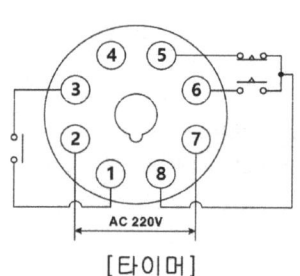
[타이머]

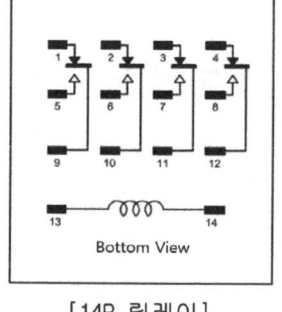
[14P 릴레이]

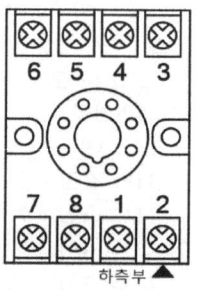
[8P 소켓(베이스) 구성도]

[셀렉터 스위치 선택 위치]

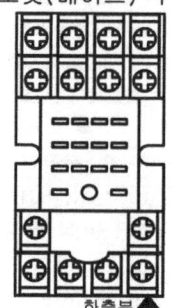
[14P 소켓(베이스) 구성도]

자격종목	전기기능장	과제명	전동기 및 전등제어	척도	NS

나. 전기공사(제2과제)
  1) 배관 및 기구 배치도

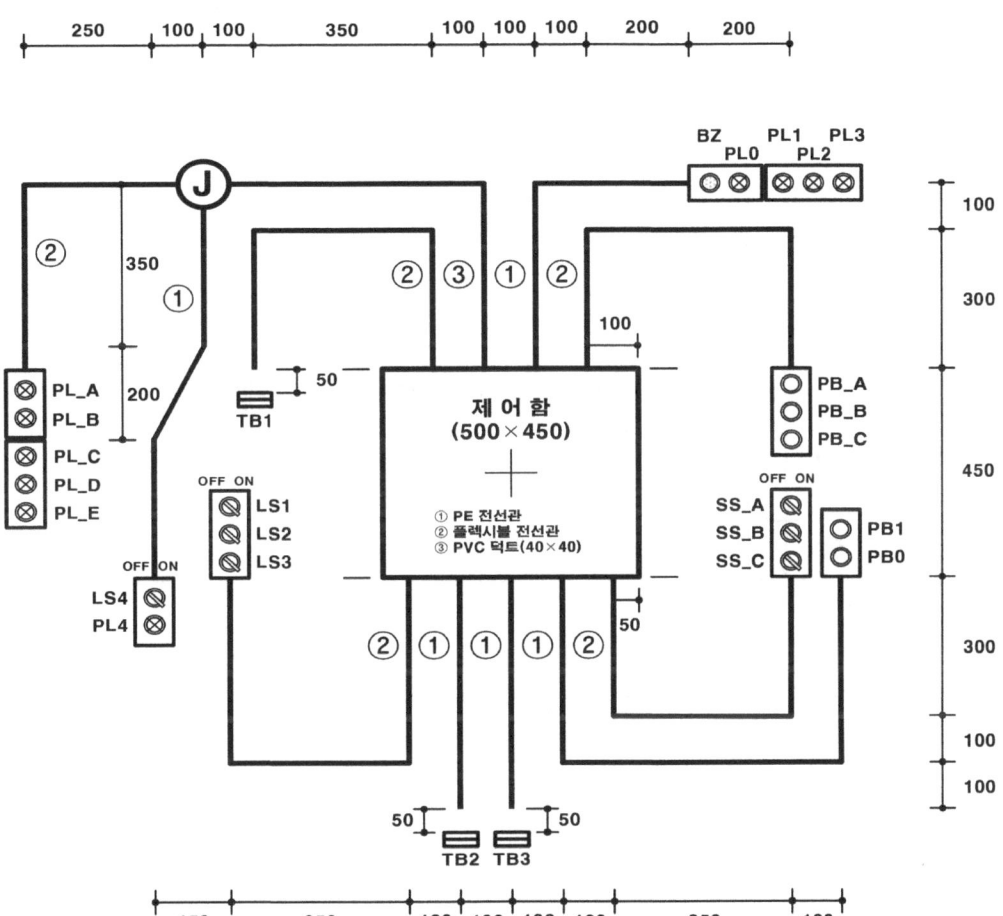

※ NOTE: 치수 기준점은 제어판의 중심으로 한다.

| 자격종목 | 전기기능장 | 과제명 | 전동기 및 전등제어 | 척도 | NS |

2) 제어판 내부 기구 배치도

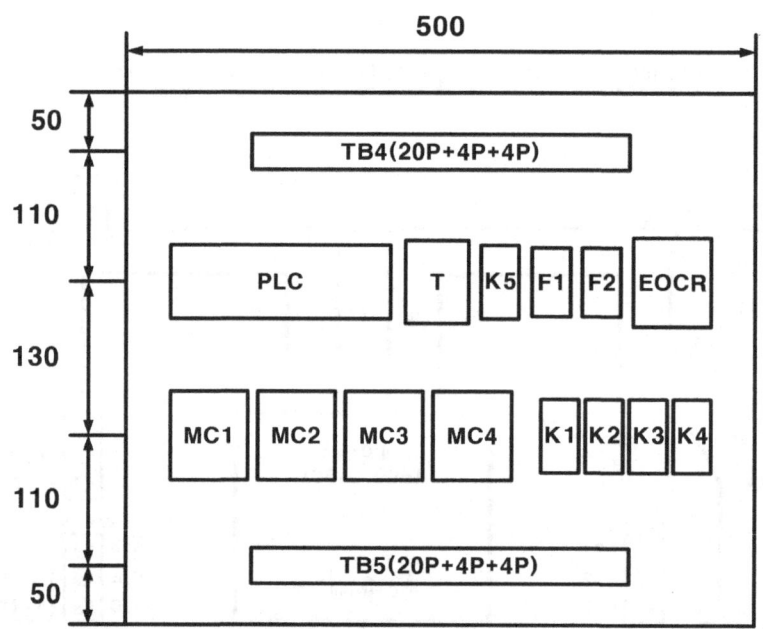

[범 례]

기 호	명 칭	기 호	명 칭	기 호	명 칭
MC1 ~ MC4	전자접촉기(12P)	T	타이머(8P)	SS_A ~ SS_C	셀렉터 스위치(2단)
EOCR	전자식 과전류계전기 (220V, 12P)	F1, F2	퓨즈홀더(2구)	LS1 ~ LS4	셀렉터 스위치(2단)
K1 ~ K5	릴레이(AC220V, 14P)	PB0	푸시버튼 스위치(적색)	TB1 ~ TB3	단자대(4P)
PL0 ~ PL4	램프(적색)	PB1	푸시버튼 스위치(녹색)	TB4	단자대(20P+4P+4P)
PL_A ~ PL_E	램프(백색)	PB_A ~ PB_C	푸시버튼 스위치(청색)	TB5	단자대(20P+4P+4P)
BZ	부저	PLC	PLC	Ⓙ	8각 박스

| 자격종목 | 전기기능장 | 과제명 | 전동기 및 전동제어 | 척도 | NS |

3) 제어회로의 시퀀스 회로도(※ 본 도면은 시험을 위해서 임의 구성한 것으로 상용도면과 차이가 날 수 있습니다.)

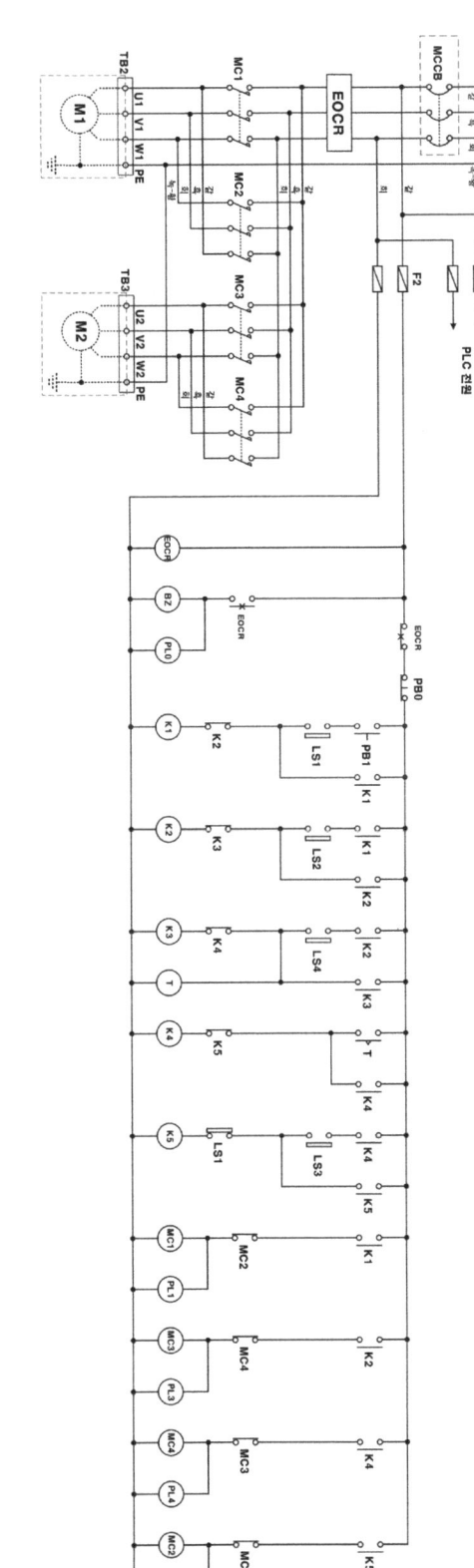

※ NOTE: 배선용 차단기(MCCB)와 전동기(M1, M2)는 생략합니다.

⑤

341

| 자격종목 | 전기기능장 | 과제명 | 전동기 및 전등제어 | 척도 | NS |

4) 제어회로의 동작 사항

(1) 전원 공급 후 동작 조건: EOCR ON, LS1 ON, LS2 OFF, LS3 ON, LS4 OFF
(2) PB1을 누르면 시스템이 시작되며, M1이 정 회전하여 제품이 우측으로 이동(LS1 OFF)한다.
    (PB1 ON ⇨ K1 ON, MC1 ON, PL1 ON ⇨ LS1 OFF)
(3) 제품이 우측으로 이동하여 LS2 위치에 도달(LS2 ON)하면 M1은 정지하고, M2가 정 회전하여 제품은 하강(LS3 OFF)한다.
    (LS2 ON ⇨ K1 OFF, MC1 OFF, PL1 OFF, K2 ON, MC3 ON, PL3 ON ⇨ LS3 OFF)
(4) 제품이 하강하여 LS4 위치에 도달(LS4 ON)하면, M2는 정지한다.
    (LS4 ON ⇨ K2 OFF, MC3 OFF, PL3 OFF, K3 ON, T ON)
(5) T의 설정시간 t초 후, M2가 역 회전하여 제품이 다시 상승(LS4 OFF)한다.
    (T의 t초 후 ⇨ K3 OFF, T OFF, K4 ON, MC4 ON, PL4 ON ⇨ LS4 OFF)
(6) 제품이 상승하여 LS3 위치에 도달(LS3 ON)하면 M2는 정지하고, M1이 역 회전하여 제품은 좌측으로 이동(LS2 OFF)한다.
    (LS3 ON ⇨ K4 OFF, MC4 OFF, PL4 OFF, K5 ON, MC2 ON, PL2 ON ⇨ LS2 OFF)
(7) 제품이 좌측으로 이동하여 LS1 위치에 도달(LS1 ON)하면 M1은 정지하고, 모든 시스템은 초기화된다.
    (LS1 ON ⇨ K5 OFF, MC2 OFF, PL2 OFF)
(8) M1 또는 M2가 동작 중 과부하로 EOCR이 동작되면, 모든 동작이 정지되고, BZ와 PL0가 ON 된다.
    (EOCR TRIP ⇨ ALL(MC1~MC4, K1~K5, T, PL1~PL4) OFF, BZ ON, PL0 ON)
(9) EOCR을 RESET 하면 BZ와 PL0는 OFF 된다.
    (EOCR RESET ⇨ BZ OFF, PL0 OFF)
(10) 시스템 동작(EOCR 동작 제외) 중 PB0를 누르면 모든 동작은 정지된다.
    (PB0 ON ⇨ ALL(MC1~MC4, K1~K5, T, PL1~PL4) OFF)

※ 동작 내용은 단순 참고 사항이며, 모든 동작은 시퀀스 회로를 기준으로 합니다.

자격종목	전기기능장	과제명	전동기 및 전등제어	척도	NS

5) 기구의 표준 내부 결선도 및 구성도

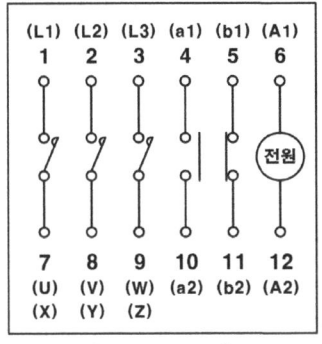
[전자접촉기]

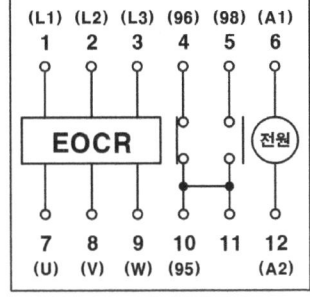
[EOCR]

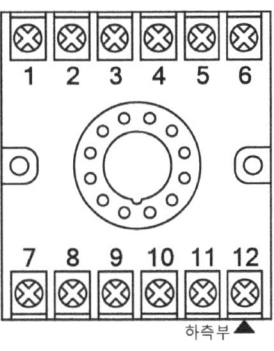
[12P 소켓(베이스) 구성도]

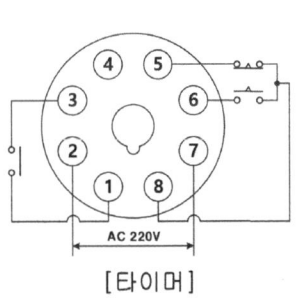
[타이머]

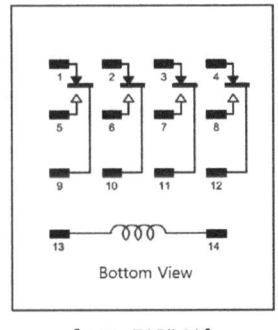
[14P 릴레이]

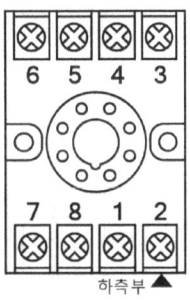
[8P 소켓(베이스) 구성도]

[셀렉터 스위치 선택 위치]

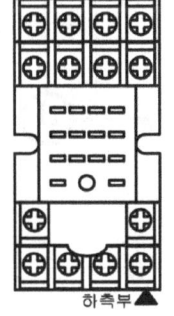
[14P 소켓(베이스) 구성도]

— 343

나. 전기공사(제2과제)
  1) 배관 및 기구 배치도

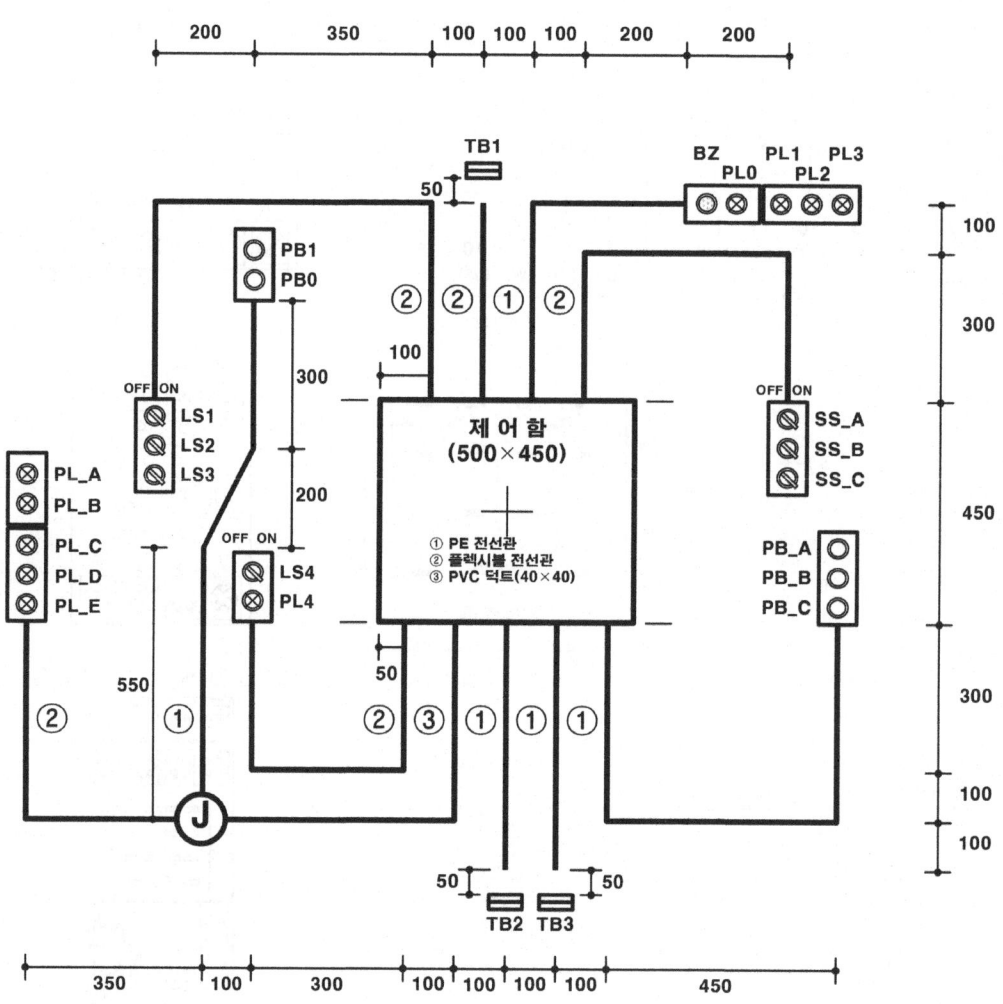

※ NOTE: 치수 기준점은 제어판의 중심으로 한다.

⑥

| 자격종목 | 전기기능장 | 과제명 | 전동기 및 전등제어 | 척도 | NS |

2) 제어판 내부 기구 배치도

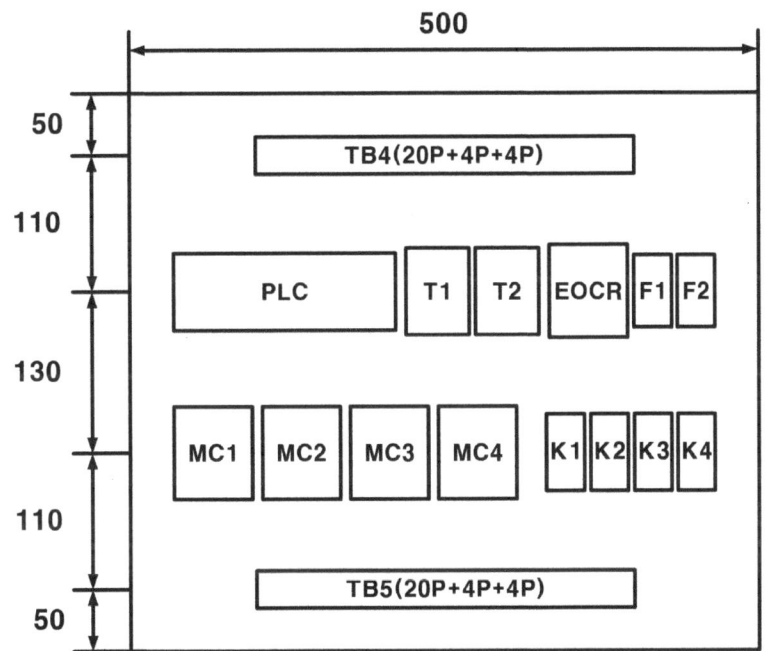

[범 례]

기 호	명 칭	기 호	명 칭	기 호	명 칭
MC1 ~ MC4	전자접촉기(12P)	T1, T2	타이머(8P)	SS_A ~ SS_C	셀렉터 스위치(2단)
EOCR	전자식 과전류계전기 (220V, 12P)	F1, F2	퓨즈홀더(2구)	LS1 ~ LS4	셀렉터 스위치(2단)
K1 ~ K4	릴레이(AC220V, 14P)	PB0	푸시버턴 스위치(적색)	TB1 ~ TB3	단자대(4P)
PL0 ~ PL4	램프(적색)	PB1	푸시버턴 스위치(녹색)	TB4	단자대(20P+4P+4P)
PL_A ~ PL_E	램프(백색)	PB_A ~ PB_C	푸시버턴 스위치(청색)	TB5	단자대(20P+4P+4P)
BZ	부 저	PLC	PLC	Ⓙ	8각 박스

3) 제어회로의 시퀀스 회로도(※ 본 도면은 시험을 위해서 임의 구성한 것으로 상용도면과 상이 할 수 있습니다.)

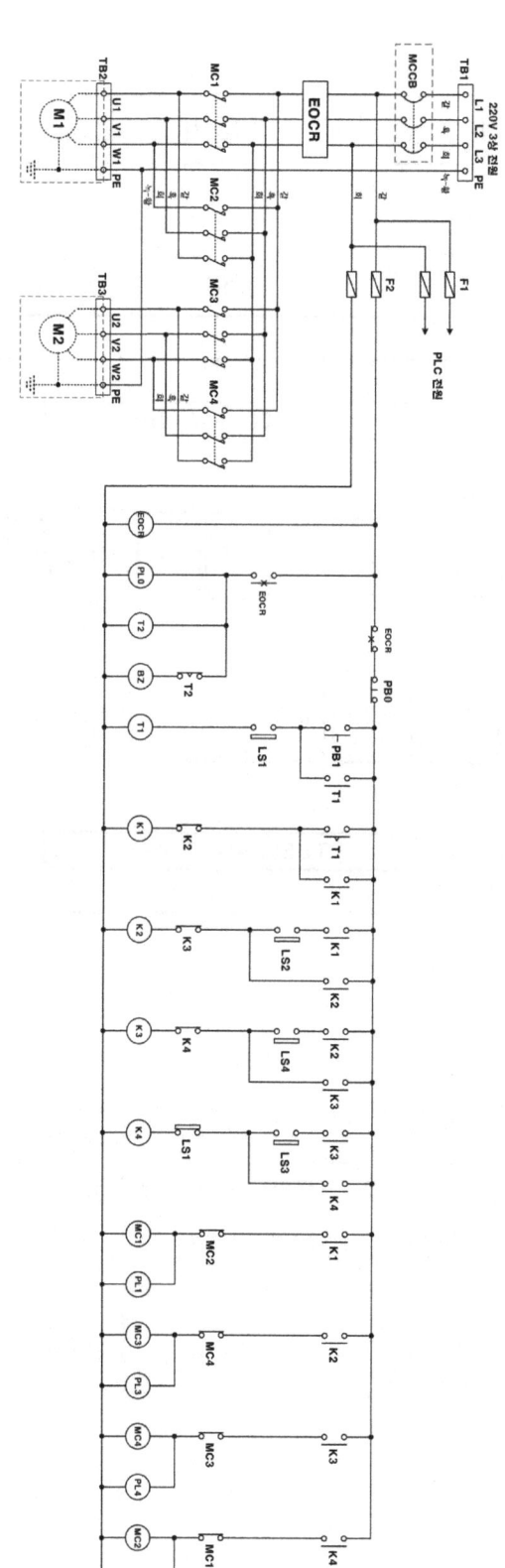

| 자격종목 | 전기기능장 | 과제명 | 전동기 및 전등제어 | 척도 | NS |

※ NOTE: 배선용 차단기(MCB)와 전동기(M1, M2)는 생략합니다.

| 자격종목 | 전기기능장 | 과제명 | 전동기 및 전등제어 | 척도 | NS |

4) 제어회로의 동작 사항

   (1) 전원 공급 후 동작 조건: EOCR ON, LS1 ON, LS2 OFF, LS3 ON, LS4 OFF
   (2) PB1을 누르면 T1의 설정시간 동안 지연되어 시스템이 시작된다.
      (PB1 ON ⇨ T1 ON)
   (3) T1의 설정시간 t1초 후, M1이 정 회전하여 제품이 우측으로 이동(LS1 OFF)된다.
      (T1의 t1초 후 ⇨ K1 ON, MC1 ON, PL1 ON ⇨ LS1 OFF)
   (4) 제품이 우측으로 이동하여 LS2 위치에 도달(LS2 ON)하면 M1은 정지하고, M2가 정 회전하여 제품은 하강(LS3 OFF)한다.
      (LS2 ON ⇨ K1 OFF, MC1 OFF, PL1 OFF, K2 ON, MC3 ON, PL3 ON ⇨ LS3 OFF)
   (5) 제품이 하강하여 LS4 위치에 도달(LS4 ON)하면, M2는 정지하며, M2가 역 회전하여 제품이 다시 상승(LS4 OFF)한다.
      (LS4 ON ⇨ K2 OFF, MC3 OFF, PL3 OFF, K3 ON, MC4 ON, PL4 ON ⇨ LS4 OFF)
   (6) 제품이 상승하여 LS3 위치에 도달(LS3 ON)하면 M2는 정지하고, M1이 역 회전하여 제품은 좌측으로 이동(LS2 OFF)한다.
      (LS3 ON ⇨ K3 OFF, MC4 OFF, PL4 OFF, K4 ON, MC2 ON, PL2 ON ⇨ LS2 OFF)
   (7) 제품이 좌측으로 이동하여 LS1 위치에 도달(LS1 ON)하면 M1은 정지하고, 모든 시스템은 초기화된다.
      (LS1 ON ⇨ K4 OFF, MC2 OFF, PL2 OFF)
   (8) M1 또는 M2가 동작 중 과부하로 EOCR이 동작되면, 모든 동작이 정지되고, BZ와 PL0가 ON 된다.
      (EOCR TRIP ⇨ ALL(MC1~MC4, K1~K4, T1, PL1~PL4) OFF, PL0 ON, T2 ON, BZ ON)
   (9) T2의 설정시간 t2초 후, BZ가 OFF 된다.
      (T2의 t2초 후 ⇨ BZ OFF)
  (10) EOCR을 RESET 하면 PL0는 OFF 된다.
      (EOCR RESET ⇨ PL0 OFF, T2 OFF)
  (11) 시스템 동작(EOCR 동작 제외) 중 PB0를 누르면 모든 동작은 정지된다.
      (PB0 ON ⇨ ALL(MC1~MC4, K1~K4, T1, PL1~PL4) OFF)

※ 동작 내용은 단순 참고 사항이며, 모든 동작은 시퀀스 회로를 기준으로 합니다.

| 자격종목 | 전기기능장 | 과제명 | 전동기 및 전등제어 | 척도 | NS |

5) 기구의 표준 내부 결선도 및 구성도

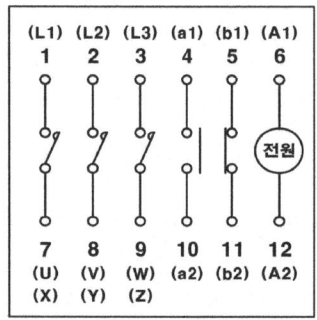
[전자접촉기]

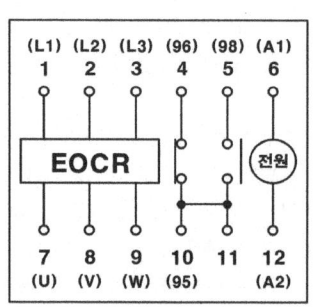
[EOCR]

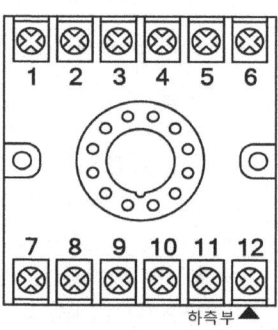
[12P 소켓(베이스) 구성도]

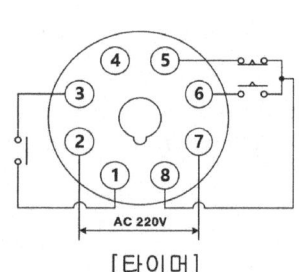
[타이머]

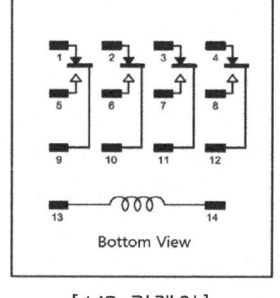
[14P 릴레이]

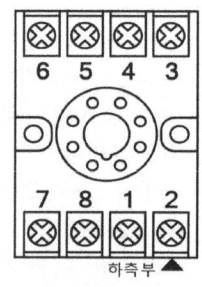
[8P 소켓(베이스) 구성도]

[셀렉터 스위치 선택 위치]

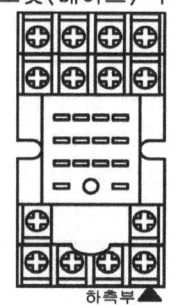
[14P 소켓(베이스) 구성도]

| 자격종목 | 전기기능장 | 과제명 | 전동기 및 전등제어 | 척도 | NS |

나. 전기공사(제2과제)
  1) 배관 및 기구 배치도

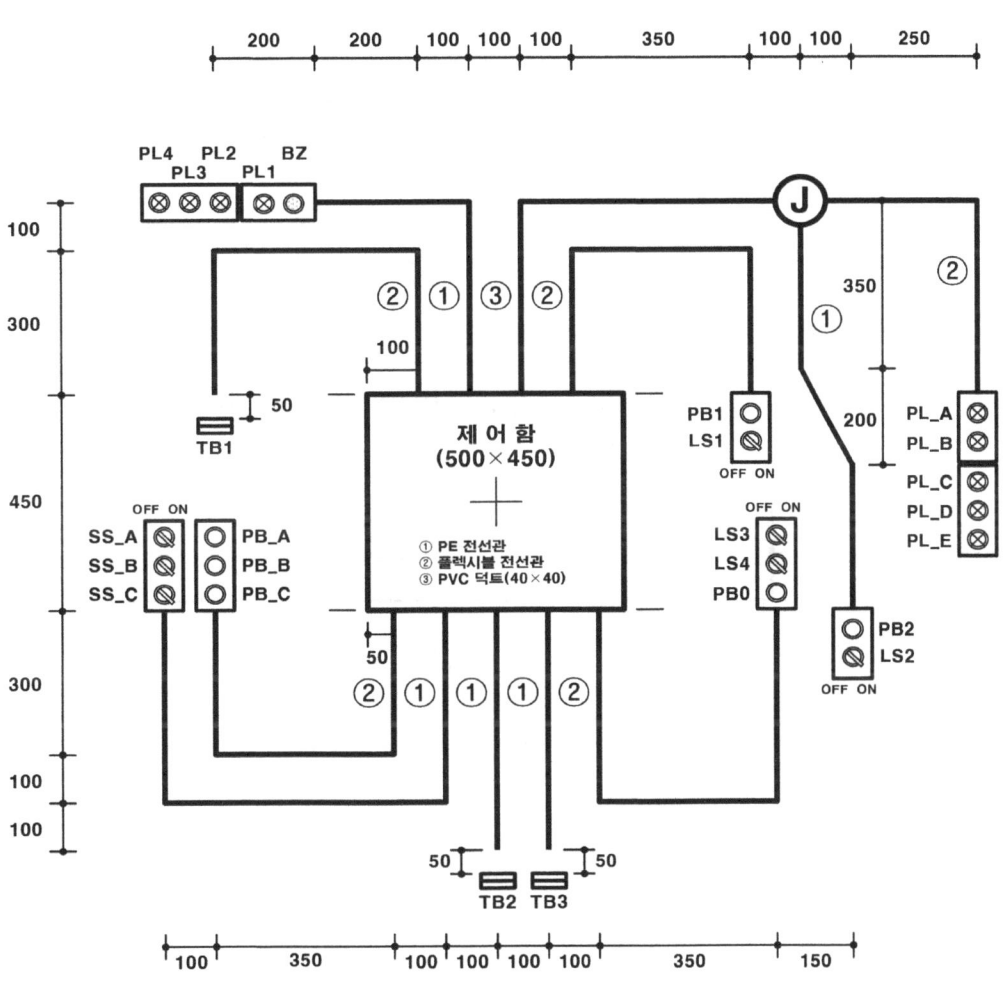

※ NOTE: 치수 기준점은 제어판의 중심으로 한다.

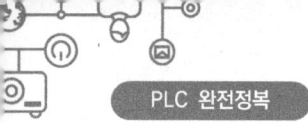

자격종목	전기기능장	과제명	전동기 및 전등제어	척도	NS

⑦

2) 제어판 내부 기구 배치도

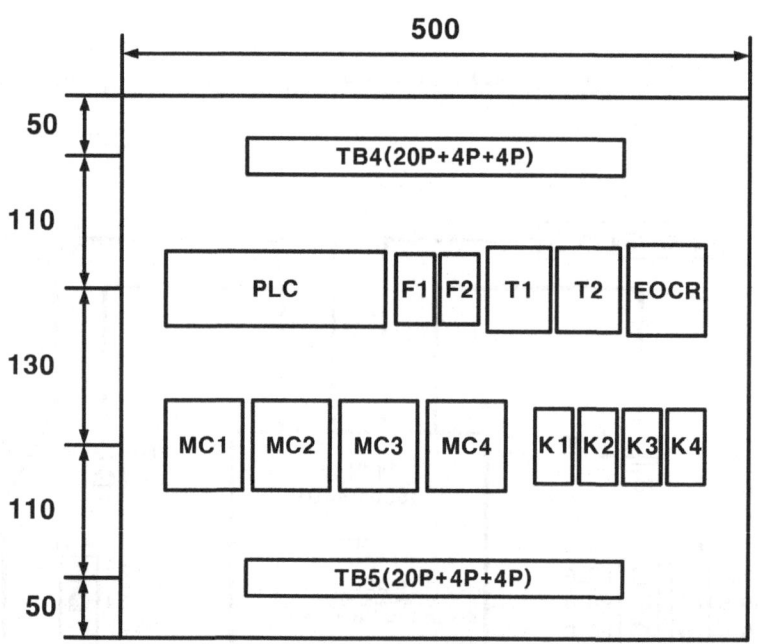

[범 례]

기 호	명 칭	기 호	명 칭	기 호	명 칭
MC1 ~ MC4	전자접촉기(12P)	T1, T2	타이머(8P)	SS_A ~ SS_C	셀렉터 스위치(2단)
EOCR	전자식 과전류계전기 (220V, 12P)	F1, F2	퓨즈홀더(2구)	LS1 ~ LS4	셀렉터 스위치(2단)
K1 ~ K4	릴레이(AC220V, 14P)	PB0	푸시버튼 스위치(적색)	TB1 ~ TB3	단자대(4P)
PL1 ~ PL4	램프(적색)	PB1, PB2	푸시버튼 스위치(녹색)	TB4	단자대(20P+4P+4P)
PL_A ~ PL_E	램프(백색)	PB_A ~ PB_C	푸시버튼 스위치(청색)	TB5	단자대(20P+4P+4P)
BZ	부저	PLC	PLC	Ⓙ	8각 박스

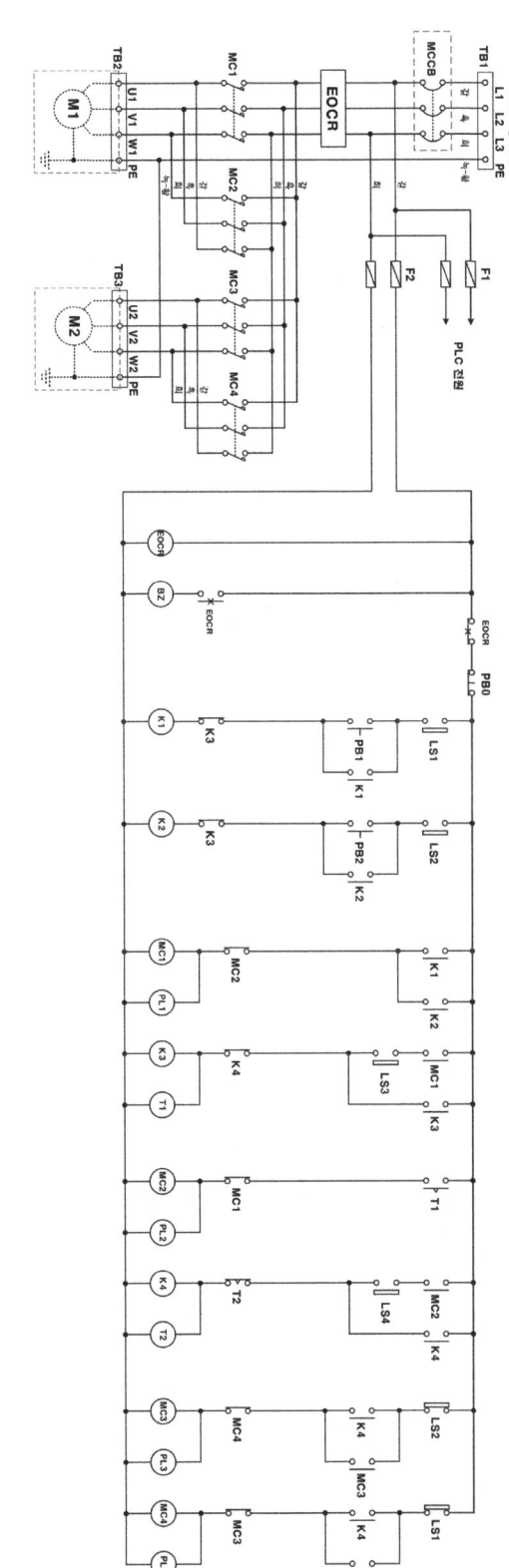

| 자격종목 | 전기기능장 | 과제명 | 전동기 및 전등제어 | 척도 | NS |⑦

4) 제어회로의 동작 사항
   가) 전원 공급 후 동작 조건: EOCR ON
   나) 승강기의 상승 운전 조건: LS1 ON, LS2 OFF, LS3 OFF, LS4 ON
     (1) PB1을 누르면, M1이 정 회전하여 승강기의 문이 열린다(LS4 OFF).
       (PB1 ON ⇨ K1 ON, MC1 ON, PL1 ON ⇨ LS4 OFF)
     (2) 승강기의 문이 완전히 열리면(LS3 ON), M1이 정지하고, T1의 설정시간 동안 대기한다.
       (LS3 ON ⇨ K3 ON, T1 ON, K1 OFF, MC1 OFF, PL1 OFF)
     (3) T1의 설정시간 t1초 후, M1이 역 회전하여 승강기의 문이 닫힌다(LS3 OFF).
       (T1의 t1초 후 ⇨ MC2 ON, PL2 ON ⇨ LS3 OFF)
     (4) 승강기의 문이 완전히 닫히면(LS4 ON), M1이 정지하고, M2가 정 회전하여 승강기는 상승한다(LS1 OFF).
       (LS4 ON ⇨ K4 ON, T2 ON, K3 OFF, T1 OFF, MC2 OFF, PL2 OFF
           ⇨ MC3 ON, PL3 ON ⇨ LS1 OFF)
     (5) T2의 설정시간 t2초 후, K4, T2가 소자된다.
       (T2의 t2초 후 ⇨ K4 OFF, T2 OFF)
     (6) 승강기가 상승하여 상부층에 도달(LS2 ON)하면, M2가 정지한다.
       (LS2 ON ⇨ MC3 OFF, PL3 OFF)
   다) 승강기의 하강 운전 조건: LS1 OFF, LS2 ON, LS3 OFF, LS4 ON
     (1) PB2를 누르면, M1이 정 회전하여 승강기의 문이 열린다(LS4 OFF).
       (PB2 ON ⇨ K2 ON, MC1 ON, PL1 ON ⇨ LS4 OFF)
     (2) 나)의 (2)와 같다.
     (3) 나)의 (3)과 같다.
     (4) 승강기의 문이 완전히 닫히면(LS4 ON), M1이 정지하고, M2가 역 회전하여 승강기는 하강한다(LS2 OFF).
       (LS4 ON ⇨ K4 ON, T2 ON, K3 OFF, T1 OFF, MC2 OFF, PL2 OFF
           ⇨ MC4 ON, PL4 ON ⇨ LS2 OFF)
     (5) 나)의 (5)와 같다.
     (6) 승강기가 하강하여 하부층에 도달(LS1 ON)하면, M2가 정지한다.
       (LS1 ON ⇨ MC4 OFF, PL4 OFF)
   라) 정지, EOCR 동작 사항
     (1) 시스템 동작(EOCR 동작 제외) 중 PB0를 누르면 모든 동작은 정지된다.
       (PB0 ON ⇨ ALL(MC1~MC4, K1~K4, T1, T2, PL1~PL4) OFF)
     (2) M1 또는 M2가 동작 중 과부하로 EOCR이 동작되면, 모든 동작이 정지되고, BZ가 ON 된다.
       (EOCR TRIP ⇨ ALL(MC1~MC4, K1~K4, T1, T2, PL1~PL4) OFF, BZ ON)
     (3) EOCR을 RESET 하면 BZ는 OFF 된다.
       (EOCR RESET ⇨ BZ OFF)

※ 동작 내용은 단순 참고 사항이며, 모든 동작은 시퀀스 회로를 기준으로 합니다.

| 자격종목 | 전기기능장 | 과제명 | 전동기 및 전등제어 | 척도 | NS |

5) 기구의 표준 내부 결선도 및 구성도

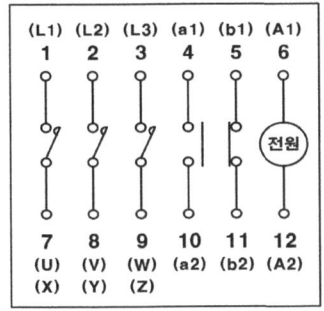

[전자접촉기]

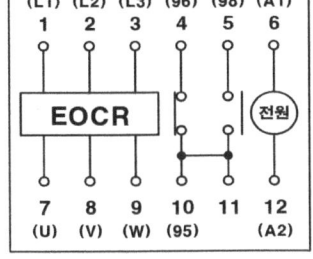

[EOCR]

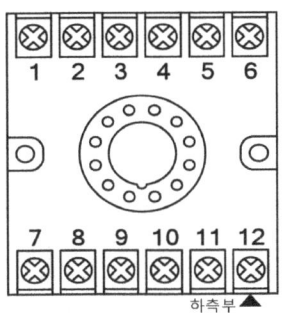

[12P 소켓(베이스) 구성도]

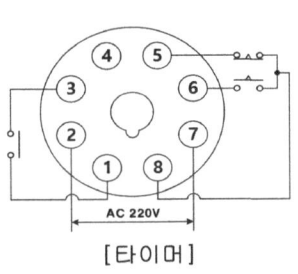

[타이머]

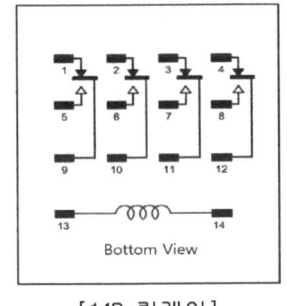

[14P 릴레이]

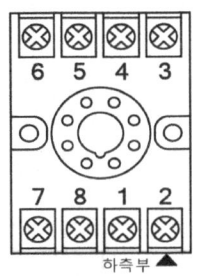

[8P 소켓(베이스) 구성도]

[셀렉터 스위치 선택 위치]

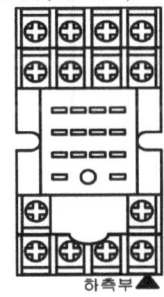

[14P 소켓(베이스) 구성도]

| 자격종목 | 전기기능장 | 과제명 | 전동기 및 전등제어 | 척도 | NS |

나. 전기공사(제2과제)
　1) 배관 및 기구 배치도

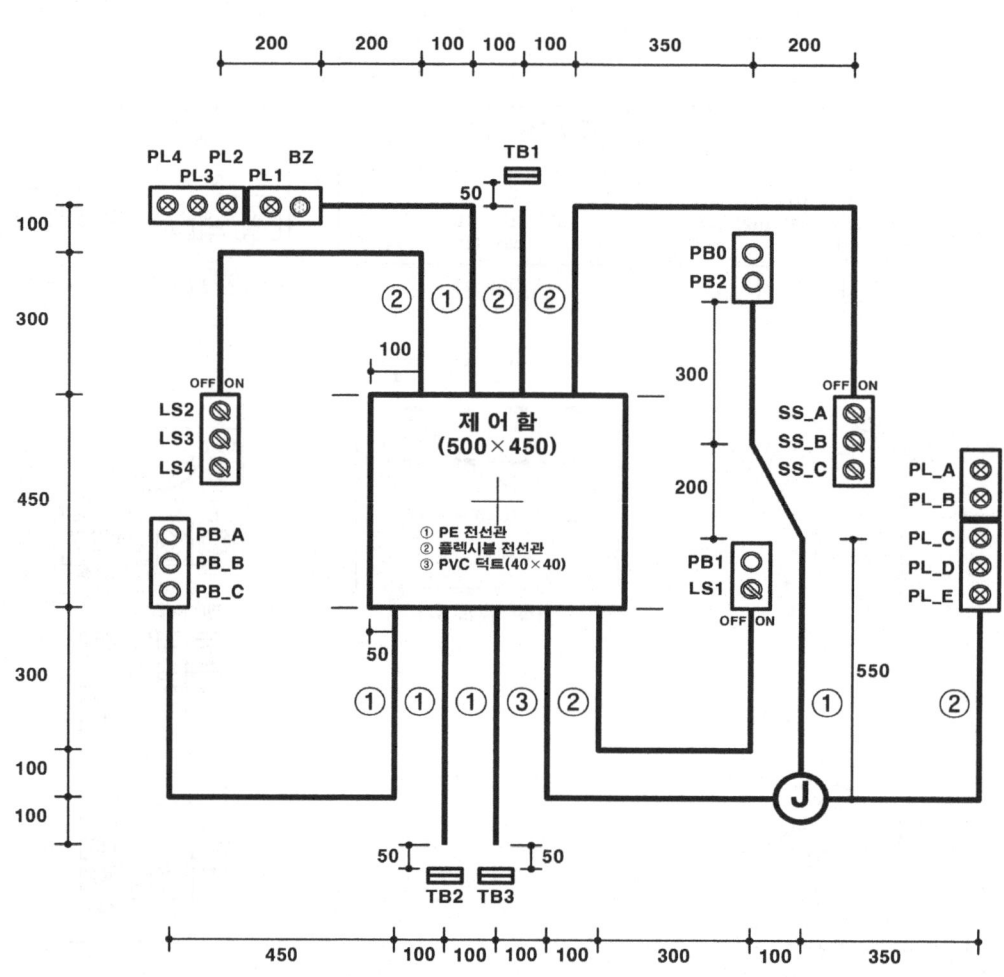

※ NOTE: 치수 기준점은 제어판의 중심으로 한다.

자격종목	전기기능장	과제명	전동기 및 전등제어	척도	NS

2) 제어판 내부 기구 배치도

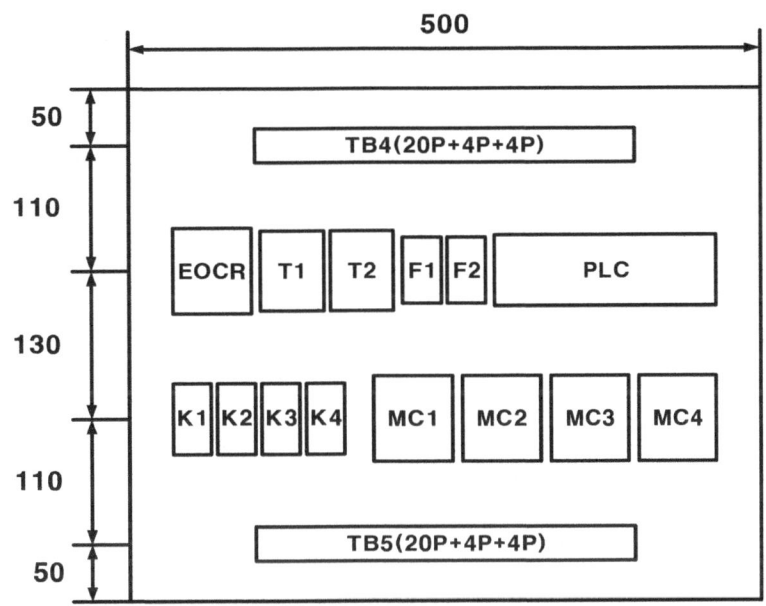

[범 례]

기 호	명 칭	기 호	명 칭	기 호	명 칭
MC1 ~ MC4	전자접촉기(12P)	T1, T2	타이머(8P)	SS_A ~ SS_C	셀렉터 스위치(2단)
EOCR	전자식 과전류계전기(220V, 12P)	F1, F2	퓨즈홀더(2구)	LS1 ~ LS4	셀렉터 스위치(2단)
K1 ~ K4	릴레이(AC220V, 14P)	PB0	푸시버튼 스위치(적색)	TB1 ~ TB3	단자대(4P)
PL1 ~ PL4	램프(적색)	PB1, PB2	푸시버튼 스위치(녹색)	TB4	단자대(20P+4P+4P)
PL_A ~ PL_E	램프(백색)	PB_A ~ PB_C	푸시버튼 스위치(청색)	TB5	단자대(20P+4P+4P)
BZ	부저	PLC	PLC	Ⓙ	8각 박스

3) 제어회로의 시퀀스 회로도(※ 본 도면은 시험을 위해서 임의 구성한 것으로 상용도면과 상이 할 수 있습니다.)

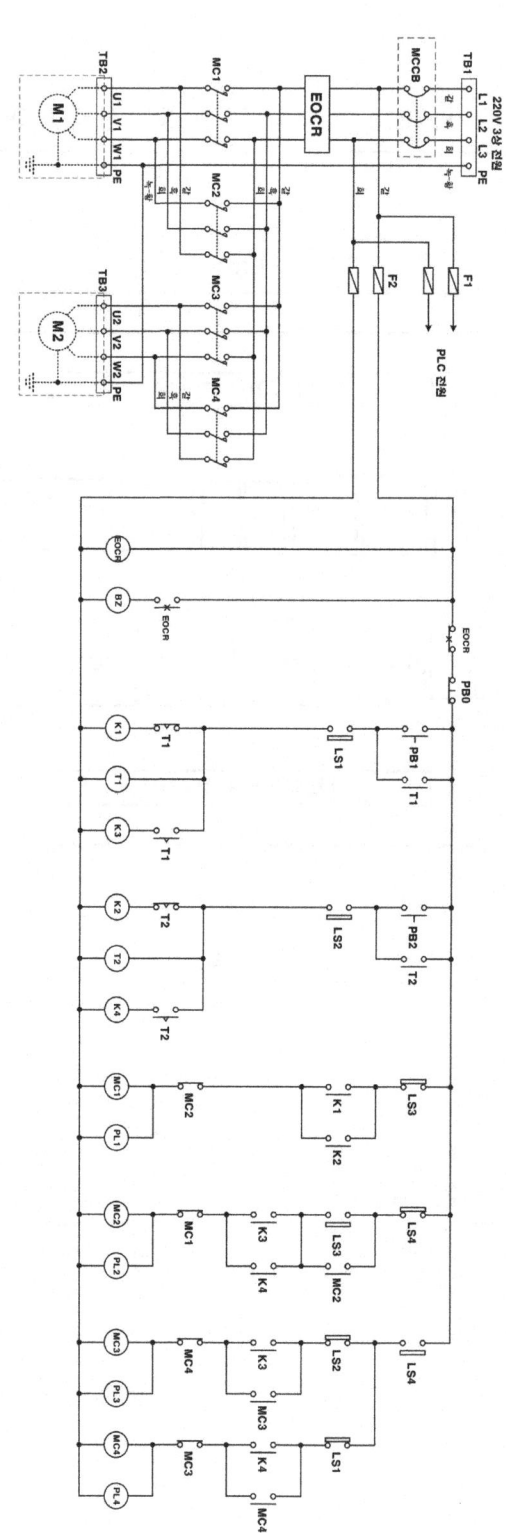

| 자격종목 | 전기기능장 | 과제명 | 전동기 및 전등제어 | 척도 | NS |

※ NOTE: 배선용 차단기(MCCB)와 전동기(M1, M2)는 생략합니다.

⑧

자격종목	전기기능장	과제명	전동기 및 전등제어	척도	NS

4) 제어회로의 동작 사항
　가) 전원 공급 후 동작 조건: EOCR ON
　나) 승강기의 상승 운전 조건: LS1 ON, LS2 OFF, LS3 OFF, LS4 ON
　　(1) PB1을 누르면, M1이 정 회전하여 승강기의 문이 열린다(LS4 OFF).
　　　 (PB1 ON ⇨ K1 ON, T1 ON, MC1 ON, PL1 ON ⇨ LS4 OFF)
　　(2) 승강기의 문이 완전히 열리면(LS3 ON), M1이 정지한다.
　　　 (LS3 ON ⇨ MC1 OFF, PL1 OFF)
　　(3) T1의 설정시간 t1초 후, M1이 역 회전하여 승강기의 문이 닫힌다(LS3 OFF).
　　　 (T1의 t1초 후 ⇨ K1 OFF, K3 ON, MC2 ON, PL2 ON ⇨ LS3 OFF)
　　(4) 승강기의 문이 완전히 닫히면(LS4 ON), M1이 정지하고, M2가 정 회전하여 승강기는
　　　 상승한다(LS1 OFF).
　　　 (LS4 ON ⇨ MC2 OFF, PL2 OFF, MC3 ON, PL3 ON,
　　　　LS1 OFF ⇨ K3 OFF, T1 OFF)
　　(5) 승강기가 상승하여 상부층에 도달(LS2 ON)하면, M2가 정지한다.
　　　 (LS2 ON ⇨ MC3 OFF, PL3 OFF)
　다) 승강기의 하강 운전 조건: LS1 OFF, LS2 ON, LS3 OFF, LS4 ON
　　(1) PB2를 누르면, M1이 정 회전하여 승강기의 문이 열린다(LS4 OFF).
　　　 (PB2 ON ⇨ K2 ON, T2 ON, MC1 ON, PL1 ON ⇨ LS4 OFF)
　　(2) 나)의 (2)와 같다.
　　(3) T2의 설정시간 t2초 후, M1이 역 회전하여 승강기의 문이 닫힌다(LS3 OFF).
　　　 (T2의 t2초 후 ⇨ K2 OFF, K4 ON, MC2 ON, PL2 ON ⇨ LS3 OFF)
　　(4) 승강기의 문이 완전히 닫히면(LS4 ON), M1이 정지하고, M2가 역 회전하여 승강기는
　　　 하강한다(LS2 OFF).
　　　 (LS4 ON ⇨ MC2 OFF, PL2 OFF, MC4 ON, PL4 ON,
　　　　LS2 OFF ⇨ K4 OFF, T2 OFF)
　　(5) 승강기가 하강하여 하부층에 도달(LS1 ON)하면, M2가 정지한다.
　　　 (LS1 ON ⇨ MC4 OFF, PL4 OFF)
　라) 정지, EOCR 동작 사항
　　(1) 시스템 동작(EOCR 동작 제외) 중 PB0를 누르면 모든 동작은 정지된다.
　　　 (PB0 ON ⇨ ALL(MC1~MC4, K1~K4, T1, T2, PL1~PL4) OFF)
　　(2) M1 또는 M2가 동작 중 과부하로 EOCR이 동작되면, 모든 동작이 정지되고, BZ가 ON 된다.
　　　 (EOCR TRIP ⇨ ALL(MC1~MC4, K1~K4, T1, T2, PL1~PL4) OFF, BZ ON)
　　(3) EOCR을 RESET 하면 BZ는 OFF 된다.
　　　 (EOCR RESET ⇨ BZ OFF)

※ 동작 내용은 단순 참고 사항이며, 모든 동작은 시퀀스 회로를 기준으로 합니다.

자격종목	전기기능장	과제명	전동기 및 전등제어	척도	NS

5) 기구의 표준 내부 결선도 및 구성도

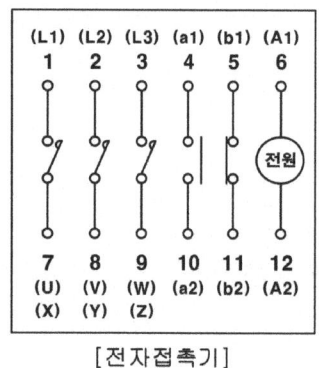
[전자접촉기]

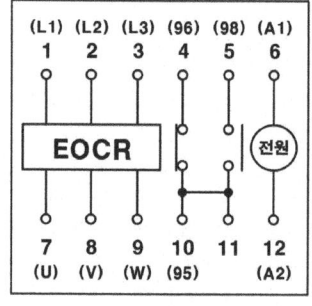
[EOCR]

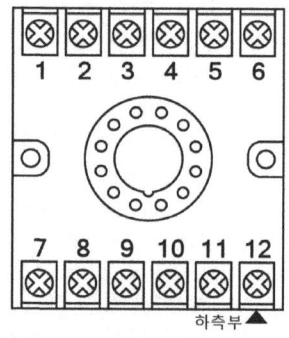
[12P 소켓(베이스) 구성도]

[타이머]

14P 릴레이

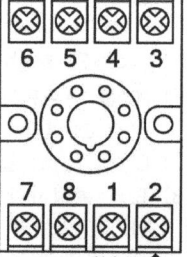
[8P 소켓(베이스) 구성도]

셀렉터 스위치 선택 위치

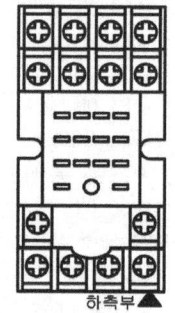
[14P 소켓(베이스) 구성도]

| 자격종목 | 전기기능장 | 과제명 | 전동기 및 전등제어 | 척도 | NS |

나. 전기공사(제2과제)
  1) 배관 및 기구 배치도

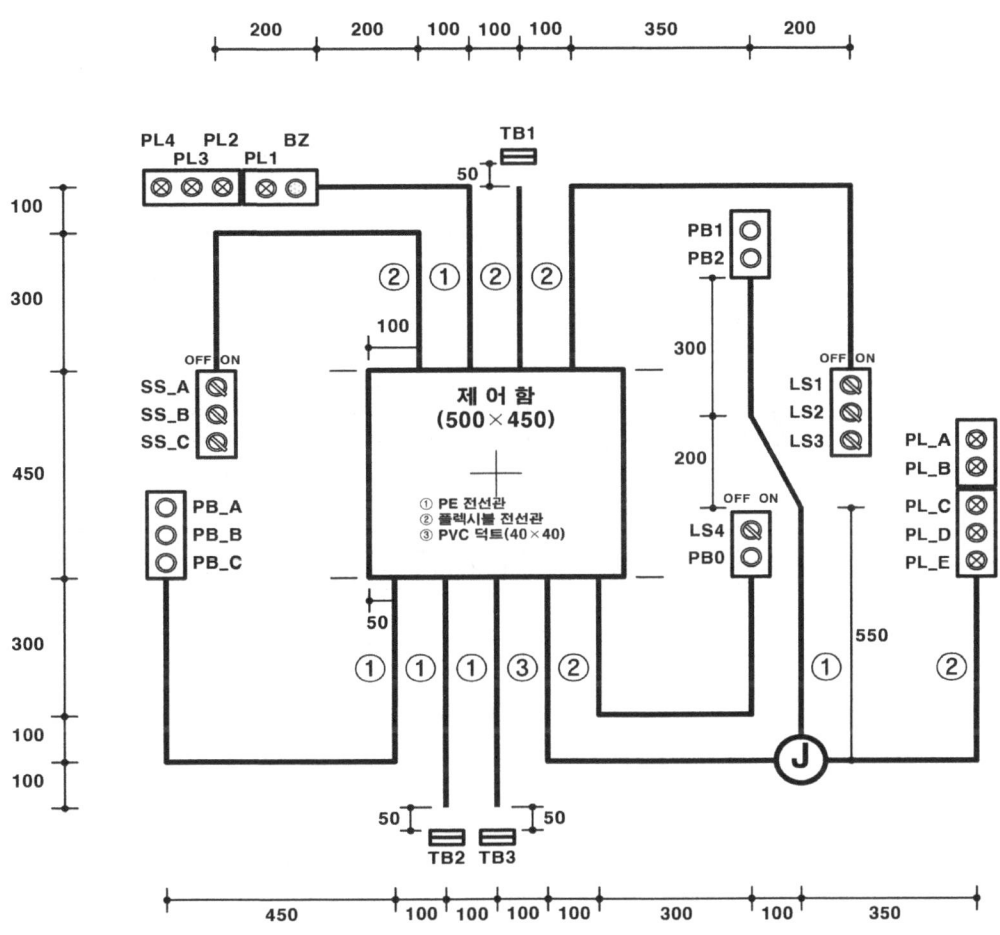

※ NOTE: 치수 기준점은 제어판의 중심으로 한다.

| 자격종목 | 전기기능장 | 과제명 | 전동기 및 전등제어 | 척도 | NS |

2) 제어판 내부 기구 배치도

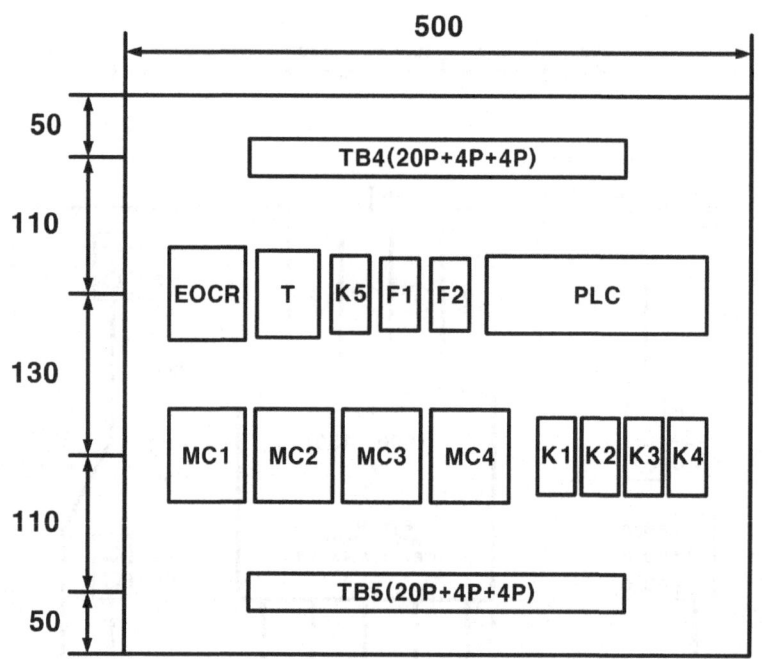

[범 례]

기 호	명 칭	기 호	명 칭	기 호	명 칭
MC1 ~ MC4	전자접촉기(12P)	T	타이머(8P)	SS_A ~ SS_C	셀렉터 스위치(2단)
EOCR	전자식 과전류계전기 (220V, 12P)	F1, F2	퓨즈홀더(2구)	LS1 ~ LS4	셀렉터 스위치(2단)
K1 ~ K5	릴레이(AC220V, 14P)	PB0	푸시버턴 스위치(적색)	TB1 ~ TB3	단자대(4P)
PL1 ~ PL4	램프(적색)	PB1, PB2	푸시버턴 스위치(녹색)	TB4	단자대(20P+4P+4P)
PL_A ~ PL_E	램프(백색)	PB_A ~ PB_C	푸시버턴 스위치(청색)	TB5	단자대(20P+4P+4P)
BZ	부저	PLC	PLC	Ⓙ	8각 박스

| 자격종목 | 전기기능장 | 과제명 | 전동기 및 전동제어 | 척도 | NS |

3) 제어회로의 시퀀스 회로도(※ 본 도면은 시험을 위해서 임의 구성한 것으로 상용도면과 상이할 수 있습니다.)

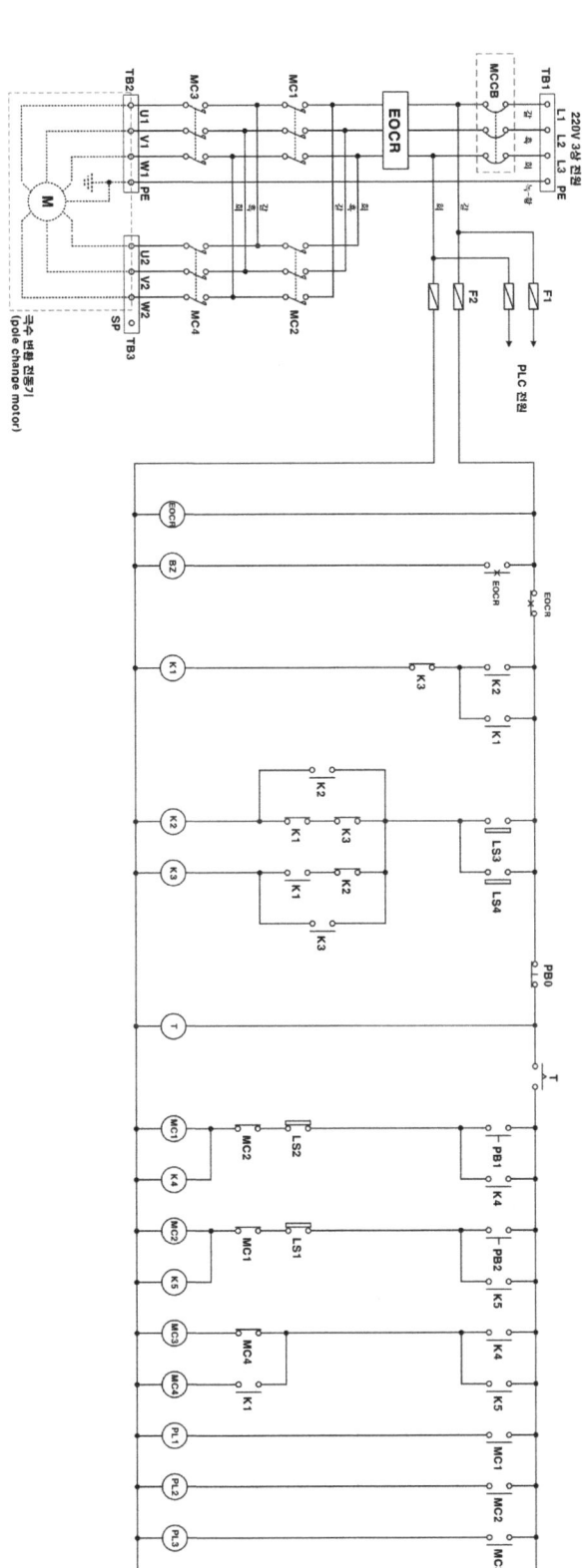

※ NOTE: 배선용 차단기(MCCB)와 전동기(M)는 생략합니다.

⑨

자격종목	전기기능장	과제명	전동기 및 전등제어	척도	NS

4) 제어회로의 동작 사항
　가) 전원 공급 후 동작 조건: EOCR ON, T ON
　나) 제품의 우측 이동 조건: LS1 ON, LS2 OFF, LS3 OFF, LS4 OFF
　　(1) T의 설정시간 t초 후 PB1을 누르면, 전동기가 저속으로 정 회전하여 제품이 우측으로 이동(LS1 OFF)한다.
　　　(T의 t초 후 PB1 ON ⇨ K4 ON, MC1 ON, MC3 ON, PL1 ON, PL3 ON ⇨ LS1 OFF)
　　(2) 제품이 우측으로 저속 이동하여 LS3 위치를 지나가면(LS3 OFF→ON→OFF) 전동기가 고속으로 정 회전하여 제품은 계속해서 우측으로 이동한다.
　　　(LS3 ON ⇨ K2 ON, K1 ON, MC4 ON, MC3 OFF, PL4 ON, PL3 OFF ⇨ LS3 OFF ⇨ K2 OFF)
　　(3) 제품이 우측으로 고속 이동하여 LS4 위치를 지나가면(LS4 OFF→ON→OFF) 전동기가 저속으로 정 회전하여 제품은 계속해서 우측으로 이동한다.
　　　(LS4 ON ⇨ K3 ON, K1 OFF, MC4 OFF, MC3 ON, PL4 OFF, PL3 ON ⇨ LS4 OFF ⇨ K3 OFF)
　　(4) 제품이 우측으로 저속 이동하여 LS2 위치에 도달(LS2 ON)하면, 전동기는 정지한다.
　　　(LS2 ON ⇨ K4 OFF, MC1 OFF, MC3 OFF, PL1 OFF, PL3 OFF)
　다) 제품의 좌측 이동 조건: LS1 OFF, LS2 ON, LS3 OFF, LS4 OFF
　　(1) T의 설정시간 t초 후 PB2를 누르면, 전동기가 저속으로 역 회전하여 제품이 좌측으로 이동(LS2 OFF)한다.
　　　(T의 t초 후 PB2 ON ⇨ K5 ON, MC2 ON, MC3 ON, PL2 ON, PL3 ON ⇨ LS2 OFF)
　　(2) 제품이 좌측으로 저속 이동하여 LS4 위치를 지나가면(LS4 OFF→ON→OFF) 전동기가 고속으로 정 회전하여 제품은 계속해서 좌측으로 이동한다.
　　　(LS4 ON ⇨ K2 ON, K1 ON, MC4 ON, MC3 OFF, PL4 ON, PL3 OFF ⇨ LS4 OFF ⇨ K2 OFF)
　　(3) 제품이 좌측으로 고속 이동하여 LS3 위치를 지나가면(LS3 OFF→ON→OFF) 전동기가 저속으로 정 회전하여 제품은 계속해서 좌측으로 이동한다.
　　　(LS3 ON ⇨ K3 ON, K1 OFF, MC4 OFF, MC3 ON, PL4 OFF, PL3 ON ⇨ LS3 OFF ⇨ K3 OFF)
　　(4) 제품이 좌측으로 저속 이동하여 LS1 위치에 도달(LS1 ON)하면, 전동기는 정지한다.
　　　(LS1 ON ⇨ K5 OFF, MC2 OFF, MC3 OFF, PL2 OFF, PL3 OFF)
　라) 정지, EOCR 동작 사항
　　(1) 시스템 동작(EOCR 동작 제외) 중 PB0를 누르면 모든 동작은 정지된다.
　　　(PB0 ON ⇨ ALL(MC1~MC4, K4, K5, T, PL1~PL4) OFF)
　　(2) 전동기가 동작 중 과부하로 EOCR이 동작되면, 모든 동작이 정지되고, BZ가 ON 된다.
　　　(EOCR TRIP ⇨ ALL(MC1~MC4, K1~K5, T, PL1~PL4) OFF, BZ ON)
　　(3) EOCR을 RESET 하면 BZ는 OFF 된다.
　　　(EOCR RESET ⇨ BZ OFF)

※ 동작 내용은 단순 참고 사항이며, 모든 동작은 시퀀스 회로를 기준으로 합니다.

자격종목	전기기능장	과제명	전동기 및 전등제어	척도	NS

5) 기구의 표준 내부 결선도 및 구성도

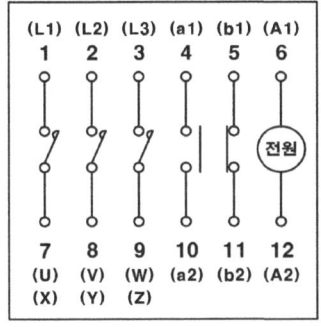
[전자접촉기]

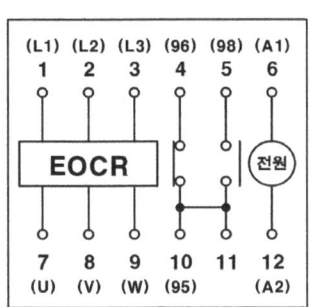
[EOCR]

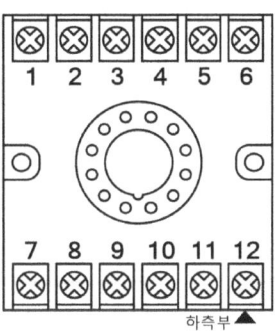
[12P 소켓(베이스) 구성도]

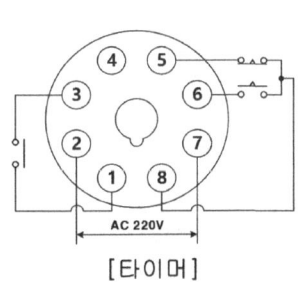
[타이머]

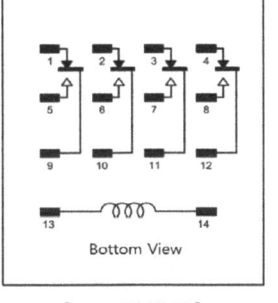
[14P 릴레이]

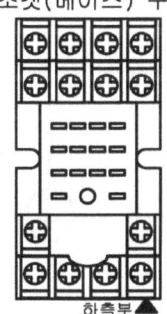
[8P 소켓(베이스) 구성도]

[14P 소켓(베이스) 구성도]

[셀렉터 스위치 선택 위치]

— 363

| 자격종목 | 전기기능장 | 과제명 | 전동기 및 전등제어 | 척도 | NS |

나. 전기공사(제2과제)
   1) 배관 및 기구 배치도

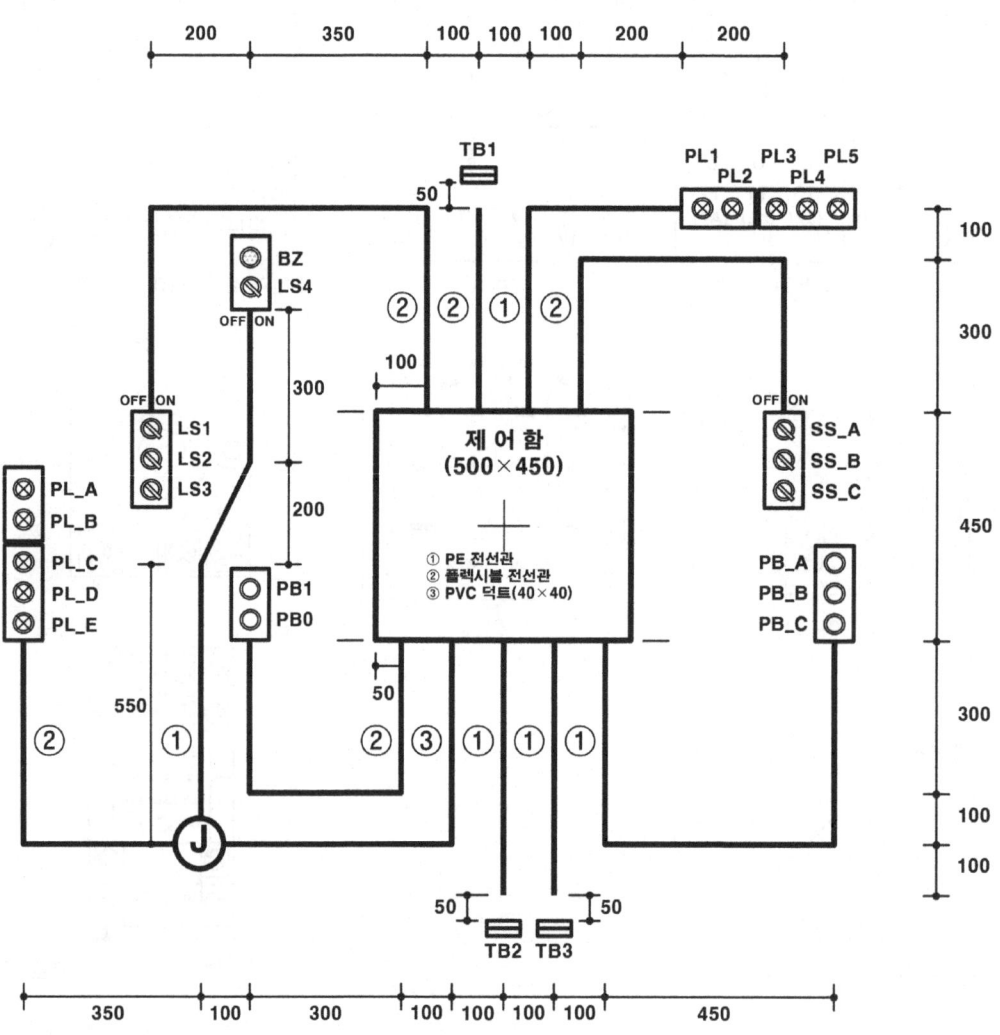

※ NOTE: 치수 기준점은 제어판의 중심으로 한다.

| 자격종목 | 전기기능장 | 과제명 | 전동기 및 전등제어 | 척도 | NS |

2) 제어판 내부 기구 배치도

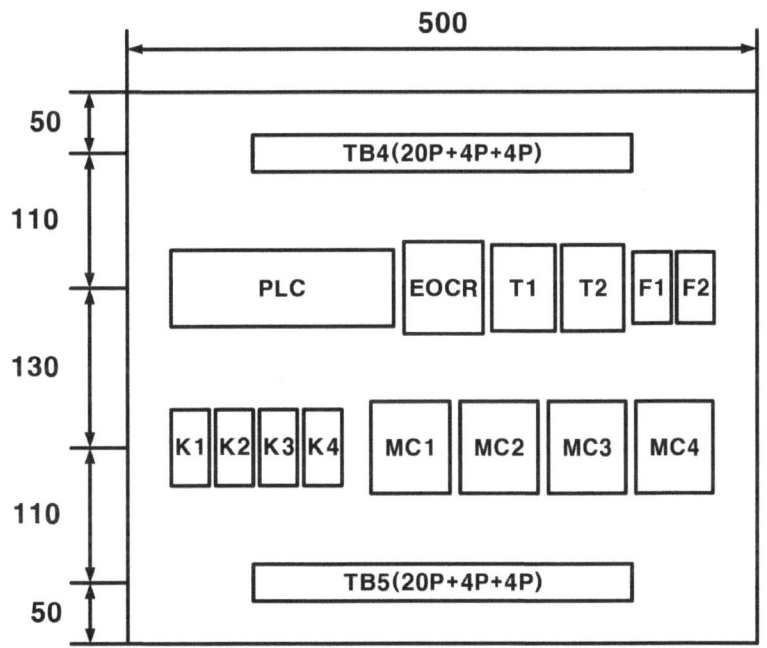

[범 례]

기 호	명 칭	기 호	명 칭	기 호	명 칭
MC1 ~ MC4	전자접촉기(12P)	T1, T2	타이머(8P)	SS_A ~ SS_C	셀렉터 스위치(2단)
EOCR	전자식 과전류계전기 (220V, 12P)	F1, F2	퓨즈홀더(2구)	LS1 ~ LS4	셀렉터 스위치(2단)
K1 ~ K4	릴레이(AC220V, 14P)	PB0	푸시버턴 스위치(적색)	TB1 ~ TB3	단자대(4P)
PL1 ~ PL5	램프(적색)	PB1	푸시버턴 스위치(녹색)	TB4	단자대(20P+4P+4P)
PL_A ~ PL_E	램프(백색)	PB_A ~ PB_C	푸시버턴 스위치(청색)	TB5	단자대(20P+4P+4P)
BZ	부 저	PLC	PLC	Ⓙ	8각 박스

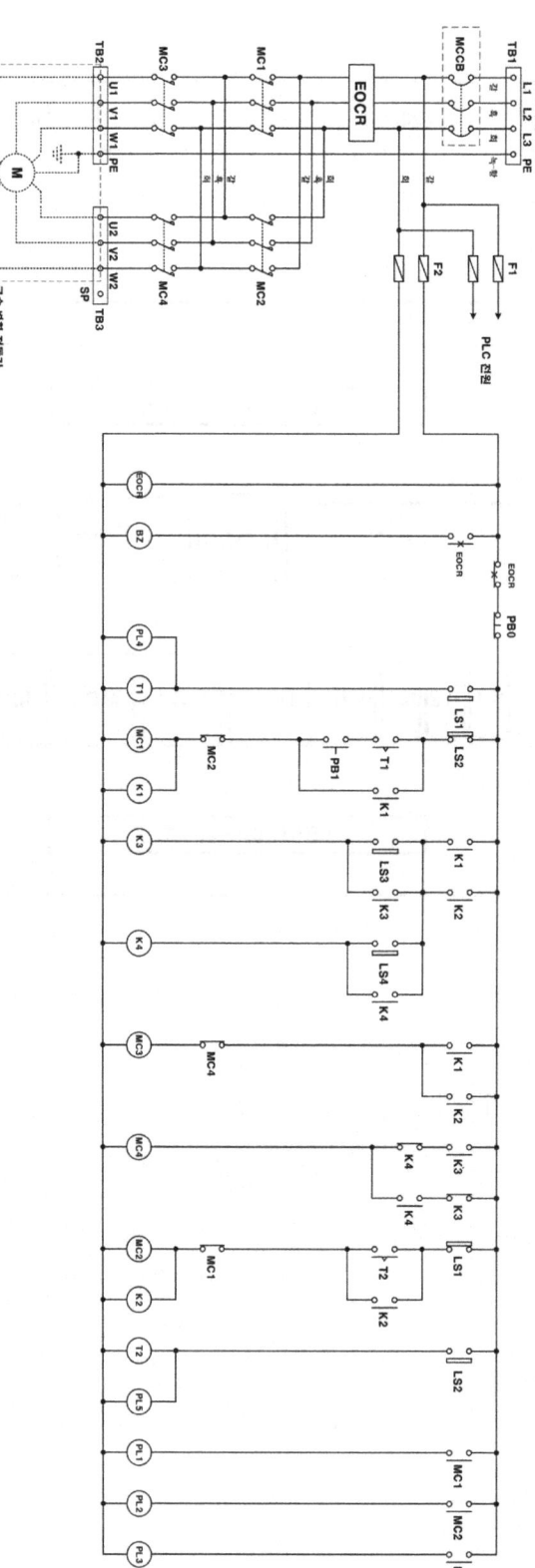

| 자격종목 | 전기기능장 | 과제명 | 전동기 및 전등제어 | 척도 | NS |

4) 제어회로의 동작 사항
　(1) 전원 공급 후 동작 조건: EOCR ON, LS1 OFF, LS2 OFF, LS3 OFF, LS4 OFF
　(2) LS1 위치에 제품이 준비(LS1 ON)되면, T1의 설정시간 동안 대기한다.
　　　(LS1 ON ⇨ T1 ON, PL4 ON)
　(3) T1의 설정시간 t1초 후 PB1을 누르면, 전동기가 저속으로 정 회전하여 제품이 우측으로 이동(LS1 OFF)한다.
　　　(T1의 t1초 후 ⇨ PB1 ON ⇨ K1 ON, MC1 ON, MC3 ON, PL1 ON
　　　 ⇨ LS1 OFF ⇨ T1 OFF, PL4 OFF)
　(4) 제품이 우측으로 저속 이동하여 LS3 위치를 지나가면(LS3 OFF→ON→OFF) 전동기가 고속으로 정 회전하여 제품은 계속해서 우측으로 이동한다.
　　　(LS3 ON ⇨ K3 ON, MC4 ON, MC3 OFF, PL3 ON ⇨ LS3 OFF)
　(5) 제품이 우측으로 고속 이동하여 LS4 위치를 지나가면(LS4 OFF→ON→OFF) 전동기가 저속으로 정 회전하여 제품은 계속해서 우측으로 이동한다.
　　　(LS4 ON ⇨ K4 ON, MC4 OFF, MC3 ON, PL3 OFF ⇨ LS4 OFF)
　(6) 제품이 우측으로 저속 이동하여 LS2 위치에 도달(LS2 ON)하면, 전동기는 정지한다.
　　　(LS2 ON ⇨ K1 OFF, K3 OFF, K4 OFF, MC1 OFF, MC3 OFF, PL1 OFF, T2 ON, PL5 ON)
　(7) T2의 설정시간 t2초 후, 전동기가 저속으로 역 회전하여 제품이 좌측으로 이동(LS2 OFF)한다.
　　　(T2의 t2초 후 ⇨ K2 ON, MC2 ON, MC3 ON, PL2 ON ⇨ LS2 OFF ⇨ T2 OFF, PL5 OFF)
　(8) 제품이 좌측으로 저속 이동하여 LS4 위치를 지나가면(LS4 OFF→ON→OFF) 전동기가 고속으로 정 회전하여 제품은 계속해서 좌측으로 이동한다.
　　　(LS4 ON ⇨ K4 ON, MC4 ON, MC3 OFF, PL3 ON ⇨ LS4 OFF)
　(9) 제품이 좌측으로 고속 이동하여 LS3 위치를 지나가면(LS3 OFF→ON→OFF) 전동기가 저속으로 정 회전하여 제품은 계속해서 좌측으로 이동한다.
　　　(LS3 ON ⇨ K3 ON, MC4 OFF, MC3 ON, PL3 OFF ⇨ LS3 OFF)
　(10) 제품이 좌측으로 저속 이동하여 LS1 위치에 도달(LS1 ON)하면, 전동기는 정지하고, T1의 설정시간 동안 대기한다.
　　　(LS1 ON ⇨ K2 OFF, K3 OFF, K4 OFF, MC2 OFF, MC3 OFF, PL2 OFF, T1 ON, PL4 ON)
　(11) 시스템 동작(EOCR 동작 제외) 중 PB0를 누르면 모든 동작은 정지된다.
　　　(PB0 ON ⇨ ALL(MC1~MC4, K1~K4, T1, T2, PL1~PL5) OFF)
　(12) 전동기가 동작 중 과부하로 EOCR이 동작되면, 모든 동작이 정지되고, BZ가 ON 된다.
　　　(EOCR TRIP ⇨ ALL(MC1~MC4, K1~K4, T1, T2, PL1~PL5) OFF, BZ ON)
　(13) EOCR을 RESET 하면 BZ는 OFF 된다.
　　　(EOCR RESET ⇨ BZ OFF)
　※ 동작 내용은 단순 참고 사항이며, 모든 동작은 시퀀스 회로를 기준으로 합니다.

자격종목	전기기능장	과제명	전동기 및 전등제어	척도	NS

5) 기구의 표준 내부 결선도 및 구성도

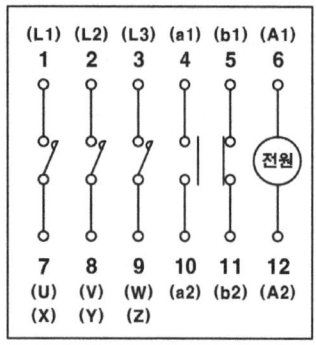

[전자접촉기]

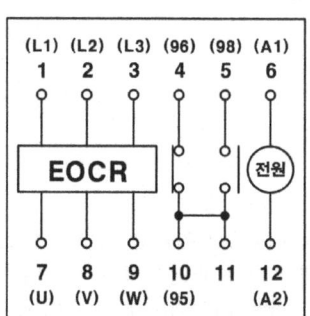

[EOCR]

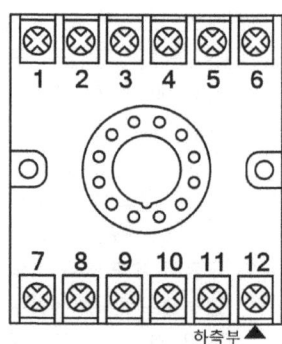

[12P 소켓(베이스) 구성도]

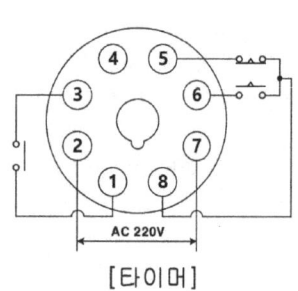

[타이머]

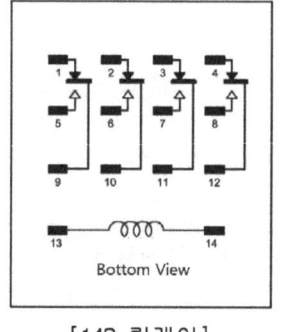

[14P 릴레이]

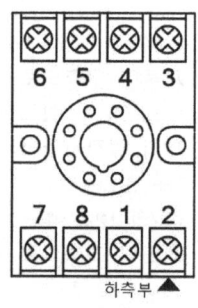

[8P 소켓(베이스) 구성도]

[셀렉터 스위치 선택 위치]

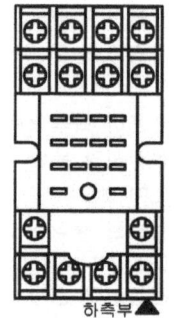

[14P 소켓(베이스) 구성도]

전기기능장 실기
PLC완전정복

2019년 4월 30일   1판 1쇄 발행
2020년 2월 7일   개정증보2판 1쇄 발행
2021년 2월 18일   개정증보3판 1쇄 발행
2022년 3월 30일   개정증보4판 1쇄 발행
2024년 1월 25일   개정증보5판 1쇄 발행

| 지은이 | 검정연구회
| 펴낸곳 | e이나무
| 펴낸이 | 황선희
| 등   록 | 제2015-31호
| 주   소 | 서울특별시 영등포구 문래동1가 39번지 센터플러스빌딩 911호
| 전화 | 02)995-5122
| FAX | 02)2164-2123
| Mobile | 010-5246-8181
| ISBN | 979-11-91569-29-2

정가 22,000원

이 책의 내용은 어느 부분도 e이나무의 승인 없이 사용할 경우 향후 발생될 법적 책임을 받습니다.

※ 파본은 구입처에서 교환해 드립니다.